黄师傅教你学
电动机控制电路

黄海平　编著

科学出版社

北京

内 容 简 介

本书将 70 个电动机控制电路精粹集中到一起,每一个电路实例都包括带文字注释的电气原理图、带对应实物图片的电气原理图、电气原理分析、电路的逻辑代数表达式、电路器件动作简述、电气元件作用表、元器件安装排列图及端子图、按钮接线图、接线端子连线详解、电路调试及常见故障排除等内容。

本书内容丰富、图文并茂、知识涵盖面广、电路分析详尽易懂,是一本电工人员不可多得的学习用书,也是一本详尽的电动机控制电路应用、安装、制作、维修的工具书。

本书可供各大院校电工、电子、自动化及相关专业的师生参考阅读,也可作为电工、电子从业技术人员的参考书。

图书在版编目(CIP)数据

黄师傅教你学电动机控制电路/黄海平编著. —北京:科学出版社,2010

ISBN 978-7-03-027525-7

Ⅰ.黄… Ⅱ.黄… Ⅲ.电动机-控制电路 Ⅳ.TM320.12

中国版本图书馆 CIP 数据核字(2010)第 084277 号

责任编辑:孙力维 杨 凯 / 责任制作:董立颖 魏 谨
责任印制:赵德静 / 封面设计:郝恩誉

北京东方科龙图文有限公司 制作

http://www.okbook.com.cn

科学出版社 出版
北京东黄城根北街 16 号
邮政编码:100717
http://www.sciencep.com

双青印刷厂 印刷
科学出版社发行 各地新华书店经销

*

2010 年 7 月第 一 版　　开本:A5(890×1240)
2012 年 3 月第二次印刷　　印张:14 插页 2
印数:5 001—6 500　　　　字数:430 000

定 价:**28.00 元**

(如有印装质量问题,我社负责调换)

图1 热继电器

图2 热继电器

图3 交流接触器

图4 交流接触器

图5 断路器

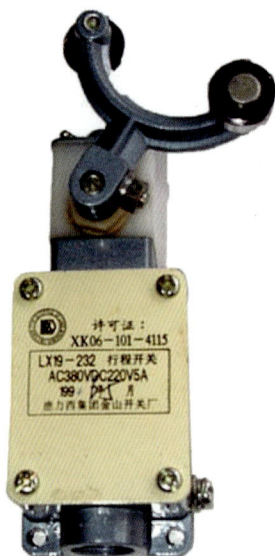

图6 行程开关

图7 断路器

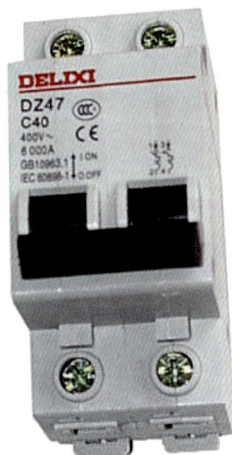

图8 断路器

图9 电流互感器

图10 电流表

图11 电流互感器

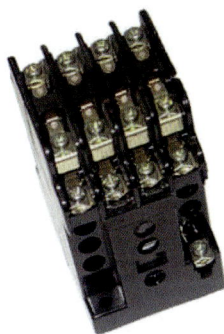
图12 中间继电器

图13 行程开关

图14 指示灯

图15　组合开关

图16　小型灵敏继电器

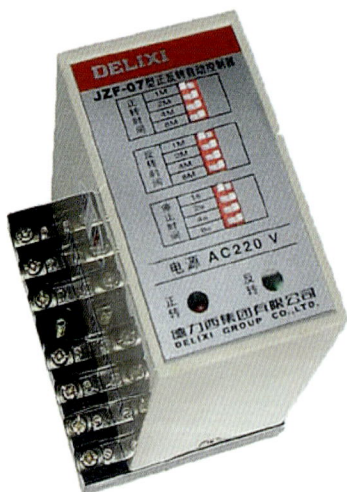

图17　正反转自动控制器

图18　时间继电器

图19　选择开关

图20　按钮开关

前　言

电动机控制电路是每一个电工人员都必须掌握的专业知识。为了能帮助电工人员轻松、快速地读懂电动机控制电路图,不仅仅局限于书本上的理论知识,而是通过理论与实物相对应且直观的图片作为"立体"感性认识,作者编写了这本图文并茂、深入浅出、原理详尽、看得懂、学得会的《黄师傅教你学电动机控制电路》一书,一定能使电工人员在阅读中受益。

本书风格独特且有新意,每一个实例都包括带文字注释的电气原理图、带对应实物图片的电气原理图、深入浅出的电气原理分析、电路的逻辑代数表达式、电路器件动作简述、电气元件作用表、元器件安装排列图及端子图、按钮实际接线、按钮实物接线、接线端子连线详解、电路调试及常见故障排除方法等。可谓较全面、多方位地对每一控制电路实例进行了"立体"分析讲解,除了能让电工人员在短时间内快速掌握电动机控制电路,还重点灌输电路的"变通",达到举一反三、事半功倍的效果,使每一个电工人员都能既懂电气原理,又能自行安装、制作、调试、维修电气设备,在所从事的电气专业中脱颖而出,成为电工高手。

本书内容丰富、图文并茂、知识涵盖面广、电路分析详尽易懂,是一本电工人员不可多得的学习用书,也是一本比较详尽的电动机控制电路应用、安装、制作、维修的工具书。

本书在编写过程中得到德力西集团公司经销商:山东省威海亿莱达电气有限公司于芳同志的鼎力帮助,在此表示感谢。

参加本书编写的还有黄鑫、李志平、李燕、黄海静、李雅茜等同志,黄鑫同志还担当本书的绘图及图片拍摄工作,山东威海山花地毯集团公司的李燕同志担当前期文字录入工作,山东威海照相器材有限公司的苏文广同志为本书图片的整理做了大量的工作,在此表示衷心的感谢。

由于作者水平所限,书中错误缺点在所难免,敬请读者批评指正。

中国科普作家协会会员　黄海平

2010 年 2 月于山东威海

目　录

电路 1 往返到位自动延时返回控制电路

1. 电气原理图

在自动往返控制电路中,有时需运物车到达某地作一段延时后又自动起动运转,而达到另一地后又作一段延时,再自动返回另一地,往返循环工作,其电路如图1所示。图1中,指示灯 HL_1 为过载指示;HL_2 为电源兼停止指示;HL_3 为正转运转指示;HL_4 为反转运转指示。

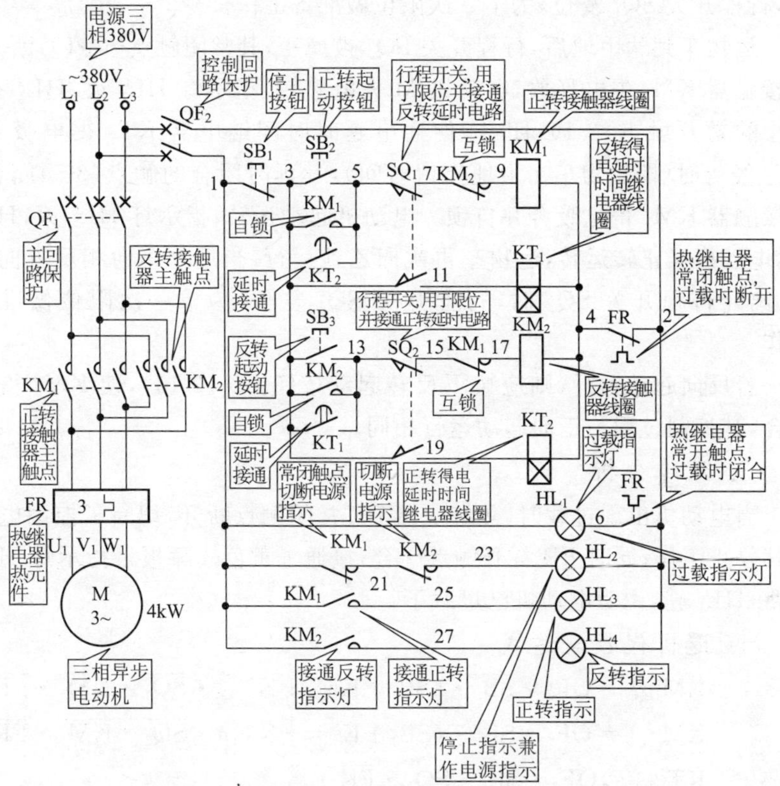

图 1 往返到位自动延时返回控制电路电气原理图

2. 电气原理分析

合上控制回路断路器 QF_2,电源指示灯 HL_2 亮,说明电源正常。

此时,按下正转起动按钮 SB_2(3-5),接触器 KM_1 线圈得电吸合并自锁,电动机 M 正向起动运转,同时电源指示灯 HL_2 灭,正转工作指示灯

HL_3 亮。运物车由甲地向乙地运行,到达乙地后,行程开关 SQ_1 被撞压,其常闭触点(5-7)断开,使接触器 KM_1 失电释放,电动机失电停转。此时指示灯 HL_3 灭,HL_2 亮。

运物车到达乙地后,行程开关 SQ_1 的常开触点(3-11)闭合,使通电延时时间继电器 KT_1 得电吸合。KT_1 经一段延时(即运物车在乙地停留时间),其延时闭合的触点闭合(3-13),使接触器 KM_2 线圈得电吸合并自锁,电动机 M 反转起动运转,同时指示灯 HL_2 灭,反转指示灯 HL_4 亮,运物车从乙地向甲地运行,当运物车向相反方向运行,离开行程开关 SQ_1 时,行程开关 SQ_1 复位,为下一次限位做准备工作。

运物车到达甲地后,行程开关 SQ_2 被撞压,其常闭触点(13-15)断开,使接触器 KM_2 失电释放,电动机 M 失电停转,指示灯 HL_4 灭,HL_2 亮。SQ_2 的常开触点(3-19)闭合,使通电延时时间继电器 KT_2 得电吸合。KT_2 经延时(即运物车在甲地停留时间),其延时闭合的触点(3-5)闭合,使接触器 KM_1 得电吸合并自锁。电动机起动运转,指示灯 HL_2 灭,HL_3 亮,电动机又正转运转,运物车再次向乙地运行,当运物车向相反方向运行,离开行程开关 SQ_2 时,行程开关 SQ_2 复位,为下一次限位做准备工作。

若反向起动运行,则应按下反转起动按钮 SB_3(3-13),使 KM_2 得电吸合,其控制过程与正向起动运行相同。

3. 故障分析

当电动机出现过载时,热继电器 FR 常闭触点断开,切断了控制电路使其停止工作;同时 FR 常开触点闭合,接通了黄色故障报警指示灯 HL_1 电路,HL_1 亮,说明电动机已过载了。

4. 逻辑代数表达式

$$KM_{1线圈} = QF_2 \cdot \overline{SB_1} \cdot (SB_2 + KM_1 + KT_2) \cdot \overline{SQ_1} \cdot \overline{KM_2} \cdot \overline{FR}$$

$$KM_{2线圈} = QF_2 \cdot \overline{SB_1} \cdot (SB_3 + KM_2 + KT_1) \cdot \overline{SQ_2} \cdot \overline{KM_1} \cdot \overline{FR}$$

$$KT_{1线圈} = QF_2 \cdot \overline{SB_1} \cdot SQ_1 \cdot \overline{FR}$$

$$KT_{2线圈} = QF_2 \cdot \overline{SB_1} \cdot SQ_2 \cdot \overline{FR}$$

$$HL_1 = QF_2 \cdot FR$$

$$HL_2 = QF_2 \cdot \overline{KM_1} \cdot \overline{KM_2}$$

$$HL_3 = QF_2 \cdot KM_1$$

$$HL_4 = QF_2 \cdot KM_2$$

5. 电路器件动作简述

按 SB_2，KM_1 吸合自锁，M 正转运转，运物车由甲地向乙地运行，到达乙地后，SQ_1 被碰压断开，KM_1 失电释放，M 停止，SQ_1 被碰压闭合，KT_1 吸合并延时，KT_1 延时时间到，KM_2 吸合自锁，M 反转运转，运物车由乙地向甲地运行，到达甲地后，SQ_2 被碰压断开，KM_2 失电释放，M 停止，SQ_2 被碰压闭合，KT_2 吸合并延时，KT_2 延时时间到，KM_1 吸合自锁，M 正转运转，运物车由甲地向乙地运行……重复上述过程。

按 SB_1，KM_1 或 KM_2 失电释放，M 停止。

按 SB_3，KM_2 吸合自锁，M 反转运转，运物车由乙地向甲地运行……其原理相同，与按 SB_2 运转方向相反。

6. 电气元件作用表

往返到位自动延时返回控制电路电气元件作用表见表 1。

表 1　电气元件作用表

序号	符号	名　称	型　号	规　格	作　用
1	QF_1	断路器	DZ47-63	20A　三极	主回路过流保护
2	QF_2	断路器	DZ47-63	6A　二极	控制回路过流保护
3	KM_1	交流接触器	CDC10-10	线圈电压 380V	控制电动机正转电源
4	KM_2	交流接触器	CDC10-10	线圈电压 380V	控制电动机反转电源
5	FR	热继电器	JR36-20	6.8~11A	过载保护
6	KT_1	得电式时间继电器	JS20	电压 380V 180s	延　时
7	KT_2	得电式时间继电器	JS20	电压 380V 180s	延　时
8	SB_1	按钮开关	LA19-11	红　色	停　止
9	SB_2	按钮开关	LA19-11	绿　色	正转起动控制
10	SB_3	按钮开关	LA19-11	绿　色	反转起动控制
11	SQ_1	行程开关	LX19-111	单轮，内侧，能复位	正转停，反转起动
12	SQ_2	行程开关	LX19-111	单轮，内侧，能复位	反转停，正转起动
13	HL_1	指示灯	LD11	黄色　380V	过载指示
14	HL_2	指示灯	LD11	红色　380V	电源兼停止指示
15	HL_3	指示灯	LD11	绿色　380V	正转运转指示
16	HL_4	指示灯	LD11	绿色　380V	反转运转指示
17	M	三相异步电动机	$Y160M_1$-8	4kW　9.9A 720r/min	拖　动

7. 元器件安装排列图及端子图

图 2 所示为元器件安装排列图及端子图。

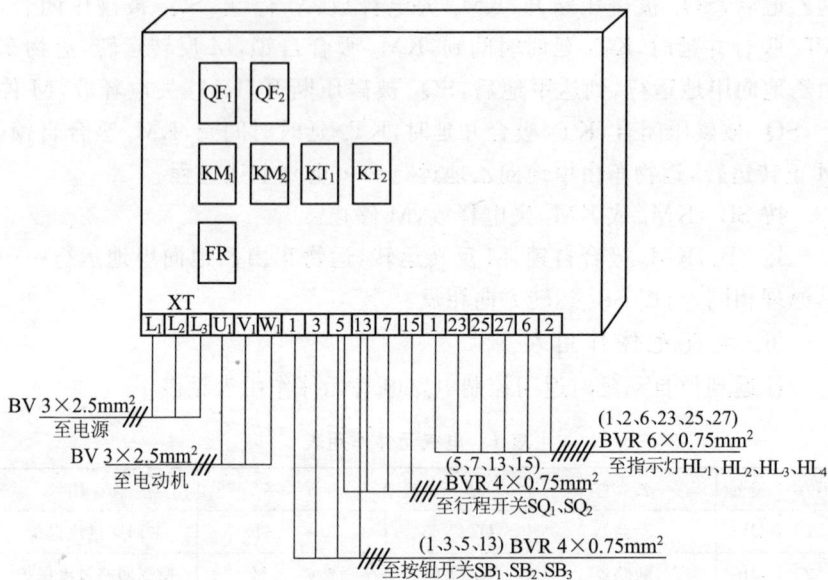

图 2   元器件安装排列图及端子图

从元器件安装排列图及端子图上可以看出，端子排 XT 上共有 18 个接线端子，其中，L_1、L_2、L_3 为电源引入线，将外部三相 380V 电源接到此处，可采用 3 根 BV 2.5mm² 导线套管敷设。

U_1、V_1、W_1 用 3 根 BV 2.5mm² 导线套管敷设至电动机处。

1、3、5、13 可采用 4 根 BVR 0.75mm² 导线接至配电箱面板按钮开关 SB_1、SB_2、SB_3 上；1、2、6、23、25、27 可采用 6 根 BVR 0.75mm² 导线接至配电箱面板指示灯 HL_1、HL_2、HL_3、HL_4 上；5、7、13、15 可采用 4 根 BVR 0.75mm² 导线穿管接至行程开关 SQ_1、SQ_2 上，并一一正确对应连接。

8. 按钮实际接线

图 3 所示为按钮接线图。

9. 电路实物配套图

图 4 所示为往返到位自动延时返回控制电路实物配套图。

10. 技术数据

JS20 系列晶体管时间继电器技术数据见表 2。

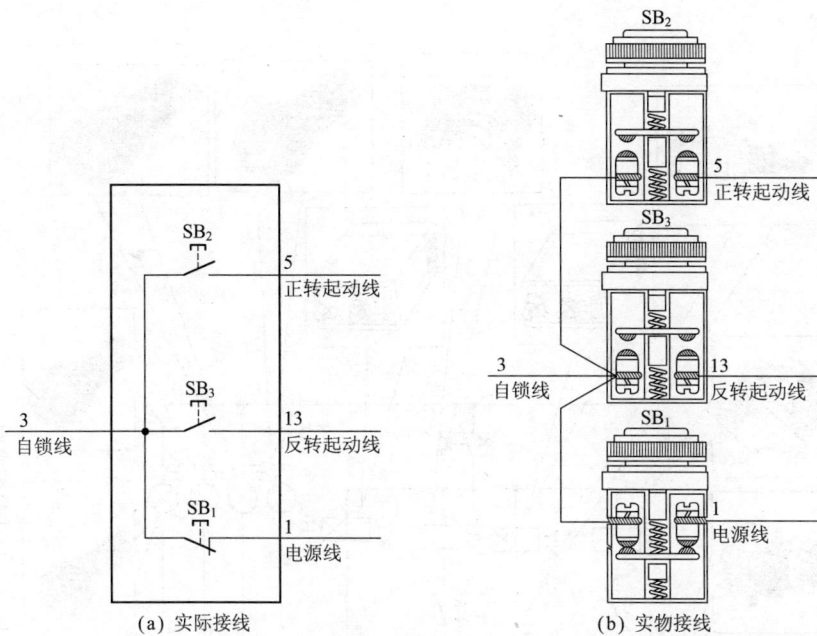

图3 按钮接线图

表2 JS20 系列晶体管时间继电器技术数据

型　号	触点数量			延时范围 /s	安装方式
	延时切换触点数量		瞬动切换触点数量		
	通电延时	断电延时			
JS20-□/00	2			0.1～300	装置式
JS20-□/01	2			0.1～300	面板式
JS20-□/02	2			0.1～300	装置式
JS20-□/03	1		1	0.1～300	装置式
JS20-□/04	1		1	0.1～300	面板式
JS20-□/05	1		1	0.1～300	装置式
JS20-□/10	2			0.1～3600	装置式
JS20-□/11	2			0.1～3600	面板式
JS20-□/12	2			0.1～3600	装置式
JS20-□/13	1		1	0.1～3600	装置式
JS20-□/14	1		1	0.1～3600	面板式
JS20-□/15	1		1	0.1～3600	装置式
JS20-□D/00		2		0.1～180	装置式
JS20-□D/01		2		0.1～180	面板式
JS20-□D/02		2		0.1～180	装置式

电路1　往返到位自动延时返回控制电路　**5**

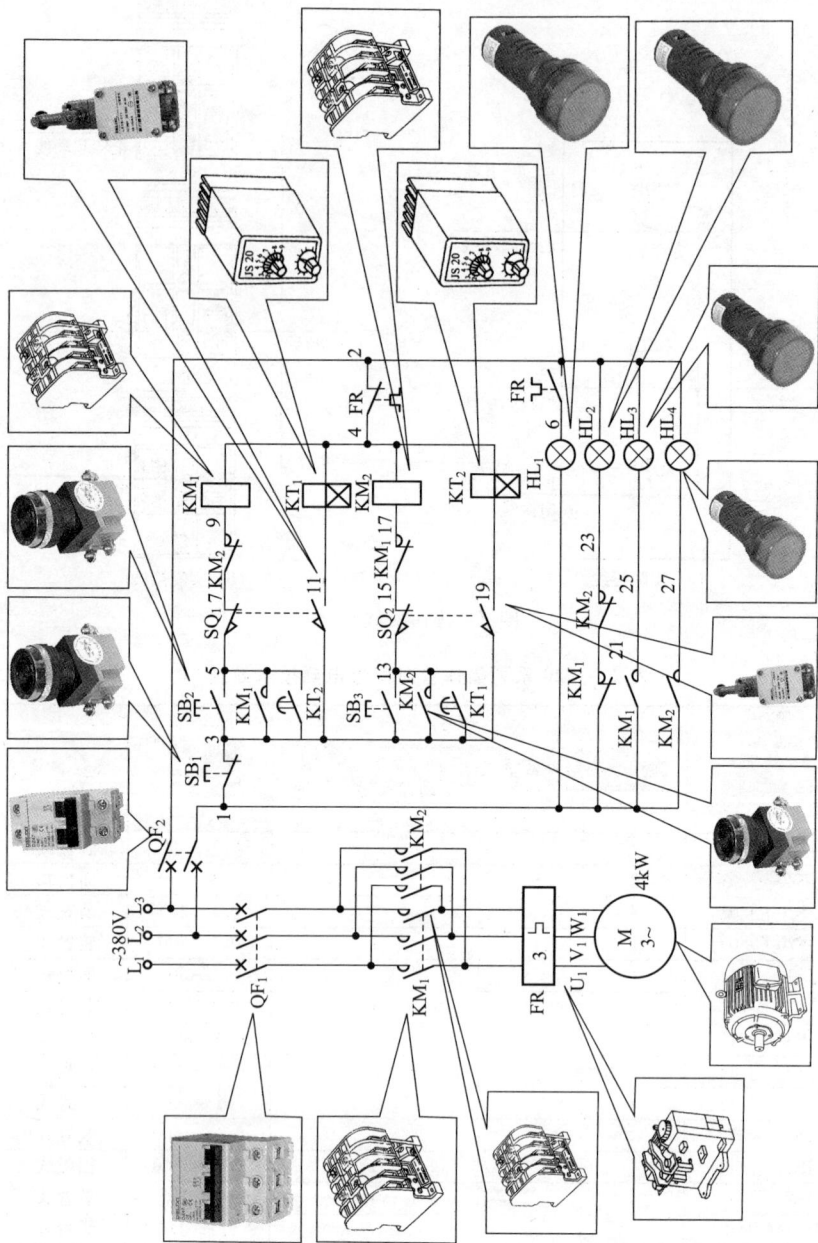

图 4 往返到位自动延时返回控制电路实物配套图

电路 2　加密控制电路

1. 电气原理图

加密控制电路电气原理图如图 5 所示,本电路起动时同时按下两只按钮 SB_2、SB_3,并按住 3s 以上方可进行起动操作,这样相当于加密控制,以防他人误按起动操作而造成事故。

电路中两只按钮开关 SB_2、SB_3 可以分别安装在两个不同地方,以防止他人误按动。图 5 中,HL_1 为电源兼停止指示灯;HL_2 为运转指示灯;HL_3 为过载指示灯。

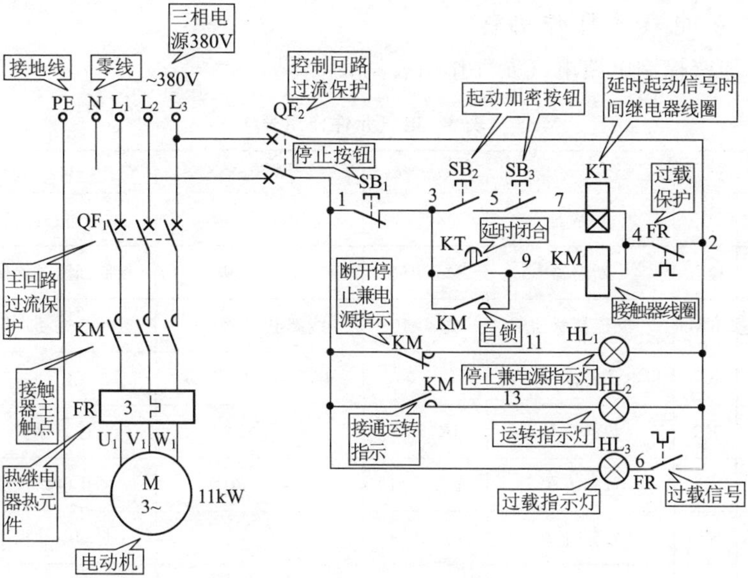

图 5　加密控制电路电气原理图

2. 电气原理分析

起动时,同时按下起动按钮 SB_2(3-5)、SB_3(5-7)不放手,时间继电器 KT 线圈得电吸合,经延时 3s 后 KT 延时闭合触点(3-9)闭合,交流接触器 KM 线圈得电吸合且辅助常开触点(3-9)自锁,其三相主触点闭合,电动机得电运转,同时 KM 辅助常闭触点(1-11)断开,KM 辅助常开触点(1-13)闭合,停止兼电源指示灯 HL_1 灭,运转指示灯 HL_2 亮,说明电动机已运转。

3. 逻辑代数表达式

$$KM_{线圈} = QF_2 \cdot \overline{SB_1} \cdot (KT + KM) \cdot \overline{FR}$$

$$KT_{线圈} = QF_2 \cdot \overline{SB_1} \cdot SB_2 \cdot SB_3 \cdot \overline{FR}$$

$$HL_1 = QF_2 \cdot \overline{KM}$$

$$HL_2 = QF_2 \cdot KM$$

$$HL_3 = QF_2 \cdot FR$$

4. 电路器件动作简述

长时间(超出 KT 设定延时时间)同时按 SB_2、SB_3，KT 吸合并延时，延时时间到，KM 吸合自锁，M 运转；松开 SB_2、SB_3，KT 失电释放。

按 SB_1，KM 失电释放，M 停止。

5. 电气元件作用表

加密控制电路电气元件作用表见表 3。

表 3　电气元件作用表

序号	符号	名　称	型　号	规　格	作　用
1	QF_1	断路器	DZ47-63	40A　三极	主回路过流保护
2	QF_2	断路器	DZ47-63	6A　二极	控制回路过流保护
3	KM	交流接触器	CJ20-40	线圈电压 380V	接通电动机用
4	KT	得电式时间继电器	JS20	电压 380V　180s	延　时
5	FR	热继电器	JR36-32	20～32A	过载保护
6	SB_1	按钮开关	LA19-11	红　色	停止电动机用
7	SB_2	按钮开关	LA19-11	绿　色	起动电动机用
8	SB_3	按钮开关	LA19-11	蓝　色	起动电动机用
9	HL_1	指示灯	LD11	380V	电源兼停止指示
10	HL_2	指示灯	LD11	380V	运转指示
11	HL_3	指示灯	LD11	380V	过载指示
12	M	三相异步电动机	Y160M-4	11kW 22.6A 1460r/min	拖　动

6. 元器件安装排列及端子图

图 6 为元器件安装排列图及端子图。

从元器件安装排列图及端子图上可以看出,端子排 XT 上共有 17 个接线端子,其中,L_1、L_2、L_3、N、PE 为电源引入线,将外部三相 380V 电源接到此处,可采用 3 根 BV $4mm^2$、1 根 BV $2.5mm^2$、1 根黄绿并色 BVR $1.5mm^2$ 导线套管敷设。

U_1、V_1、W_1、PE 用 3 根 BV $4mm^2$、1 根黄绿并色 BVR $1.5mm^2$ 导线套管敷设至电动机处。

1、3、7 可采用 3 根 BVR $0.75mm^2$ 导线接至配电箱面板按钮开关 SB_1、SB_2 上;1、11、13、6、2 可采用 5 根 BVR $0.75mm^2$ 导线接至配电箱面板指示灯 HL_1、HL_2、HL_3 上,并一一正确对应连接。

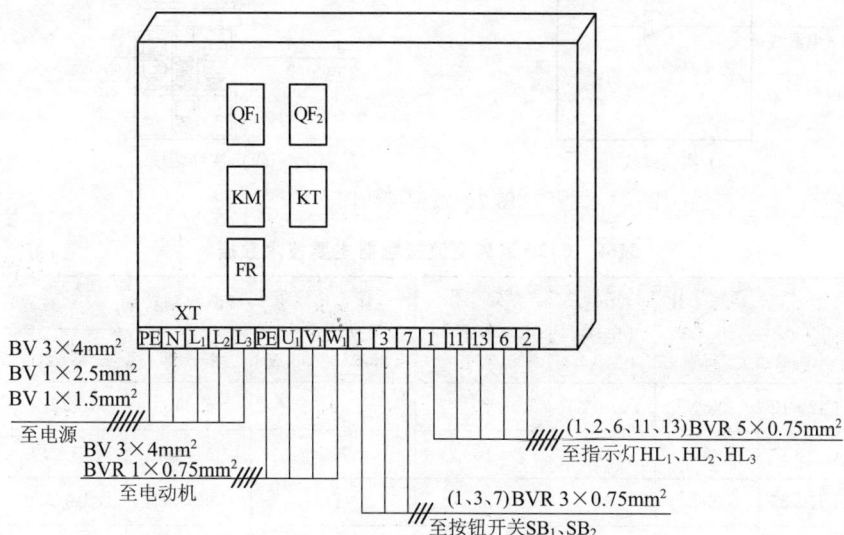

图 6 元器件安装排列图及端子图

7. 按钮实际接线

图 7 为按钮接线图。

8. 电路实物配套图

加密控制电路实物配套图如图 8 所示。

9. 技术数据

CJ20 系列交流接触器主要技术数据见表 4。

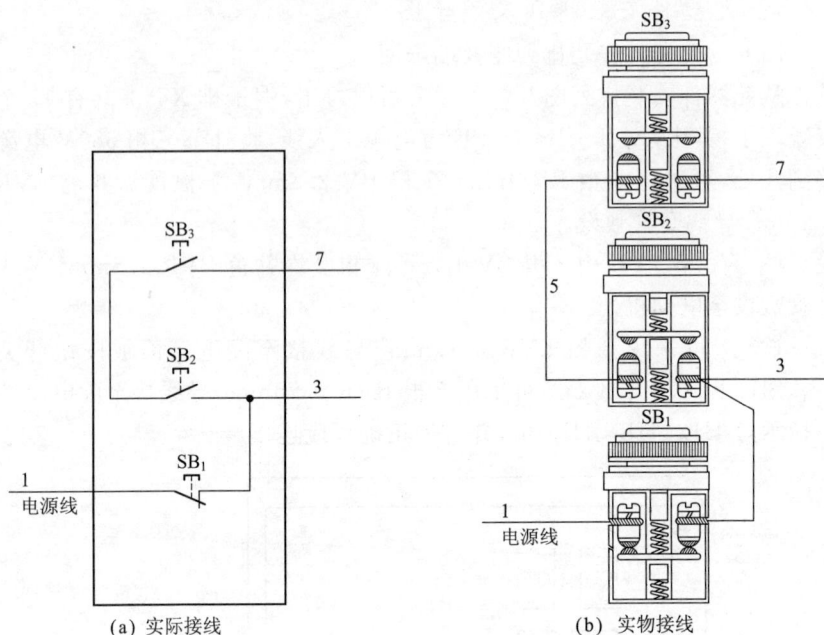

（a）实际接线　　　　　　　　　（b）实物接线

图 7　按钮接线图

表 4　CJ20 系列交流接触器主要技术数据

型　号	额定工作电压 /V	约定发热电流 /A	额定工作电流（AC-3） /A	可控三相异步电动机功率（380V 时）/kW	线圈控制功率/（V·A/W）	
					起　动	吸　持
CJ20-10	380	10	10	4	65/48	8.1/2.4
CJ20-16	380	16	16	7.5	61/48	8.3/2.4
CJ20-25	380	32	25	11	92/58	12.9/3.9
CJ20-40	380	55	40	22	168/81.5	18/5.8
CJ20-63	380	80	63	30	470/148	55/15
CJ20-100	380	125	100	50	555/168	60/22
CJ20-160	380	200	160	85	810/335	87/33
CJ20-250	380	315	250	132	1701/558	150/68
CJ20-400	380	400	400	200	1707/560	155/66
CJ20-630	380	630	630	300	3521/788	241/123

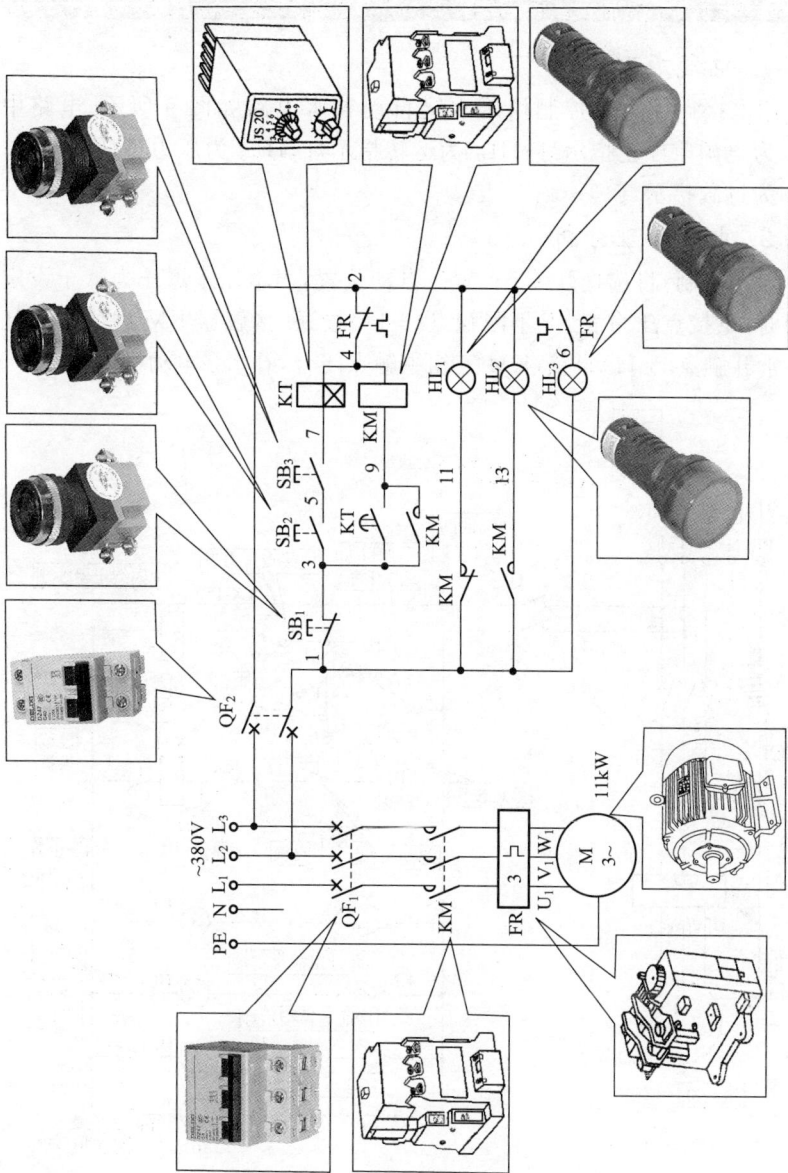

图 8　加密控制电路实物配套图

电路3　用电接点压力表控制增压水罐自动补水

1. 电气原理图

用电接点压力表控制增压水罐自动补水电路如图 9 所示,电路中 HL_1 为电源兼停止指示灯;HL_2 为运转指示灯;HL_3 为压力过低指示灯;HL_4 为过载指示灯。

2. 电气原理分析

自动控制:将选择开关 SA 置于自动位置,当增压水罐压力低于设定下限时,电接点压力表 SP 下限触点(3-11)接通,接触器 KM 线圈接通且 KM 常开触点(3-11)自锁,KM 三相主触点闭合,补水泵电动机运转工作,

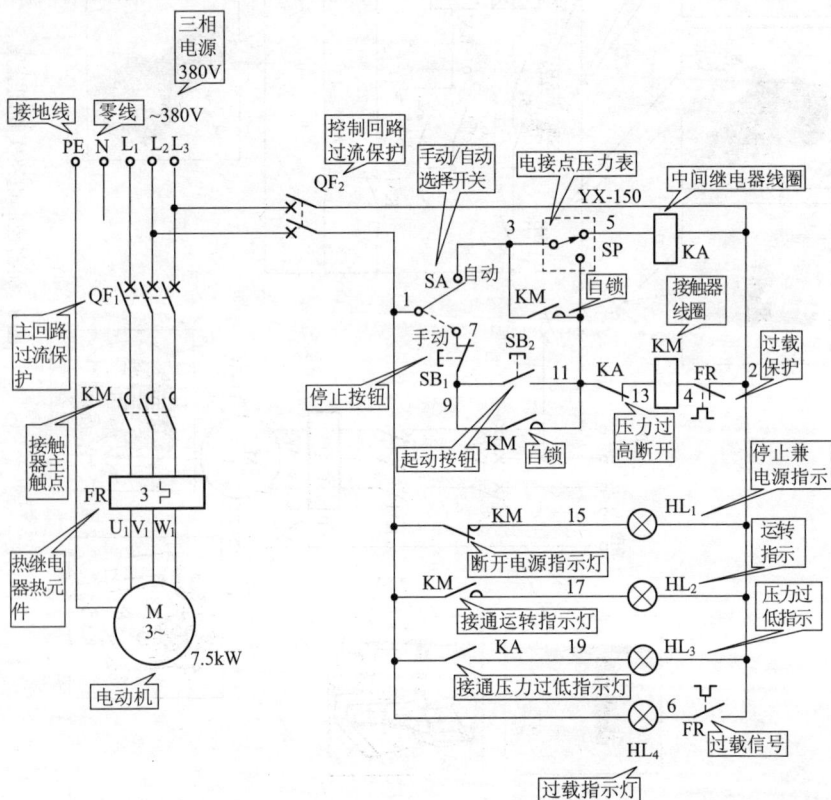

图9 用电接点压力表控制增压水罐自动补水电路电气原理图

同时指示灯 HL_2 亮,说明正在进行补水。当增压水罐达到上限压力时,电接点压力表 SP 上限触点(3-5)接通,中间继电器 KA 线圈得电吸合,KA 串联在 KM 线圈回路中的常闭触点(11-13)断开,接触器 KM 线圈断电释放,KM 三相主触点断开,补水泵电动机停止补水,同时指示灯 HL_2 灭,HL_1 亮,说明补水泵电动机已停止工作。

随着增压罐内压力逐渐下降,当降至下限设定值时,下限触点(3-11)又重新接通,交流接触器 KM 线圈又重新得电吸合工作,其三相主触点闭合,补水泵电动机又重新运转进行补水,重复上述过程。

手动控制:将选择开关 SA 置于手动位置,起动时按下起动按钮 SB_2(9-11),交流接触器 KM 线圈得电吸合且常开触点(9-11)闭合自锁,KM 三相主触点闭合,补水泵电动机得电运转,同时指示灯 HL_2 亮,说明补水泵电动机正在运转补水。当停止时,按下停止按钮 SB_1(7-9),交流接触器 KM 线圈断电释放,其三相主触点断开,补水泵电动机停止补水,同时指示灯 HL_2 灭,HL_1 亮,说明补水泵电动机已停止工作。

3. 逻辑代数表达式

$$KA_{线圈} = QF_2 \cdot \overline{SA} \cdot SP$$

$$KA_{线圈} = QF_2 \cdot [\overline{SA} \cdot (SP + KM) + SA \cdot \overline{SB_1} \cdot (SB_2 + KM)] \cdot \overline{KA} \cdot \overline{FR}$$

$$HL_1 = QF_2 \cdot \overline{KM}$$

$$HL_2 = QF_2 \cdot KM$$

$$HL_3 = QF_2 \cdot KA$$

$$HL_4 = QF_2 \cdot FR$$

4. 电路器件动作简述

SA 置于自动,SP 处于低时,KM 吸合自锁,M 运转;SP 处于高时,KA 吸合,KM 失电释放,M 停止。

SA 置于手动,按 SB_2,KM 吸合自锁,M 运转;按 SB_1,KM 失电释放,M 停止。

5. 电气元件作用表

用电接点压力表控制增压水罐自动补水电路电气元件作用表见表5。

6. 元器件安装排列图及端子图

图10为元器件安装排列图及端子图。

从元器件安装排列图及端子图上可以看出,端子排 XT 上共有 20 个接线端子,其中,L_1、L_2、L_3、N、PE 为电源引入线,将外部三相 380V 电源接到此处,可采用 3 根 BV 4mm²、1 根 BV 2.5mm²、1 根黄绿并色 BVR 1.5mm² 导线套管敷设。

U_1、V_1、W_1、PE 用 3 根 BV 4mm²、1 根黄绿并色 BVR 1.5mm² 导线套管敷设至电动机处。

1、3、9、11 可采用 4 根 BVR 0.75mm² 导线接至配电箱面板选择开关 SA 及按钮开关 SB_1、SB_2 上;1、2、5、6、15、17、19 可采用 7 根 BVR 0.75mm² 导线接至配电箱面板 HL_1、HL_2、HL_3、HL_4 上;3、9、11 可采用 3 根 BVR 0.75mm² 导线穿管接至电接点压力表 SP 上,一一正确对应连接。

表 5 电气元件作用表

序号	符号	名 称	型 号	规 格	作 用
1	QF_1	断路器	DZ47-63	25A 三极	主回路过流保护
2	QF_2	断路器	DZ47-63	6A 二极	控制回路过流保护
3	KM	交流接触器	CJ20-40	线圈电压 380V	控制电动机电源
4	FR	热继电器	JR36-20	14~22A	电动机过载保护
5	KA	中间继电器	JZ7-44	线圈电压 380V	转 换
6	SA	选择开关	LA18-22X2		选择手动/自动操作
7	SB_1	按钮开关	LA19-11	红色	停止电动机用
8	SB_2	按钮开关	LA19-11	绿 色	起动电动机用
9	SP	电接点压力表	YX-150		检测管路压力
10	HL_1	指示灯	LD11-22	380V	电源兼停止指示
11	HL_2	指示灯	LD11-22	380V	运转指示
12	HL_3	指示灯	LD11-22	380V	压力过低指示
13	HL_4	指示灯	LD11-22	380V	过载指示
14	M	三相异步电动机	Y132S$_2$-2	7.5kW 15A 2900r/min	拖 动

7. 按钮开关及选择转换开关实际接线

图 11 所示为按钮开关、选择转换开关接线图。

8. 电路实物配套图

用电接点压力表控制增压水罐自动补水电路实物配套图如图 12 所示。

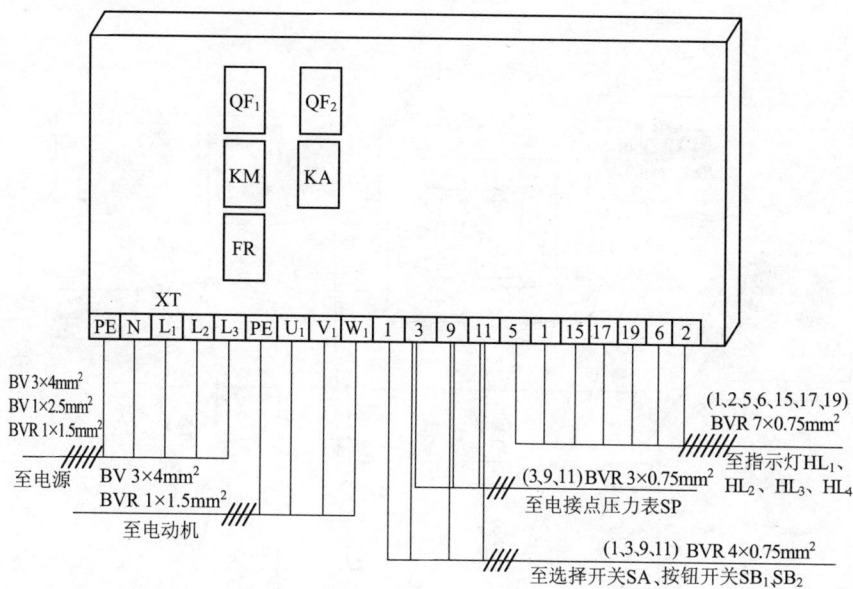

图 10　元器件安装排列图及端子图

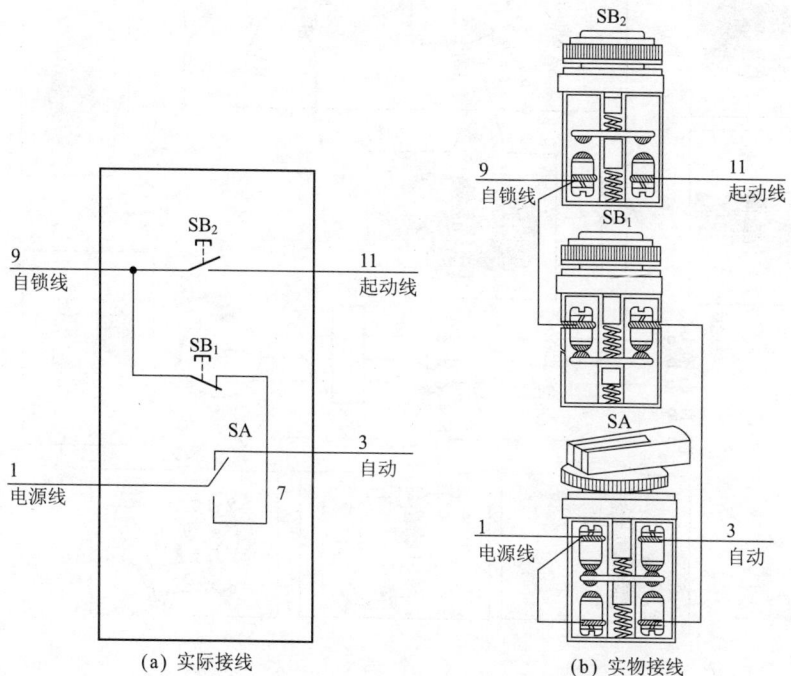

（a）实际接线　　　　　　（b）实物接线

图 11　按钮开关、选择转换开关接线图

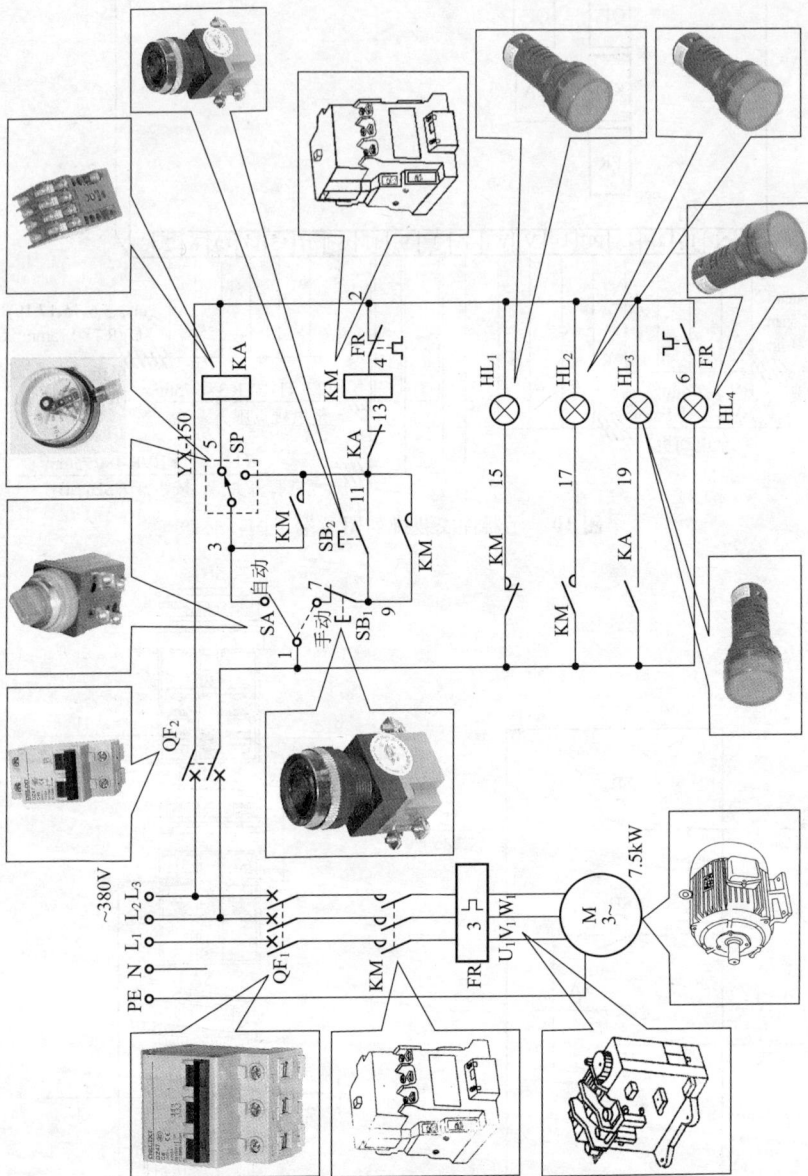

图 12 用电接点压力表控制增压水电路自动补水电路实物配套图

电路4 用电接点压力表配合变频器实现供水恒压调速

1. 电气原理图

有些供水系统需求恒压供水,方法很多,如果你手头上有廉价的变频器的话,可与电接点压力表 YX-150 配合进行最简单的供水恒压调速。用电接点压力表配合变频器实现供水恒压、调速的电气原理图如图 13 所示。图 13 中,HL_1 为电源兼停止指示灯;HL_2 为运转指示灯;HL_3 为过

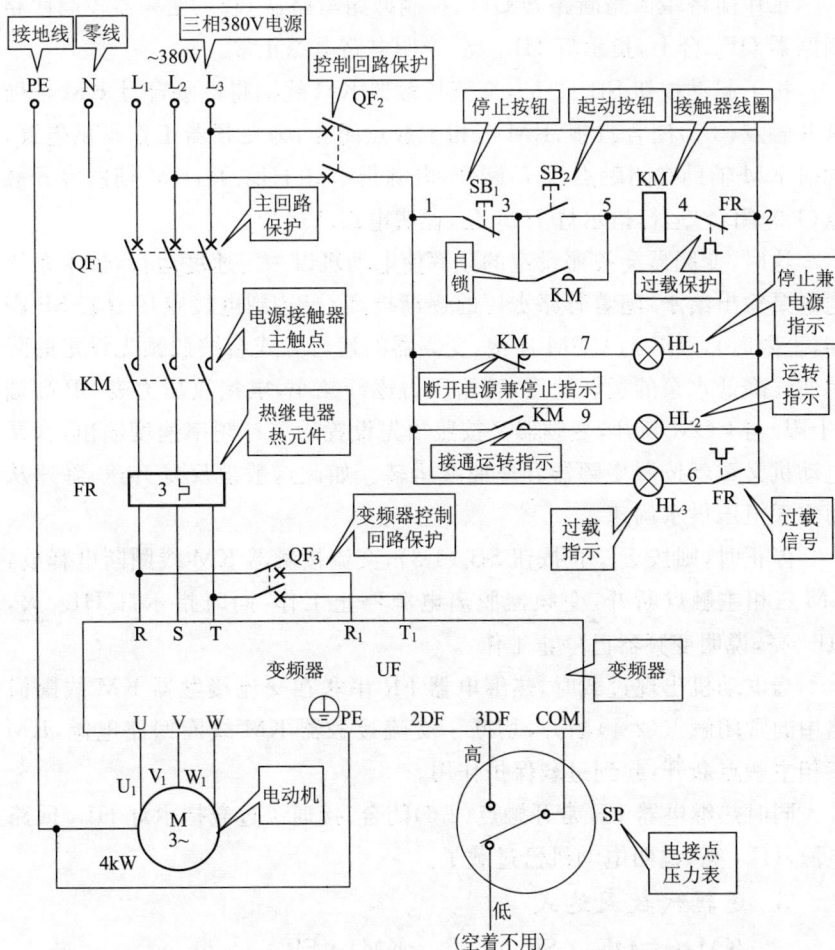

图 13 用电接点压力表配合变频器实现供水恒压调速电路电气原理图

载指示灯。

从图 13 中不难看出，电接点压力表 SP 的高端（也就是上限）接至第三频率端子 3DF 上，再通过调整变频器内部第三频率电位器 3FV 来设定较低的运转速度。

需要注意的是，电接点压力表 SP 不能安装在用水量较大的管路中，使用过程中可以根据实际情况确定安装位置，以保护压力控制信号的正常提供。

2. 电气原理分析

工作前将主回路断路器 QF_1、控制回路断路器 QF_2、变频器控制回路断路器 QF_3 合上，指示灯 HL_1 亮，说明电路电源正常。

按下起动按钮 SB_2(3-5)，交流接触器 KM 线圈得电吸合且 KM 辅助常开触点(3-5)闭合自锁，KM 三相主触点闭合，为变频器工作提供电源，同时 KM 辅助常闭触点(1-7)断开，电源指示灯 HL_1 灭，KM 辅助常开触点(1-9)闭合，运行指示灯 HL_2 亮，说明电路已运行。

这时，变频器会按照设定的频率使电动机以一定速度运行，供水系统通过泵输出给水，随着管路水压的逐渐提高，当达到电接点压力表 SP 高端(上限时)，3DF 与 COM 连接，变频器的运行方式会按照预先设定的降速曲线降低水泵的运转速度，管路压力逐渐减小，电接点压力表 SP 高端(上限)与 COM 断开，变频器又按照预先设置的第三频率速度输出，水泵电动机又重新按照变频器升速曲线运转。如此这般地反复升速、降速从而实现恒压供水调速。

停止时，则按下停止按钮 SB_1(1-3)，交流接触器 KM 线圈断电释放，KM 三相主触点断开，变频器脱离电源停止工作，同时指示灯 HL_2 灭，HL_1 亮，说明变频器已停止工作。

当电动机出现过载时，热继电器 FR 串联在交流接触器 KM 线圈回路中的常闭触点(2-4)断开，切断了交流接触器 KM 线圈回路电源，KM 三相主触点断开，起到过载保护作用。

同时热继电器 FR 常开触点(2-6)闭合，接通了过载指示灯 HL_3 回路电源，HL_3 亮，说明电动机已过载了。

3. 逻辑代数表达式

$$KM_{线圈} = QF_2 \cdot \overline{SB_1} \cdot (SB_2 + KM) \cdot \overline{FR}$$

$$HL_1 = QF_2 \cdot \overline{KM}$$

$$HL_2 = QF_2 \cdot KM$$
$$HL_3 = QF_2 \cdot FR$$

4. 电路器件动作简述

按 SB_2，KM 吸合自锁，变频器得电，SP 处于低时（下限），变频器输出，M 运转；SP 处于高时（上限），变频器无输出，M 停止；反复工作。

按 SB_1，KM 失电释放，变频器失电，M 停止。

5. 电气元件作用表

用电接点压力表配合变频器实现供水恒压调速电路电气元件作用表见表 6。

表 6 电气元件作用表

序号	符号	名　称	型　号	规　格	作　用
1	QF_1	断路器	DZ47-63	20A　三极	主回路过流保护
2	QF_2	断路器	DZ47-63	6A　二极	控制回路过流保护
3	QF_3	断路器	DZ47-63	6A　二极	变频器控制过流保护
4	KM	交流接触器	CDC10-10	线圈电压 380V	电动机电源控制
5	FR	热继电器	JR36-20	6.8～11A	过载保护
6	UF	变频器		根据电动机电流而定	变频控制
7	SB_1	按钮开关	LA19-11	红　色	停止电动机用
8	SB_2	按钮开关	LA19-11	绿　色	起动电动机用
9	SP	电接点压力表	YX-150		压力检测控制
10	HL_1	指示灯	LD11-22	380V	电源兼停止指示
11	HL_2	指示灯	LD11-22	380V	运转指示
12	HL_3	指示灯	LD11-22	380V	过载指示
13	M	变频调速电动机	YVF112M-4	4kW　8.7A 1440r/min	拖　动

6. 元器件安装排列图及端子图

图 14 为元器件安装排列图及端子图。

从元器件安装排列图及端子图上可以看出，端子排 XT 上共有 18 个接线端子，其中，L_1、L_2、L_3、PE、N 为电源引入线，将外部三相 380V 电源接到此处，可采用 3 根 BV $4mm^2$、1 根 BV $2.5mm^2$、1 根黄绿并色 BVR

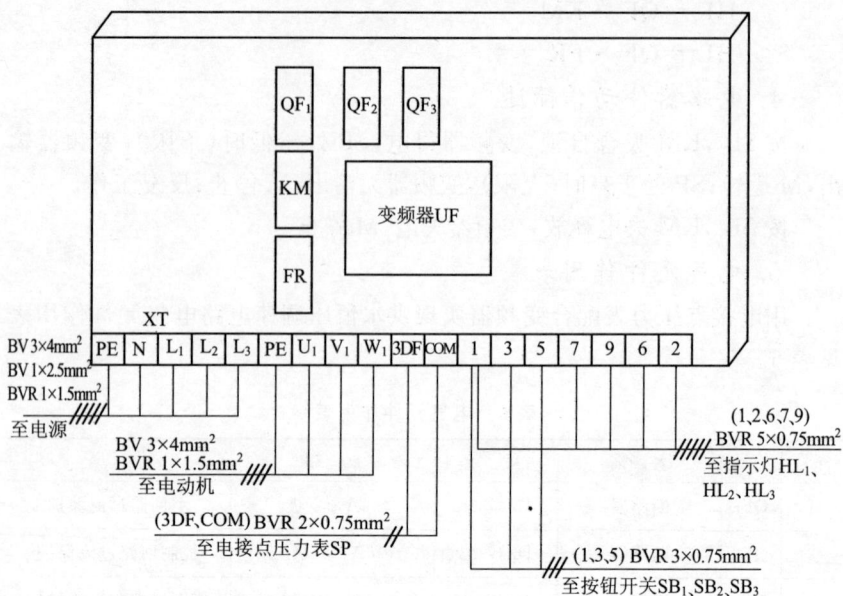

图 14　元器件安装排列图及端子图

1.5mm² 导线套管敷设。

U_1、V_1、W_1、PE 用 3 根 BV 4mm²、1 根黄绿并色 BVR 1.5mm² 导线套管敷设至电动机处。

1、3、5 可采用 3 根 BVR 0.75mm² 导线接至配电箱面板按钮开关 SB_1、SB_2、SB_3 上；1、7、9、6、2 可采用 5 根 BVR 0.75mm² 导线接至配电箱面板指示灯 HL_1、HL_2、HL_3 上；3DF、COM 可采用 2 根 BVR 0.75mm² 导线接至电接点压力表上，并一一正确对应连接。

7. 按钮实际接线

图 15 为按钮接线图。

8. 常见故障及排除方法

① 自动控制正常，手动操作无效。此故障可能原因：手动/自动选择开关 SA(1-7) 损坏；手动停止按钮 SB_1(7-9) 接触不良或断路；手动起动按钮 SB_2(9-11) 接触不良或开路。

对于第一种原因，检查手动/自动选择开关 SA(1-7) 连线是否脱落，若脱落将脱落导线重新连接好；若没有脱落，可用万用表检查 SA(1-7) 是否接触良好，若此触点损坏，则更换一只新选择开关。

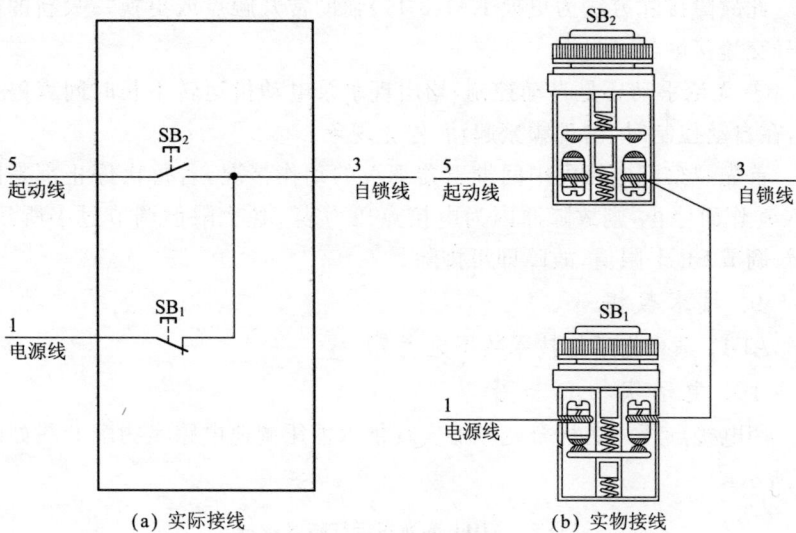

（a）实际接线　　　　　　（b）实物接线

图 15　按钮接线图

对于第二种原因,检查停止按钮 SB_1（7-9）是否正常,若断路,说明 SB_1 已损坏,换新品。

对于第三种原因,检查起动按钮 SB_2（9-11）闭合情况,也可采用短接法进行排查,并排除故障。

② 手动控制正常,但在自动时能起动,可是电动机运转一会儿就停止了。待一会儿电动机又重新起动运转,运转一会儿后又停了下来。

手动控制正常,自动控制可以说也正常,其故障原因一般为 KM 并联在电接点压力表 SP（3-11）两端上的辅助常开触点（3-11）开路,造成自动时无自锁回路。

因为在自动时,增压水罐内压力过低,会导致电接点压力表 SP（3-11）接通,交流接触器 KM 线圈得电吸合,KM 三相主触点闭合,水泵电动机 M 起动运转;随着水罐压力逐渐增大,电接点压力表 SP 指针发生偏移,SP（3-11）触点断开,切断 KM 线圈回路电源,KM 断电释放,KM 三相主触点断开,水泵电动机停止运转。

随着罐内压力逐渐下降,电接点压力表 SP（3-11）又被接通,又使 KM 线圈得电吸合,水泵电动机又重新运转起来,当压力稍有增大,SP（3-11）就会断开,因无 KM 自锁触点（3-11）而无法自锁,从而出现电动机运转一会儿,停一会儿,又运转一会儿,再停一会儿的现象。

电路 4　用电接点压力表配合变频器实现供水恒压调速　**21**

此故障排除方法为更换 KM(3-11)辅助常开触点或更换一只新的同型号交流接触器。

③ 无论手动还是自动控制,均出现水泵电动机运转不长时间就停止了,在自动控制时,出现频繁起动、停止现象。

首先观察配电箱内中间继电器 KA 的动作情况,若每次停止都是因 KA 动作而停止,则故障原因为电接点压力表 SP 上限值调节过小所致,重新调节 SP 上限值,故障即可排除。

9. 技术数据

AD11 系列指示灯技术数据见表 7。

10. 电路实物配套图

用电接点压力表配合变频器实现供水恒压调速电路实物配套图如图 16 所示。

表 7　AD11 系列指示灯技术数据

型　号	额定工作电压/V	安装孔尺寸/mm
AD11-22/41-5G	220、380	ϕ22.3
AD11-22/21-5G	6.3、12、24、48、110、220	ϕ22.3
AD11-22/22-4C	6.3、12、24、48、110	ϕ22.3
AD11-22/41-4C	220、380	ϕ25.5
AD11-25/40-1G AD11-25/41-1G	220 380	ϕ25.5
AD11-25/20-1G AD11-25/21-1G	6.3、12、24、48、110、220	ϕ25.5
AD11-25/41-5G	220 380	ϕ25.5
AD11-30/41-5G	220 380	ϕ30.5
AD11-30/21-5G	6.3、12、24、48、110、220	ϕ30.5
AD11-30/42-5G	220、380	ϕ30.5
AD11-30/22-5G	6.3、12、24、48、110、220	ϕ30.5

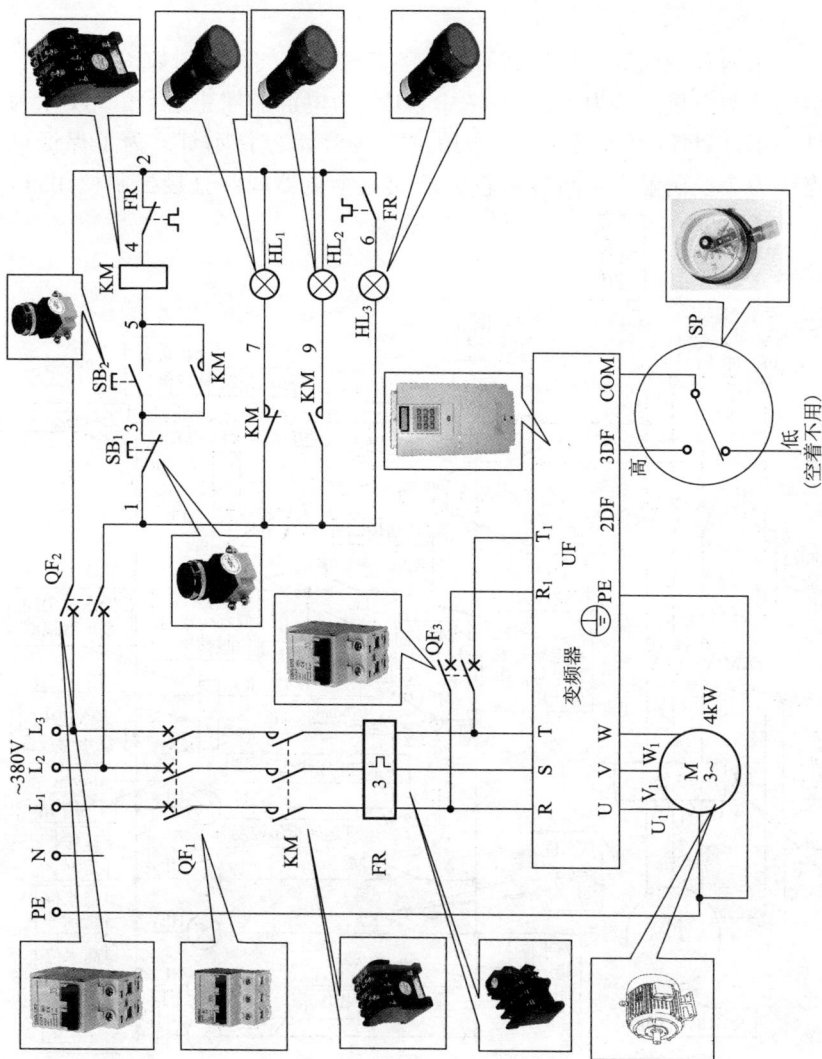

图16 用电接点压力表配合变频器实现供水恒压调速电路实物配套图

电路5 采用两只中间继电器控制的水位控制电路

1. 电气原理图

采用两只中间继电器控制的水位控制电路电气原理图如图 17 所示，检测元件为电接点压力表。图 17 中，HL_1 为电源兼停止指示灯；HL_2 为运转指示灯；HL_3 为低水位指示灯；HL_4 为高水位指示灯。为了保证电接点压力表控制触点不与容量较大的交流继电器线圈直接控制使用，以

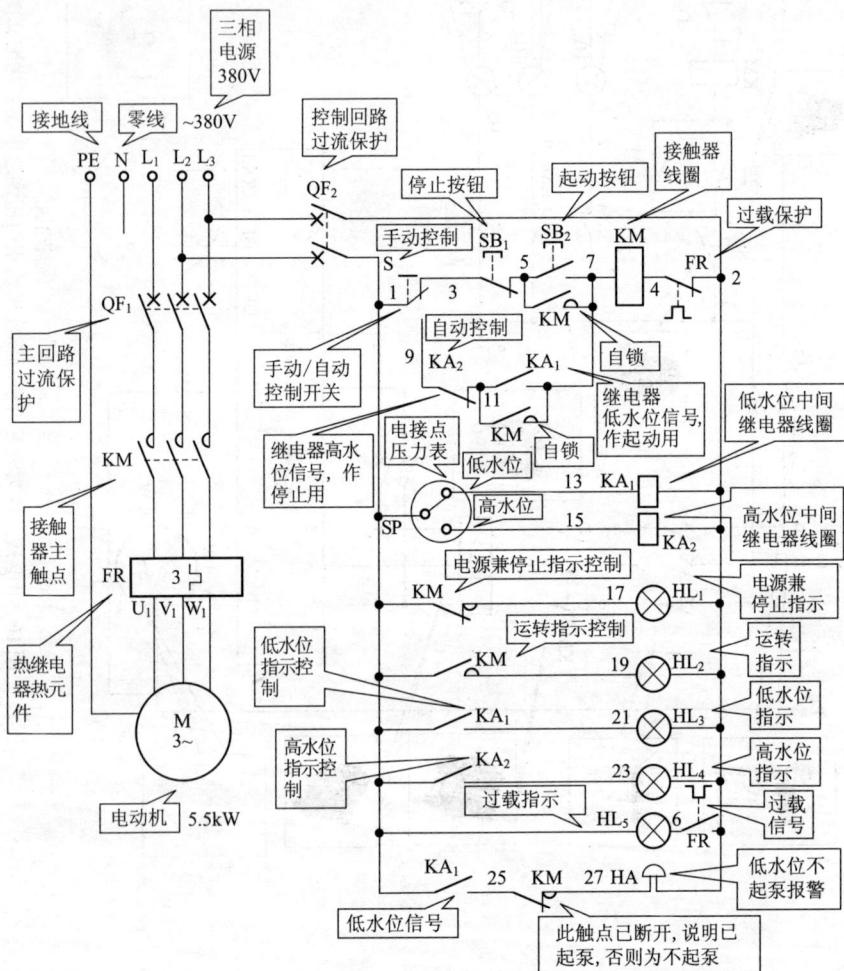

图 17 采用两只中间继电器控制的水位控制电路电气原理图

保护电接点压力表控制触点不易被损坏,所以在控制电路中采用两只中间继电器 KA_1、KA_2 线圈分别接电接点压力表低水位端、高水位端,因中间继电器线圈电流很小,从而保证电接点压力表正常使用。

2. 电气原理分析

合上主回路断路器 QF_1,控制回路断路器 QF_2,电源兼停止指示灯 HL_1 亮,说明电源正常。

手动控制:将手动/自动选择开关 S 拨至手动控制位置(1-3),起动时,按下起动按钮 SB_2(5-7),交流接触器 KM 线圈得电吸合,KM 辅助常开触点(5-7)闭合自锁,KM 三相主触点闭合,电动机得电运转工作。同时 KM 辅助常闭触点(1-17)断开,辅助常开触点(1-19)闭合,电源指示灯 HL_1 熄灭,运转指示灯 HL_2 点亮,说明电动机已起动运转。停止时则按下停止按钮 SB_1(3-5),交流接触器 KM 线圈断电释放,KM 三相主触点断开,电动机停止运转,同时 KM 辅助常开触点(1-19)断开,辅助常闭触点(1-17)闭合,运转指示灯 HL_2 熄灭,电源指示灯 HL_1 点亮,说明电动机已停止运转。

自动控制:将手动/自动选择开关 S 拨至自动控制位置(1-7),控制电路处于自动控制状态。若水罐内压力低于电接点压力表下限值时,电接点压力表下限低水位端(1-13)闭合,中间继电器 KA_1 线圈得电吸合,其常开触点(7-11)闭合,交流接触器 KM 线圈得电吸合且自锁(7-11),KM 三相主触点闭合,电动机得电运转工作,同时 KA_1 常开触点(1-21)闭合,指示灯 HL_3 亮,告知水罐处于低水位、KM 辅助常闭触点(1-17)断开、KM 辅助常开触点(1-19)闭合,电源兼停止指示灯 HL_1 熄灭,运转指示灯 HL_2 点亮,说明电动机已运转工作了。随着水泵电动机运转补水,水罐内压力逐渐上升,电接点压力表下限低水位端(1-13)断开、中间继电器 KA_1 线圈断电释放,其常开触点(1-21)断开,低水位指示灯 HL_3 熄灭;当水罐内压力升至电接点压力表上限值时,上限高水位端(1-15)闭合,接通中间继电器 KA_2 线圈电源,KA 常闭触点(9-11)断开,切断了交流接触器 KM 线圈回路电源,KM 线圈断电释放,KM 三相主触点断开,电动机断电停止运转。同时 KA_2 常开触点(1-23)闭合,指示灯 HL_4 点亮,告知水罐处于高水位,KM 辅助常开触点(1-19)断开、KM 辅助常闭触点(1-17)闭合,运转指示灯 HL_2 熄灭,电源兼停止指示灯 HL_1 点亮,说明电动机已停止运转。

3. 故障分析

无论手动/自动选择开关 S 处于任何状态,只要在低水位时,倘若交流接触器 KM 不吸合,那么 KM 串联在低水位报警电路中的常闭触点(25-27)闭合,电铃 HA 响,告知水位已低且电动机不运转补水。若指示灯 HL_5 亮,说明电动机已过载动作了。

4. 逻辑代数表达式

$$KM_{线圈} = QF_2 [\overline{S} \cdot \overline{SB_1}(SB_2 + KM) + S \cdot \overline{KA_2}(KA_1 + KM)] \cdot \overline{FR}$$

$$KA_{1线圈} = QF_2 \cdot \overline{SP}$$

$$KA_{2线圈} = QF_2 \cdot SP$$

$$HL_1 = QF_2 \cdot \overline{KM}$$

$$HL_2 = QF_2 \cdot KM$$

$$HL_3 = QF_2 \cdot KA_1$$

$$HL_4 = QF_2 \cdot KA_2$$

$$HL_5 = QF_2 \cdot FR$$

$$HA = QF_2 \cdot KA_1 \cdot \overline{KM}$$

5. 电路器件动作简述

S 置手动(1-3),按 SB_2,KM 吸合自锁,M 运转;按 SB_1,KM 失电释放,M 停止。

S 置自动(1-9),当 SP 处于低时,KA_1 吸合,KM 吸合自锁,M 运转,随着压力增高 KA_1 失电释放;当 SP 处于高时,KA_2 吸合,KM 失电释放,M 停止,随着压力降低 KA_2 失电释放。

6. 电气元件作用表

采用两只中间继电器控制的水位控制电路电气元件作用表见表 8。

表 8　电气元件作用表

序号	符号	名　称	型　号	规　格	作　用
1	QF_1	断路器	DZ47-63	20A　三极	主回路过流保护
2	QF_2	断路器	DZ47-63	6A　二极	控制回路过流保护
3	KM	交流接触器	CDC10-20	线圈电压 380V	电动机电源控制
4	FR	热继电器	JR36-20	10~16A	电动机过载保护
5	KA_1	中间继电器	JZ7-44	线圈电压 380V	转　换

序号	符号	名 称	型 号	规 格	作 用
6	KA₂	中间继电器	JZ7-44	线圈电压 380V	转 换
7	SP	电接点压力表	YX-150		压力检测控制
8	SB₁	按钮开关	LA19-11	红色	停止电动机用
9	SB₂	按钮开关	LA19-11	绿色	起动电动机用
10	S	选择开关	LA18-22X2	三挡	选择自动/手动工作方式
11	HA	电 铃		380V	报 警
12	HL₁	指示灯	LD11-22	380V	电源兼停止指示
13	HL₂	指示灯	LD11-22	380V	运转指示
14	HL₃	指示灯	LD11-22	380V	低水位指示
15	HL₄	指示灯	LD11-22	380V	高水位指示
16	HL₅	指示灯	LD11-22	380V	过载指示
17	M	三相异步电动机	Y132M₂-6	5.5kW 12.6A 960r/min	拖 动

7. 元器件安装排列图及端子图

图 18 为元器件安装排列图及端子图。

从元器件安装排列图及端子图上可以看出,端子排 XT 上共有 23 个接线端子,其中,L_1、L_2、L_3、N、PE 为电源引入线,将外部三相 380V 电源接到此处,可采用 3 根 BV 4mm²、1 根 BV 2.5mm²、1 根黄绿并色 BVR 1.5mm² 导线套管敷设。

U_1、V_1、W_1、PE 用 3 根 BVR 4mm²、1 根黄绿并色 BVR 1.5mm² 导线套管敷设至电动机处。

1、3、5、7、9 可采用 5 根 BVR 0.75mm² 导线接至配电箱面板按钮开关 SB₁、SB₂ 及选择开关 S 上;1、2、6、17、19、21、23 可采用 7 根 BVR 0.75mm² 导线接至配电箱面板 HL₁、HL₂、HL₃、HL₄、HL₅ 上;1、2 可采用 2 根 BVR 0.75mm² 导线接至配电箱面板电铃 HA 上,并一一正确对应连接。

8. 按钮开关及选择开关实际接线

图 19 为按钮开关、选择开关接线图。

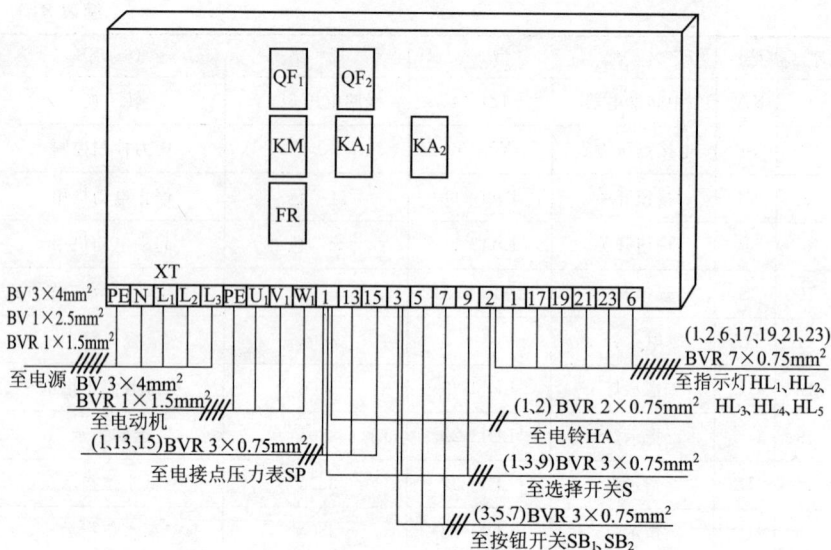

图 18　元器件安装排列图及端子图

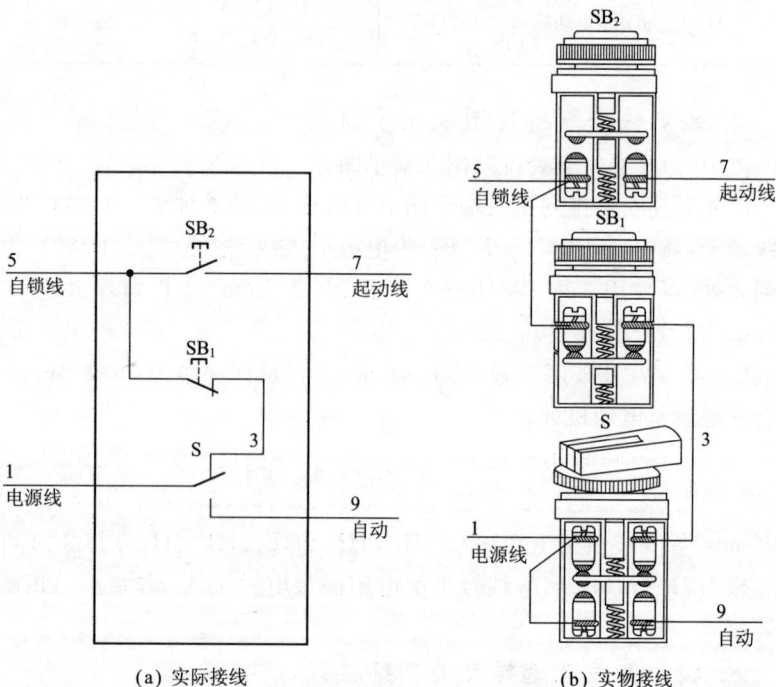

（a）实际接线　　　　　　　　　（b）实物接线

图 19　按钮开关、选择开关接线图

9. 技术数据

JR36 系列热继电器技术数据见表 9。

10. 电路实物配套图

采用两只中间继电器控制的水位控制电路实物配套图如图 20 所示。

表 9　JR36 系列热继电器技术数据

热继电器型号	额定工作电流/A	热元件等级	
		热元件额定电流/A	电流调节范围/A
JR36-20 （替代 JR16B-20/3）	20	0.35	0.25~0.35
		0.5	0.32~0.5
		0.72	0.45~072
		1.1	0.68~1.1
		1.6	1~1.6
		2.4	1.5~2.4
		3.5	2.2~3.5
		5	3.2~5
		7.2	4.5~7.2
		11	6.8~11
		16	10~16
		22	14~22
JR36-32	32	16	10~16
		22	14~22
		32	20~32
JR36-63 （替代 JR16B-60/3）	63	22	14~22
		32	20~32
		45	28~45
		63	40~63
JR36-160 （替代 JR16B-150/3）	160	63	40~63
		85	53~85
		120	75~120
		160	100~160

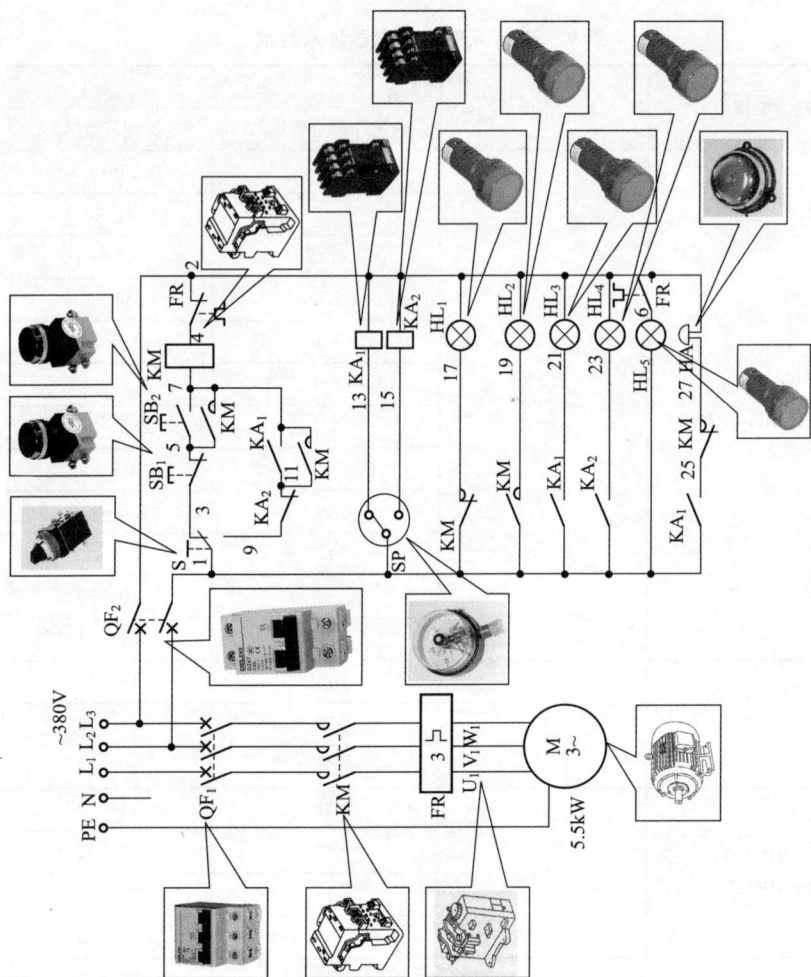

图 20 采用两只中间继电器控制的水位控制电路实物配套图

电路 6 变频器控制电动机正反转调速电路

1. 电气原理图

变频器控制电动机正反转调速电路电气原理图如图 21 所示。

图 21 中，QF 为保护断路器；FU 为控制回路熔断器；K_1 为正转控制交流接触器；K_2 为反转控制交流接触器；SB_1 为停止按钮；SB_2 为正转起

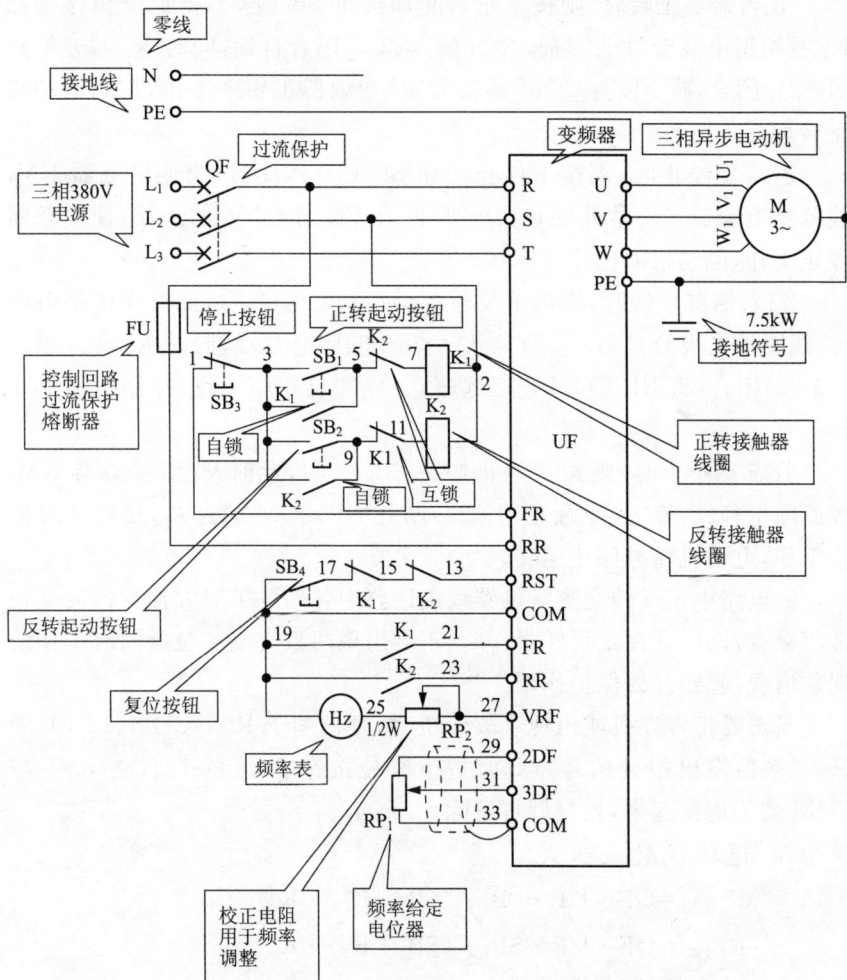

图 21 变频器控制电动机正反转调速电路电气原理图

动按钮；SB₃ 为反转起动按钮；SB₄ 为复位按钮；Hz 为频率表；RP₁ 为 1kΩ、2W 的线绕式频率给定电位器；RP₂ 为 10kΩ、1/2W 校正电阻用于频率调整。

很多变频器控制电动机正反转调速电路，通常都利用交流接触器来实现其正转、反转、停止，以及外接信号的控制，其优点是动作可靠、线路简单，工矿企业的电工人员都能掌握。

2. 电气原理分析

① 若需要正转时，则按下正转起动按钮 SB₁(1-3)，此时交流接触器 K₁ 线圈得电吸合且 K₁ 辅助常开触点(3-5)闭合自锁，同时 K₁ 常开触点 (19-21)闭合，将 FR 与 COM 连接起来，变频器正相序工作，控制电动机正转运行。

若需要停止时，则按下停止按钮 SB₃(1-3)，此时，交流接触器 KM₁ 线圈断电释放，K₁ 常开触点(19-21)断开 FR 与 COM 的连接，使变频器停止工作，电动机断电停止运转。

② 若需要反转时，则按下反转起动按钮 SB₂(3-9)，此时交流接触器 K₂ 线圈得电吸合且 K₂ 辅助常开触点(3-9)闭合自锁，同时 K₂ 常开触点 (19-23)闭合，将 RR-COM 连接起来，变频器反相序工作，控制电动机反转运行。

若需要停止时，则按下停止按钮 SB₃(1-3)，此时，交流接触器 KM₂ 线圈断电释放，K₂ 常开触点(19-23)断开 RR-COM 的连接，使变频器停止工作，电动机断电停止运转。

因电路中正反转交流接触器线圈回路中各串联了对方接触器的互锁常闭触点，以保证在正反转操作时，不会出现两只交流接触器同时工作的现象出现，起到互锁保护作用。

当需要正常停机或出现事故停机时，复位端子 RST-COM(13-19)断开，变频器发出报警信号。此时按下复位按钮 SB₄(17-19)，将 RST 与 COM 端子连接起来，报警即可解除。

3. 逻辑代数表达式

$$K_{1线圈} = QF \cdot UF \cdot \overline{SB_3} \cdot (SB_1 + K_1) \cdot \overline{K_2}$$

$$K_{2线圈} = QF \cdot UF \cdot \overline{SB_3} \cdot (SB_2 + K_2) \cdot \overline{K_1}$$

4. 电路器件动作简述

按 SB₁，K₁ 吸合自锁，UF 输出正相序，M 正转运转。

按 SB_3，K_1 吸合释放，UF 无输出，M 停止。

按 SB_2，K_2 吸合自锁，UF 输出逆相序，M 反转运转。

按 SB_3，K_2 失电释放，UF 无输出，M 停止。

5. 电气元件作用表

变频器控制电动机正反转调速电路电气元件作用表见表 10。

表 10　电气元件作用表

序号	符号	名　称	型　号	规　格	作　用
1	QF	断路器	DZ47-63	32A　三极	主回路过流保护
2	FU	熔断器	RT14-20	芯　6A	控制回路过流保护
3	K_1	交流接触器	CDC10-10	线圈电压 380V	控制正转电源
4	K_2	交流接触器	CDC10-10	线圈电压 380V	控制反转电源
5	UF	变频器	CD19000-G7R5T4	7.5kW　16A	调速
6	Hz	频率表			频率指示
7	RP_1	电位器		1kΩ　2W	调节给定
8	RP_2	电位器		10kΩ　1/2W	频率指示调整
9	SB_1	按钮开关	LA19-11	红　色	停止电动机用
10	SB_2	按钮开关	LA19-11	绿　色	起动正转用
11	SB_3	按钮开关	LA19-11	蓝　色	起动反转用
12	SB_4	按钮开关	LA19-11	黄　色	变频器复位用
13	M	变频调速电动机	YVF132M-4	7.5kW　15.3A 1440r/min	拖　动

6. 元器件安装排列图及端子图

图 22 为元器件安装排列图及端子图。

从元器件安装排列图及端子图上可以看出,端子排 XT 上共有 20 个接线端子,其中,L_1、L_2、L_3、N、PE 为电源引入线,将外部三相 380V 电源接到此处,可采用 3 根 BV 4mm²、1 根 BV 2.5mm²、1 根黄绿并色 BVR 1.5mm² 导线套管敷设。

U_1、V_1、W_1、PE 用 3 根 BV 4mm²、1 根黄绿并色 BVR 1.5mm². 导线

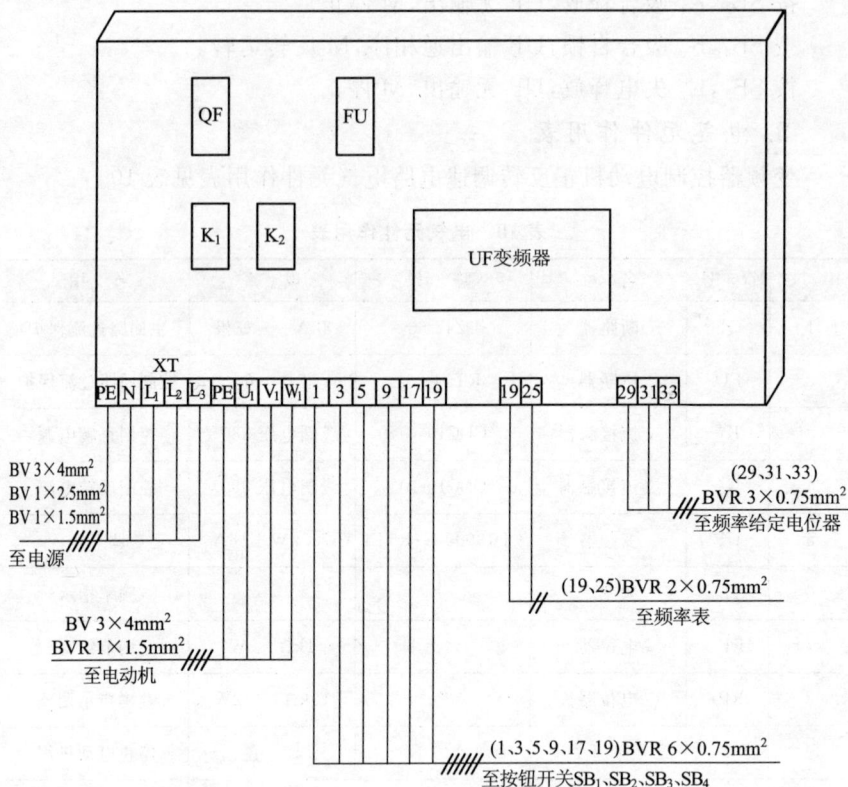

图 22　元器件安装排列图及端子图

套管敷设至电动机处。

1、3、5、9、17、19 可采用 6 根 BVR 0.75mm² 导线接至配电箱面板按钮开关 SB₁、SB₂、SB₃、SB₄ 上；19、25 可采用 2 根 BVR 0.75mm² 导线接至配电箱面板频率表上；29、31、33 可采用 3 根 BVR 0.75mm² 导线接至配电箱面板给定电位器上，并一一正确对应连接。

7. 按钮实际接线

图 23 为按钮接线图。

8. 技术数据

常用 CDC10/CJT1 系列交流接触器技术数据见表 11。

9. 电路实物配套图

变频器控制电动机正反转调速电路实物配套图如图 24 所示。

(a) 实际接线

(b) 实物接线

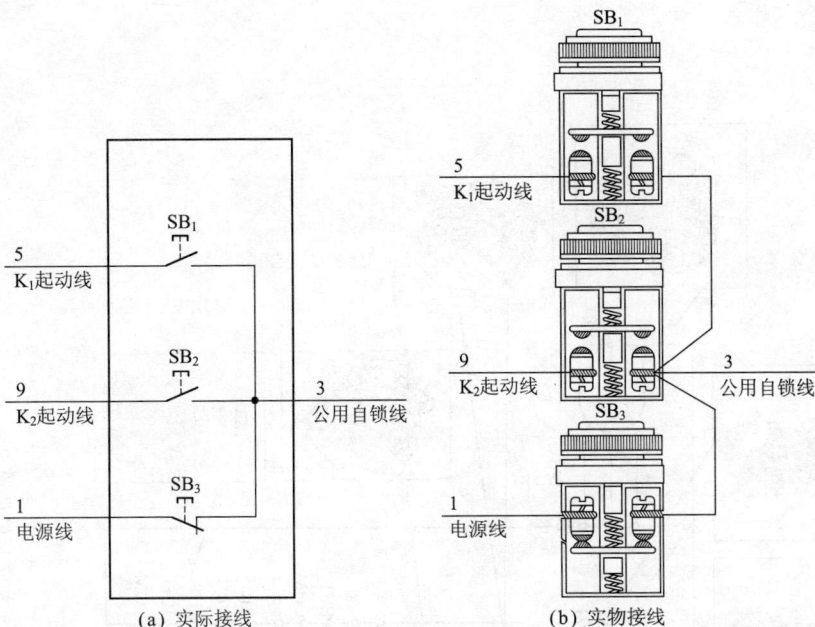

图 23　按钮接线图

表 11　常用 CDC10/CJT1 系列交流接触器技术数据

型　号	额定绝缘 电压/V	主触点 额定电流/A	辅助触点 额定电流/A	可控制电动机的最大功率/kW	
				220V	380V
CDC10-10 CJT1-10	690	10	5	2.2	4
CDC10-20 CJT1-20	690	20	5	5.8	10
CDC10-40 CJT1-40	690	40	5	11	20
CDC10-60 CJT1-60	690	60	5	17	30
CDC10-100 CJT1-100	690	100	5	28	50
CDC10-150 CJT1-150	690	150	5	43	75

注：CDC10 系列为德力西集团公司产品；CJT1 为正泰集团公司产品。

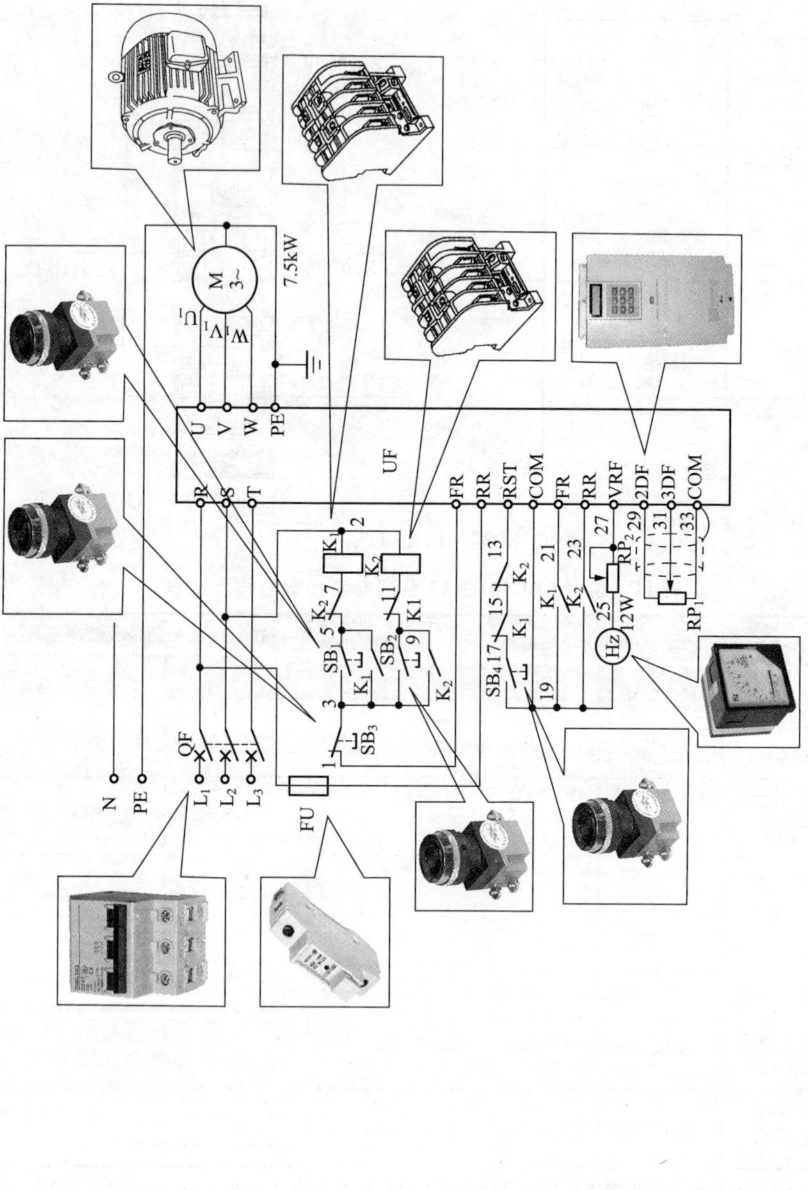

图24 变频器控制电动机正反转调速电路

7.5kW

M 3~

U V W PE

R S T

UF

FR RR RST COM FR RR VRF 2DF 3DF COM

K₁ K₂
SB₁ SB₂ SB₃ SB₄
K₁ K₂
Hz 12W
RP₂ RP₁

N PE L₁ L₂ L₃

QF

FU

电路7 单向起动、停止电路

1. 电气原理图

在工农业生产及各个领域,控制电路应用最多的是单向起动、停止电路。该电路具有自锁、短路保护和过载保护作用。单向起动、停止电路电气原理图如图25所示。

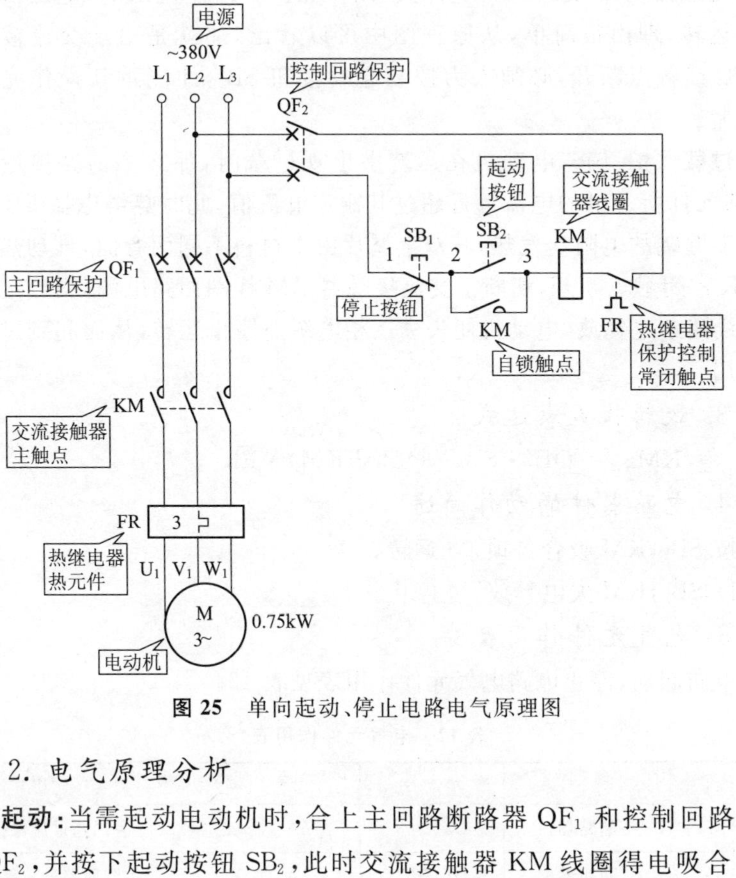

图25 单向起动、停止电路电气原理图

2. 电气原理分析

起动:当需起动电动机时,合上主回路断路器 QF_1 和控制回路断路器 QF_2,并按下起动按钮 SB_2,此时交流接触器 KM 线圈得电吸合,KM 其三相主触点闭合,电动机 M 得电运转。同时 KM 辅助常开触点闭合自锁(又称自保),即使松开起动按钮 SB_2,由于交流接触器 KM 常开辅助触点的自锁作用,控制电路仍保持接通,交流接触器 KM 线圈仍吸合,KM 三相主触点仍然闭合,继续给电动机供电,使电动机 M 仍继续

运转。

停止:欲需停止时,则按下停止按钮 SB$_1$,交流接触器 KM 线圈断电释放,KM 其三相主触点断开电动机电源,电动机断电停止工作。

欠压或失压:当交流接触器 KM 线圈工作电压低于额定电压的85%以下时,交流接触器 KM 线圈会因欠压而断电释放,从而起到失压保护作用。实际上这种情况在实际工作中经常遇到,如在正常工作中,交流接触器 KM 线圈得电吸合工作,倘若电网出现停电现象,那么此时交流接触器 KM 线圈将失电释放,以作保护。即使再来电,电动机也不会再运转,理由很简单,从原理图中可以看出,那就是由于交流接触器 KM 自锁触点断开,必须人为按动起动按钮 SB$_2$,才能重新操作完成起动控制。

过载保护:倘若电动机在运转中出现过载时,那么主回路热继电器 FR 热元件所通过的电流远远超过其额定电流值,此时热继电器 FR 双金属片上缠绕的电阻丝发热,其双金属片由于材料不同而弯曲,推动热继电器 FR 常闭触点断开,切断了交流接触器 KM 线圈回路电源,交流接触器 KM 线圈断电释放,电动机便失去三相电源而停止运转,从而起到过载保护作用。

3. 逻辑代数表达式

$$KM_{线圈} = QF_2 \cdot \overline{SB_1} \cdot (SB_2 + KM) \cdot \overline{FR}$$

4. 电路器件的动作简述

按 SB$_2$,KM 吸合自锁,M 运转。

按 SB$_1$,KM 失电释放,M 停止。

5. 电气元件作用表

单向起动、停止电路电气元件作用表见表 12。

表 12　电气元件作用表

序号	符号	名　称	型　号	规　格	作　用
1	QF$_1$	断路器	DZ47-63	6A　三极	主回路过流保护
2	QF$_2$	断路器	DZ47-63	6A　二极	控制回路过流保护
3	KM	交流接触器	CDC10-10	线圈电压为 380V	控制电动机电源
4	FR	热继电器	JR36-20	1.5～2.4A	电动机过载保护
5	SB$_1$	按　钮	LA19-11	红　色	停止电动机用

序号	符号	名　称	型　号	规　格	作　用
6	SB₂	按　钮	LA19-11	绿　色	起动电动机用
7	M	三相异步电动机	Y801-2	0.75kW 1.9A 2825r/min	拖　动

6. 元器件安装排列图及端子图

元器件安装排列图及端子图如图 26 所示。

从元器件安装排列图及端子图上可以看出,端子排 XT 上共有 9 个接线端子,其中,L_1、L_2、L_3 为电源引入线,将外部三相 380V 电源接到此处,可采用 3 根 BV 1.5mm² 导线套管敷设。

U_1、V_1、W_1 用 3 根 BV 1.5 mm² 导线套管敷设至电动机处。

1、2、3 是按钮控制线,可采用 3 根 BVR 0.75 mm² 导线接至配电箱面板按钮开关 SB_1、SB_2 上,其中,1 为电源线,2 为自锁线,3 为起动线。

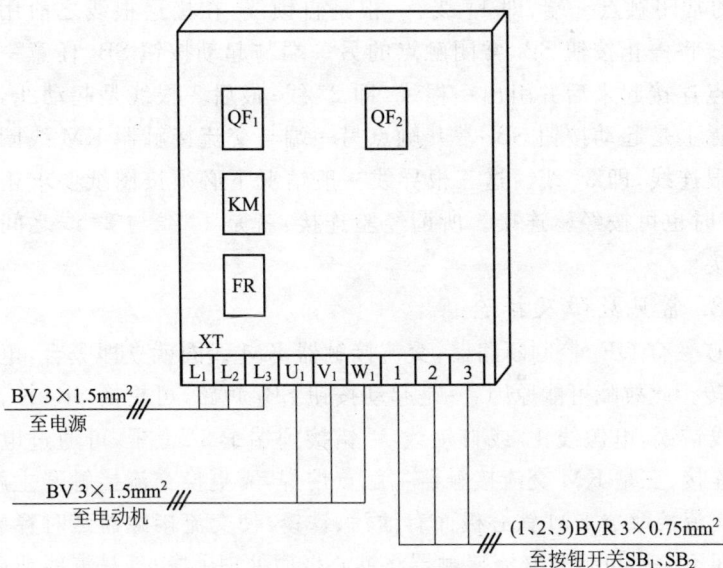

图 26　元器件安装排列图及端子图

7. 按钮实际接线

图 27 是按钮接线图。

在这里顺便讲一下按钮接线,这是经验之谈,对读者工作很有帮助。

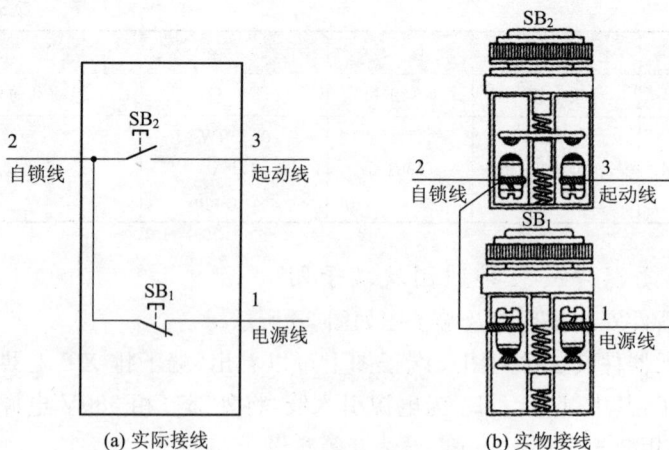

图 27　按钮接线图

(a) 实际接线　　　　　(b) 实物接线

对于单向起动、停止电路的按钮接线，从按钮接线图中可以看出，它实际上从配电盘上引出了三根导线：一根是电源线，接至停止按钮 SB_1 的常闭触点一端，即 $1^\#$ 线；一根是自锁线，在接这根线之前用一根短路线将停止按钮 SB_1 常闭触点的另一端与起动按钮 SB_2 任意一端常开触点连接起来后并引出一根线，即 $2^\#$ 线；最后一根线是起动线，这根线实际上是起动按钮 SB_2 常开触点另一端与交流接触器 KM 线圈之间的一根连线，即 $3^\#$ 线。这三根导线一般情况下必须按图纸要求正确连接，有时也可按经验连接。所谓经验连接，就是 $1^\#$ 线与 $2^\#$ 线之间可任意连接。

8. 常见故障及排除

① 一合 QF_2 控制断路器，交流接触器 KM 线圈就立即吸合，电动机 M 运转。此故障可能原因：一是起动按钮 SB_2 短路，可更换 SB_2 按钮；二是接线错误，电源线 $1^\#$ 或自锁线 $2^\#$ 错接到端子 $3^\#$ 上了，可通过电路图正确连接；三是 KM 交流接触器主触点熔焊，需更换交流接触器主触点；四是交流接触器 KM 铁心极面有油污、铁锈，使交流接触器延时释放（延时时间不一），可拆开交流接触器将铁心极面处理干净；五是混线或碰线，将混线处或碰线处找到后并处理好。

② 按起动按钮 SB_2，交流接触器 KM 不吸合。此故障可能原因：一是按钮 SB_2 损坏，更换新品即可解决；二是控制导线脱落，重新连接；三是停止按钮损坏或接触不良，更换损坏按钮 SB_1；四是热继电器 FR 常闭触

点动作后未复位或损坏,可手动复位,若不行则更换新品;五是交流接触器 KM 线圈断路,需更换新线圈。

③ 按下停止按钮 SB_1,交流接触器 KM 线圈不释放。遇到此种情况,可立即将控制断路器 QF_2 断开,再断开 QF_1 断路器。检修控制电路,其原因可能是 SB_1 按钮损坏,此时需更换新品。另外交流接触器自身故障也会出现上述问题,可参照故障①加以区分处理。

④ 电动机运行后不久,热继电器 FR 就动作跳闸。可能原因:一是电动机过载,检查过载原因,并加以处理;二是热继电器损坏,更换新品;三是热继电器整定电流过小,可重新整定至电动机额定电流。

⑤ 控制回路断路器 QF_2 合不上。可能原因:一是控制回路存在短路之处,应加以排除;二是断路器自身存在故障,更换新断路器即可。

⑥ 一起动电动机主回路,断路器就跳闸。这可能是主回路交流接触器下端以下存在短路或接地故障,排除故障点即可。

⑦ 主回路断路器合不上。可参照故障⑤加以处理。

⑧ 电动机运转时冒烟且电动机外壳发烫,热继电器 FR 不动作。此种故障原因是电动机出现严重过载,热继电器损坏所致,可更换新热继电器 FR 解决。有人会问,既然热继电器损坏,那么主回路断路器为什么不动作?原因很简单,电动机过载电流并没有超过断路器脱扣电流,所以断路器 QF_1 未动作。

⑨ 电动机不转或转动很慢且伴有嗡嗡声。此种故障原因为电源缺相。应立即切断电源,找出缺相故障并加以排除。须提醒的是,遇到此故障时,千万不能在未找到毛病之前反复试车,很容易造成电动机绕组损坏。

⑩ 按动起动按钮 SB_2,交流接触器 KM 线圈得电吸合,电动机运转;松开起动按钮 SB_2,交流接触器 KM 线圈立即释放,此故障是缺少自锁。原因一是交流接触器 KM 辅助常开触点损坏或接触不良(2 号线与 3 号线之间),解决方法是控制或更换 KM 辅助常开触点;二是 SB_1 与 SB_2 之间的 2 号线连至 KM 辅助常开触点上的连线脱落,此时连接好脱落线即可;三是 SB_2 与 KM 线圈之间的 3 号线连至 KM 辅助常开触点上的连线脱落或断路,恢复脱落处,连接好断路点即可。

⑪ 按动起动按钮 SB_2,交流接触器 KM 电磁噪声很大。此故障为接触器短路环损坏或铁心极面生锈或有油污,以及接触器动、静铁心距离变大而致。对于接触器短路环损坏,则需更换一只同型号交流接触器;对于

接触器铁心极面生锈或有油污,可将其铁心极面锈迹或油污擦净即可;对于接触器动、静铁心距离变大,则需在静铁心下垫一层呢子布或硬纸板即可解决问题。

9. 计算举例

① 三相异步电动机额定电流的计算:

$$I = \frac{P \times 10^3}{\sqrt{3} U \cos\varphi \eta}$$

式中,I 为电动机额定电流(A);P 为电动机额定功率(kW);U 为额定工作电压(V);η 为效率;$\cos\varphi$ 为功率因数。

通过上述公式可估算出电动机额定电流为

$$I = 2P$$

即每千瓦为2A。

【举例】有一台三相异步电动机功率为10kW,额定工作电压380V,请估算出其额定电流为多少?

解:$I = 2P = 2 \times 10 = 20(A)$

② 三相交流异步电动机能否允许直接起动的估算公式如下所示:

$$\frac{I_q}{I_e} \leqslant \frac{3}{4} + \frac{S}{4P_e}$$

式中,I_q 为电动机起动电流(A);I_e 为电动机额定电流(A);S 为电网的容量(kV·A);P_e 为电动机额定功率(kW)。

【举例】有一台三相异步电动机,其功率为22kW,额定电流为44A,所用电源变压器为200kV·A,问此电动机能否直接起动控制?

解:根据公式 $\frac{I_q}{I_e} \leqslant \frac{3}{4} + \frac{S}{4P_e}$ 可得

$$\frac{3}{4} + \frac{200}{4 \times 22} = 3$$

通过查阅电工手册或电动机产品样本可知

$$\frac{I_q}{I_e} = 7$$

所以,此台电动机不能进行直接起动控制,需要采用降压起动方式来完成。

10. 电路实物配套图

单向起动、停止电路实物配套图如图28所示。

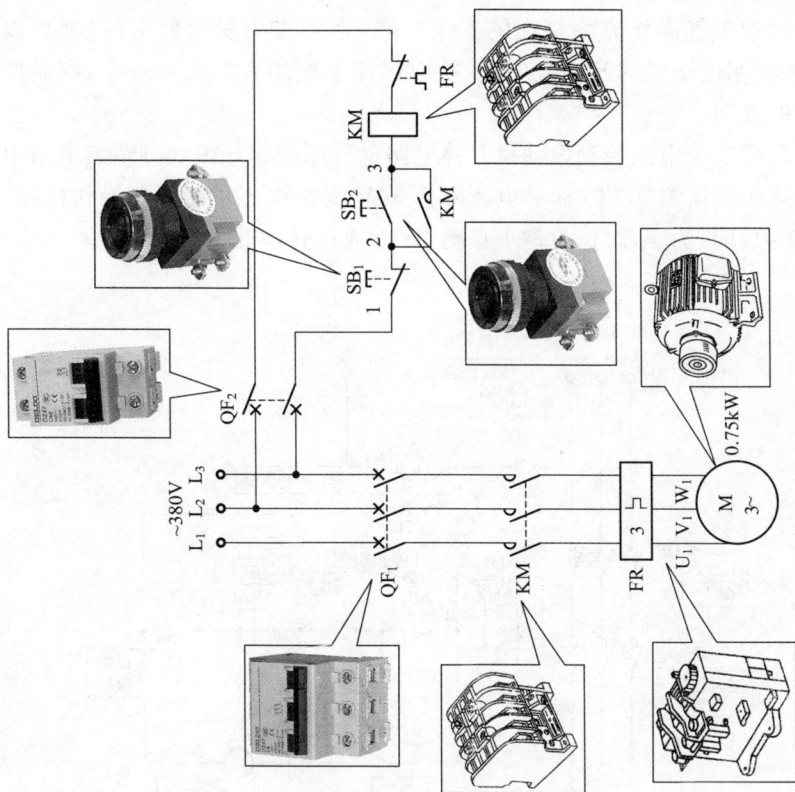

图 28 单向起动、停止电路实物配套图

电路 8　采用安全电压控制电动机起停电路

1. 电气原理图

潮湿工作环境无处不在,如水产加工、毛纺厂等生产车间以及带有蒸汽的热力站,还有乡镇小厂的小作坊。若采用220V或380V电压操作电气设备在安全上存在很大隐患,一旦出现漏电后果不堪设想。为解决潮湿环境中电气操作方面存在的安全问题,常常采用安全低电压(36V以下)来控制电动机的起动或停止,从而保证了使用者的人身安全,深受使用者的欢迎。

采用安全电压控制电动机起停电路电气原理图如图29所示,电路中采用降压变压器T将220V电压降为36V安全电压进行低压操作控制。图29中,EL为工作灯,灯泡电压为36V,通过转换开关SA控制。

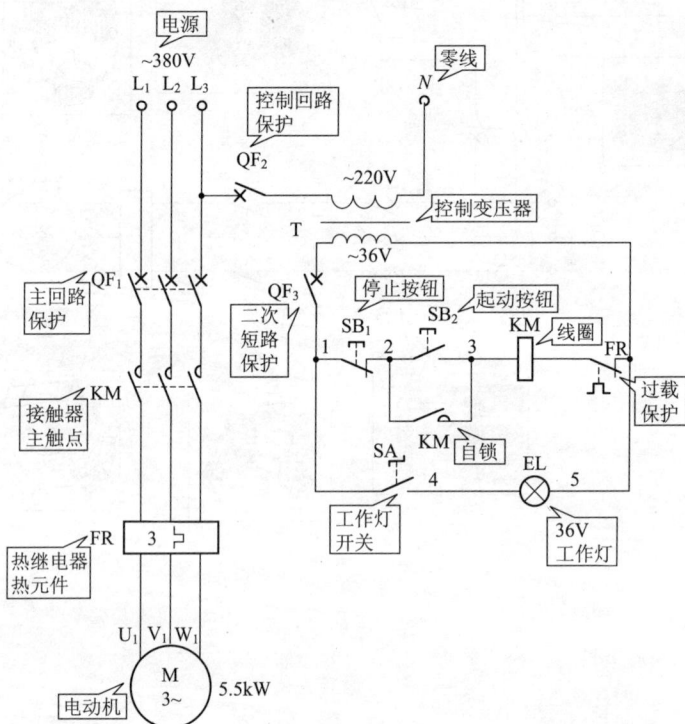

图 29　采用安全电压控制电动机起停电路电气原理图

2. 电气原理分析

起动时,按下起动按钮 SB₂,线圈电压为 36V 的交流接触器 KM 线圈得电吸合且自锁,其三相主触点闭合,电动机得电正常运转;欲停止时,则按下停止按钮 SB₁,交流接触器 KM 线圈断电释放,KM 三相主触点断开,电动机失电停止运转。

图 29 中的控制变压器是一种应用非常广泛的小型干式变压器,如图 30 所示,交流电源频率为 50Hz,初级电压为 220V(或 380V),次级电压有 6.3V、12V、24V、36V、110V、127V、220V 等。它主要用于工矿企业中做安全局部照明电源、电气设备中的控制回路电源及照明灯或指示灯电源,其接线如图 31 所示。

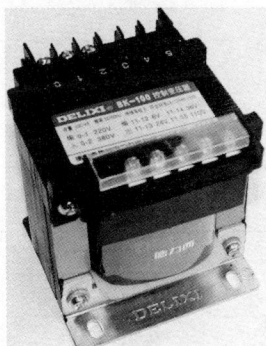

图 30 控制变压器外形

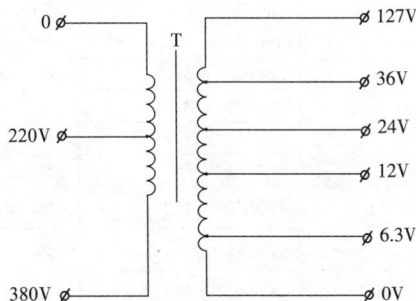

图 31 控制变压器的接线

初学电工人员在使用、安装、维修控制变压器时,应注意以下几个方面:

① 控制变压器在接线前看清变压器的接线端子:初级电压为 220V 时,应接到 220V 的电源线上;初级电压为 380V 时,应接在 380V 交流电源上。绝不允许把 380V 的电源线接入 220V 的接线端子上,否则会烧坏控制变压器。

② 控制变压器的次级电压接线柱要与所控制接入的负载电压相对应。如为指示灯,则应接入 6.3V 的电压,机床低压照明灯泡则要通入 36V 电压;如果是机床用交流接触器,其线圈需用 127V 交流电压,就要接在 127V 电压接线柱上。

③ 控制变压器应安装在干燥处,尽量避免震动,以免损伤内部结构。

④ 控制变压器在使用中应注意负载不允许短路,负载的功率不能超过控制变压器的容量。

⑤ 为了保证控制变压器不会因二次回路故障或过载而烧坏控制变压器,有条件的话,最好在其一、二次回路分别加装小型断路器,如C45N、DZ47型。其电流选用最好接近工作电流。

单相控制变压器技术数据见表13。

表 13 单相控制变压器技术数据

容量/W	规　格	电压/V	导线直径/mm
25	230/220～127～110 ～36～24～12～6.3	230　220　127　110　36　24　12　6.3	0.23　0.21　0.27 0.29　0.51　0.62 0.9　1.2
50	380/127～36	380　127～36	0.29　0.47
	380/36～6.3	380　36～6.3	0.29　0.90
	380/127～6.3	380　127～6.3	0.29　0.47
100	380/220～36	380　220　36	0.41　0.35　0.90
	380/36～12	380　36～12	0.41　1.20
	380/127～6.3	380　127～6.3	0.41　0.62
	380/110～36	380　110　36	0.41　0.51　0.90
150	380/220～110	380　220～110	0.51　0.62
	220/36	220　36	0.72　120×2
300	380～220/36	380～220　36	0.90　1.62×2
400	380/220～6.3～36	380　220～6.3～36	0.80　1.00　0.90
1000	380/220～36	380　220　36	1.20　1.62　0.90
1500	380/220～127～36	380　220　127　36	1.68　1.95 1.88×2　1.88×4

单相控制变压器常见故障及排除方法见表14。

表 14 单相控制变压器常见故障及排除方法

故障现象	原　因	排除方法
发热	• 超负载 • 内部连线问题	• 降低用电设备 • 重绕
冒烟	• 内部绕组短路 • 外部接线短路 • 一次220V误接在380V上	• 重绕或更新 • 重绕或更新并排除短路问题 • 纠正接线

故障现象	原　因	排除方法
电磁声大	·铁心安装松动,漆未浸好	·铁心重装并浸漆
一送电,就烧熔断器或断路器跳闸	·一次线圈短路	·重绕一次线圈

3. 逻辑代数表达式

$$KM_{线圈} = QF_2 \cdot QF_3 \cdot \overline{SB_1}(SB_2 + KM) \cdot \overline{FR}$$

$$EL = QF_2 \cdot QF_3 \cdot SA$$

4. 电路器件动作简述

按 SB_2,KM 吸合自锁,M 运转。

按 SB_1,KM 失电释放,M 停止。

合上 SA,EL 亮。

断开 SA,EL 灭。

5. 电气元件作用表

采用安全电压控制电动机起停电路电气元件作用表见表 15。

表 15　电气元件作用表

序号	符号	名　称	型　号	规　格	作　用
1	QF_1	断路器	DZ47-63	20A　三极	主回路过流保护
2	QF_2	断路器	DZ47-63	3A　单极	控制回路过流保护
3	QF_3	断路器	DZ47-63	6A　单极	控制变压器二次过流保护
4	FR	热继电器	JRS1D-25	9~13A	过载保护
5	KM	交流接触器	CJX2-1210	线圈电压 36V	控制电动机电源
6	T	控制变压器	BK-100	220V/36V 150V·A	变压
7	SB_1	按钮开关	LA2	红　色	停止电动机用
8	SB_2	按钮开关	LA2	绿　色	起动电动机用
9	SA	转换开关	LA18-22X2	二　挡	照明开关
10	EL	照明灯		E27 灯口 36V 60W	照　明
11	M	三相异步电动机	Y132M$_2$-6	5.5kW 12.6A 960r/min	拖　动

6.元器件安装排列图及端子图

元器件安装排列图及端子图如图 32 所示。

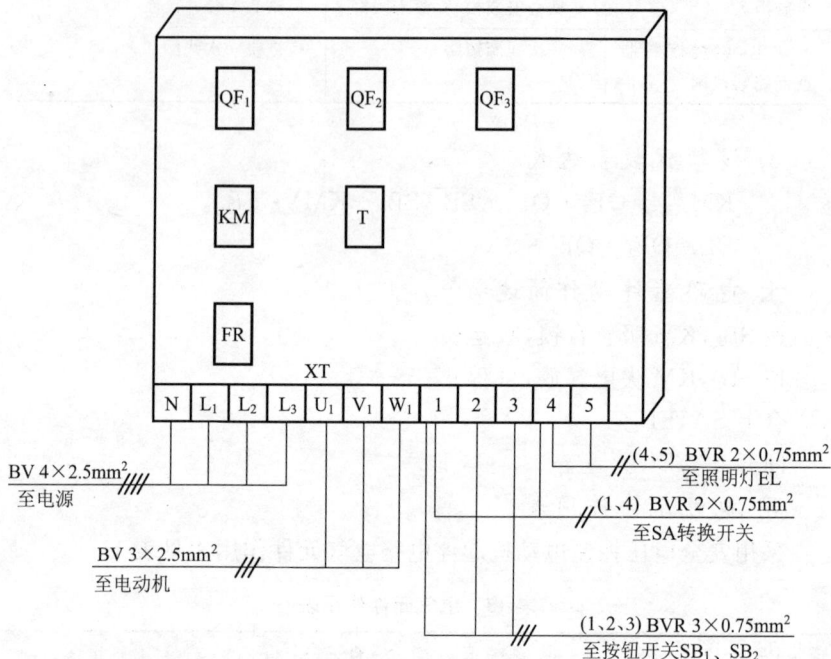

图 32 元器件安装排列图及端子图

从元器件安装排列图及端子图上可以看出,端子排 XT 上共有 12 个接线端子,其中,N、L_1、L_2、L_3 为电源引入线,将外部三相 380V 电源以及零线 N 共 4 根导线接到此处,可采用 4 根 BV 2.5mm² 导线套管敷设。

U_1、V_1、W_1 用 3 根 BV 2.5mm² 导线套管敷设至电动机处。

1、2、3、4 为控制线,可采用 4 根 BVR 0.75mm² 导线接至配电箱面板按钮开关 SB_1、SB_2 及转换开关 SA 上,其中,1 为电源线、2 为自锁线、3 为起动线、4 为转换开关控制线。

4、5 为照明灯电源线,用 2 根 BVR 0.75mm² 导线套管接至照明灯上。

7.按钮开关及转换开关接线

按钮开关接线图如图 33 所示,转换开关接线图如图 34 所示。

8.调　试

断开主回路断路器 QF_1,首先调试控制回路。

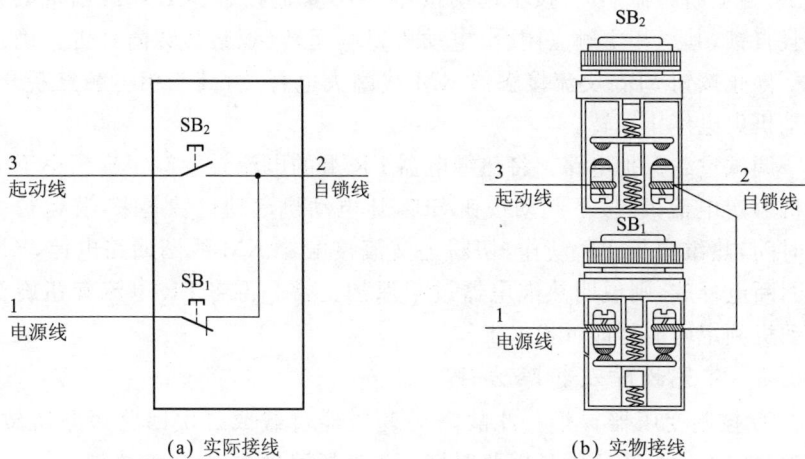

（a）实际接线	（b）实物接线

图 33 按钮开关接线图

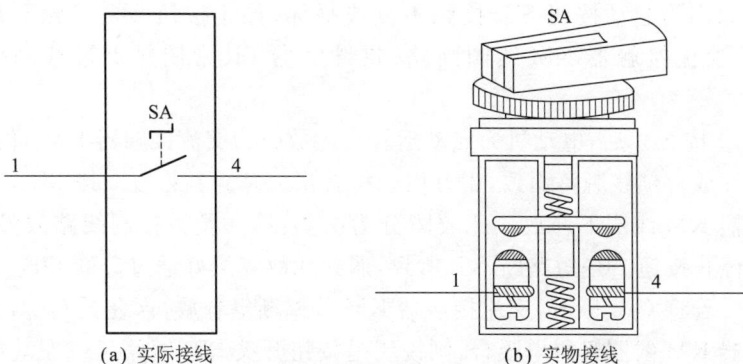

（a）实际接线	（b）实物接线

图 34 转换开关 SA 接线图

合上控制回路断路器 QF_2（QF_3 先断开），让控制变压器 T 空载通电 20min，观察其是否正常，如：是否发热，是否有异响、异味，并测量其二次电压是否是 36V。若一切正常再合上变压器二次侧保护断路器 QF_3，合上照明灯转换开关 SA，若照明灯 EL 发光，则说明 36V 交流电压正常以及变压器带负载正常。

按下起动按钮 SB_2，此时交流接触器 KM 线圈得电吸合且自锁；按 SB_1 停止按钮时，KM 线圈断电释放，说明交流接触器控制电路正常。

若控制回路一切正常并通电半个小时后，可进行主回路及过载保护

电路 8 采用安全电压控制电动机起停电路　**49**

调试,合上断路器 QF_1,按下起动按钮 SB_2,交流接触器 KM 线圈得电吸合且自锁,其三相主触点闭合,电动机得电运转(观察其转向是否正确)。按下停止按钮 SB_1,交流接触器 KM 线圈失电释放,其三相主触点断开,电动机失电停止运转。

调试过载保护电路。将热继电器 FR 上的电流设置旋钮旋至小于电动机额定电流处,按下起动按钮 SB_2,让电动机起动运转起来,若运行一段时间,热继电器 FR 动作,切断了交流接触器 KM 线圈回路电源,KM 线圈断电释放,则说明热继电器过载保护正常。再将 FR 电流旋钮旋至电动机额定电流处即可投入工作。

9. 常见故障及排除方法

① 控制变压器冒烟。此故障为变压器过载或二次回路短路所致。通常造成上述故障原因是因照明灯灯头处短路最多,为典型故障。

② 照明灯亮,按 SB_2 无反应。说明控制变压器 T 二次电压正常,其故障原因为起动按钮 SB_2 接触不良或损坏;停止按钮 SB_1 接触不良或损坏;交流接触器 KM 线圈断路;热继电器 FR 常闭触点过载动作或损坏。

③ 按 SB_2 后,电动机为点动运转。此故障为交流接触器 KM 自锁触点损坏或自锁线脱落而致,用万用表检查出故障点并恢复。按 SB_1,交流接触器 KM 线圈不释放。此故障分为两类:第一类为控制线路故障,一般是停止按钮 SB_1 短路断不开所致,遇到此故障最好通过分断 QF_2 进行确定。若将 QF_2 断开,交流接触器 KM 线圈断电释放,再合上 QF_2,交流接触器 KM 线圈又得电吸合,则说明是按钮开关 SB_1 短路了或左端电源线碰到交流接触器线圈起动线上了。若将 QF_2 断开,交流接触器 KM 不释放,则说明故障为第二类,为交流接触器自身故障,如三相主触点熔焊或动、静铁心极面油污造成其延时缓慢释放现象。

④ 按住 SB_2 不放,交流接触器 KM 吸合不住而跳动不止。此故障为交流接触器 KM 铁心上的短路环损坏所致,遇到此种故障,最好更换一只新的交流接触器。

⑤ 合上照明灯转换开关 SA,照明灯不亮,其原因为 SA 损坏;灯泡灯丝烧断;灯口处接触不良。可根据具体情况检查故障并排除。

10. 电路实物配套图

采用安全电压控制电动机起停电路实物配套图如图 35 所示。

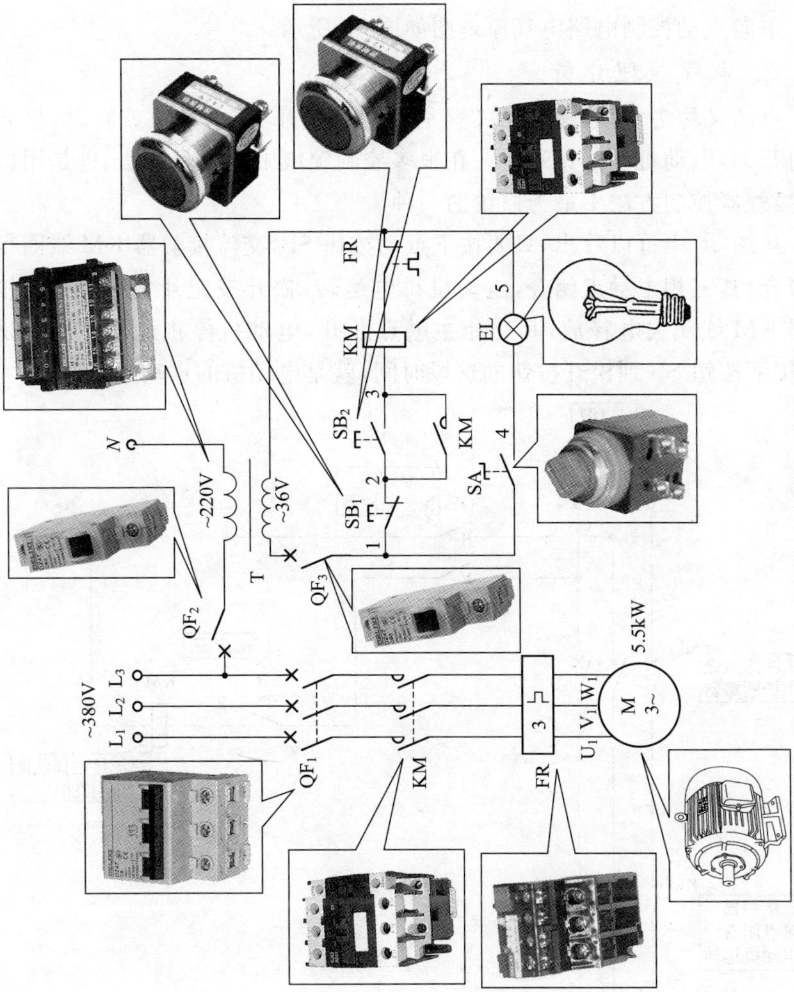

图 35　采用安全电压控制电动机起停电路实物配套图

电路9 单向点动控制电路

1. 电气原理图

单向点动控制电路电气原理图如图36所示。

2. 电气原理分析

点动又称为寸动，顾名思义就是按动按钮开关，电动机就转动，松开按钮开关，电动机就停止运转。在很多控制领域中用到此方法，也是用按钮、接触器控制方法中最为简单的一种。

从图36中可以看出，只要按下点动按钮SB，交流接触器KM线圈得电吸合，其三相主触点闭合，电动机得电运转；松开按钮开关SB，交流接触器KM线圈失电释放，其三相主触点断开，电动机停止运转。也就是说，按下按钮SB到松开按钮的这段时间，就是电动机的点动运转时间。

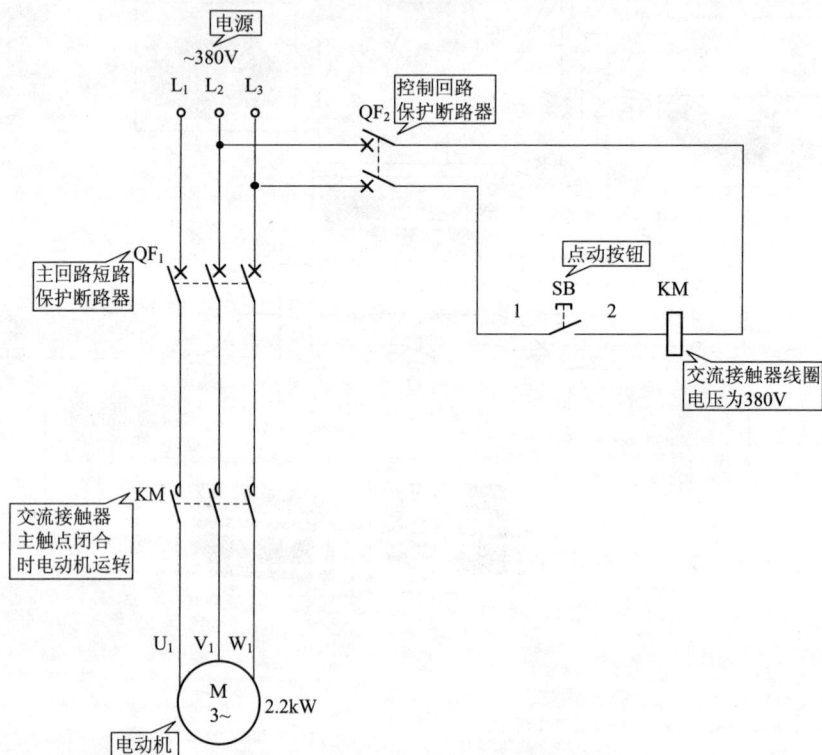

图36 单向点动控制电路电气原理图

3. 逻辑代数表达式

$$KM_{线圈} = QF_2 \cdot SB$$

4. 电路器件的动作简述

按 SB,KM 吸合,M 运转。

松开 SB,KM 失电释放,M 停止。

5. 电气元件作用表

单向点动控制电路电气元件作用表见表 16。

表 16　电气元件作用表

序号	符号	名　称	型　号	规　格	作　用
1	QF$_1$	断路器	DZ47-63	10A　三极	主回路过流保护
2	QF$_2$	断路器	DZ47-63	6A　二极	控制回路过流保护
3	KM	交流接触器	CJX2-0910	线圈电压为 380V	控制电动机电源
4	SB	按钮开关	LA2	绿　色	点动操作
5	M	三相异步电动机	Y132S-8	2.2kW 5.8A 710r/min	拖　动

6. 元器件安装排列图及端子图

元器件安装排列图及端子图如图 37 所示。

从元器件安装排列图及端子图上可以看出,端子排 XT 上共有 8 个接线端子,其中,L$_1$、L$_2$、L$_3$ 为电源引入线,将外部三相 380V 电源接到此处,可采用 3 根 BV 1.5mm^2 导线套管敷设。

U$_1$、V$_1$、W$_1$ 用 3 根 BV 1.5mm^2 导线套管敷设至电动机处。

1、2 为按钮线,可采用 2 根 BVR 0.75mm^2 导线接至配电箱面板按钮 SB 上。

实际上需要外引的按钮开关只需要连接 2 根导线引至配电盘端子上即可。

7. 按钮开关接线

按钮开关实际接线如图 38 所示。

8. 调　试

本电路最大的优点是主回路与控制回路分别由断路器 QF$_1$、QF$_2$ 来进行控制,所以调试起来也相应方便许多。

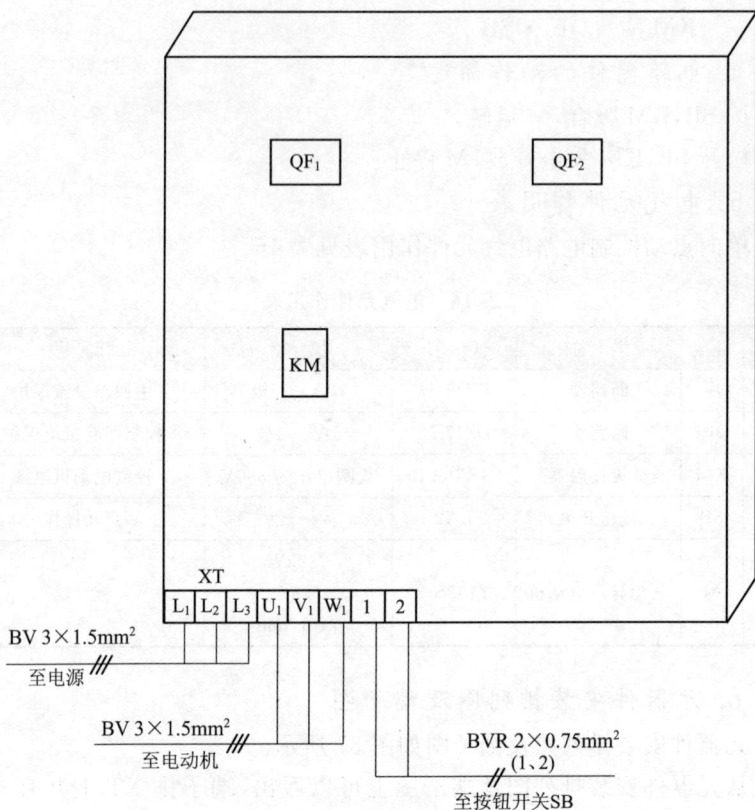

图 37　元器件安装排列图及端子图

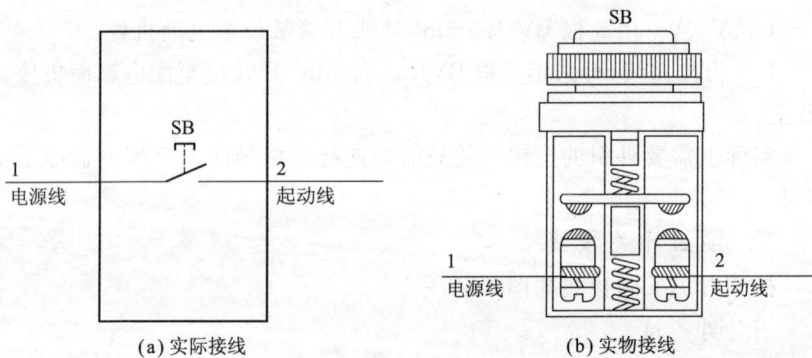

(a) 实际接线　　　　　　　　　(b) 实物接线

图 38　按钮开关接线图

按照原理图核实无误后,首先断开主回路断路器 QF_1 ,先不让电动机运转。合上控制回路断路器 QF_2 ,调试控制回路工作情况是否正常,按下点动按钮 SB,此时配电盘内的交流接触器 KM 线圈得电吸合,一直按着 SB 不放,KM 就一直吸合着;当松开 SB 时,交流接触器 KM 线圈就断电释放。反复试验多次,直到能按其控制要求动作即可,控制回路调试完毕。

此时可调试主回路,合上主回路断路器 QF_1 ,需注意的是电动机转向是否有要求,以及电动机与拖动设备之间是否存在问题。按动一下(时间越短越好)点动按钮 SB,观察电动机转向是否符合要求以及工作是否正常,若运转正常,再长时间按住点动按钮 SB 不放,观察电动机运行情况,若运转正常,电路调试结束。

9. 常见故障及排除方法

① QF_2 断路器合不上。此故障可能原因为 QF_2 后端连接导线有破皮短路现象; QF_2 断路器本身故障损坏。

② 一按动点动按钮 SB, QF_2 断路器就动作跳闸。此故障可能原因为交流接触器 KM 线圈烧毁短路。

③ 按钮 SB 松开后,交流接触器 KM 线圈仍吸合不释放,电动机仍运转。此故障有三种原因应分别处理。

• 第一种故障原因时,断开控制回路断路器 QF_2 ,用耳朵听,用眼睛观察交流接触器 KM 是否有释放声音以及动作情况,若动作一般为按钮开关 SB 短路了,更换按钮开关即可排除。

• 第二种故障原因是交流接触器主触点熔焊,更换交流接触器。

• 第三种故障原因是交流接触器铁心极面有油污造成释放缓慢,处理方法很简单,将交流接触器拆开,用细砂纸或干布将铁心极面擦净即可。

④ 一按 SB,主回路断路器 QF_1 就动作跳闸。可能原因是电动机出现故障;断路器 QF_1 自身有故障;主回路有接地现象;导线短路。

⑤ 一按 SB,电动机嗡嗡响,电动机不转动。可能原因是电源缺相,应检查 QF_1 、KM、FR 以及供电电源 L_1 、 L_2 、 L_3 查找缺相处并加以排除。

⑥ 按动 SB 无反应。可能原因为按钮 SB 损坏;交流接触器 KM 线圈断路;控制回路开路或导线脱落。

10. 电路实物配套图

单向点动控制电路实物配套图如图 39 所示。

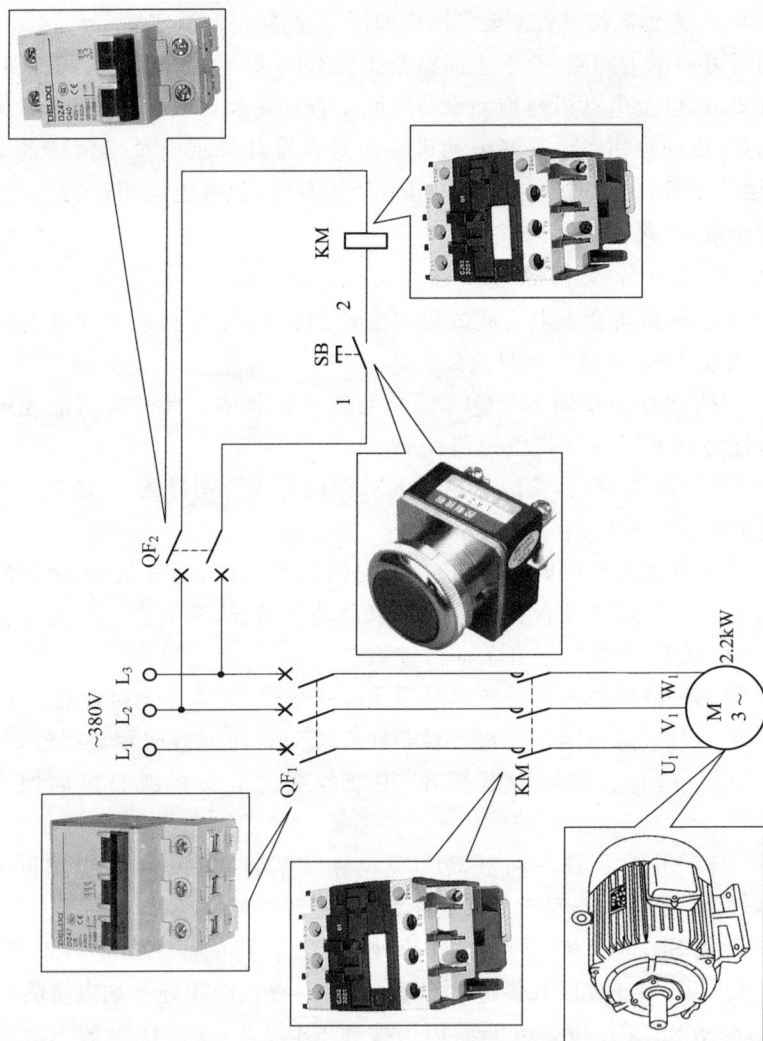

图 39 单向点动控制电路实物配套图

电路 10　带热继电器过载保护的点动控制电路

1. 电气原理图

带热继电器过载保护的点动控制电路如图 40 所示,其电路的工作原理与单向点动控制电路基本相同,仅有一点不同就是带有热继电器作为电动机过载保护。

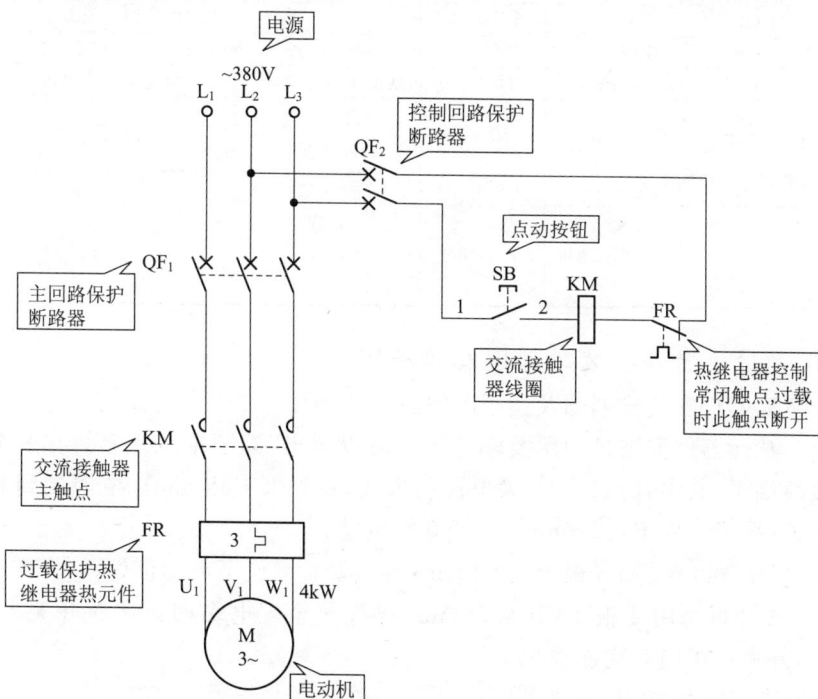

图 40　带热继电器过载保护的点动控制电路电气原理图

2. 电气原理分析

可以这样讲,该电路在所有点动电路中设计上最合理、安全上最可靠。它不但具有短路保护 QF_1、QF_2,还带有过载保护。当电动机过载时,热继电器 FR 内双金属片受热弯曲推动常闭触点动作断开控制电路,以保护电动机不会因过载而烧坏。

3. 逻辑代数表达式

$$KM_{线圈} = QF_2 \cdot SB \cdot \overline{FR}$$

4．电路器件动作简述

按 SB，KM 吸合，M 运转。

松开 SB，KM 失电释放，M 停止。

5．电气元件作用表

带热继电器过载保护的点动控制电路电气元件作用表见表17。

表 17　电气元件作用表

序号	符号	名 称	型 号	规 格	作 用
1	QF$_1$	断路器	DZ47-63	16A 三极	主回路过流保护
2	QF$_2$	断路器	DZ47-63	6A 二极	控制回路过流保护
3	KM	交流接触器	CDC10-10	线圈电压为380V	控制电动机电源
4	FR	热继电器	JR36-20	6.8～11A 带断相保护	过载保护
5	SB	按钮开关	LA19-11	绿 色	点动操作
6	M	三相异步电动机	Y112M-4	4kW 8.8A 1440r/min	拖 动

6．元器件安装排列图及端子图

元器件安装排列图及端子图如图41所示。

从元器件安装排列图及端子图上可以看出，端子排 XT 上共有 8 个接线端子，其中，L$_1$、L$_2$、L$_3$ 为电源引入线，将外部三相380V电源接到此处，可采用3根BV 2.5mm^2 导线套管敷设。

U$_1$、V$_1$、W$_1$ 用3根BV 2.5mm^2 导线套管敷设至电动机处。

1、2可采用2根BVR 0.75mm^2 导线接至配电箱面板按钮开关SB上，并一一正确对应连线。

7．按钮开关接线

按钮开关实际接线如图42所示。

8．调　试

此电路在调试时要调整热继电器 FR 上的电流值旋钮，设定为电动机额定电流即可。

此电路的调试基本上与单向点动控制电路相同，不同之处是电路中增加了过载保护。

过载保护调试：先将热继电器 FR 电流调节刻度设定在远远小于电动机额定电流值，起动电动机，若热继电器 FR 保护动作，说明热继电器

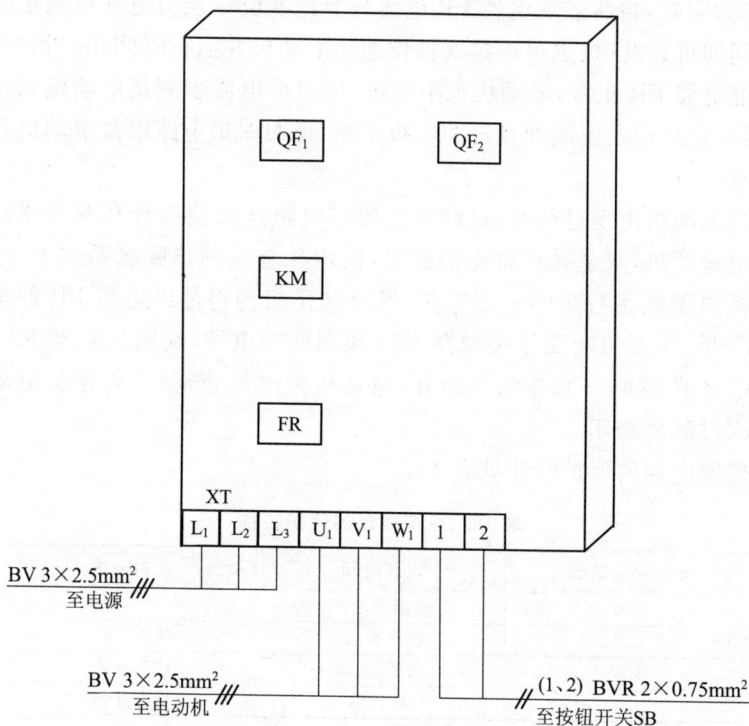

图 41 元器件安装排列图及端子图

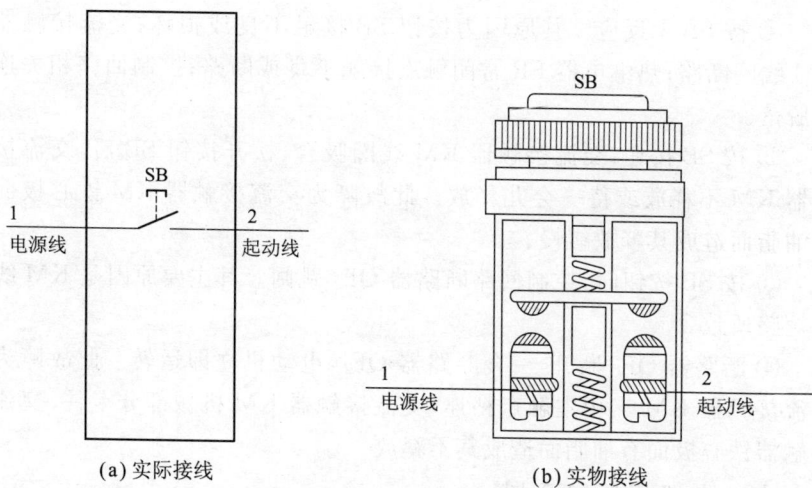

(a) 实际接线   (b) 实物接线

图 42 按钮开关接线图

FR 非常完好,再将热继电器 FR 电流调节刻度设定至与电动机额定电流值相同即可。此时,也可以再次操作起动电动机并运行时间相对长一些,若热继电器 FR 正常,电动机也不发热,用钳形电流表测量电动机三相电流,若不超过额定电流而且三相也很平衡,说明保护电路以及电动机运行均正常。

当电动机出现过载时,过载电流流过电阻丝而使缠绕在双金属片上的电阻丝发热,双金属片将受热膨胀,因两片金属的热膨胀系数不一样,所以就向膨胀系数小的一面弯曲,推动动作机构将热继电器 FR 的常闭触点断开,从而切断交流接触器 KM 线圈回路电源,交流接触器 KM 线圈断电释放,KM 三相主触点断开,电动机失电停止运转,以保护电动机不会因过载而烧坏。

热继电器的保护特性见表 18。

表 18　热继电器的保护特性

整定电流倍数	动作时间	起始条件
1.0	长期不动作	
1.2	小于 20min	热态开始
1.5	大于 2min	热态开始
6.0	大于 5s	冷态开始

9. 常见故障排除

① 按 SB 无反应。其原因为按钮 SB 接触不良或损坏;交流接触器 KM 线圈断路;热继电器 FR 常闭触点接触不良或断路;控制回路相关连线脱落。

② 按 SB 按钮,交流接触器 KM 线圈吸合,松开按钮 SB 后,交流接触器 KM 不释放或待一会儿释放。此故障为交流接触器 KM 铁心极面有油脂而造成其释放缓慢。

③ 按 SB 按钮时,控制回路断路器 QF_2 跳闸。其主要原因是 KM 线圈短路所致。

④ 断路器 QF_2 断开,一合断路器 QF_1,电动机立即运转。此故障为交流接触器 KM 三相主触点粘连;交流接触器 KM 机械部分卡住;交流接触器铁心极面有油脂而造成其不释放。

10. 电路实物配套图

带热继电器过载保护的点动控制电路实物配套图如图 43 所示。

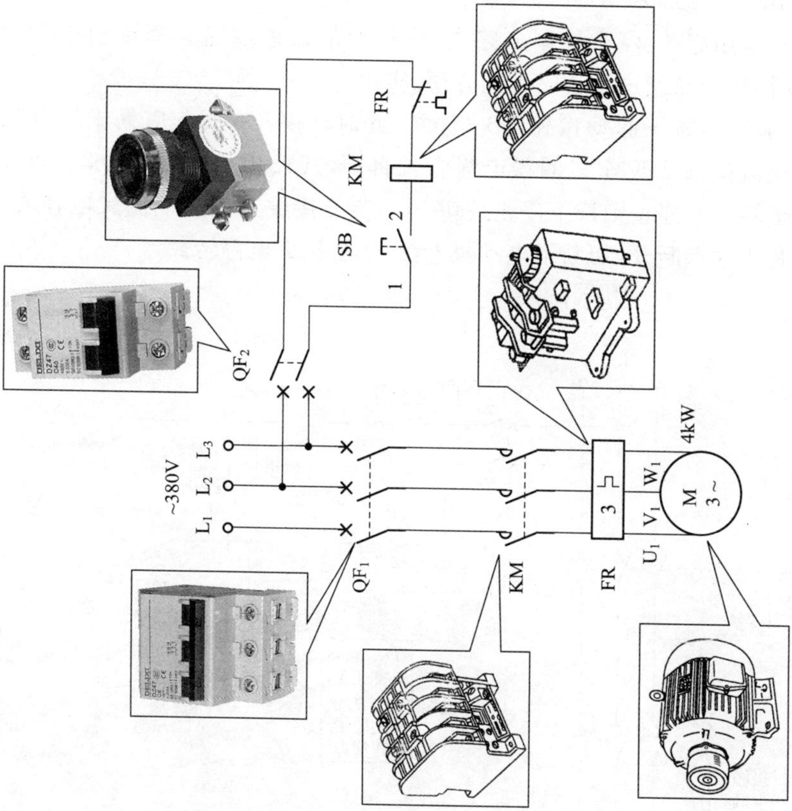

图 43　带热继电器过载保护的点动控制电路实物配套图

电路 11 具有起动、停止、点动混合电路(一)

1. 电气原理图

具有起动、停止、点动混合电路(一)的电气原理图如图 44 所示。

2. 电气原理分析

在常用起动、停止控制电路中,往往稍加改进增加一个点动操作功能,使操作者在使用设备时更加方便、实用。

起动时,按下起动按钮 SB_2(注意,此时转换开关 SA 应处于闭合状态),交流接触器 KM 线圈得电吸合且自锁,其三相主触点闭合,电动机得电运转。欲停止则按下停止按钮 SB_1,交流接触器 KM 线圈失电释放,其三相主触点断开,切断了电动机电源,电动机失电停转。

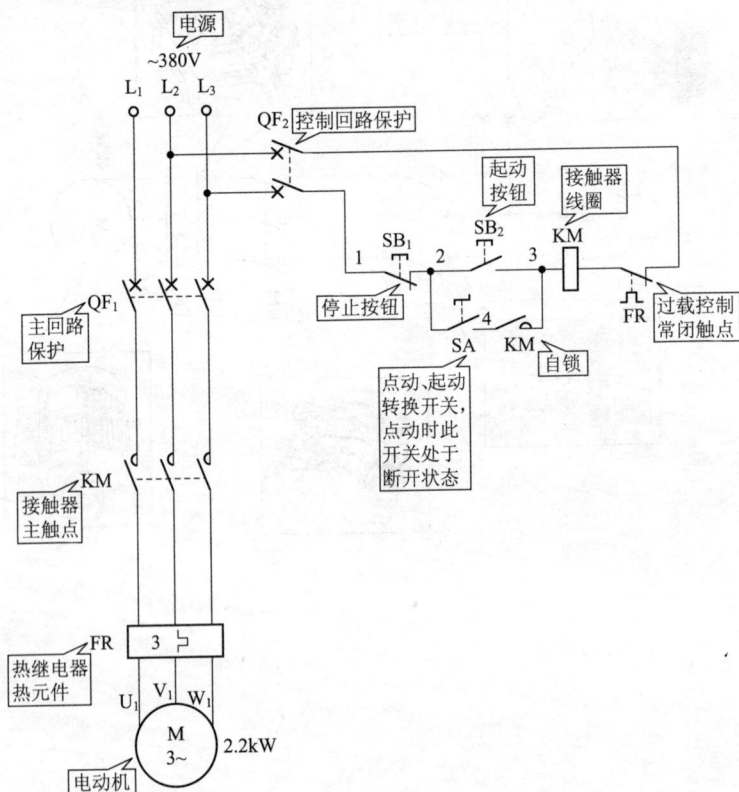

图 44 具有起动、停止、点动混合电路(一)

倘若需点动操作时,则可将转换开关 SA 处于断开状态(实际上就是利用它切断自锁回路),此时按下起动按钮 SB₂,由于交流接触器 KM 自锁回路被切断,所以为点动操作方式。该方法简单、实用、效果较理想。

本电路就是这样一个在电路中增加了一只转换开关,通过它就能灵活方便地改变其操作方式,从而改变电动机的运行方式。

3. 逻辑代数表达式

$$KM_{线圈} = QF_2 \cdot \overline{SB_1} \cdot (SB_2 + SA \cdot KM) \cdot \overline{FR}$$

4. 电路器件动作简述

合上 SA,按 SB₂,KM 吸合自锁,M 连续运转。

按 SB₁,KM 失电释放,M 停止。

断开 SA,按 SB₂,KM 吸合不自锁,M 点动断续运转。

5. 电气元件作用表

具有起动、停止、点动混合电路(一)电气元件作用表见表 19。

表 19　电气元件作用表

序号	符号	名　称	型　号	规　格	作　用
1	QF₁	断路器	DZ47-63	16A　三极	主回路过流保护
2	QF₂	断路器	DZ47-63	6A　二极	控制回路过流保护
3	KM	交流接触器	CDC10-10	线圈电压为380V	控制电动机电源
4	FR	热继电器	JR36-20	4.5～7.2A	过载保护
5	SB₁	按钮开关	LA19-11	红　色	停止电动机用
6	SB₂	按钮开关	LA19-11	绿　色	起动电动机用
7	SA	转换开关	LA18-22X2	旋钮式 两　挡	选择电动机控制方式
8	M	三相异步电动机	Y132S-8	2.2kW 5.8A 710r/min	拖　动

6. 元器件安装排列图及端子图

元器件安装排列图及端子图如图 45 所示。

从元器件安装排列图及端子图上可以看出,端子排 XT 上共有 10 个接线端子,其中,L_1、L_2、L_3 为电源引入线,将外部三相 380V 电源接到此处,可采用 3 根 BV 2.5mm² 导线套管敷设。

U_1、V_1、W_1 用 3 根 BV 1.5mm² 导线套管敷设至电动机处。

1、2、3、4 可采用 4 根 BVR 0.75mm² 导线接至配电箱面板按钮开关 SB₁、SB₂、转换开关 SA 上，并一一正确对应连接。

7．按钮开关及转换开关实际接线

按钮开关及转换开关实际接线如图 46 所示。

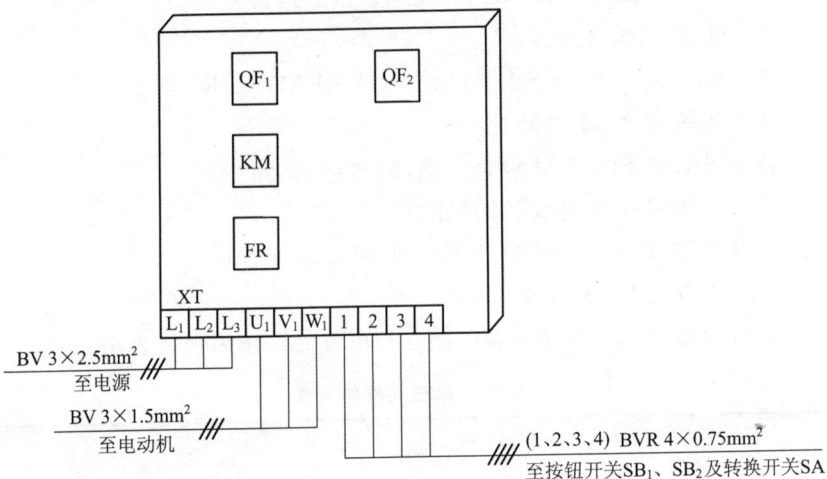

图 45 元器件安装排列图及端子图

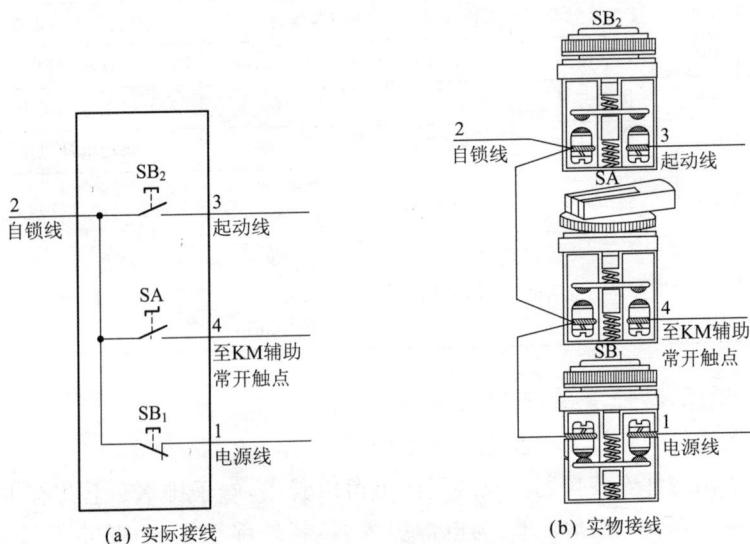

（a）实际接线　　　　　　　（b）实物接线

图 46 按钮开关及转换开关接线图

8. 调 试

首先断开主回路断路器 QF_1,合上控制回路断路器 QF_2。

调试控制回路之前,先将转换开关 SA 处于断开状态,此时按下起动按钮 SB_2,交流接触器线圈 KM 应得电吸合,松开起动按钮 SB_2 后,交流接触器 KM 线圈应断电释放,电路处于点动状态;再将转换开关 SA 处于闭合接通状态,按下起动按钮 SB_2,此时交流接触器 KM 线圈应得电吸合且能够自锁工作,按下停止按钮 SB_1,交流接触器 KM 线圈应断电释放,这说明整个控制电路除热继电器 FR 未调试之外一切正常。

下面来调试主回路。将主回路断路器 QF_1 合上,在起动电动机时要注意设备及保证人身安全,同时应观察电动机转向是否正确,可通过点动方式快速而短暂送电来确定。首先将选择开关 SA 处于点动状态(断开自锁),快速按下起动按钮 SB_2 后立即松手,交流接触器 KM 线圈会瞬间吸合一下又立即释放,其三相主触点也会瞬间闭合一下又断开,电动机刚得电运转立即又停止下来,此时观察电动机转向是否正常,转动部分是否有问题,在确定无问题后再正式操作起动电动机,按下起动按钮 SB_2(手不要松开,可时间稍微长一些,因此时转换开关设置在点动状态,可通过长时间按住 SB_2 来观察主回路电动机运转情况),交流接触器 KM 线圈得电吸合,电动机得电运转工作,若无异常情况再松开起动按钮 SB_2,将选择开关 SA 转至闭合状态(长动状态),按下起动按钮 SB_2,交流接触器 KM 线圈应得电吸合且 KM 辅助常开触点能够自锁,其三相主触点闭合,电动机得电运转工作。欲停止则按下停止按钮 SB_1,交流接触器 KM 线圈应断电释放,其主触点断开,电动机停止运转。主回路调试完毕。

过载保护调试时,首先将热继电器电流整定旋钮设置在比电动机额定电流小很多的刻度值上,此时起动电动机,若热继电器 FR 能够保护动作,说明热继电器 FR 正常,再将热继电器 FR 电流设定与电动机额定电流值相同即可,特殊情况下可增减至额定电流的 $95\%\sim105\%$ 之间设定。

9. 常见故障及排除

① 按起动按钮 SB_2,交流接触器 KM 线圈无反应。可能原因是起动按钮 SB_2 损坏或接触不良;起动按钮 SB_2 上的 2 号线或 3 号线脱落;停止按钮 SB_1 损坏或接触不良;停止按钮上的 1 号线或 2 号线脱落;交流接触器 KM 线圈损坏开路或连线掉线;热继电器 FR 常闭触点过载动作未复位(设置在手动复位状态)或损坏或连线脱落。读者可根据上述故障现象

参照前面讲述的有关电路故障排除方法来解决。

② 长动变为点动。此故障为缺少自锁问题。可能原因是转换开关SA损坏开路了；转换开关SA与交流接触器KM辅助常开自锁触点上的4号连线脱落；转换开关与停止按钮SB_1、起动按钮SB_2上的2号线脱落；交流接触器KM辅助常开自锁触点损坏或自锁触点上的3号线或4号线脱落而致。上述情况导线脱落的应连接好，器件损坏的或接触不良的应更换掉。

③ 电动机过载，热继电器FR不动作。可能原因：一是热继电器控制常闭触点FR接线错误，未接在交流接触器KM线圈回路中，起不到保护作用，应恢复正确接线；二是热继电器FR电流整定值远远大于电动机额定电流值，使热继电器不能正常动作，应恢复调整至电动机额定电流值；三是在电动机过载时，恰好交流接触器KM主触点熔焊或交流接触器KM铁心极面有油污粘连而造成延时释放现象，此时即使热继电器FR常闭触点已动作断开了，但交流接触器主触点因上述原因仍然闭合，电动机处于过载继续运转，解决方法是应立即切断主回路电源，并根据现场实际故障问题更换或修理交流接触器即可；四是热继电器FR损坏不能正常工作，应更换一只同型号规格的热继电器。

④ 按停止按钮SB_1，电动机不停止。此故障原因：一是停止按钮SB_1损坏短路而不能断开控制电路，应更换新品；二是交流接触器自身机械卡住故障或交流接触器铁心极面有油污粘连缓慢释放或交流接触器三相主触点熔焊，此时应立即切断主回路断路器QF_1，对交流接触器进行修理或更换新品；三是按钮开关上的1号电源线与3号起动线搭接短路。

⑤ 没有点动设置。无论转换开关SA设置在什么状态，均为长动（即自锁状态），而没有点动功能。此故障原因是转换开关SA已短路损坏了，处理方法很简单，更换一只相同的新品转换开关即可。

⑥ 控制回路断路器QF_2送不上。其故障原因是下端有短路问题存在，应根据实际问题用万用表逐点检查并排除。

⑦ 一按起动按钮SB_2，控制回路断路器QF_2就跳闸。此故障原因是交流接触器线圈烧毁后短路所致或3号线脱落搭接至接触器线圈KM的另一端电源线上了，应根据实际情况更换线圈或恢复正确接线。

10. 电路实物配套图

具有起动、停止、点动混合电路（一）实物配套图如图47所示。

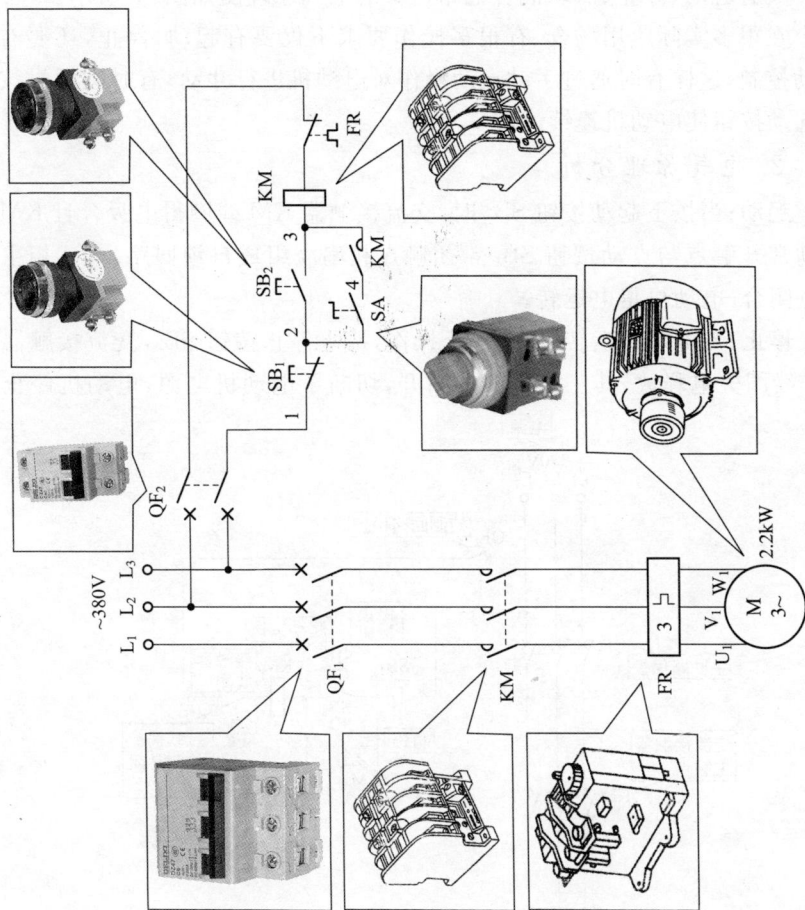

图 47　具有起动、停止、点动混合电路（一）实物配套图

1. 电气原理图

具有起动、停止、点动混合电路(二)的电气原理图如图 48 所示。

在很多实际应用场合,有很多操作要求不仅要有起动、停止,还要有点动控制,这样有时通过手动点动操作对电动机进行寸动,有时则通过按动起动按钮使电动机连续运转。

2. 电气原理分析

起动: 当按下起动按钮 SB_2 时,交流接触器 KM 线圈得电吸合且 KM 辅助常开触点与点动按钮 SB_3 常闭触点相串联组成自锁回路,其三相主触点闭合,电动机得电运转。

停止: 当电动机运转后,需停止操作,按下停止按钮 SB_1,交流接触器 KM 线圈失电释放,其三相主触点断开,切断了电动机电源,电动机停止

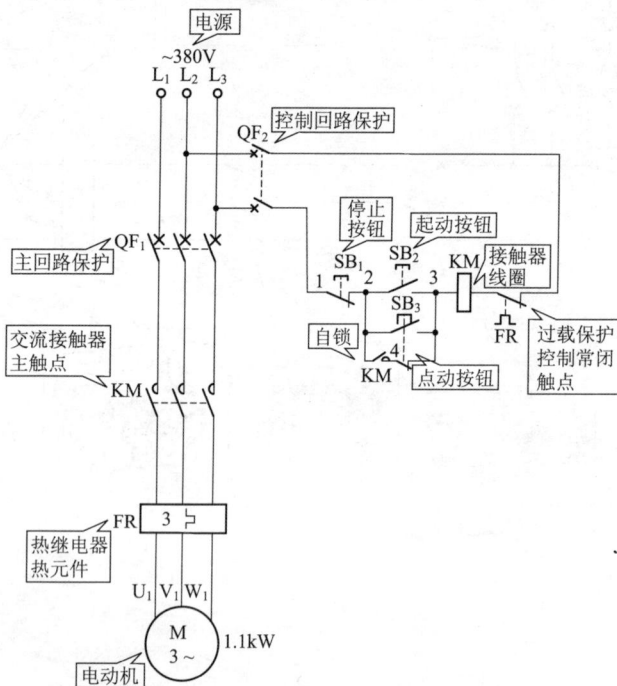

图 48 具有起动、停止、点动混合电路(二)电气原理图

运转。

点动：需点动时，则按下点动按钮 SB_3，SB_3 按钮用了两组触点，一组常闭触点切断了交流接触器 KM 辅助常开自锁回路，另一组常开触点则闭合来接通交流接触器 KM 线圈工作，从而完成点动操作。

3. 逻辑代数表达式

$$KM_{线圈} = QF_2 \cdot \overline{SB_1} \cdot (SB_2 + SB_3 + \overline{SB_3} \cdot KM) \cdot \overline{FR}$$

4. 电路器件动作简述

按 SB_2，KM 吸合自锁，M 连续运转。

按 SB_1，KM 失电释放，M 停止。

按 SB_3，SB_3 的一组常闭触点切断自锁，KM 吸合，M 断续运转。

5. 电气元件作用表

具有起动、停止、点动混合电路（二）电气元件作用表见表 20。

表 20 电气元件作用表

序号	符号	名 称	型 号	规 格	作 用
1	QF_1	断路器	DZ47-63	10A 三极	主回路过流保护
2	QF_2	断路器	DZ47-63	6A 二极	控制回路过流保护
3	KM	交流接触器	CDC10-10	线圈电压 380V	控制电动机电源
4	SB_1	按钮开关	LA19-11	红 色	停止电动机
5	SB_2	按钮开关	LA19-11	绿 色	起动电动机
6	SB_3	按钮开关	LA19-11	黑色或蓝色	点动电动机
7	FR	热继电器	JR36-20	2.2～3.5A	电动机过载保护
8	M	三相异步电动机	Y90S-4	1.1kW 2.7A 1410r/min	拖 动

6. 元器件安装排列图及端子图

元器件安装排列图及端子图如图 49 所示。

从元器件安装排列图及端子图上可以看出，端子排 XT 上共有 10 个接线端子，其中，L_1、L_2、L_3 为电源引入线，将外部三相 380V 电源接到此处，可采用 3 根 BV 1.5mm² 导线套管敷设。

U_1、V_1、W_1 用 3 根 BV 1.5mm² 导线套管敷设至电动机处。

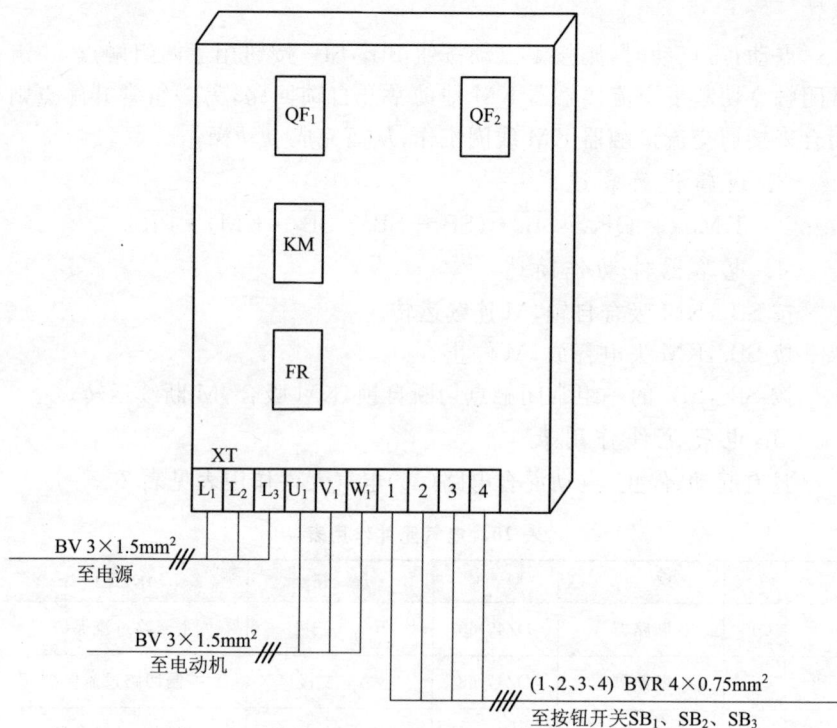

图49 元器件安装排列图及端子图

1、2、3、4 可采用 4 根 BVR 0.75mm² 导线接至配电箱面板按钮开关 SB₁、SB₂、SB₃ 上,并一一正确对应连线。

7. 按钮开关实际接线

按钮开关实际接线如图 50 所示。

8. 调　试

本电路与起动、停止电路基本相同,调试方法基本一样。

首先断开主回路断路器 QF₁,合上控制回路断路器 QF₂ 来调试控制回路。

按下起动按钮 SB₂,交流接触器 KM 线圈应得电吸合动作,松开 SB₂ 后,KM 也不释放仍自锁工作,按动停止按钮 SB₁,交流接触器 KM 线圈断电释放,经反复试验几次若无不正常情况,说明起动、停止工作良好。

再调试点动回路,此时按下点动按钮 SB₃,交流接触器 KM 线圈应得电吸合,松开点动按钮 SB₃,KM 线圈应断电立即释放,若能完成上述工作,说

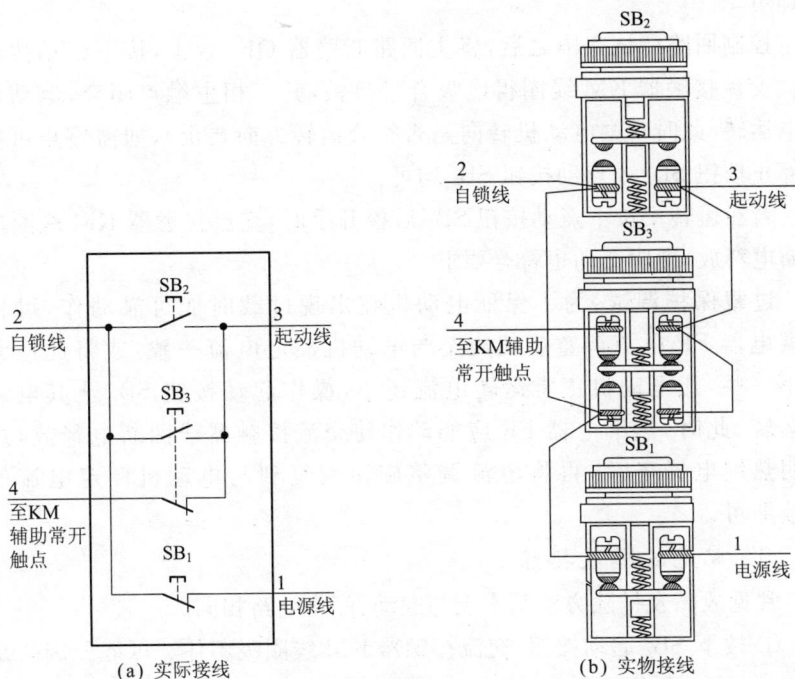

(a) 实际接线　　　　　　　　　　(b) 实物接线

图 50　按钮开关接线图

明接线完好无误。

　　倘若在调试过程中出现一合断路器 QF$_2$，交流接触器 KM 线圈就得电吸合的现象，那么很有可能是由于此电路加装了一只点动按钮 SB$_3$，而 SB$_3$ 常闭触点与交流接触器 KM 辅助常开触点相串联、接线相并联导致的，检查方法很简单，用一只手按下停止按钮 SB$_1$，另一只手轻轻按住点动按钮 SB$_3$（不要用力按到底），此时交流接触器 KM 线圈应能断电释放，再松开 SB$_1$ 停止按钮，观察交流接触器的工作情况，若松开停止按钮 SB$_1$后，交流接触器无反应，再按下起动按钮 SB$_2$，交流接触器 KM 线圈吸合并且能自锁，说明上述判断是正确的，此时可将控制回路断路器 QF$_2$ 断开，将错误连接的交流接触器 KM 辅助常开触点与点动按钮 SB$_3$ 常闭触点相串联后再并接在起动按钮 SB$_2$ 上即可。

　　实际上此电路按钮接线非常容易记忆，第一先将交流接触器 KM 辅助常开自锁触点与点动按钮 SB$_3$ 一组常闭触点相串联，再与 SB$_3$ 另一组常开触点并联，然后再与 SB$_2$ 常开触点并联，最后将并联好的任意一端与停止按钮 SB$_1$ 的常闭触点相串联，并按图分别引出 4 根导线接至相应位置即可。

控制回路调试完毕之后，将主回路断路器 QF₁ 合上，按下起动按钮 SB₂，交流接触器 KM 线圈得电吸合且自锁，其三相主触点闭合，电动机得电运转(此时观察电动机转向是否符合运转方向要求)，如需停止可按下停止按钮 SB₁ 或点动按钮 SB₃ 均可。

若在运转中按下点动按钮 SB₃ 后松开手时，交流接触器 KM 线圈应能断电释放，说明点动也符合要求。

过载保护调试：为了保证电动机在出现过载时能可靠动作，可将热继电器 FR 电流调整旋钮旋至与电动机额定电流一致，或将此值调得小一些，比电动机正常运转电流还小，操作起动按钮 SB₂ 让其电动机运转，此时，热继电器 FR 应能动作使交流接触器线圈断电释放，这说明热继电器正常，再将电流调整旋钮恢复到与电动机额定电流值一致即可。

9. 常见故障及排除

常见故障及排除方法基本上与起动、停止电路相同。

① 按下 SB₂ 起动按钮，交流接触器 KM 线圈吸不住。可能原因一是供电电压低，需要测量并恢复供电电压；二是交流接触器动、静铁心距离相差太大(但此故障有很大的电磁噪声，应加以区分并分别排除故障)，可通过在静铁心下面垫纸片的方式来调整动、静铁心之间的距离，排除相应故障。

② 一合上控制回路断路器 QF₂，交流接触器 KM 线圈就吸合。此时可用一只手按下停止按钮 SB₁ 不放，再用另一只手轻轻按住点动按钮 SB₃ (注意不要用力按到底)，再将停止按钮 SB₁ 松开，若此时交流接触器线圈不吸合，再将点动按钮 SB₃ 松开，倘若交流接触器 KM 线圈吸合了，此故障应为 SB₃ 点动按钮接线错误，通常最常见的故障是 SB₃ 的一组常闭触点应与 KM 辅助常开自锁触点相串联后并联在 SB₂ 按钮开关上的，而上述故障出现错误为 SB₃ 一组常闭触点、KM 辅助常开自锁触点，SB₃ 常开触点、SB₂ 常开触点全部并联起来了。由于 SB₃ 常闭触点的作用，所以一送电，交流接触器 KM 线圈回路就得电工作。断开控制回路断路器 QF₂，对照图纸恢复接线，故障排除。

10. 技术数据

DZ47 系列小型断路器技术数据见表 21。

铜芯塑料绝缘导线常温明敷安全载流量见表 22。

常用三芯聚氯乙烯铜芯绝缘电力电缆常温明敷安全载流量见表 23。

11. 电路实物配套图

具有起动、停止、点动混合电路(二)实物配套图如图 51 所示。

表 21　DZ47 系列小型断路器技术数据

断路器脱扣 类型	B 型	C 型	D 型
断路器额定 电流/A	1、3、6、10、 16、20、25、 32、40、50、63	1、3、6、10、 16、20、25、 32、40、50、63	1、3、6、10、 16、20、25、 32、40、50、63
极　　数	1、2、3、4	1、2、3、4	1、2、3、4
电压/V	1 极 230/400 2、3、4 极 400	1 极 230/400 2、3、4 极 400	1 极 230/400 2、3、4 极 400
分断能力	1、3、6、10、16、20、 25、32、40 为 6kA 50、63 为 4.5kA	1、3、6、10、16、20、 25、32、40 为 6kA 50、63 为 4.5kA	4.5kA

表 22　铜芯塑料绝缘导线常温明敷安全载流量

截面/mm²	1	1.5	2.5	4	6	10	16
载流量/A	15	19	27	34	45	63	85
截面/mm²	35	50	70	95	120	150	185
载流量/A	138	175	217	265	302	345	405

表 23　常用三芯聚氯乙烯铜芯绝缘电力电缆常温明敷安全载流量

截面/mm²	2.5	4	6	10	16	25	35	50
载流量/A	19	25	33	47	64	84	101	127
截面/mm²	95	120	150	185	240	300		
载流量/A	191	223	260	302	360	403		

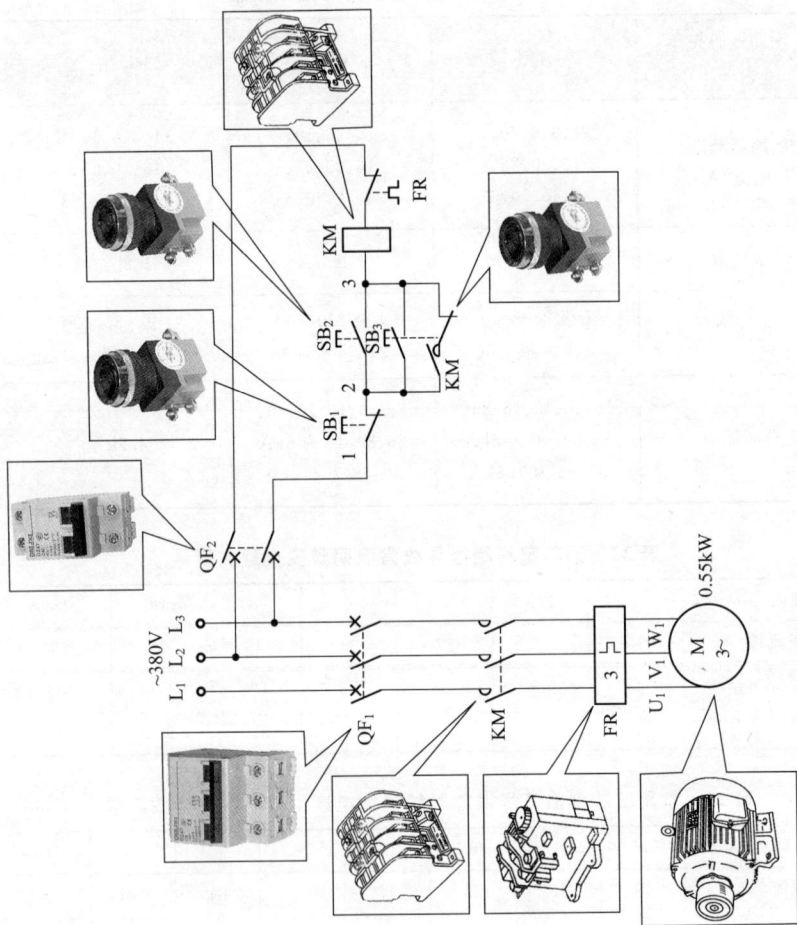

图 51　具有起动、停止、点动混合电路（二）实物配套图

1. 电气原理图

具有起动、停止、点动的应用电路很多,通常应用最多的是利用按钮开关来操作,具有起动、停止、点动混合电路(三)的电气原理图如图 52 所示。本例介绍的电路仍以按钮开关 SB$_3$ 作为点动控制,只是多增加了一只中间继电器 KA。

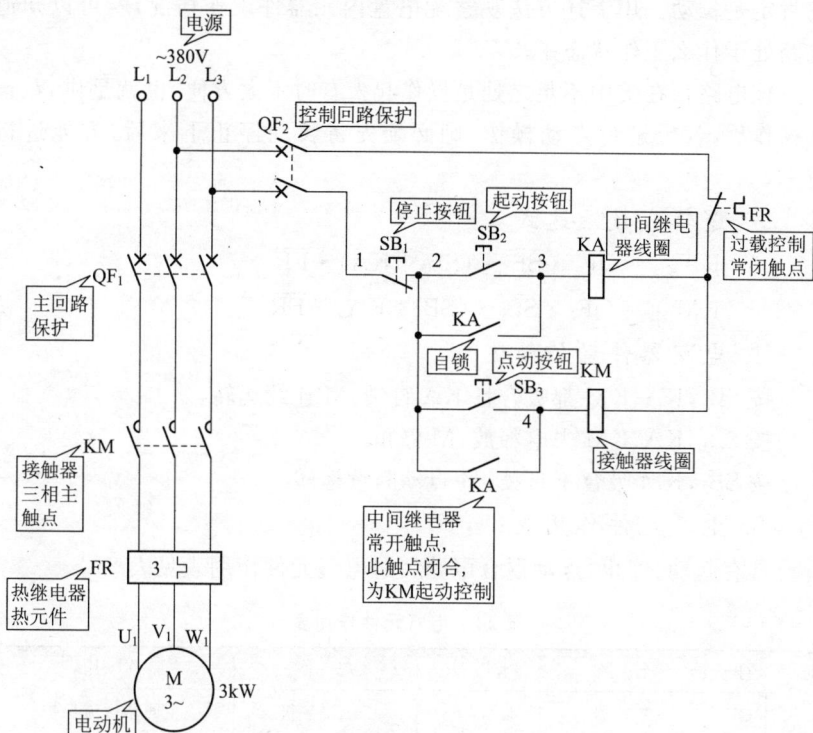

图 52　具有起动、停止、点动混合电路(三)

2. 电气原理分析

起动:按下起动按钮 SB$_2$,中间继电器 KA 线圈得电吸合且自锁,KA 串联在交流接触器 KM 线圈回路中的常开触点已同时闭合,KM 线圈得电吸合,其三相主触点闭合,电动机得电运转工作。

停止:按下停止按钮 SB$_1$,中间继电器 KA、交流接触器 KM 线圈同时断电释放，KA 自锁触点断开解除自锁，KM 三相主触点断开，电动机电源被切断而停止运转。

点动：按下点动按钮 SB₃，交流接触器 KM 线圈得电吸合但无自锁触点而不能自锁，其三相主触点闭合，电动机得电运转工作，松开点动按钮 SB₃，交流接触器 KM 线圈断电释放，其三相主触点断开，切断电动机电源，电动机停止工作。

也就是说，电路中若只有交流接触器 KM 吸合工作，那么它肯定是点动；如果电路中中间继电器 KA、交流接触器 KM 同时吸合工作，那么它肯定是长动。用上述方法观察配电盘内元器件工作情况，就可以知道电路处于什么工作状态了。

该电路存在美中不足之处是操作起来有时不太方便，也就是讲，在长动操作后，若想进行点动操作，则必须先将长动停止下来后，方能进行点动。

3. 逻辑代数表达式

$$KA_{线圈} = QF_2 \cdot \overline{SB_1} \cdot (SB_2 + KA) \cdot \overline{FR}$$

$$KM_{线圈} = QF_2 \cdot \overline{SB_1} \cdot (SB_3 + KA) \cdot \overline{FR}$$

4. 电路器件动作简述

按 SB₂，KA、KM 都吸合且 KA 自锁，M 连续运转。

按 SB₁，KA、KM 失电释放，M 停止。

按 SB₃，KM 吸合不自锁，M 点动断续运转。

5. 电气元件作用表

具有起动、停止、点动混合电路(三)电气元件作用表见表 24。

表 24　电气元件作用表

序号	符号	名　称	型　号	规　格	作　用
1	QF₁	断路器	DZ47-63	16A　三极	主回路过流保护
2	QF₂	断路器	DZ47-63	6A　二极	控制回路过流保护
3	KM	交流接触器	CDC10-10	线圈电压为 380V	控制电动机电源
4	KA	中间继电器	JZ7-44	5A 线圈电压为 380V	长动控制
5	FR	热继电器	JR36-20	4.5～7.2A	过载保护
6	SB₁	按钮开关	LA19-11	红　色	停止电动机用

序号	符号	名　称	型　号	规　格	作　用
7	SB$_2$	按钮开关	LA19-11	绿色	起动电动机用
8	SB$_3$	按钮开关	LA19-11	黑色或蓝色	点动电动机用
9	M	三相异步电动机	Y100L-2	3kW 6.4A 2880r/min	拖　动

6. 元器件安装排列图及端子图

元器件安装排列图及端子图如图 53 所示。

从元器件安装排列图及端子图上可以看出，端子排 XT 上共有 10 个接线端子，其中，L$_1$、L$_2$、L$_3$ 为电源引入线，将外部三相 380V 电源接到此处，可采用 3 根 BV 2.5mm^2 导线套管敷设。

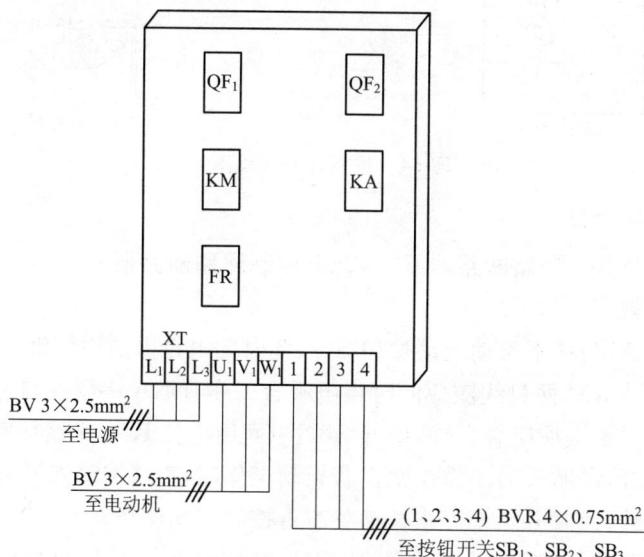

图 53　元器件安装排列图及端子图

U$_1$、V$_1$、W$_1$ 用 3 根 BV 2.5mm^2 导线套管敷设至电动机处。

1、2、3、4 可采用 4 根 BVR 0.75mm^2 导线接至配电箱面板按钮开关 SB$_1$、SB$_2$、SB$_3$ 上，并一一正确对应连线。

7. 按钮开关实际接线

按钮开关实际接线如图 54 所示。

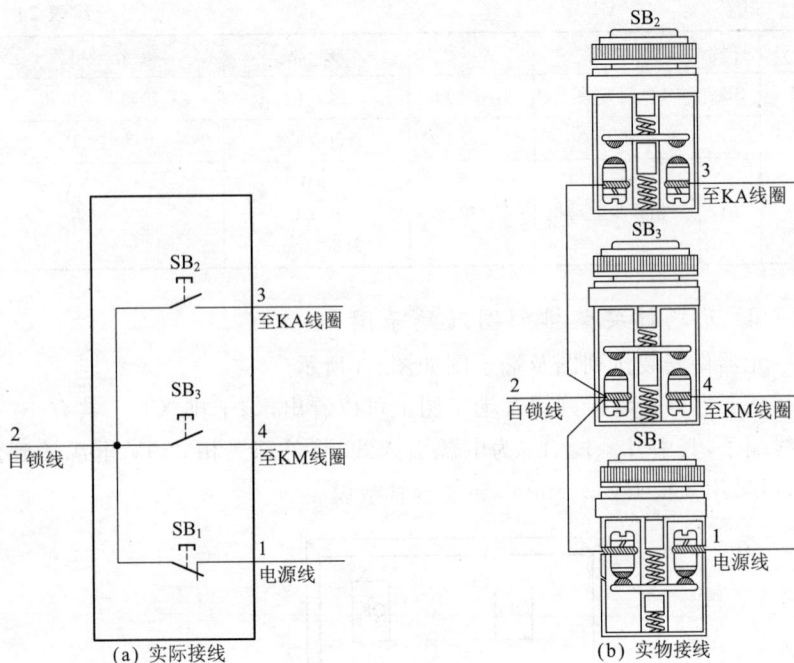

图 54 按钮开关接线图

(a) 实际接线   (b) 实物接线

8. 调　试

首先断开主回路断路器 QF_1，合上控制回路断路器 QF_2 调试控制回路是否正常。

长动调试：按下长动起动按钮 SB_2，此时配电盘内的中间继电器 KA、交流接触器 KM 两只线圈应同时得电吸合工作且 KA 串联在自身线圈回路中的常开触点应闭合自锁，松开 SB_2，中间继电器 KA、交流接触器 KM 仍同时吸合，说明长动工作正常。若长动工作时，直接按动点动操作会出现操作无效，此时必须先停止长动状态再按动点动操作。

停止调试：按下长动停止按钮 SB_1，中间继电器 KA 和交流接触器 KM 线圈同时断电释放，KA 解除自锁，KM 三相主触点断开，电动机脱离三相电源而停止工作。

点动调试：按下点动按钮 SB_3，交流接触器 KM 线圈应得电吸合（注意，由于 KM 没有自锁触点所以不能自锁），其三相主触点闭合，电动机得电运转工作。松开点动按钮 SB_3，交流接触器 KM 线圈断电释放，KM 三相主触点断开，电动机脱离电源而停止工作。在调试点动控制时，若按下 SB$_3$ 无反应,不工作,观察配电盘内的中间继电器 KA,交流接触器 KM 是否已吸合了,若已吸合则需按下 SB$_1$ 停止按钮后,方可进行点动操作,这是此电路存在的不足之处。

主回路调试:控制回路调试完成后,可进行主回路调试,合上主回路断路器 QF$_1$,首先进行点动操作,这样可瞬间点动使电动机瞬间工作,并观察电动机转向是否正常、机械部分是否有问题、是否有异常声响等,若均正常,可长时间按动点动按钮 SB$_3$ 进行试车。有的读者要问,为什么要先试点动呢?理由很简单,在安全操作保障上,点动操作最为可靠,也就是讲当按下点动操作时,若出现不正常现象时,可立即松开点动按钮,此时,电动机能立即停止下来;若采用长动操作,出现不正常现象时,操作者可能慌忙中未能及时再按下停止按钮 SB$_1$ 而使故障扩大,造成不应有的损失。

若点动调试正常,可按动长动按钮 SB$_2$,进行长动试验。并让电动机长时间运转工作,以观察主回路是否正常。

过载保护调试:先将热继电器 FR 电流调节刻度设定在远远小于电动机额定电流值后再起动电动机,若热继电器 FR 保护动作,说明热继电器 FR 正常完好,再将热继电器 FR 电流调节刻度设定至与电动机额定电流值相同即可。此时,也可以再次操作,起动电动机并运行时间相对长一些,若热继电器 FR 正常,电动机也不发热,用钳形电流表测量电动机三相电流,若不超过额定电流而且三相也很平衡,说明保护电路、电动机均正常。

9. 常见故障与维修

① 按 SB$_2$ 长动按钮,中间继电器 KA 线圈吸合且自锁,但交流接触器 KM 线圈无反应不吸合。此故障可通过按动点动按钮 SB$_3$ 来快速简单地判断,若按下点动按钮 SB$_3$,此时交流接触器 KM 线圈吸合,当松开点动按钮 SB$_3$,交流接触器 KM 线圈立即断电释放,那么此故障为与点动按钮 SB$_3$ 并联的中间继电器 KA 常开触点损坏或接线脱落;若按动点动按钮 SB$_3$,交流接触器 KM 线圈无反应,可能是交流接触器 KM 线圈断路或连线脱落,可用万用表进行测量找出故障点并加以排除。

② 按动长动按钮 SB$_2$ 或点动按钮 SB$_3$ 均为长动现象。此故障原因是 3 号线与 4 号线混线短路所致,如图 55 中虚线所示。这样,无论按下长动按钮 SB$_2$,还是点动按钮 SB$_3$ 均能使中间继电器 KA、交流接触器 KM 线圈得电吸合且自锁,从而出现上述问题。用万用表找出故障点并排除。

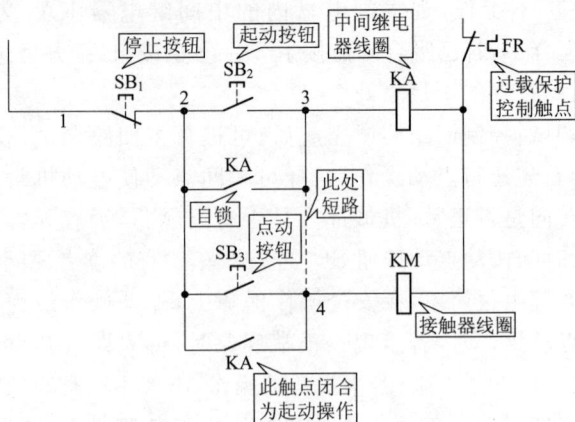

图 55

③ 按动长动按钮 SB_2 或点动按钮 SB_3 均为点动现象,自锁回路消失。此故障有两个原因:一是最容易出现的故障即与长动按钮 SB_2 并联的中间继电器 KA 常开触点损坏或接触不良所致,用万用表检查后更换掉即可;二是电路中若同时出现两个故障时才会出现上述现象,即中间继电器 KA 线圈断路不能吸合,另外图中 3 号线与 4 号线短路了,同样会出现不论按下长动按钮 SB_2 还是点动按钮 SB_3 均为点动操作,如图 56 所示。

④ 电动机运转时按下停止按钮 SB_1,中间继电器 KA 线圈断电释放,

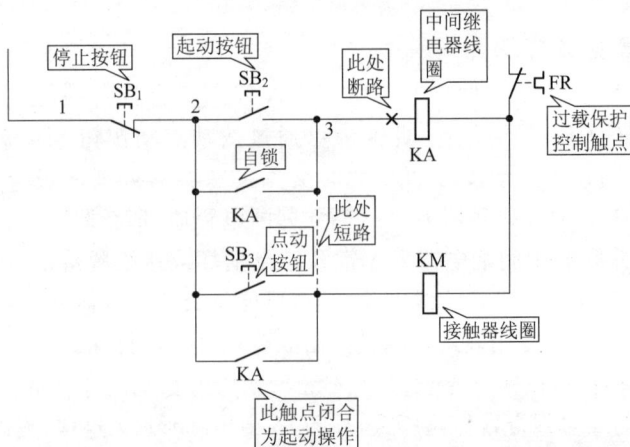

图 56

但交流接触器 KM 仍然工作,电动机不停止仍然运转,待一定时间后(时有时无,时间不一样),交流接触器 KM 自行释放,电动机停止运转。根据上述原因分析,此故障为交流接触器 KM 自身动、静铁心极面有油污或生锈而造成释放缓慢现象。可将此交流接触器拆开后清理动、静铁心极面或更换新品。

⑤ 按长动按钮 SB₂ 无反应,按点动正常。此故障有两种原因:一是长动按钮 SB₂ 损坏,可用下述方法检验,用尖嘴钳或导线将长动按钮 2 号线、3 号线短路一下,若此时中间继电器 KA 线圈吸合且自锁,则可判定按钮 SB₂ 损坏,更换新按钮即可;二是将长动按钮 2 号线、3 号线短路后无反应,基本上判定故障出在中间继电器 KA 线圈断路或连线脱落,用万用表检查确定并加以排除。

⑥ 一合上控制回路断路器 QF₂,电动机就运转。此故障主要原因是点动按钮 SB₃ 短路损坏所致。从图 57 中虚线部分可以看出,若 SB₃ 短路了,那么一合上 QF₂,交流接触器 KM 线圈就吸合,电动机势必得电运转,一断开 QF₂,交流接触器 KM 线圈也随着断电释放(说明不是交流接触器主触点熔焊现象),从而证明判断是正确的,可用万用表或试电笔对此部分进行检查排除故障。

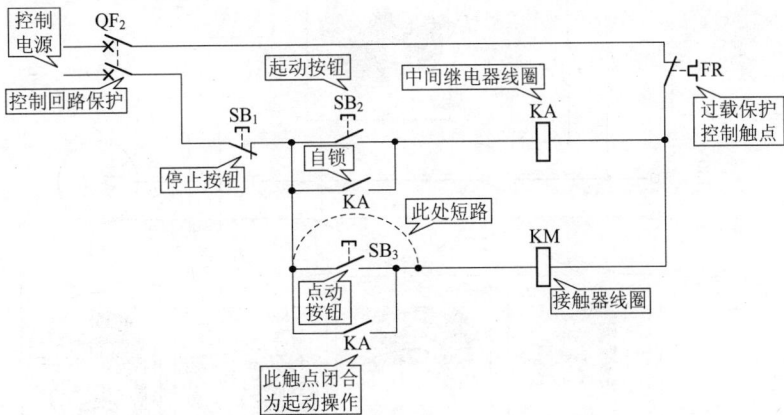

图 57

10. 电路实物配套图

具有起动、停止、点动混合电路(三)实物配套图如图 58 所示。

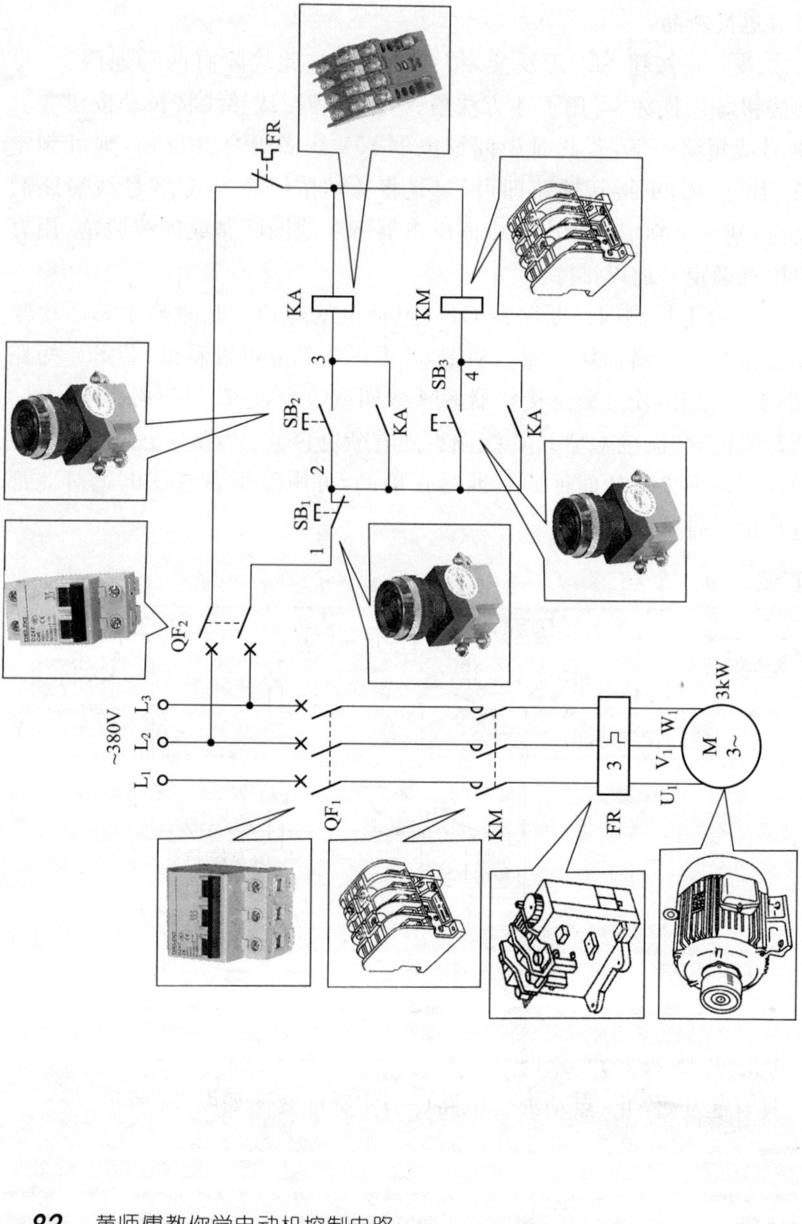

图58 具有起动、停止、点动混合电路（三）实物配套图

电路 14　多台电动机可预选起动控制电路

1. 电气原理图

多台电动机可预选起动控制电路电气原理图如图 59 所示。

2. 电气原理分析

有很多控制设备要求多台电动机能同时起动，也能分别控制或两台以上组合控制。图 59 中，复合预选开关 SA_1、SA_2、SA_3、SA_4 能分别对电动机 M_1、M_2、M_3、M_4 进行单机或联机组合控制。

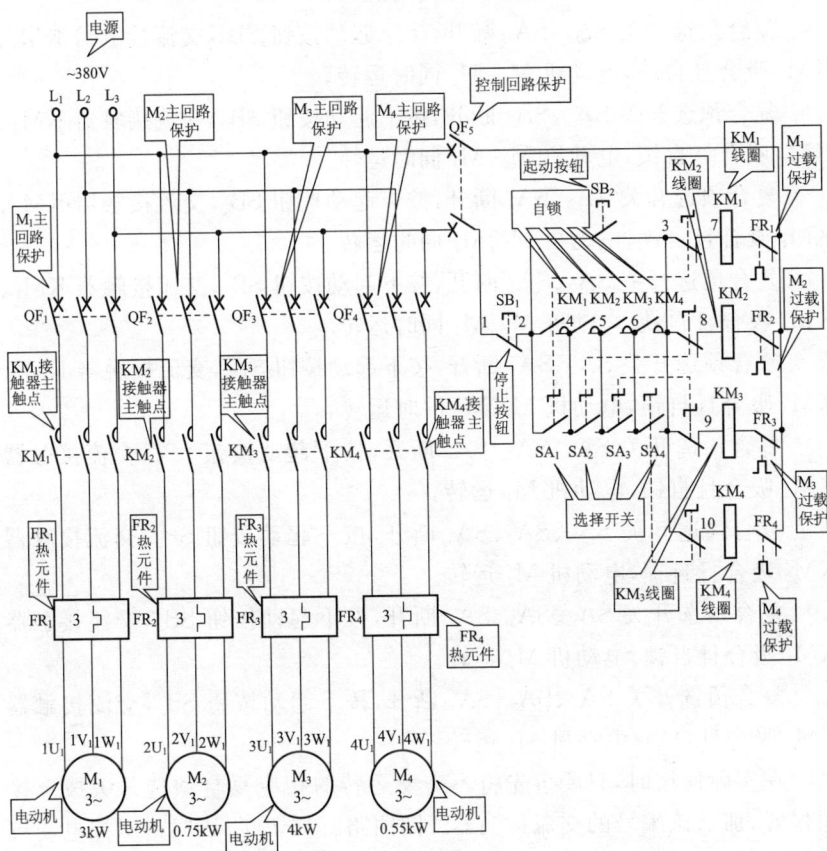

图 59　多台电动机可预选起动控制电路电气原理图

复合预选开关 SA_1 断开,按下起动按钮 SB_2,交流接触器 KM_2、KM_3、KM_4 吸合且自锁,电动机 M_2、M_3、M_4 同时运转。

复合预选开关 SA_2 断开,按下起动按钮 SB_2,交流接触器 KM_1、KM_3、KM_4 吸合且自锁,电动机 M_1、M_3、M_4 同时运转。

复合预选开关 SA_3 断开,按下起动按钮 SB_2,交流接触器 KM_1、KM_2、KM_4 吸合且自锁,电动机 M_1、M_2、M_4 同时运转。

复合预选开关 SA_4 断开,按下起动按钮 SB_2,交流接触器 KM_1、KM_2、KM_3 吸合且自锁,电动机 M_1、M_2、M_3 同时运转。

复合预选开关 SA_1、SA_2 断开,按下起动按钮 SB_2,交流接触器 KM_3、KM_4 吸合且自锁,电动机 M_3、M_4 同时运转。

复合预选开关 SA_1、SA_3 断开,按下起动按钮 SB_2,交流接触器 KM_2、KM_4 吸合且自锁,电动机 M_2、M_4 同时运转。

复合预选开关 SA_1、SA_4 断开,按下起动按钮 SB_2,交流接触器 KM_2、KM_3 吸合且自锁,电动机 M_2、M_3 同时运转。

复合预选开关 SA_2、SA_3 断开,按下起动按钮 SB_2,交流接触器 KM_1、KM_4 吸合且自锁,电动机 M_1、M_4 同时运转。

复合预选开关 SA_2、SA_4 断开,按下起动按钮 SB_2,交流接触器 KM_1、KM_3 吸合且自锁,电动机 M_1、M_3 同时运转。

复合预选开关 SA_3、SA_4 断开,按下起动按钮 SB_2,交流接触器 KM_1、KM_2 吸合且自锁,电动机 M_1、M_2 同时运转。

复合预选开关 SA_1、SA_2、SA_3 断开,按下起动按钮 SB_2,交流接触器 KM_4 吸合且自锁,电动机 M_4 运转。

复合预选开关 SA_1、SA_2、SA_4 断开,按下起动按钮 SB_2,交流接触器 KM_3 吸合且自锁,电动机 M_3 运转。

复合预选开关 SA_2、SA_3、SA_4 断开,按下起动按钮 SB_2,交流接触器 KM_1 吸合且自锁,电动机 M_1 运转。

复合预选开关 SA_1、SA_3、SA_4 断开,按下起动按钮 SB_2,交流接触器 KM_2 吸合且自锁,电动机 M_2 运转。

在实际使用时,只要事先将不需要运转的相应复合预选开关拨至接通位置,那么该编号的交流接触器线圈回路就被切断,该回路所控电动机就无法得电工作了。这样,只要操作起动按钮 SB_2 后,你所预置的电动机组合运转方式就能完成。

该电路所用器件少,操作方便,动作可靠,是一种很实用的预选控制电路。

3. 逻辑代数表达式

$$KM_{1线圈} = QF_5 \cdot \overline{SB_1} \cdot [SB_2 + (KM_1 + SA_1) \cdot (KM_2 + SA_2)$$
$$\cdot (KM_3 + SA_3) \cdot (KM_4 + SA_4)] \cdot \overline{SA_1} \cdot \overline{FR_1}$$

$$KM_{2线圈} = QF_5 \cdot \overline{SB_1} \cdot [SB_2 + (KM_1 + SA_1) \cdot (KM_2 + SA_2)$$
$$\cdot (KM_3 + SA_3) \cdot (KM_4 + SA_4)] \cdot \overline{SA_2} \cdot \overline{FR_2}$$

$$KM_{3线圈} = QF_5 \cdot \overline{SB_1} \cdot [SB_2 + (KM_1 + SA_1) \cdot (KM_2 + SA_2)$$
$$\cdot (KM_3 + SA_3) \cdot (KM_4 + SA_4)] \cdot \overline{SA_3} \cdot \overline{FR_3}$$

$$KM_{4线圈} = QF_5 \cdot \overline{SB_1} \cdot [SB_2 + (KM_1 + SA_1) \cdot (KM_2 + SA_2)$$
$$\cdot (KM_3 + SA_3) \cdot (KM_4 + SA_4)] \cdot \overline{SA_4} \cdot \overline{FR_4}$$

4. 电路器件动作简述

合上 SA_1，按 SB_2，KM_2、KM_3、KM_4 吸合且自锁，M_2、M_3、M_4 运转。

合上 SA_2，按 SB_2，KM_1、KM_3、KM_4 吸合且自锁，M_1、M_3、M_4 运转。

合上 SA_3，按 SB_2，KM_1、KM_2、KM_4 吸合且自锁，M_1、M_2、M_4 运转。

合上 SA_4，按 SB_2，KM_1、KM_2、KM_3 吸合且自锁，M_1、M_2、M_3 运转。

合上 SA_1、SA_2，按 SB_2，KM_3、KM_4 吸合且自锁，M_3、M_4 运转。

合上 SA_1、SA_3，按 SB_2，KM_2、KM_4 吸合且自锁，M_2、M_4 运转。

合上 SA_1、SA_4，按 SB_2，KM_2、KM_3 吸合且自锁，M_2、M_3 运转。

合上 SA_2、SA_3，按 SB_2，KM_1、KM_4 吸合且自锁，M_1、M_4 运转。

合上 SA_2、SA_4，按 SB_2，KM_1、KM_3 吸合且自锁，M_1、M_3 运转。

合上 SA_3、SA_4，按 SB_2，KM_1、KM_2 吸合且自锁，M_1、M_2 运转。

合上 SA_1、SA_2、SA_3，按 SB_2，KM_4 吸合且自锁，M_4 运转。

合上 SA_1、SA_2、SA_4，按 SB_2，KM_3 吸合且自锁，M_3 运转。

合上 SA_2、SA_3、SA_4，按 SB_2，KM_1 吸合且自锁，M_1 运转。

合上 SA_1、SA_3、SA_4，按 SB_2，KM_2 吸合且自锁，M_2 运转。

5. 电气元件作用表

多台电动机可预选起动控制电路电气元件作用表见表25。

表 25　电气元件作用表

序号	符号	名　称	型　号	规　格	作　用
1	QF_1	断路器	DZ47-63	16A　三极	M_1 电动机过流保护
2	QF_2	断路器	DZ47-63	10A　三极	M_2 电动机过流保护

序号	符号	名 称	型 号	规 格	作 用
3	QF$_3$	断路器	DZ47-63	16A 三极	M$_3$ 电动机过流保护
4	QF$_4$	断路器	DZ47-63	10A 三极	M$_4$ 电动机过流保护
5	QF$_5$	断路器	DZ47-63	6A 二极	控制回路过流保护
6	KM$_1$	交流接触器	CDC10-10	线圈电压 380V	控制 M$_1$ 电动机电源
7	KM$_2$	交流接触器	CDC10-10	线圈电压 380V	控制 M$_2$ 电动机电源
8	KM$_3$	交流接触器	CDC10-10	线圈电压 380V	控制 M$_3$ 电动机电源
9	KM$_4$	交流接触器	CDC10-10	线圈电压 380V	控制 M$_4$ 电动机电源
10	FR$_1$	热继电器	JR36-20	6.8～11A	M$_1$ 电动机过载保护
11	FR$_2$	热继电器	JR36-20	2.2～3.5A	M$_2$ 电动机过载保护
12	FR$_3$	热继电器	JR36-20	6.8～11A	M$_3$ 电动机过载保护
13	FR$_4$	热继电器	JR36-20	1.5～2.4A	M$_4$ 电动机过载保护
14	SB$_1$	按钮开关	LA19-11	红 色	停止电动机用
15	SB$_2$	按钮开关	LA19-11	绿 色	起动电动机用
16	SA$_1$	选择开关	LA18	旋钮式 两常开、两常闭	断开 KM$_1$
17	SA$_2$	选择开关	LA18	旋钮式 两常开、两常闭	断开 KM$_2$
18	SA$_3$	选择开关	LA18	旋钮式 两常开、两常闭	断开 KM$_3$
19	SA$_4$	选择开关	LA18	旋钮式 两常开、两常闭	断开 KM$_4$
20	M$_1$	三相异步电动机	Y132S-6	3kW 7.2A 960r/min	1$^\#$ 设备拖动
21	M$_2$	三相异步电动机	Y90S-6	0.75kW 2.3A 910r/min	2$^\#$ 设备拖动

序号	符号	名　称	型　号	规　格	作　用
22	M_3	三相异步电动机	Y112M-2	4kW 8.2A 2890r/min	3# 设备拖动
23	M_4	三相异步电动机	Y801-4	0.55kW 1.6A 1390r/min	4# 设备拖动

6. 元器件安装排列图及端子图

元器件安装排列图及端子图如图 60 所示。

从元器件安装排列图及端子图上可以看出,端子排 XT 上共有 25 个接线端子,其中,L_1、L_2、L_3 为电源引入线,将外部三相 380V 电源接到此处,可采用 3 根 BV 6mm^2 导线套管敷设。

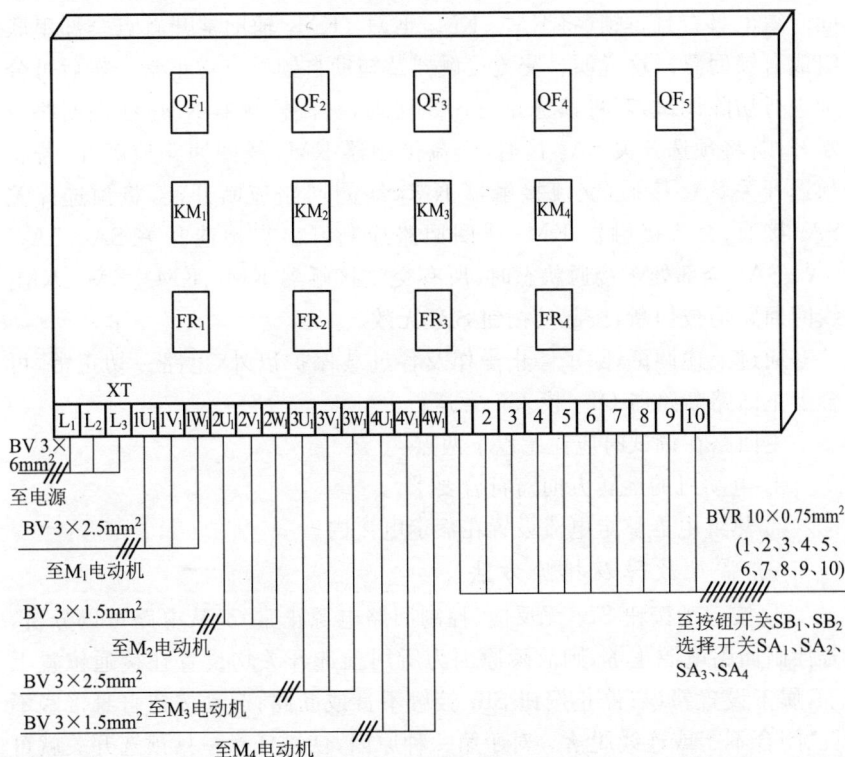

图 60 元器件安装排列图及端子图

$1U_1$、$1V_1$、$1W_1$、$3U_1$、$3V_1$、$3W_1$ 各用 3 根 BV $2.5mm^2$ 导线分别套管敷设至电动机 M_1、M_3 处;$2U_1$、$2V_1$、$2W_1$、$4U_1$、$4V_1$、$4W_1$ 各用 3 根 BV $1.5mm^2$ 导线分别套管敷设至电动机 M_2、M_4 处。

1、2、3、4、5、6、7、8、9、10 可采用 10 根 BVR $0.75mm^2$ 导线接至配电箱面板按钮开关 SB_1、SB_2 及选择开关 SA_1、SA_2、SA_3、SA_4 上,并一一正确对应连接。

7. 按钮及选择开关实际接线

按钮及选择开关实际接线如图 61 所示。

8. 调　试

首先断开主回路断路器 QF_1,以保证电动机起动运转工作。合上控制回路断路器 QF_2,控制回路电源接通。

然后可进行预选调试。将预选开关 SA_1、SA_2、SA_3、SA_4 全部处于断开状态。此时按起动按钮 SB_2,交流接触器 KM_1、KM_2、KM_3、KM_4 线圈同时得电吸合且自锁(将 KM_1、KM_2、KM_3、KM_4 辅助常开触点全部串联组成自锁回路),这说明各交流接触器及辅助自锁触点均正常。然后可分别进行切除调试,若将预选开关 SA_1 接通,交流接触器 KM_1 线圈回路应断开;若将预选开关 SA_2 接通,交流接触器 KM_2 线圈回路应断开;若将预选开关 SA_3 接通,交流接触器 KM_3 线圈回路应断开;若将预选开关 SA_4 接通,交流接触器 KM_4 线圈回路应断开。当预选开关 SA_1、SA_2、SA_3、SA_4 全部处于接通状态时,所有交流接触器 KM_1、KM_2、KM_3、KM_4 线圈回路均被切断,按起动按钮 SB_2 无效。

通过上述调试,除了停止操作及各过载保护以外,电路一切正常,可合上主回路断路器 QF_1 投入正常运行。

主回路在调试时应注意以下两点:

① 电动机的运转方向需符合要求。

② 热继电器整定电流设置在额定电流内。

9. 常见故障及排除方法

① 按起动按钮 SB_2 无反应(控制回路电源正常)。从电路可以分析,若控制回路电源正常,则故障原因为所用预选开关均设置在接通位置上了,属于设置错误;停止按钮 SB_1 接触不良或断路;起动按钮自身接触不良、闭合不了或连线脱落。对于第一种原因,恢复任意一只预选开关就可以证明电路是否正常,若将预选开关拨回哪一只,哪一路交流接触器线圈

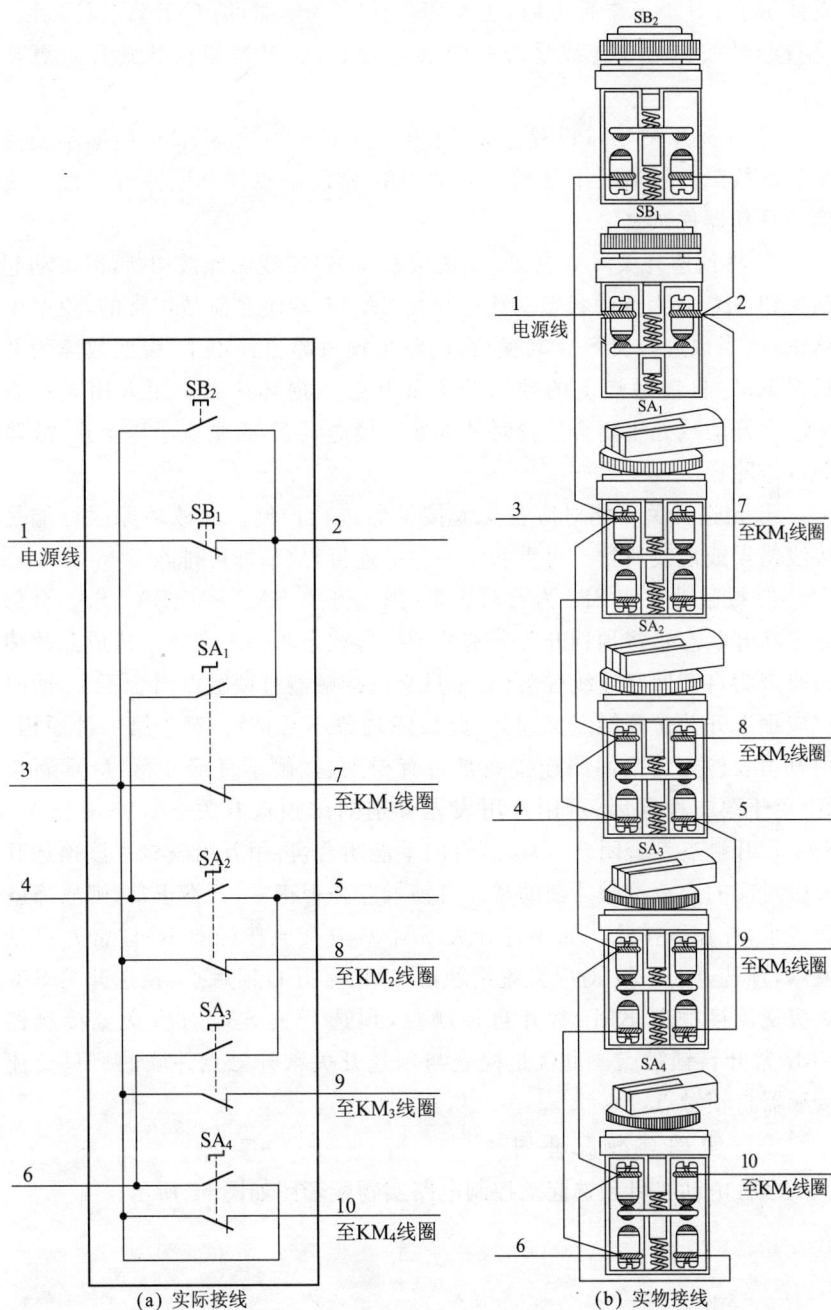

（a）实际接线

（b）实物接线

图 61 按钮及选择开关接线图

就能吸合;对于第二种原因,更换停止按钮 SB$_1$ 即可;对于第三种原因,检查起动按钮 SB$_2$ 连线是否有脱落并接好,若是按钮损坏则必须更换新品。

② 预选开关 SA$_1$ 设置在接通位置时,交流接触器 KM$_1$ 线圈不受控制。此故障一般情况下是预选开关 SA$_1$ 常闭触点损坏断不开所致。更换一只新器件试之。

③ 将预选开关 SA$_2$ 接通,交流接触器 KM$_2$ 线圈能被切断,但按动起动按钮 SB$_2$ 后为点动状态。预选开关 SA$_2$ 未转换之前是正常的,说明电路正常,当预选开关 SA$_2$ 转换后,电路出现故障自锁不了,说明故障为并联在 KM$_2$ 自锁触点上的预选开关常开触点损坏所致。用万用表检查 SA$_2$ 常开触点处于闭合位置时是否处于接通状态,否则应予以更换,故障即可排除。

④ 预选开关不能对应各交流接触器进行控制。此故障原因可能是接线错误或混线所致。可重新一一对应连接,故障即可排除。

⑤ 按起动按钮 SB$_2$ 为点动状态(预选开关 SA$_1$、SA$_2$、SA$_3$、SA$_4$ 全部处于断开状态),将预选开关分别处于接通状态时仍为点动。造成此故障的原因为自锁回路连线脱落;有一只交流接触器自锁触点闭合不了,同时对应预选开关常开触点又损坏(此故障现象不常见)。对于第一种原因,用万用表检查自锁回路连接线是否有松动、接触不良或脱落,应重新接好;对于第二种原因,可用万用表先分别测试预选开关 SA$_1$、SA$_2$、SA$_3$、SA$_4$ 常开触点是否闭合正常,若有的不能闭合,再用万用表检查该预选开关所对应的交流接触器辅助常开自锁触点是否正常,若不正常,则故障就确定了,并加以排除。如预选开关 SA$_1$ 对应交流接触器 KM$_1$ 常开自锁触点,预选开关 SA$_2$ 对应交流接触器 KM$_2$ 常开自锁触点,预选开关 SA$_3$ 对应交流接触器 KM$_3$ 常开自锁触点,预选开关 SA$_4$ 对应交流接触器 KM$_4$ 常开自锁触点。也就是检查与预选开关常开触点并联的那只交流接触器自锁触点。

10. 电路实物配套图

多台电动机可预选起动控制电路实物配套图如图 62 所示。

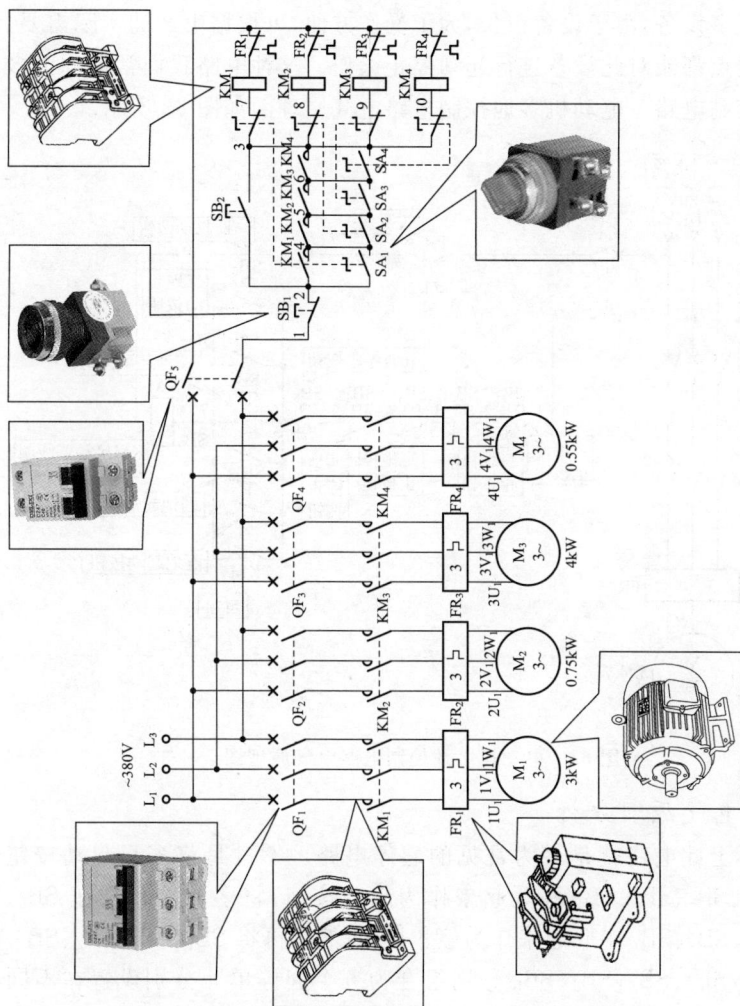

图 62　多台电动机可预选起动控制电路实物配套图

图中，QF₁、QF₂、QF₃、QF₄外形相同；KM₁、KM₂、KM₃、KM₄外形相同；FR₁、FR₂、FR₃、FR₄外形相同；SB₁、SB₂外形相同；SA₁、SA₂、SA₃、SA₄外形相同；M₁、M₂、M₃、M₄外形相同。

电路 15　电动机多地控制电路

1. 电气原理图

有很多设备,由于设备很长,为了操作方便,可根据生产的实际需要,在多处地点都能对此设备进行起动停止操作。这种电路我们常常称为多处起停控制电路。电动机多地控制电路电气原理图如图 63 所示。

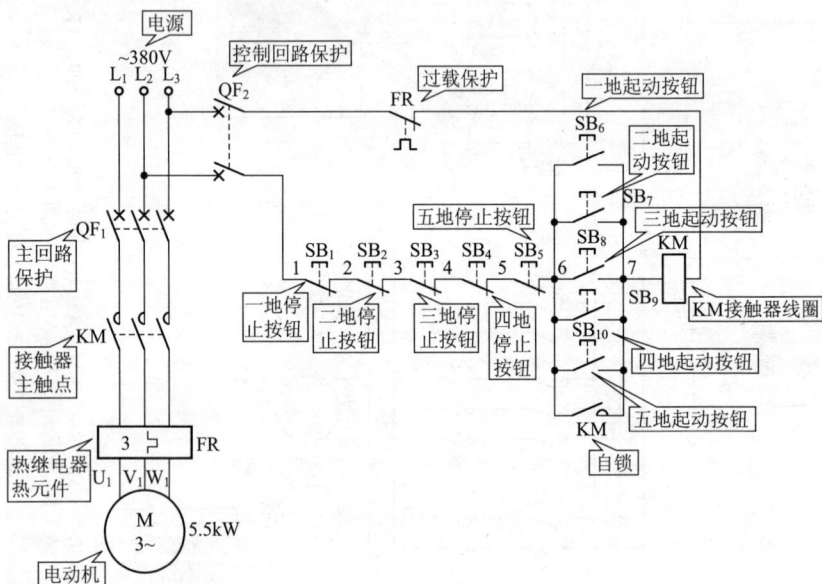

图 63　电动机多地控制电路电气原理图

2. 电气原理分析

实际上此电路就是最为常见的起停电路。不过是将多只起动按钮 SB_6、SB_7、SB_8、SB_9、SB_{10} 并联起来作为起动按钮;将多只停止按钮 SB_1、SB_2、SB_3、SB_4、SB_5 串联起来作为停止按钮;然后再将 SB_1、SB_6,SB_2、SB_7,SB_3、SB_8,SB_4、SB_9,SB_5、SB_{10} 分别组合为五个起停单元分别设置在不同地方,在每个地方都可以进行起停控制。

起动时,无论在任何位置按动任何一只起动按钮 $SB_6 \sim SB_{10}$,交流接触器 KM 线圈将得电吸合且自锁,KM 三相主触点闭合,电动机得电起动运转。

停止时,则任意按下停止按钮 $SB_1 \sim SB_5$,切断了交流接触器 KM 线圈回路电源,KM 线圈断电释放,其三相主触点断开,电动机失电停止运转。

3. 逻辑代数表达式

$$KM_{线圈} = QF_2 \cdot \overline{SB_1} \cdot \overline{SB_2} \cdot \overline{SB_3} \cdot \overline{SB_4} \cdot \overline{SB_5} \cdot (SB_6 + SB_7$$
$$+ SB_8 + SB_9 + SB_{10} + KM) \cdot \overline{FR}$$

4. 电路器件动作简述

按 SB_6 或 SB_7 或 SB_8 或 SB_9 或 SB_{10},KM 吸合自锁,M 运转。

按 SB_1 或 SB_2 或 SB_3 或 SB_4 或 SB_5,KM 失电释放,M 停止。

5. 电气元件作用表

电动机多地控制电路电气元件作用表见表 26。

表 26 电气元件作用表

序号	符号	名 称	型 号	规 格	作 用
1	QF_1	断路器	DZ47-63	20A 三极	主回路过流保护
2	QF_2	断路器	DZ47-63	6A 二极	控制回路过流保护
3	KM	交流接触器	CDC10-20	线圈电压 380V	控制电动机电源
4	FR	热继电器	JR36-20	10~16A	过载保护
5	SB_1	按钮开关	LA19-11	红色	1#地停止电动机用
6	SB_2	按钮开关	LA19-11	红色	2#地停止电动机用
7	SB_3	按钮开关	LA19-11	红色	3#地停止电动机用
8	SB_4	按钮开关	LA19-11	红色	4#地停止电动机用
9	SB_5	按钮开关	LA19-11	红色	5#地停止电动机用
10	SB_6	按钮开关	LA19-11	绿色	1#地起动电动机用
11	SB_7	按钮开关	LA19-11	绿色	2#地起动电动机用
12	SB_8	按钮开关	LA19-11	绿色	3#地起动电动机用
13	SB_9	按钮开关	LA19-11	绿色	4#地起动电动机用
14	SB_{10}	按钮开关	LA19-11	绿色	5#地起动电动机用
15	M	三相异步电动机	Y132M$_2$-6	5.5kW 12.6A 960r/min	拖 动

6. 元器件安装排列图及端子图

元器件安装排列图及端子图如图 64 所示。

从元器件安装排列图及端子图上可以看出,端子排 XT 上共有 13 个接线端子,其中,L_1、L_2、L_3 为电源引入线,将外部三相 380V 电源接到此

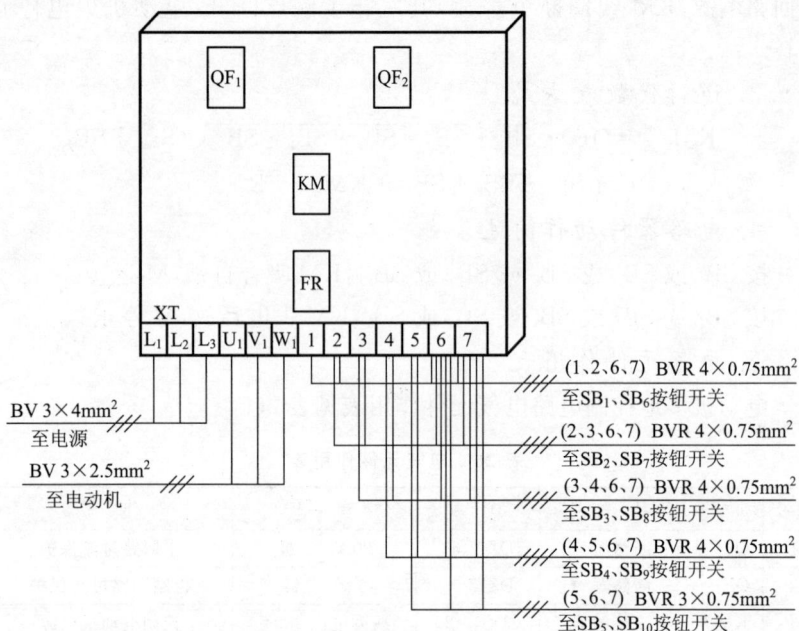

图 64 元器件安装排列图及端子图

处,可采用 3 根 BV 4mm² 导线套管敷设。

　　U_1、V_1、W_1 用 3 根 BV 2.5mm² 导线套管敷设至电动机处。

　　1、2、6、7 可采用 4 根 BVR 0.75mm² 导线接至配电箱面板按钮开关 SB_1、SB_6 上,并一一正确对应连接,作为一地起动、停止控制;2、3、6、7 可采用 4 根 BVR 0.75mm² 导线外接至二地控制处按钮开关 SB_2、SB_7 上,并一一正确对应连接,作为二地起动、停止控制;3、4、6、7 可采用 4 根 BVR 0.75mm² 导线外接至三地控制处按钮开关 SB_3、SB_8 上,并一一正确对应连接,作为三地起动、停止控制;4、5、6、7 可采用 4 根 BVR 0.75mm² 导线外接至四地控制处按钮开关 SB_4、SB_9 上,并一一正确对应连接,作为四地起动、停止控制;5、6、7 可采用 3 根 BVR 0.75mm² 导线外接至五地控制处按钮开关 SB_5、SB_{10} 上,并一一正确对应连接,作为五地起动、停止控制。

　　7. 按钮开关接线

　　多地按钮开关接线如图 65 所示。

　　8. 常见故障及排除方法

　　① 停止时每个位置都能完成,但有的位置按动起动按钮无效。此故

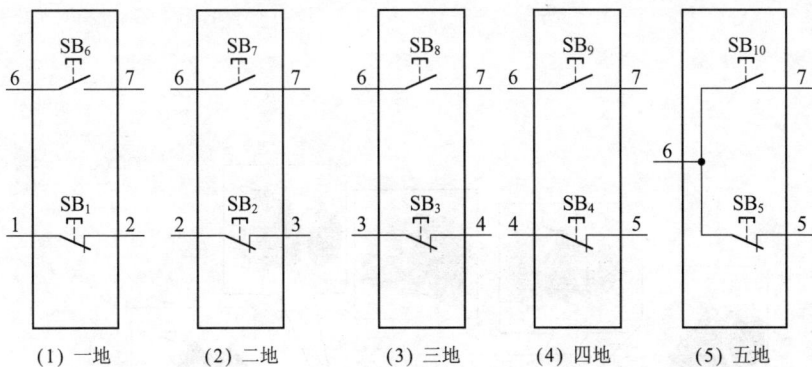

(1) 一地　　(2) 二地　　(3) 三地　　(4) 四地　　(5) 五地

(a) 实际接线

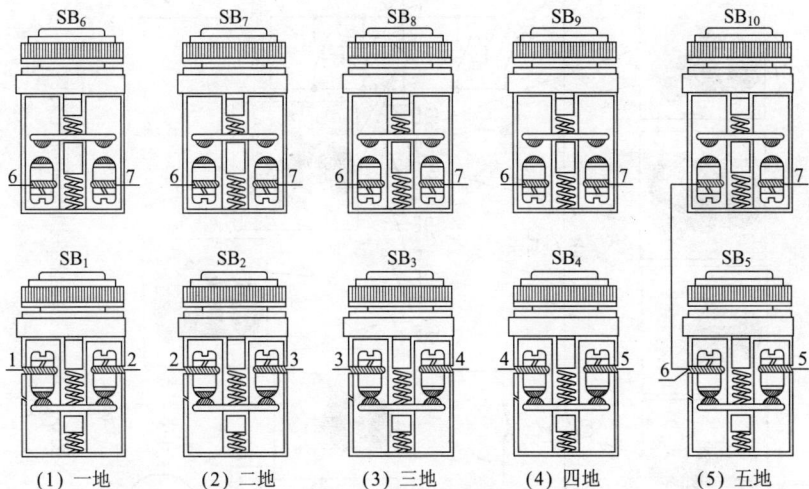

(1) 一地　　(2) 二地　　(3) 三地　　(4) 四地　　(5) 五地

(b) 实物接线

图 65　多地按钮开关接线图

障很明显,哪个位置无法起动操作,哪个位置的起动按钮损坏了。更换无法操作的按钮开关,电路恢复正常。

②按任意起动按钮均无效(控制电源正常)。此故障重点检查停止按钮 $SB_1 \sim SB_5$ 是否断路;交流接触器 KM 线圈是否断路;热继电器 FR 常闭触点是否断路。对上述故障部位进行检查,即可找出故障点并排除故障。

9. 电路实物配套图

电动机多地控制电路实物配套图如图 66 所示。

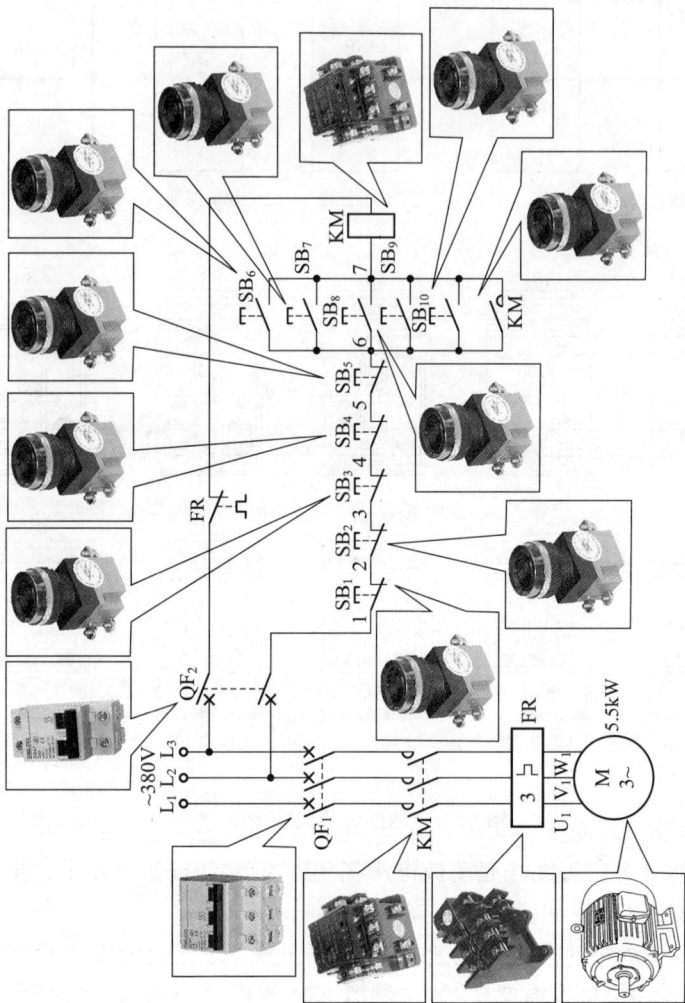

图66 电动机多地控制电路实物配套图

电路 16　只有接触器辅助常闭触点互锁的可逆点动控制电路

1. 电气原理图

正反转(又称为可逆)电路实际上就是利用两只交流接触器来分别控制电动机完成正转或反转运行,但必须得保证两只交流接触器线圈不能同时吸合,怎么办? 这里谈到的另一个技术术语就叫互锁(又称为联锁或连锁),也就是讲,不管采用什么互锁方式,最终保证两只交流接触器会一只工作而另一只停止,这就是互锁的作用。只有交流接触器辅助常闭触点互锁的可逆点动控制电路电气原理图如图 67 所示。

2. 电气原理分析

从主回路看,通过交流接触器 KM_1 三相主触点直接将三相电源 L_1、L_2、L_3 与电动机 U_1、V_1、W_1 连接,电动机正转运行(三相电源正转时相序为 L_1、L_2、L_3 或 L_3、L_1、L_2 或 L_2、L_3、L_1);反转时交流接触器 KM_2 三相主触点将 L_1 相与 L_3 相,L_3 相与 L_1 相调换了一下,也就是电工行话中所讲

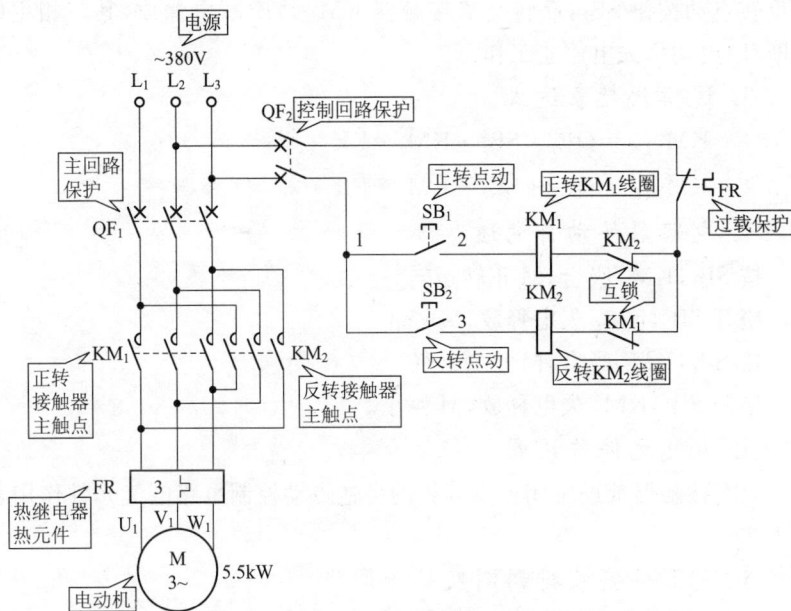

图 67　只有接触器辅助常闭触点互锁的可逆点动控制电路电气原理图

的"倒相了",实际上三相电源相序改变了,那么电源改变为 L_3、L_2、L_1 与电动机 U_1、V_1、W_1 连接,电动机反转运行(三相电源反转时相序为 L_1、L_3、L_2 或 L_2、L_1、L_3 或 L_3、L_2、L_1),从而完成正反转切换。

从控制电路看,本电路只有一种互锁方式即交流接触器辅助常闭触点互锁,互锁程度不高,可以应用。此电路实际上就是在两个接触器线圈回路中各串一个对方的常闭触点作互锁保护。

正转点动时,按下正转点动按钮 SB_1,正转交流接触器 KM_1 线圈得电吸合,首先 KM_1 串联在反转交流接触器线圈回路中的常闭辅助触点断开(保证 KM_1 工作时,KM_2 线圈不能得电),起到互锁作用,同时正转交流接触器 KM_1 三相主触点闭合,接通电动机电源,电动机正转运行。松开正转点动按钮 SB_1,正转交流接触器 KM_1 线圈断电释放,其三相主触点断开,电动机失电停止工作。

反转点动时,按下反转点动按钮 SB_2,反转交流接触器 KM_2 线圈得电吸合,首先 KM_2 串联在正转交流接触器线圈回路中的常闭辅助触点断开(保证 KM_2 工作时,KM_1 线圈不能得电),起到互锁作用,同时反转交流接触器 KM_2 三相主触点闭合,接通电动机电源,电动机反转运行。松开反转点动按钮 SB_2,反转交流接触器 KM_2 线圈断电释放,其三相主触点断开,电动机失电停止工作。

3. 逻辑代数表达式

$$KM_{1线圈} = QF_2 \cdot SB_1 \cdot \overline{KM_2} \cdot \overline{FR}$$

$$KM_{2线圈} = QF_2 \cdot SB_2 \cdot \overline{KM_1} \cdot \overline{FR}$$

4. 电路器件动作简述

按 SB_1,KM_1 吸合,M 正转运转。

松开 SB_1,KM_1 失电释放,M 停止。

按 SB_2,KM_2 吸合,M 反转运转。

松开 SB_2,KM_2 失电释放,M 停止。

5. 电气元件作用表

只有接触器辅助常闭触点互锁的可逆点动控制电路电气元件作用表见表27。

6. 元器件安装排列图及端子图

元器件安装排列图及端子图如图68所示。

从元器件安装排列图及端子图上可以看出,端子排 XT 上共有 9 个接线端子,其中,L_1、L_2、L_3 为电源引入线,将外部三相 380V 电源接到此处,可采用 3 根 BV 4mm² 导线套管敷设。

U_1、V_1、W_1 用 3 根 BV 2.5mm² 导线套管敷设至电动机处。

表 27　电气元件作用表

序号	符号	名　称	型　号	规　格	作　用
1	QF_1	断路器	DZ47-63	25A　三极	主回路过流保护
2	QF_2	断路器	DZ47-63	6A　二极	控制回路过流保护
3	KM_1	交流接触器	CDC10-20	线圈电压为 380V	控制电动机正转电源
4	KM_2	交流接触器	CDC10-20	线圈电压为 380V	控制电动机反转电源
5	SB_1	按钮开关	LA19-11	绿　色	电动机正转点动用
6	SB_2	按钮开关	LA19-11	蓝　色	电动机反转点动用
7	FR	热继电器	JR36-20	10～16A 带断相保护功能	过载保护
8	M	三相异步电动机	Y132S-4	5.5kW 11.6A 1440r/min	拖　动

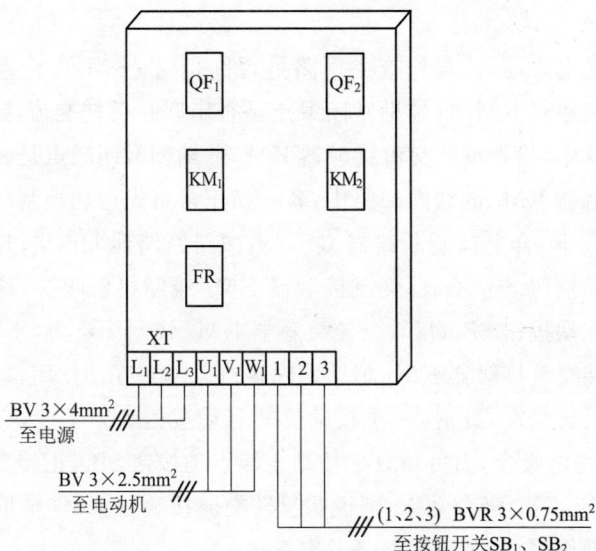

图 68　元器件安装排列图及端子图

电路 16　只有接触器辅助常闭触点互锁的可逆点动控制电路　**99**

1、2、3 可采用 3 根 BVR 0.75mm² 导线接至配电箱面板按钮开关 SB_1、SB_2 上，并一一正确对应连接。

7. 按钮开关接线

按钮开关接线如图 69 所示。

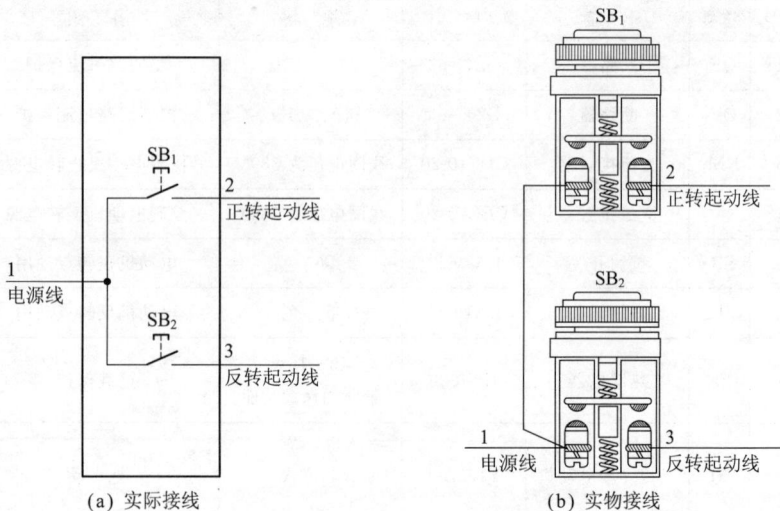

图 69 按钮开关接线图

8. 调 试

在未送电之前，认真检查主回路是否倒相（指 KM_2），检查控制回路正转交流接触器 KM_1 的辅助常闭触点是否串联在反转交流接触器 KM_2 的线圈回路中，检查反转交流接触器 KM_2 的辅助常闭触点是否串联在正转交流接触器 KM_1 的线圈回路中，若一切正常可先调试控制电路。具体调试方法如下：合上控制断路器 QF_2（主回路断路器 QF_1 断开），一手按动正转点动按钮 SB_1 不放，交流接触器 KM_1 线圈得电吸合，这时另一只手按反转点动按钮 SB_2，反转交流接触器 KM_2 线圈无反应，不吸合动作，则说明正转交流接触器 KM_1 辅助常闭触点已起到互锁作用；再用相反的方法调试反转情况，此时，一手按动反转点动按钮 SB_2 不放，交流接触器 KM_2 线圈得电吸合，而另一只手按动正转点动按钮 SB_1，正转交流接触器 KM_1 无反应，不会吸合动作，则说明反转交流接触器 KM_2 辅助常闭触点已起到互锁作用，说明互锁电路工作正常。

然后可调试主回路，合上主回路断路器 QF_1，任意按动正转点动按钮

SB$_1$ 或反转点动按钮 SB$_2$,交流接触器 KM$_1$ 或 KM$_2$ 线圈应吸合正常,电动机能按操作方式正转或反转工作。

过载保护电路调试同其他电路,不再赘述。

9. 常见故障与维修

① 按动正转点动按钮 SB$_1$,交流接触器 KM$_1$ 线圈不吸合,无反应。此故障原因为:一是交流接触器 KM$_1$ 线圈断路或连线脱落;二是互锁触点 KM$_2$ 损坏开路或接触不良;三是正转点动按钮 SB$_1$ 接触不良或损坏;四是热继电器常闭触点 FR 损坏(是否是 FR 有问题,此时可按动反转点动按钮 SB$_2$ 来试之。若按动 SB$_2$ 时,交流接触器 KM$_2$ 线圈吸合动作,则说明 FR 无问题。若按 SB$_2$ 时 KM$_2$ 线圈也无反应,FR 损坏的可能性最大,可采用短接法将 FR 常闭触点短接后试之)。上述故障可根据故障原因自行分析并加以排除。

假如按动反转点动按钮 SB$_2$ 无反应,可参照上述情况进行检查维修。

② 按动正转点动按钮 SB$_1$ 或按动反转点动按钮 SB$_2$ 时,各自的交流接触器不能可靠吸合,跳动不止。此故障原因是互锁触点接错了。正确接法是将各自的辅助常闭触点串联在对方线圈回路中,而此接线错误,将各自的辅助常闭触点串联在自身的线圈回路中了。如图 70 所示,遇到此故障时,可根据电路图恢复正确接线。

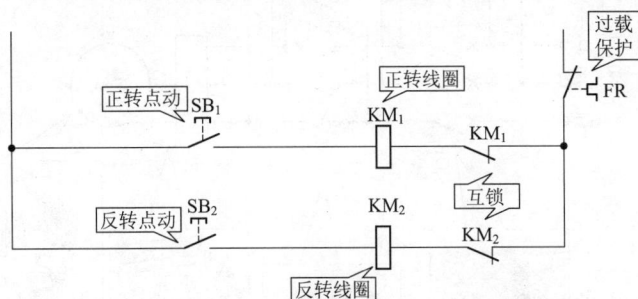

图 70

③ 无论按动正转点动按钮 SB$_1$ 还是反转点动按钮 SB$_2$,电动机运转方向均为正转。此故障原因是反转交流接触器 KM$_2$ 未倒相所致,将 KM$_2$ 三相电源两相任意调换,即可实现反转。

10. 电路实物配套图

只有接触器辅助常闭触点互锁的可逆点动控制电路实物配套图如图 71 所示。

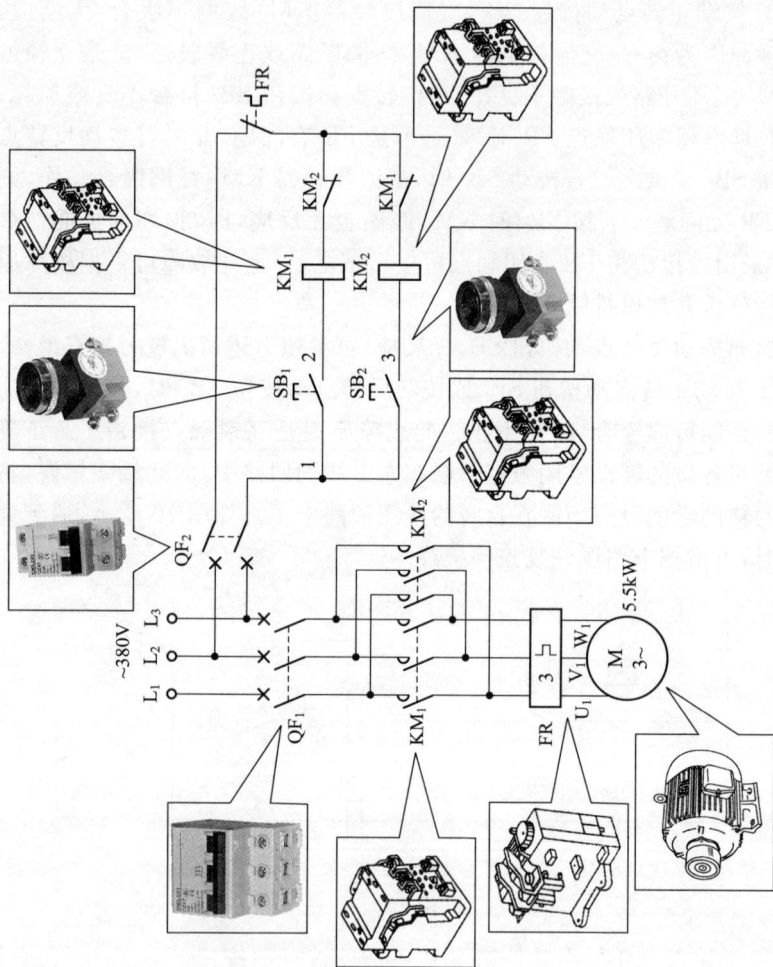

图 71 只有接触器辅助常闭触点互锁的可逆点动控制电路实物配套图

电路 17　只有按钮互锁的可逆点动控制电路

1. 电气原理图

大家都知道,按钮开关一般都有一组常开触点和一组常闭触点,若将按钮开关的一组常闭触点相互串联在对方线圈回路中组成正反转互锁电路,是一种最简单的互锁方法。只有按钮互锁的可逆点动控制电路电气原理图如图 72 所示。

2. 电气原理分析

从图 72 中可以看出,本电路也只有按钮常闭触点互锁,电路不太完善,但可以使用。

正转点动时,按下正转点动按钮 SB_1,SB_1 串联在对方反转交流接触器 KM_2 线圈回路中作为互锁保护的常闭触点先断开,切断了反转接触器 KM_2 线圈回路电源,使其不能得电吸合(起到互锁保护作用);另外,SB_1 另一组常开触点再闭合(无论按钮开关还是交流接触器、中间继电器触点

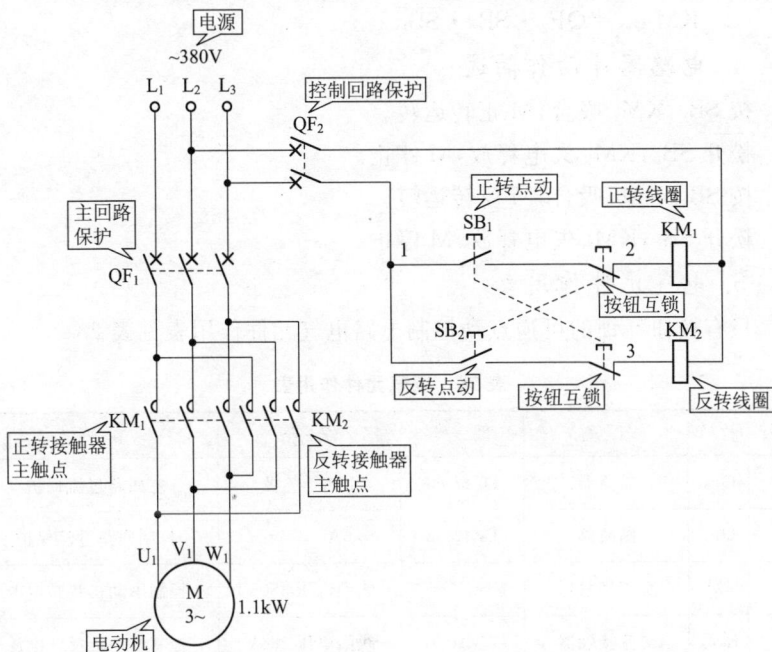

图 72　只有按钮互锁的可逆点动控制电路电气原理图

动作时均为先断开常闭触点，然后再闭合常开触点），此时，交流接触器 KM_1 线圈得电吸合，其三相主触点闭合，电动机得电正转工作，松开 SB_1，KM_1 线圈失电释放，其主触点断开，电动机失电停止转动。反转点动时，按下反转点动按钮 SB_2，SB_2 串联在对方正转交流接触器 KM_1 线圈回路中作为互锁保护的常闭触点先断开，切断了正转接触器 KM_1 线圈回路电源，使其不能得电吸合（起到互锁保护作用），另外 SB_2 另一组常开触点再闭合，此时，交流接触器 KM_2 线圈得电吸合，其三相主触点闭合（该交流接触器已倒相了，即相序改变了），电动机得电反转工作；松开 SB_2，KM_2 线圈失电释放，其主触点断开，电动机失电停止转动。

按动按钮 SB_1 或 SB_2 的时间，就是电动机正转、反转运转的时间。

特别注意：该电路倘若出现任意一只交流接触器主触点熔焊时，而误按动按钮使另一只交流接触器也吸合造成两相电源短路问题，请读者在应用中加以注意，确保安全。

3. 逻辑代数表达式

$$KM_{1线圈} = QF_2 \cdot SB_1 \cdot \overline{SB_2}$$
$$KM_{2线圈} = QF_2 \cdot SB_2 \cdot \overline{SB_1}$$

4. 电路器件动作简述

按 SB_1，KM_1 吸合，M 正转运转。

松开 SB_1，KM_1 失电释放，M 停止。

按 SB_2，KM_2 吸合，M 反转运转。

松开 SB_2，KM_2 失电释放，M 停止。

5. 电气元件作用表

只有按钮互锁的可逆点动控制电路电气元件作用表见表 28。

表 28　电气元件作用表

序号	符号	名　称	型　号	规　格	作　用
1	QF_1	断路器	DZ47-63	10A　三极	主回路过流保护
2	QF_2	断路器	DZ47-63	6A　二极	控制回路过流保护
3	KM_1	交流接触器	CDC10-10	线圈电压 380V	控制电动机正转电源
4	KM_2	交流接触器	CDC10-10	线圈电压 380V	控制电动机反转电源
5	SB_1	按钮开关	LA19-11	绿　色	电动机正转点动用

序号	符号	名 称	型 号	规 格	作 用
6	SB$_2$	按钮开关	LA19-11	蓝色	电动机反转点动用
7	M	三相异步电动机	Y802-2	1.1kW 2.6A 2825r/min	拖动

6. 元器件安装排列图及端子图

元器件安装排列图及端子图如图 73 所示。

从元器件安装排列图及端子图上可以看出,端子排 XT 上共有 9 个接线端子,其中,L$_1$、L$_2$、L$_3$ 为电源引入线,将外部三相 380V 电源接到此处,可采用 3 根 BV 1.5mm^2 导线套管敷设。

U$_1$、V$_1$、W$_1$ 用 3 根 BV 1.5mm^2 导线套管敷设至电动机处。

1、2、3 可采用 3 根 BVR 0.75mm^2 导线接至配电箱面板按钮开关 SB$_1$、SB$_2$ 上,并一一正确对应连接。

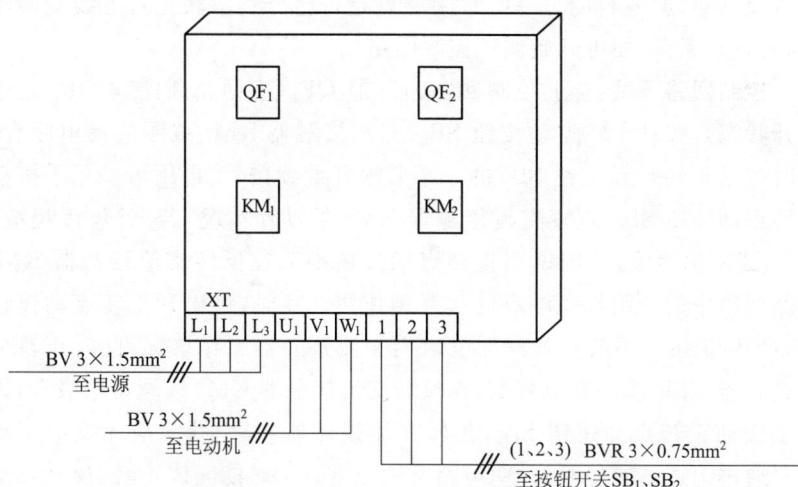

图 73 元器件安装排列图及端子图

7. 按钮开关接线

按钮开关接线如图 74 所示。

8. 调 试

在未调试之前首先检查主回路反转交流接触器 KM$_2$ 主触点是否已倒相(相序是否改变了),再检查控制回路点动按钮开关 SB$_1$(正转点动),

电路 17 只有按钮互锁的可逆点动控制电路 **105**

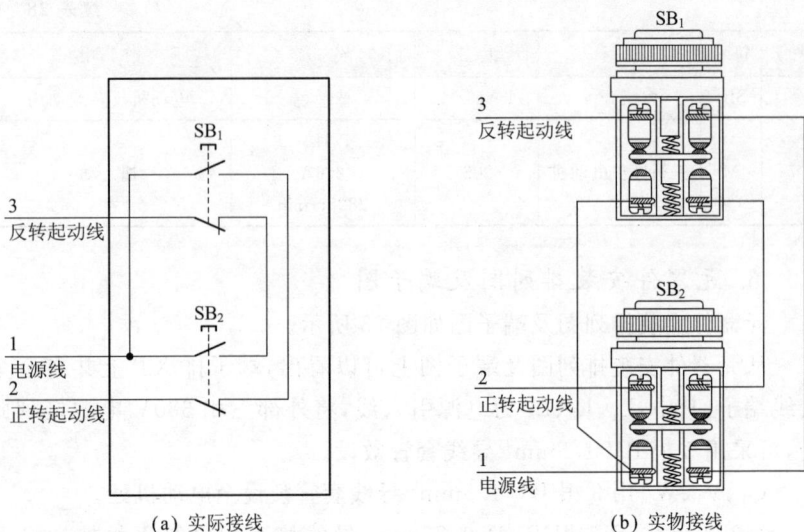

（a）实际接线	（b）实物接线

图 74 按钮开关接线图

SB_2（反转点动）各自的另一组常闭触点是否已分别串联在对方线圈回路中,若正确无误,便可开始调试控制回路。

控制回路调试:合上控制回路断路器 QF_2（主回路断路器 QF_1 处于断开状态）,按动正转点动按钮 SB_1,交流接触器 KM_1 线圈应得电吸合,此时按动正转点动按钮 SB_1 的手不要松开继续按着,再用另一只手按动反转点动按钮 SB_2,观察交流接触器 KM_2 的动作情况,若 KM_2 无反应,KM_1 线圈仍然吸合,则说明正转点动按钮串联在反转交流接触器 KM_2 线圈回路中的一组常闭触点已起互锁作用。此时,再松开正转点动按钮 SB_1（SB_2 仍按着不放）,观察配电盘内交流接触器工作情况,此时正转交流接触器 KM_1 线圈断电释放,而反转交流接触器 KM_2 线圈得电吸合,再用手按动正转点动按钮 SB_1,正转交流接触器 KM_1 线圈应无反应不动作。通过上述方式检验,说明电路互锁正常。同时能完成正转、反转点动控制,即按下 SB_1 或 SB_2,KM_1 或 KM_2 吸合;松开 SB_1 或 SB_2,KM_1 或 KM_2 断电释放。按住 SB_1 或 SB_2 的时间,就是电动机的运转时间（因主回路断路器 QF_1 未闭合,只有观察配电盘中的交流接触器 KM_1 或 KM_2 来完成）,调试控制电路完成。

主回路调试:合上主回路断路器 QF_1,按动 SB_1 或 SB_2 观察电动机转向情况,同时观察机械传动系统是否有问题。只要按下 SB_1（正转）,KM_1

就吸合,其三相主触点闭合,电动机正转运转,松开 SB₁,电动机正转停止;按下 SB₂(反转),KM₂ 就吸合,其三相主触点闭合,电动机反转运转,松开 SB₂,电动机反转停止。若能按上述要求完成控制,调试工作即圆满完成。

9. 常见故障及排除方法

① 出现相间短路问题。该电路存在的最大安全隐患是,若有任何一只交流接触器无论是正转(KM₁)还是反转(KM₂),出现主触点熔焊或延时释放问题,而操作相反转向按钮,会出现两只交流接触器同时吸合问题,从而造成三相电源中的两相短路事故发生。解决方法是尽量减少点动操作频率,以防止主触点熔焊。另外对于交流接触器延时释放问题,可经常对交流接触器的动、静铁心极面进行检查,以防有油污而造成上述问题。

注意:交流接触器出现自身机械卡住故障时,也会出现上述问题。

② 按动正转点动按钮 SB₁ 或反转点动按钮 SB₂,电动机均发出嗡嗡声而不运转。此故障为电源缺相。从电路中分析,正转接触器 KM₁、反转接触器 KM₂ 两只交流接触器同时出现缺相的可能性不大,应重点检查电源进线 L₁、L₂、L₃,主回路断路器 QF₁,以及两只交流接触器三相主触点下端至电动机公共部分是否有缺相现象,并加以排除。

③ 按动正转点动按钮 SB₁,正常;按动反转点动按钮 SB₂ 无反应。可能原因有四个:一是 SB₂ 反转点动按钮损坏或接触不良;二是 SB₁ 互锁常闭触点开路或接触不良;三是交流接触器 KM₂ 线圈断路;四是与上述相关的器件连线有脱落现象。可根据上述问题加以处理。

④ 新安装的上述电路,试车过程中长时间按动正转点动按钮 SB₁,交流接触器 KM₁ 线圈冒烟烧毁。其故障原因最可能是新安装的这只交流接触器 KM₁ 线圈电压与电源电压不符而致,经检查证实是将一只线圈电压为 220V 的交流接触器用于 380V 上了。换一只线圈电压为 380V 的同型号接触器即可解决。

⑤ 按动正转点动按钮 SB₁ 或反转点动按钮 SB₂,两只正反转交流接触器 KM₁、KM₂ 线圈均同时吸合,造成主回路相间短路使断路器 QF₁ 动作跳闸。此故障一般为按钮线 2、3 两根导线短路或连线搭接所致。

10. 电路实物配套图

只有按钮互锁的可逆点动控制电路实物配套图如图 75 所示。

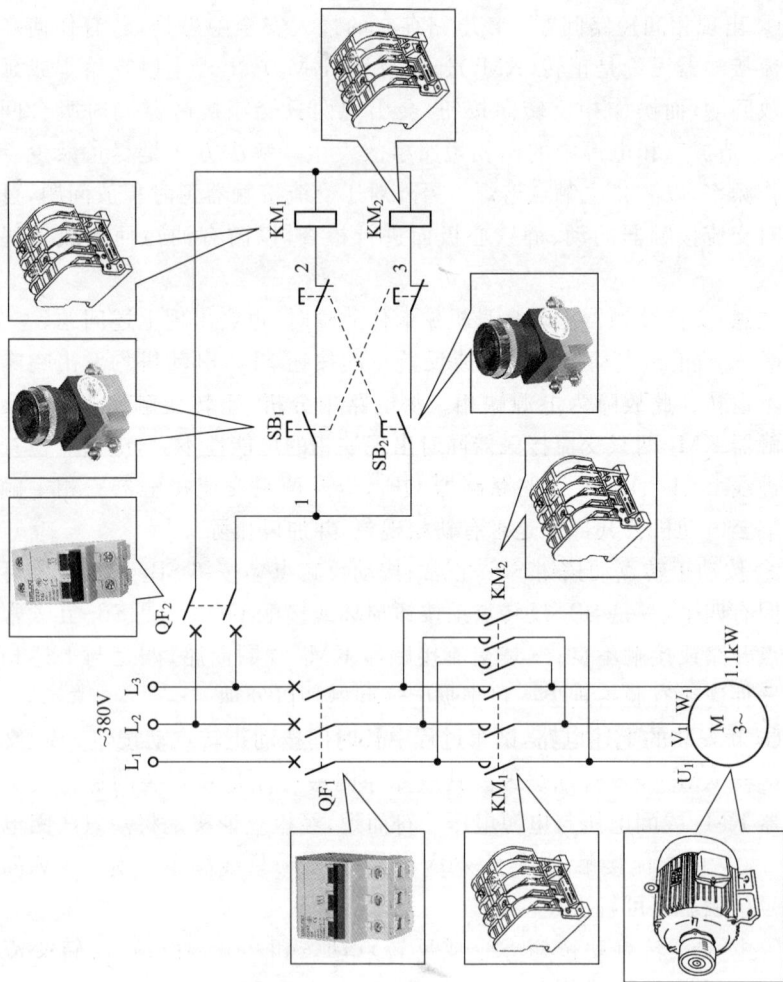

图75 只有按钮互锁的可逆点动控制电路实物配套图

电路 18　只有接触器辅助常闭触点互锁的可逆起停控制电路

1. 电气原理图

图 76 所示为只有交流接触器辅助常闭触点互锁可逆起停控制电路电气原理图。

2. 电气原理分析

图 76 中采用了两个交流接触器,也就是正转交流接触器 KM_1 和反转交流接触器 KM_2。由于交流接触器的三相主触点接线的相序不同,所以当两个交流接触器分别工作时,电动机的旋转方向相反。也就是说,反转交流接触器三相主触点有两相相序倒换了。

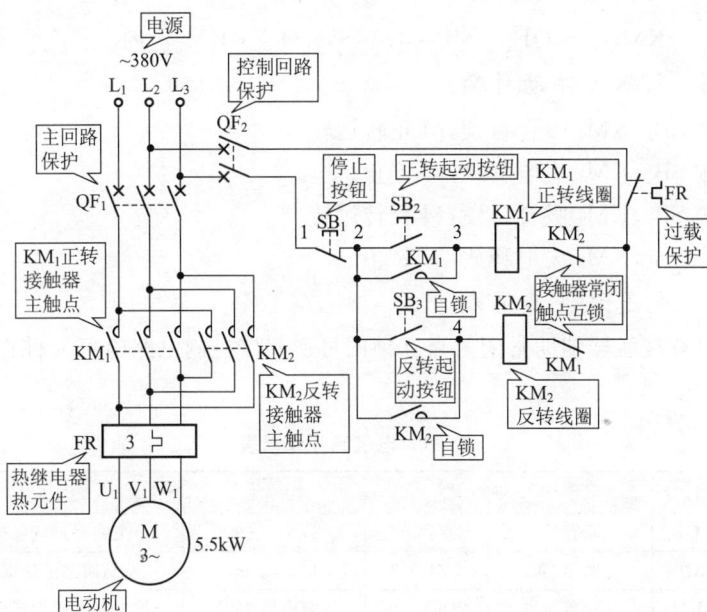

图 76　只有接触器辅助常闭触点互锁的可逆起停控制电路

正转起动: 按下正转起动按钮 SB_2,交流接触器 KM_1 线圈得电吸合且自锁(在 KM_1 线圈回路自锁之前,KM_1 串联在 KM_2 线圈回路中的互锁常闭触点已断开,保证在 KM_1 工作时 KM_2 不能得电吸合),KM_1 三相主触点闭合,三相电源按 L_1、L_2、L_3 正相序供电,电动机得电正转运行。

反转起动：按下反转起动按钮 SB₃（注意，倘若正转在运行过程中，想改变反转运行，则必须先按下停止按钮 SB₁，使正转交流接触器 KM₁ 线圈先断电释放后，方能进行反转起动操作，这是该电路存在的不足之处），交流接触器 KM₂ 线圈得电吸合且自锁（在 KM₂ 线圈自锁之前，KM₂ 串联在 KM₁ 线圈回路中的互锁常闭触点已断开，保证在 KM₂ 工作时 KM₁ 不能得电吸合），KM₂ 三相主触点闭合，三相电源因 KM₂ 三相主触点中的 L₁、L₃ 相倒相了，而改为 L₃、L₂、L₁ 逆相序供电，电动机得电反转运行。

停止：按下停止按钮 SB₁ 即可。

众所周知，两只交流接触器同时吸合会造成主回路两相发生短路，因此在正转与反转控制回路中分别串联 KM₂ 和 KM₁ 的辅助常闭触点，保证 KM₁ 和 KM₂ 不会同时通电工作，起到安全可靠的互锁作用。

3. 逻辑代数表达式

$$KM_{1线圈} = QF_2 \cdot \overline{SB_1} \cdot (SB_2 + KM_1) \cdot \overline{KM_2} \cdot \overline{FR}$$

$$KM_{2线圈} = QF_2 \cdot \overline{SB_1} \cdot (SB_3 + KM_2) \cdot \overline{KM_1} \cdot \overline{FR}$$

4. 电路器件动作简述

按 SB₂，KM₁ 吸合自锁，M 正转运转。

按 SB₁，KM₁ 失电释放，M 停止。

按 SB₃，KM₂ 吸合自锁，M 反转运转。

按 SB₁，KM₂ 失电释放，M 停止。

5. 电气元件作用表

只有接触器辅助常闭触点互锁的可逆起停控制电路电气元件作用表见表29。

表29　电气元件作用表

序号	符号	名　称	型　号	规　格	作　用
1	QF₁	断路器	DZ47-63	25A　三极	主回路过流保护
2	QF₂	断路器	DZ47-63	6A　二极	控制回路过流保护
3	KM₁	交流接触器	CDC10-20	线圈电压 380V	控制电动机正转电源
4	KM₂	交流接触器	CDC10-20	线圈电压 380V	控制电动机反转电源
5	FR	热继电器	JR36-20	10～16A 带断相保护功能	过载保护
6	SB₁	按钮开关	LA19-11	红色	停止电动机用
7	SB₂	按钮开关	LA19-11	绿色	电动机正转起动用

序号	符号	名 称	型 号	规 格	作 用
8	SB₃	按钮开关	LA19-11	蓝色	电动机反转起动用
9	M	三相异步电动机	Y132S-4	5.5kW 11.6A 1440 r/min	拖 动

6. 元器件安装排列图及端子图

元器件安装排列图及端子图如图 77 所示。

从元器件安装排列图及端子图上可以看出,端子排 XT 上共有 10 个接线端子,其中,L_1、L_2、L_3 为电源引入线,将外部三相 380V 电源接到此处,可采用 3 根 BV 4mm² 导线套管敷设。

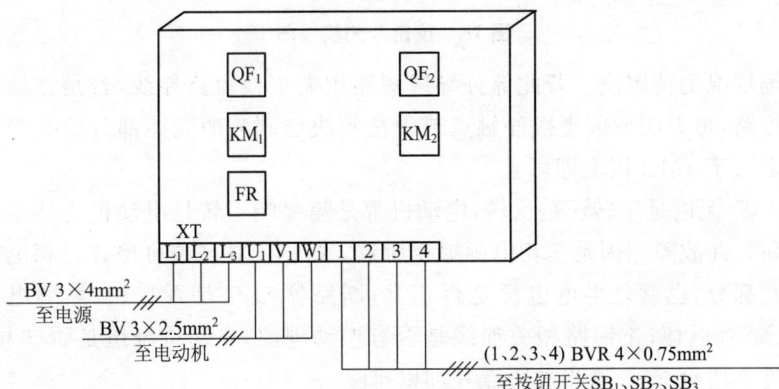

图 77 元器件安装排列图及端子图

U_1、V_1、W_1 用 3 根 BV 2.5mm² 导线套管敷设至电动机处。

1、2、3、4 可采用 4 根 BVR 0.75mm² 导线接至配电箱面板按钮开关 SB_1、SB_2、SB_3 上,并一一正确对应连接。

7. 按钮开关接线

按钮开关接线如图 78 所示。

8. 常见故障及排除方法

① 主回路断路器 QF_1 送不上(在控制回路保护断路器 QF_2 处于断开状态时),其主要原因是断路器自身脱扣器损坏;交流接触器 KM_1、KM_2 主触点连接处短路。对于断路器 QF_1 脱扣器故障,则需更换一只新脱扣器即可;对于交流接触器 KM_1、KM_2 主触点连接处短路故障,则根据

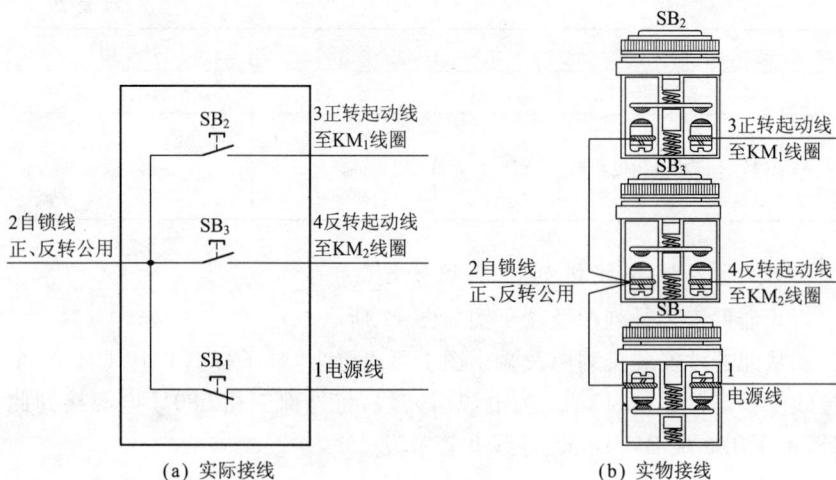

图 78　按钮开关接线图

现场情况酌情解决。若此部分导线短路则需更换短路导线,若是连接点处短路,可查明原因更换静触点或设法解决已碳化的壳体部分使其绝缘电阻大于 $1M\Omega$ 以上即可。

② 无论是正转还是反转,电动机都是嗡嗡响不转且电动机壳体温度很高。此故障原因是三相电源缺相所致。根据上述现象可检查三相电源公共部分,也就是供电电源是否正常;断路器 QF_1 是否缺相;热继电器 FR 是否损坏;主回路相关连线是否有松动现象;电动机绕组是否缺相。通过上述检查后,查出故障点并加以排除。

③ 正转时按 SB_2,交流接触器 KM_1 线圈得电吸合但不能自锁为点动状态。此故障原因是 KM_1 自锁触点闭合不了或 KM_1 自锁回路连线脱落所致。若是 KM_1 自锁触点损坏则根据交流接触器型号更换触点,对于有的交流接触器触点不能更换时则需要更换整个新品交流接触器。若是自锁回路连线脱落故障,可重新将脱落导线恢复即可。

④ 热继电器冒烟,可看到火光,但不跳闸。此故障原因是电动机处于过载状态,同时热继电器自身损坏而不能跳闸,最为常见的是热继电器 FR 常闭触点断不开所致。检查并排除过载问题后,更换一只同型号的热继电器。

9. 电路实物配套图

只有接触器辅助常闭触点互锁的可逆起停控制电路实物配套图如图 79 所示。

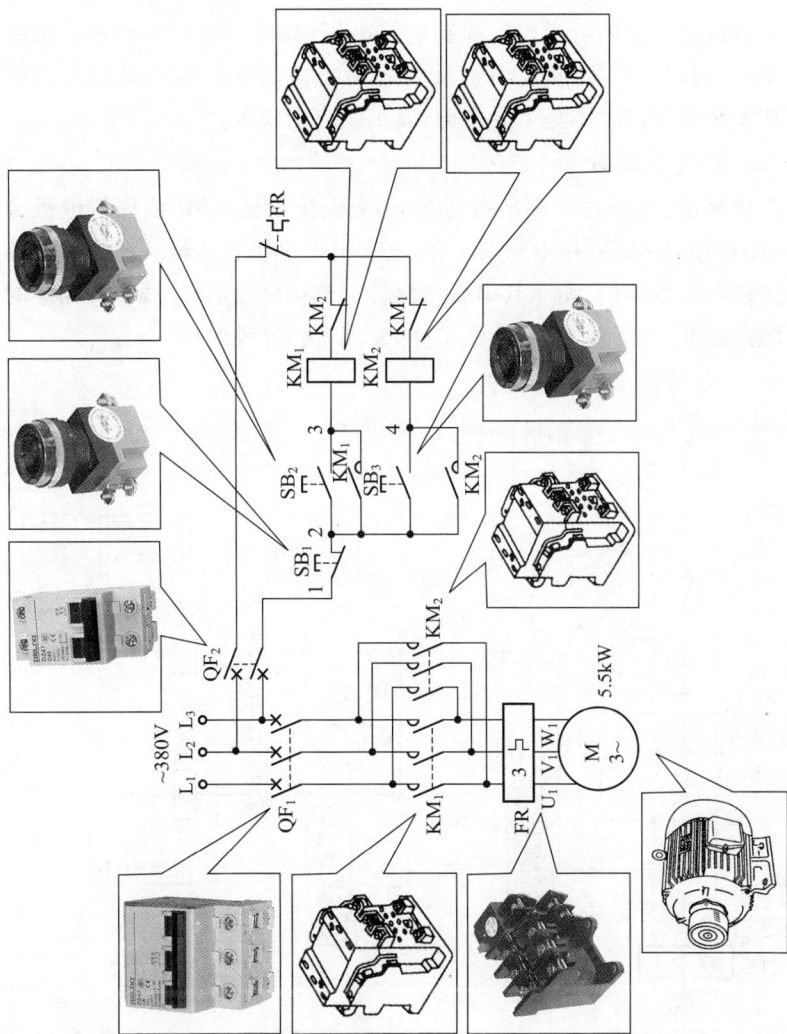

图79 只有接触器辅助常闭触点互锁的可逆起停控制电路实物配套图

电路 19 只有按钮互锁的可逆起停控制电路

1. 电气原理图

只有按钮互锁的可逆起停控制电路电气原理图如图 80 所示。电路采用单一的按钮互锁(即利用正反转起动按钮的常闭触点进行互锁保护),从安全角度讲并不是十分完美,但实际应用较多。

2. 电气原理分析

正转起动:按下正转起动按钮 SB_2,交流接触器 KM_1 线圈得电吸合且 KM_1 自锁,KM_1 三相主触点闭合,电动机得电正转运转。在按下正转起动按钮 SB_2 的同时,由于其串联在反转交流接触器 KM_2 线圈回路中的常闭触点断开,从而使 KM_2 无法工作,实现按钮互锁保护。

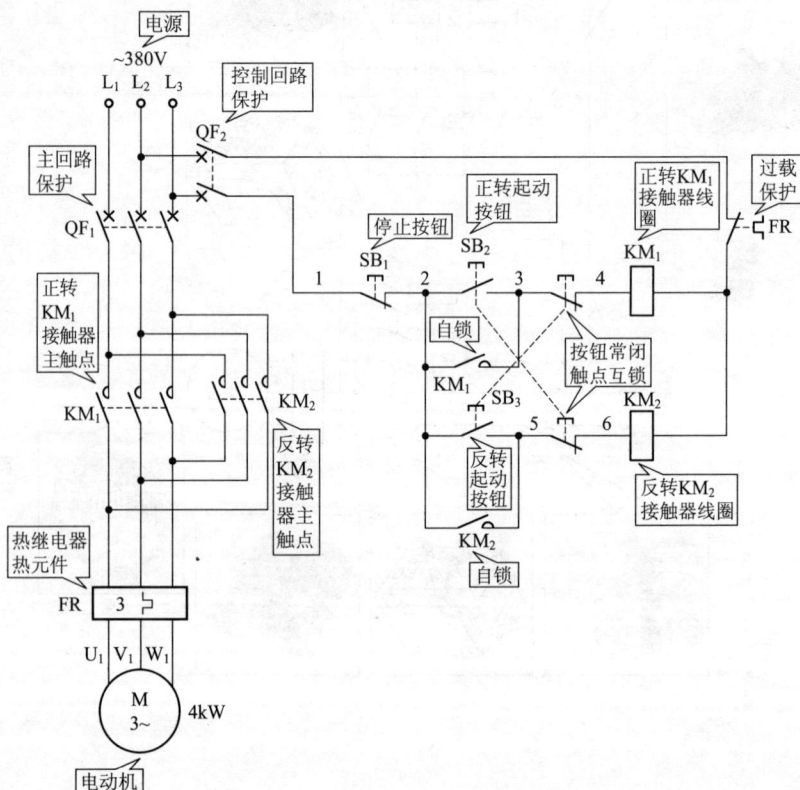

图 80 只有按钮互锁的可逆起停控制电路电气原理图

反转起动: 按下反转起动按钮 SB_3，交流接触器 KM_2 线圈得电吸合且 KM_2 自锁，KM_2 三相主触点闭合，电动机得电反转运转，在按下反转起动按钮 SB_3 的同时，由于其串联在正转交流接触器 KM_1 线圈回路中的常闭触点断开，从而使 KM_1 无法工作，实现按钮互锁保护。

停止: 无论正转还是反转工作时，若需停止，则按下停止按钮 SB_1 即可实现。

本电路在正反转转换时，不需要先按停止按钮，可直接进行正反转操作。

3. 逻辑代数表达式

$$KM_{1线圈} = QF_2 \cdot \overline{SB_1} \cdot (SB_2 + KM_1) \cdot \overline{SB_3} \cdot \overline{FR}$$

$$KM_{2线圈} = QF_2 \cdot \overline{SB_1} \cdot (SB_3 + KM_2) \cdot \overline{SB_2} \cdot \overline{FR}$$

4. 电路器件动作简述

按 SB_2，KM_1 吸合自锁，M 正转运转。

按 SB_1（或轻轻按下 SB_3），KM_1 失电释放，M 停止。

按 SB_3，KM_2 吸合自锁，M 反转运转。

按 SB_1（或轻轻按下 SB_2），KM_2 失电释放，M 停止。

5. 电气元件作用表

只有按钮互锁的可逆起停控制电路电气元件作用表见表30。

6. 元器件安装排列图及端子图

元器件安装排列图及端子图如图81所示。

表30　电气元件作用表

序号	符号	名　称	型　号	规　格	作　用
1	QF_1	断路器	DZ47-63	16A　三极	主回路过流保护
2	QF_2	断路器	DZ47-63	6A　二极	控制回路过流保护
3	KM_1	交流接触器	CDC10-10	线圈电压380V	控制电动机正转电源
4	KM_2	交流接触器	CDC10-10	线圈电压380V	控制电动机反转电源
5	FR	热继电器	JR36-20	6.8～11A 带断相保护功能	过载保护
6	SB_1	按钮开关	LA19-11	红　色	停止电动机用
7	SB_2	按钮开关	LA19-11	绿　色	电动机正转起动用
8	SB_3	按钮开关	LA19-11	蓝　色	电动机反转起动用
9	M	三相异步电动机	Y112M-4	4kW 8.8A 1440r/min	拖　动

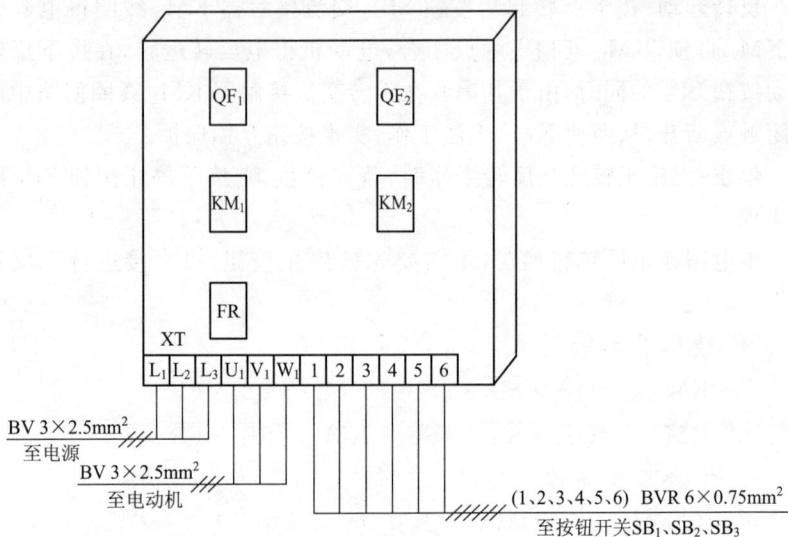

图 81 元器件安装排列图及端子图

从元器件安装排列图及端子图上可以看出,端子排 XT 上共有 12 个接线端子,其中,L_1、L_2、L_3 为电源引入线,将外部三相 380V 电源接到此处,可采用 3 根 BV 2.5mm^2 导线套管敷设。

U_1、V_1、W_1 用 3 根 BV 2.5mm^2 导线套管敷设至电动机处。

1、2、3、4、5、6 可采用 6 根 BVR 0.75mm^2 导线接至配电箱面板按钮开关 SB_1、SB_2、SB_3 上,并一一正确对应连接。

7. 按钮开关接线

按钮开关接线如图 82 所示。

8. 故障维修

① 正转操作正常,操作反转进行不了。此故障通常原因是反转起动按钮 SB_3 常开触点损坏闭合不了;正转起动按钮 SB_2 互锁常闭触点断路;反转交流接触器 KM_2 线圈断路。可根据实际情况逐一检查并修复。

② 反转操作正常,正转为点动操作。此故障原因为正转自锁回路断路所致,可检查 KM_1 自锁触点及相关连线并排除。

③ 正、反转均不能操作。测量控制电源正常,通常此故障原因为停止按钮 SB_1 断路;热继电器 FR 常闭触点断路。

④ 正转时电动机运转正常,反转时电动机嗡嗡响不转。此故障为反

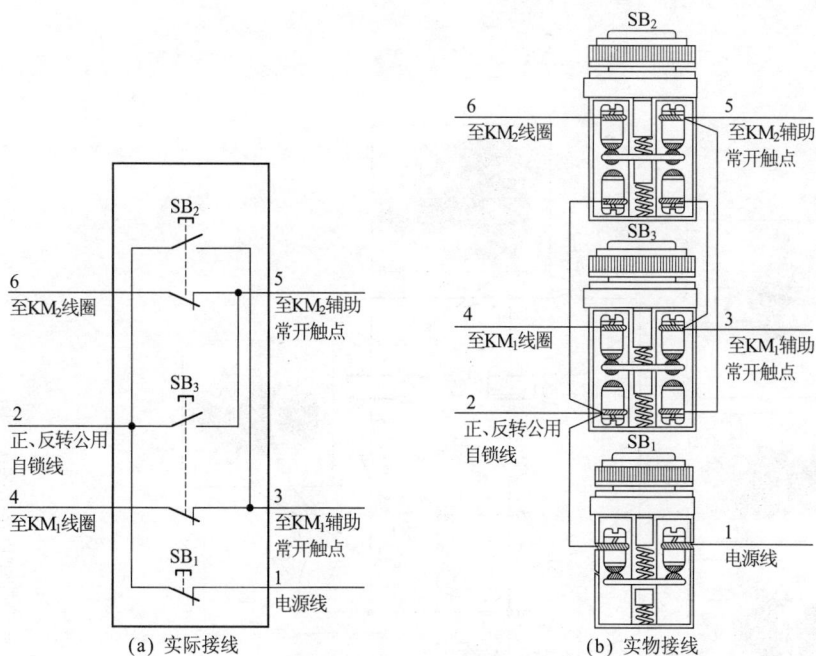

图 82　按钮开关接线图

转交流接触器 KM_2 三相主触点中有一相断路或反转交流接触器主触点相关连线有一相接触不良或断路造成缺相。

⑤反转正常,按正转起动按钮 SB_2 无反应,用短接线短接端子 2、3 时,交流接触器 KM_1 能正常吸合工作且自锁。此故障原因为 SB_2 起动按钮损坏所致。

⑥一合控制回路断路器 QF_2,交流接触器 KM_1 线圈立即吸合(不需按动 SB_2 正转起动按钮)。此故障主要原因为正转起动按钮 SB_2 短路;交流接触器的自锁触点粘连不断开;连线 1、3 等处碰线短路。另外可观察交流接触器在不通电时是否已处于工作状态,若是则原因为机械部分卡住;主触点粘连不释放;交流接触器铁心极面有油脂造成不释放或释放缓慢。

9. 电路实物配套图

只有按钮互锁的可逆起停控制电路实物配套图如图 83 所示。

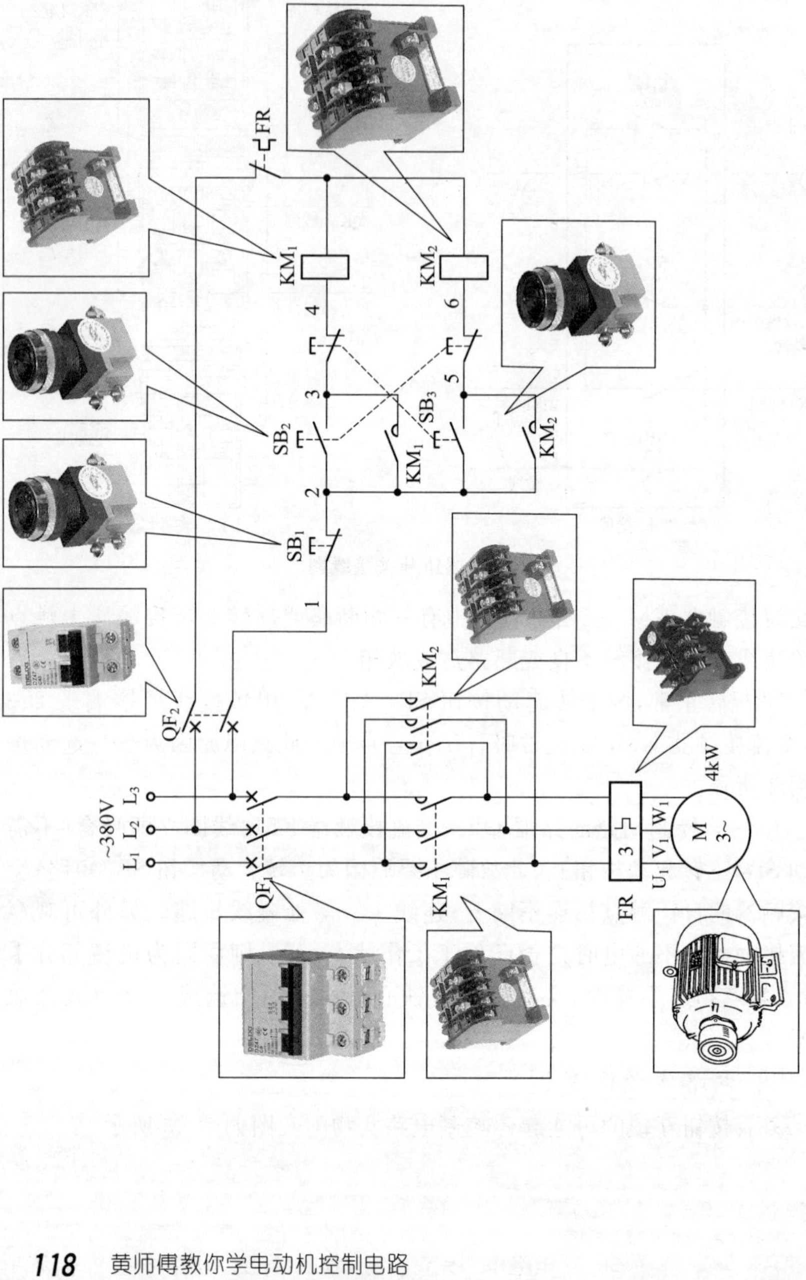

图 83 只有按钮互锁的可逆起停控制电路实物配套图

电路 20　接触器、按钮双互锁可逆起停控制电路

1. 电气原理图

图 84 所示为接触器、按钮双互锁可逆起停控制电路电气原理图。

本电路是非常标准的正反转控制电路,可靠性很高,是电工操作过程中的首选电路。

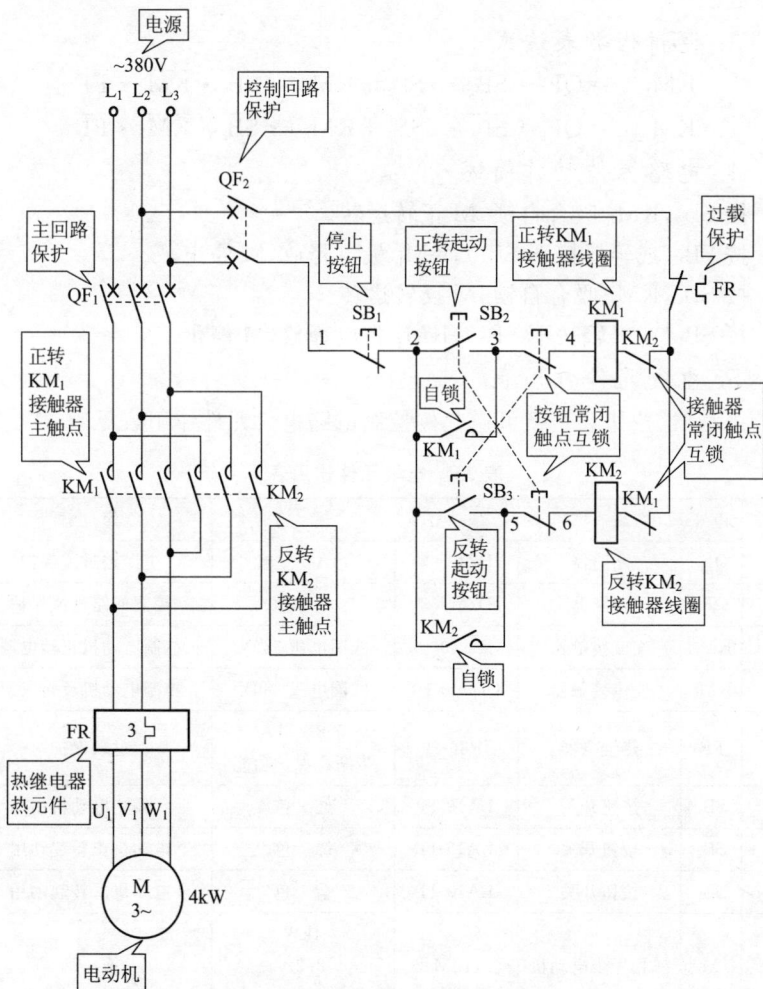

图 84　接触器、按钮双互锁可逆起停控制电路

2. 电气原理分析

在正转起动时,其起动按钮 SB_2 的常闭触点首先断开了反转接触器 KM_2 线圈回路电源(第一种互锁保护),当正转交流接触器 KM_1 线圈得电吸合后,KM_1 串联在 KM_2 线圈回路中的常闭触点又断开(进行第二种互锁保护),使 KM_2 线圈无法得电吸合动作,反转电路与正转电路相同。这样,无论在正转或反转操作时,不用先按下停止按钮 SB_1 即可任意正、反转起动。同时还可避免因交流接触器主触点发生熔焊分不断时出现短路事故。

3. 逻辑代数表达式

$$KM_{1线圈} = QF_2 \cdot \overline{SB_1} \cdot (SB_2 + KM_1) \cdot \overline{SB_3} \cdot \overline{KM_2} \cdot \overline{FR}$$

$$KM_{2线圈} = QF_2 \cdot \overline{SB_1} \cdot (SB_3 + KM_2) \cdot \overline{SB_2} \cdot \overline{KM_1} \cdot \overline{FR}$$

4. 电路器件动作简述

按 SB_2,KM_1 吸合自锁,M 正转运转。

按 SB_1(或轻轻按下 SB_3),KM_1 失电释放,M 停止。

按 SB_3,KM_2 吸合自锁,M 反转运转。

按 SB_1(或轻轻按下 SB_2),KM_2 失电释放,M 停止。

5. 电气元件作用表

接触器、按钮双互锁可逆起停控制电路电气元件作用表见表 31。

表 31　电气元件作用表

序号	符号	名　称	型　号	规　格	作　用
1	QF_1	断路器	DZ47-63	16A　三极	主回路过流保护
2	QF_2	断路器	DZ47-63	6A　二极	控制回路过流保护
3	KM_1	交流接触器	CDC10-10	线圈电压 380V	控制电动机正转电源
4	KM_2	交流接触器	CDC10-10	线圈电压 380V	控制电动机反转电源
5	FR	热继电器	JR36-20	6.8～11A 带断相保护功能	过载保护
6	SB_1	按钮开关	LA19-11	红色	停止电动机用
7	SB_2	按钮开关	LA19-11	绿色	电动机正转起动用
8	SB_3	按钮开关	LA19-11	蓝色	电动机反转起动用
9	M	三相异步电动机	Y112M-2	4kW 8.2A 2890r/min	拖动

6. 元器件安装排列图及端子图

元器件安装排列图及端子图如图 85 所示。

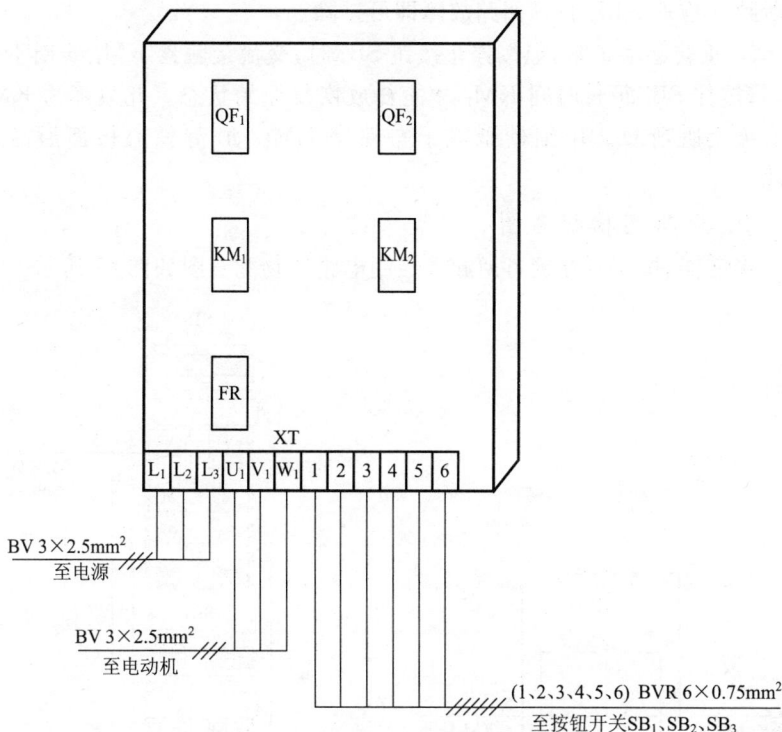

图 85 元器件安装排列图及端子图

从元器件安装排列图及端子图上可以看出，端子排 XT 上共有 12 个接线端子，其中，L_1、L_2、L_3 为电源引入线，将外部三相 380V 电源接到此处，可采用 3 根 BV 2.5mm^2 导线套管敷设。

U_1、V_1、W_1 用 3 根 BV 2.5mm^2 导线套管敷设至电动机处。

1、2、3、4、5、6 可采用 6 根 BVR 0.75mm^2 导线接至配电箱面板按钮开关 SB_1、SB_2、SB_3 上，并一一正确对应连接。

7. 按钮开关接线图

按钮开关接线如图 86 所示。

8. 常见故障及排除方法

① 正反转操作均无反应(控制回路电源正常)。此故障原因最大可能在公共电路，即停止按钮 SB_1 断路或热继电器 FR 常闭触点断路。用

万用表检查上述两只电器元件是否正常,找出故障点加以排除。

②反转起动变为点动。此故障为反转交流接触器 KM_2 自锁触点损坏所致。检查 KM_2 自锁回路故障即可排除。

③正转起动正常,但按停止按钮 SB_1 时,交流接触器 KM_1 线圈不释放,若按住 SB_1 很长时间 KM_1 才能释放恢复原始状态。此故障为 KM_1 铁心极面脏所致。用细砂纸或干布擦净 KM_1 动、静铁心极面后故障消除。

9. 电路实物配套图

接触器、按钮双互锁可逆起停控制电路实物配套图如图 87 所示。

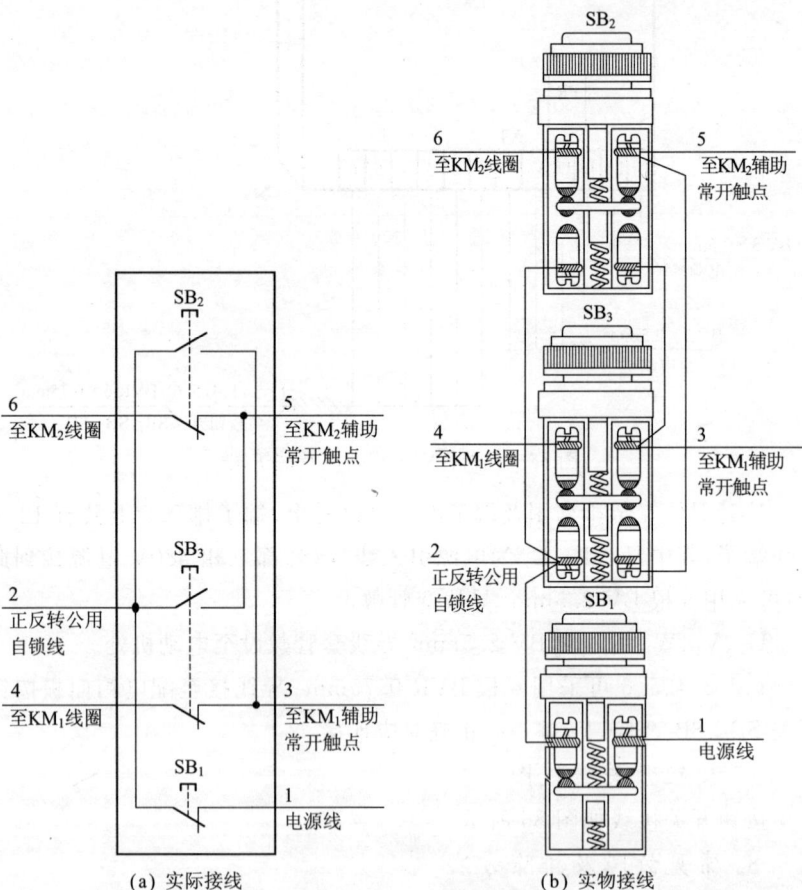

(a) 实际接线　　　　　(b) 实物接线

图86　按钮开关接线图

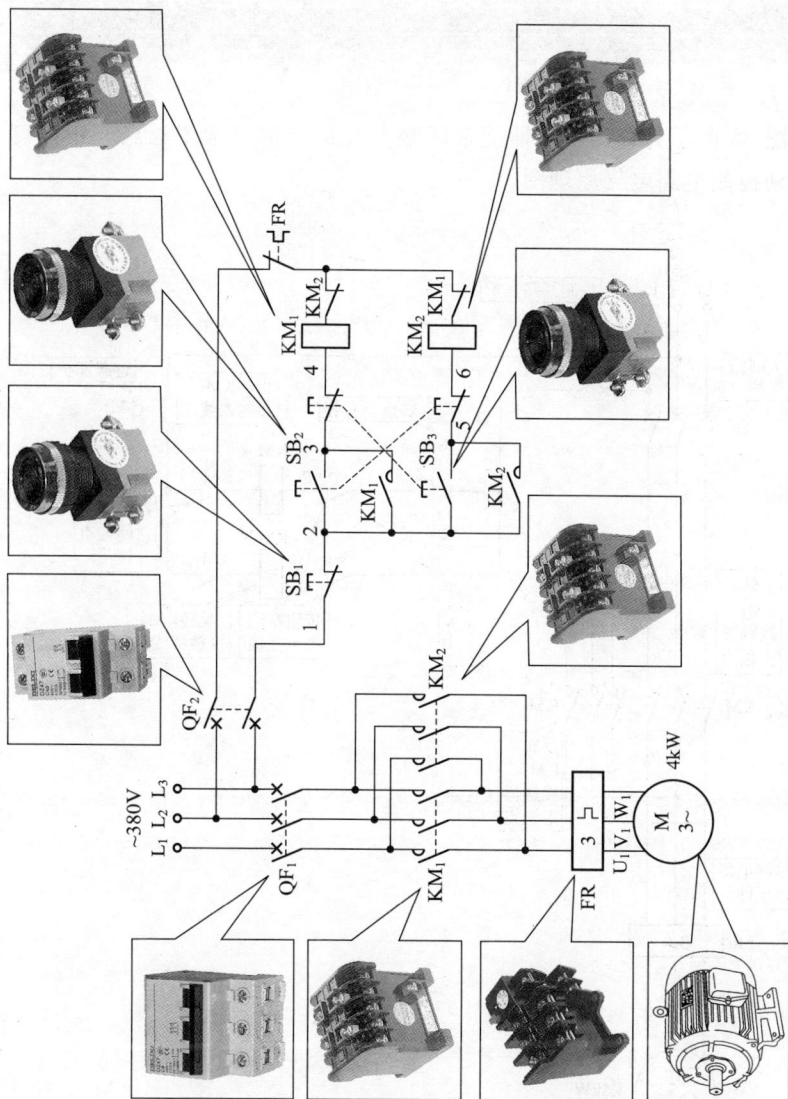

图 87　接触器、按钮双互锁可逆起停控制电路实物配套图

电路 21　有接触器辅助常闭触点互锁及按钮常闭触点互锁的可逆点动控制电路

1. 电气原理图

图 88 所示为有接触器辅助常闭触点互锁及按钮常闭触点互锁的可逆点动控制电路电气原理图。

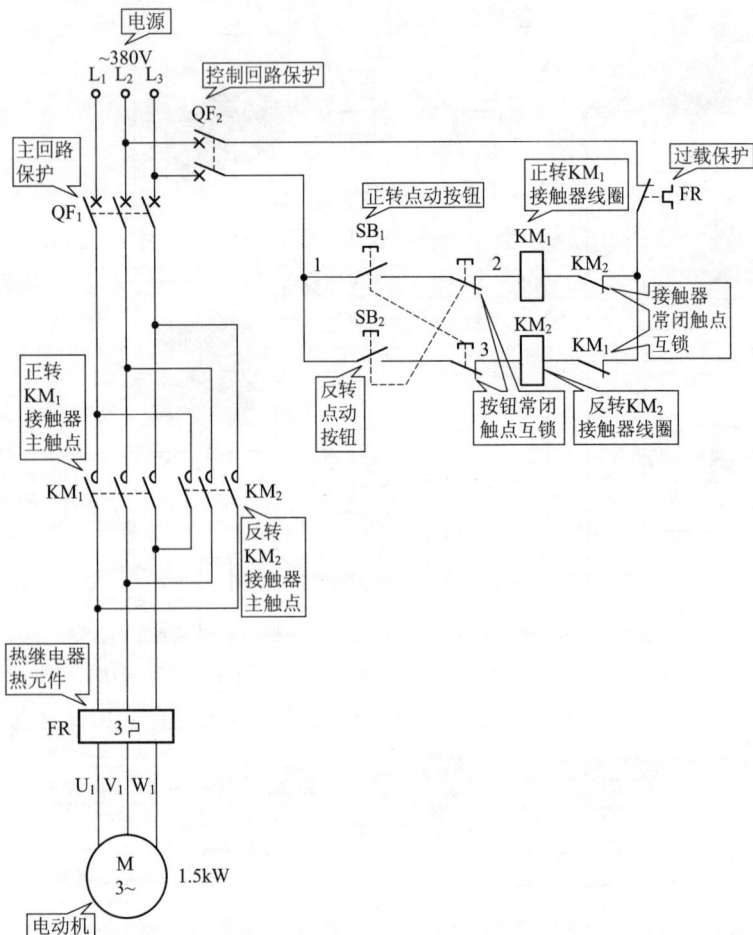

图 88　有接触器辅助常闭触点互锁及按钮常闭触点互锁的
可逆点动控制电路电气原理图

可以这样说，本电路集中了接触器连锁、按钮连锁的优点，组成了具有双重互锁的可逆点动控制电路。电路中由于互锁可靠可避免当一只接触器主触点发生熔焊分断不开而另一只接触器也同时吸合时，造成严重的短路事故。

2. 电气原理分析

正转点动时，按下按钮 SB_1，SB_1 串联在反转交流接触器 KM_2 线圈回路中的常闭触点断开，起到按钮互锁作用；同时 SB_1 常开触点闭合，正转交流接触器 KM_1 线圈得电吸合，KM_1 串联在反转交流接触器 KM_2 线圈回路中的辅助常闭触点断开，起到双重互锁作用。这时 SB_1 常开触点闭合，正转交流接触器 KM_1 线圈得电吸合，KM_1 三相主触点闭合，电动机正转运转。当手松开按钮 SB_1 后，KM_1 线圈断电释放，KM_1 三相主触点断开，电动机停止运转，即为点动操作。

反转点动操作与正转点动操作相同，本文不再介绍。

3. 逻辑代数表达式

$$KM_{1线圈} = QF_2 \cdot SB_1 \cdot \overline{SB_2} \cdot \overline{KM_2} \cdot \overline{FR}$$

$$KM_{2线圈} = QF_2 \cdot SB_2 \cdot \overline{SB_1} \cdot \overline{KM_1} \cdot \overline{FR}$$

4. 电路器件动作简述

按 SB_1，KM_1 吸合，M 正转运转。

松开 SB_1，KM_1 失电释放，M 停止。

按 SB_2，KM_2 吸合，M 反转运转。

松开 SB_2，KM_2 失电释放，M 停止。

5. 电气元件作用表

有接触器辅助常闭触点互锁及按钮常闭触点互锁的可逆点动控制电路电气元件作用表见表32。

表32　电气元件作用表

序号	符号	名　称	型　号	规　格	作　用
1	QF_1	断路器	DZ47-63	10A　三极	主回路过流保护
2	QF_2	断路器	DZ47-63	6A　二极	控制回路过流保护
3	KM_1	交流接触器	CDC10-10	线圈电压380V	控制电动机正转电源
4	KM_2	交流接触器	CDC10-10	线圈电压380V	控制电动机反转电源
5	FR	热继电器	JR36-20	3.2～5A	过载保护

序号	符号	名 称	型 号	规 格	作 用
6	SB$_1$	按钮开关	LA19-11	绿 色	电动机正转点动用
7	SB$_2$	按钮开关	LA19-11	蓝 色	电动机反转点动用
8	M	三相异步电动机	Y90S-2	1.5kW 3.4A 2840r/min	拖 动

6. 元器件安装排列图及端子图

元器件安装排列图及端子图如图 89 所示。

从元器件安装排列图及端子图上可以看出,端子排 XT 上共有 9 个接线端子,其中,L$_1$、L$_2$、L$_3$ 为电源引入线,将外部三相 380V 电源接到此处,可采用 3 根 BV 1.5mm^2 导线套管敷设。

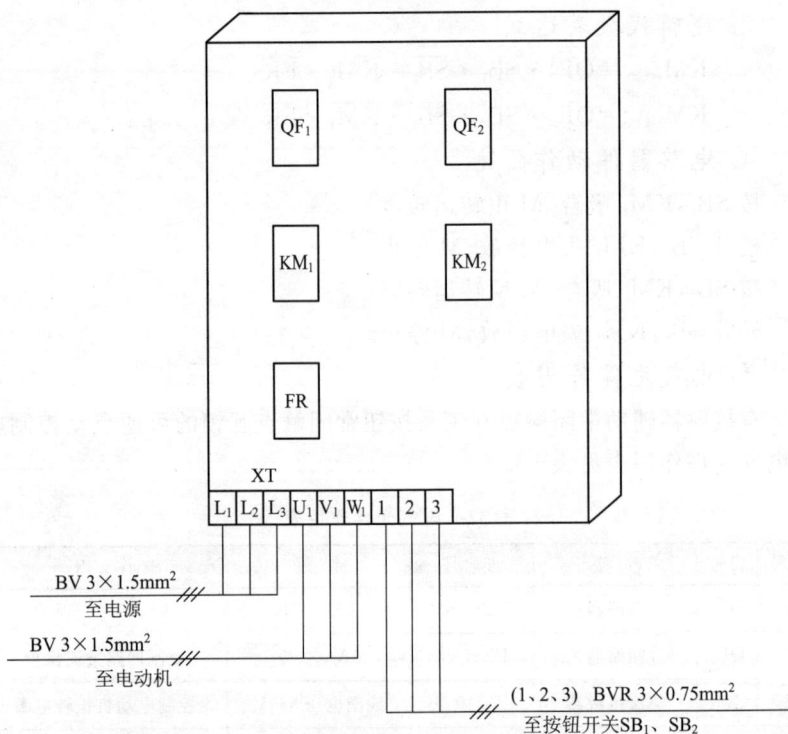

图89 元器件安装排列图及端子图

U_1、V_1、W_1 用 3 根 BV 1.5mm² 导线套管敷设至电动机处。

1、2、3 可采用 3 根 BVR 0.75mm² 导线接至配电箱面板按钮开关 SB_1、SB_2 上,并一一正确对应连接。

7. 按钮开关接线图

按钮开关接线如图 90 所示。

8. 常见故障及排除方法

① 反转点动正常,正转无反应。其故障原因为正转点动按钮 SB_1 常开触点损坏;正转交流接触器 KM_1 线圈断路;反转交流接触器 KM_2 辅助常闭触点损坏所致。检查上述器件是否正常,并将故障器件换掉即可排除上述故障。

② 按正转点动按钮 SB_1,KM_1 线圈得电吸合后变为自锁,松开 SB_1,KM_1 线圈仍吸合不释放;待很长一段时间后,KM_1 线圈才会自行释放停止工作。此故障为 KM_1 铁心极面有油污造成动、静铁心延时释放问题。用细砂纸或干布将动、静铁心极面油污擦干净即可解决此故障。

9. 电路实物配套图

有接触器辅助常闭触点互锁及按钮常闭触点互锁的可逆点动控制电路实物配套图如图 91 所示。

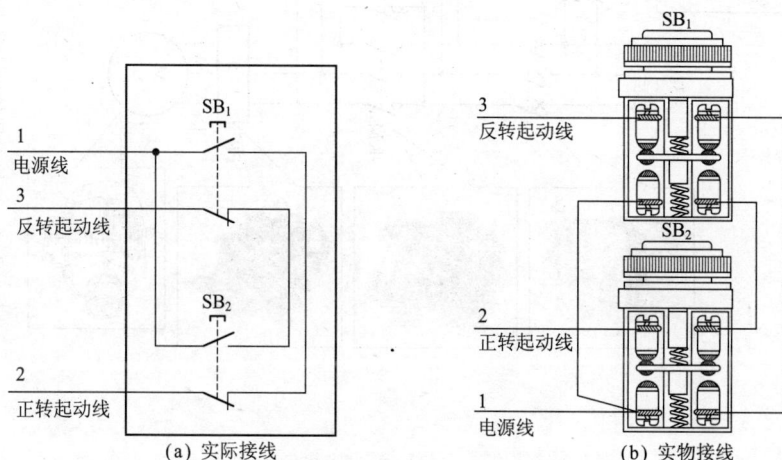

图 90 按钮开关接线图

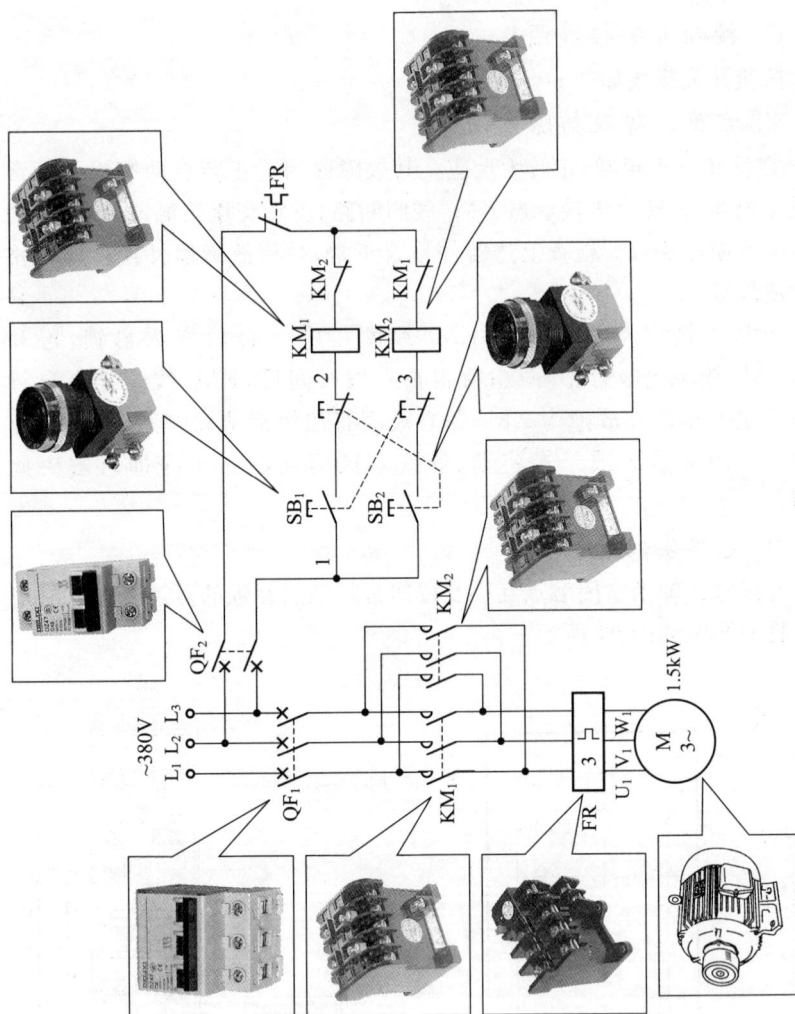

图 91 有接触器辅助常闭触点互锁及按钮常闭触点互锁的可逆点动控制电路实物配套图

1. 电气原理图

图 92 所示是某工作台自动往返循环控制电路电气原理图。

自动往返循环控制应用很广泛,特别适用于要求工作台在一定距离内能自动循环移动,对工件进行连续加工。也就是说,在所谓的一定距离

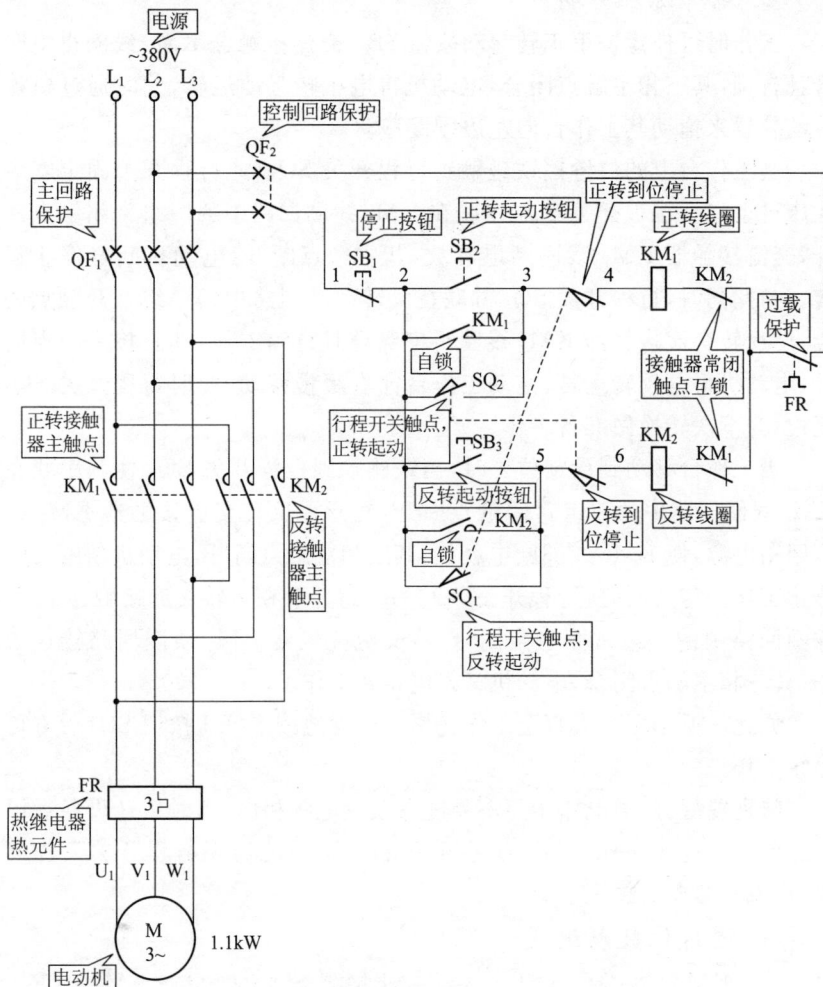

图 92 自动往返循环控制电路(一)电气原理图

内的两端分别安装了行程开关 SQ_1（左端）、SQ_2（右端），当工作台向左移动到位后，触碰 SQ_1，那么 SQ_1 的一组常闭触点断开，切断向左移动的交流接触器 KM_1 线圈电源，向左移动停止，SQ_1 的一组常开触点接通向右移动的交流接触器 KM_2 线圈电源，向右移动起动工作，当工作台向右移动触碰 SQ_2，那么 SQ_2 的一组常闭触点断开，切断向右移动的交流接触器 KM_2 线圈电源，向右移动停止，SQ_2 的一组常开触点接通向左移动的交流接触器 KM_1 线圈电源，向左移动起动工作，如此循环，完成自动往返循环工作。

2. 电气原理分析

工作时可任意按下正转起动按钮 SB_2，交流接触器 KM_1 线圈得电吸合且自锁，其三相主触点闭合，电动机得电正转起动运转，此时通过机械传动装置来拖动其工作台向左边缓慢移动。

当工作台上的位置挡铁碰触到行程开关 SQ_1（此行程开关固定安装在床身上）时，行程开关 SQ_1 串联在 KM_1 线圈回路中的一组常闭触点断开，交流接触器 KM_1 线圈断电释放，其主触点断开，电动机断电停止运转。与此同时，行程开关 SQ_1 并联在反转起动回路中的一组常开触点闭合，使反转交流接触器 KM_2 线圈得电吸合且自锁工作，其三相主触点闭合，电动机得电反转运转，拖动工作台向右缓慢移动，此时行程开关 SQ_1 复位，为下次转换做准备工作。

当工作台移动到设定位置时，挡铁碰触到行程开关 SQ_2 使其串联在 KM_2 线圈回路中的一组常闭触点断开，切断了反转交流接触器 KM_2 线圈回路电源，使 KM_2 线圈断电释放，其三相主触点断开，电动机断电反转停止工作。与此同时，行程开关 SQ_2 另一组并联在正转交流接触器 KM_1 线圈回路中的一组常开触点闭合，将交流接触器 KM_1 线圈回路接通工作，其三相主触点闭合，电动机又得电正转工作了。

如此往返循环下去直至工作完毕需人为地按下停止按钮 SB_1 后方可停止工作。

特别提醒：此类电路千万不要随意改变电源相序，有时搬迁设备后没在意而任意连接三相电源，出现相序错误，很可能出现行程开关失控问题，造成不必要的损失。

3. 逻辑代数表达式

$$KM_{1线圈} = QF_2 \cdot \overline{SB_1} \cdot (SB_2 + KM_1 + SQ_2) \cdot \overline{SQ_1} \cdot \overline{KM_2} \cdot \overline{FR}$$

$$KM_{2线圈} = QF_2 \cdot \overline{SB_1} \cdot (SB_3 + KM_2 + SQ_1) \cdot \overline{SQ_2} \cdot \overline{KM_1} \cdot \overline{FR}$$

4. 电路器件动作简述

按 SB_2 或触动 SQ_2，KM_1 吸合自锁，M 正转运转。

按 SB_3 或触动 SQ_1，KM_2 吸合自锁，M 反转运转。

按 SB_1，KM_1 或 KM_2 失电释放，M 停止。

5. 电气元件作用表

自动往返循环控制电路(一)电气元件作用表见表33。

表33　电气元件作用表

序号	符号	名　称	型　号	规　格	作　用
1	QF_1	断路器	DZ47-63	10A 三极	主回路过流保护
2	QF_2	断路器	DZ47-63	6A 二极	控制回路过流保护
3	KM_1	交流接触器	CDC10-10	线圈电压 380V	控制电动机正转电源用
4	KM_2	交流接触器	CDC10-10	线圈电压 380V	控制电动机反转电源用
5	FR	热继电器	JR36-20	2.2~3.5A	过载保护
6	SQ_1	行程开关	LX19-111	自动复位	反转起动、正转限位停止
7	SQ_2	行程开关	LX19-111	自动复位	正转起动、反转限位停止
8	SB_1	按钮开关	LA19-11	红色	停止电动机用
9	SB_2	按钮开关	LA19-11	绿色	正转起动用
10	SB_3	按钮开关	LA19-11	蓝色	反转起动用
11	M	三相异步电动机	Y802-2	1.1kW 2.6A 2825r/min	拖动

6. 元器件安装排列图及端子图

元器件安装排列图及端子图如图93所示。

从元器件安装排列图及端子图上可以看出，端子排 XT 上共有 12 个接线端子，其中，L_1、L_2、L_3 为电源引入线，将外部三相380V电源接到此处，可采用 3 根 BV 1.5mm^2 导线套管敷设。

U_1、V_1、W_1 用 3 根 BV 1.5mm^2 导线套管敷设至电动机处。

1、2、3、5 可采用 4 根 BVR 0.75mm^2 导线接至配电箱面板按钮开关 SB_1、SB_2、SB_3 上；2、3、4、5、6 可采用 5 根 BVR 0.75mm^2 导线接至行程开关 SQ_1、SQ_2 上，并一一正确对应连接。

7. 按钮开关及行程开关接线图

按钮开关及行程开关实际接线如图94和图95所示。

8. 常见故障及排除

① 正转运转正常，当工作台位置碰块碰到行程开关 SQ_1，正转交流

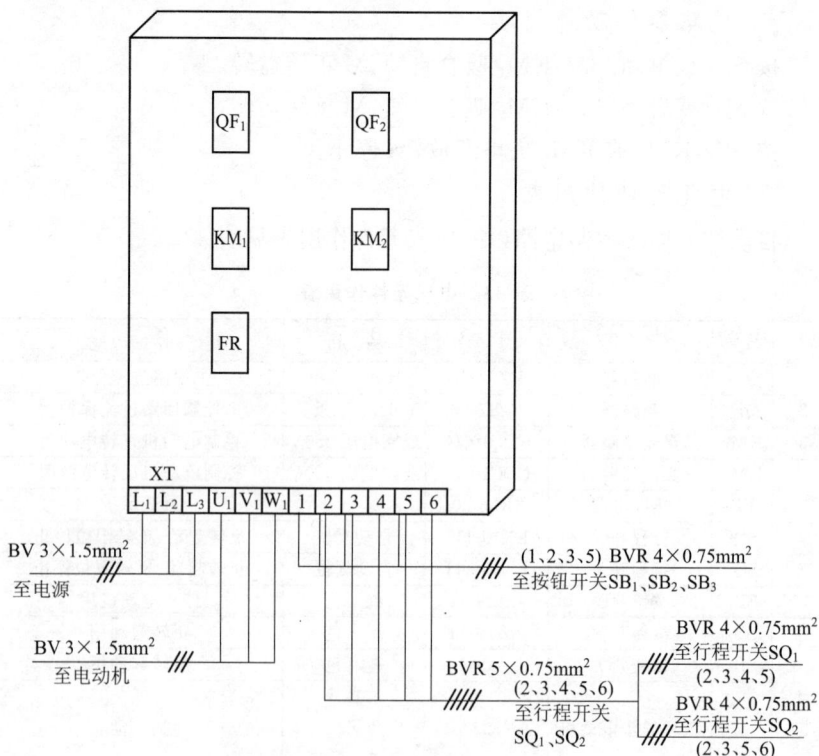

图 93　元器件安装排列图及端子图

接触器 KM_1 线圈不能断电释放,导致不能停机造成事故。此故障除交流接触器自身故障外,主要原因是行程开关 SQ_1 损坏所致。

②　正转运转正常,当工作台位置碰块碰到行程开关 SQ_1,正转交流接触器 KM_1 线圈断电释放,而反转交流接触器 KM_2 线圈不吸合,电动机无法拖动工作台反向。此故障原因为行程开关 SQ_1 常开触点闭合不了;行程开关 SQ_2 常闭触点断路了;反转交流接触器 KM_2 线圈断路;正转交流接触器 KM_1 串联在反转交流接触器 KM_2 线圈回路的互锁触点断路。

③　正转或反转均无法起动操作(操作回路电源正常)。此故障通常为停止按钮 SB_1 断路;热继电器 FR 常闭触点损坏断路。

④　反转运转到位后,正转动一下后便停止了,不能往返循环下去。此故障通常为正转交流接触器 KM_1 自锁触点损坏所致。

⑤　正转运转正常,当转换到反转时(交流接触器 KM_2 吸合),电动机嗡嗡响不转。此故障是反转交流接触器 KM_2 主触点有一相闭合不了造

成缺相运行,解决方法是修复缺相的主触点。

9. 技术数据

LX、JLXK 系列行程开关技术数据见表 34。

10. 电路实物配套图

自动往返循环控制电路(一)实物配套图如图 96 所示。

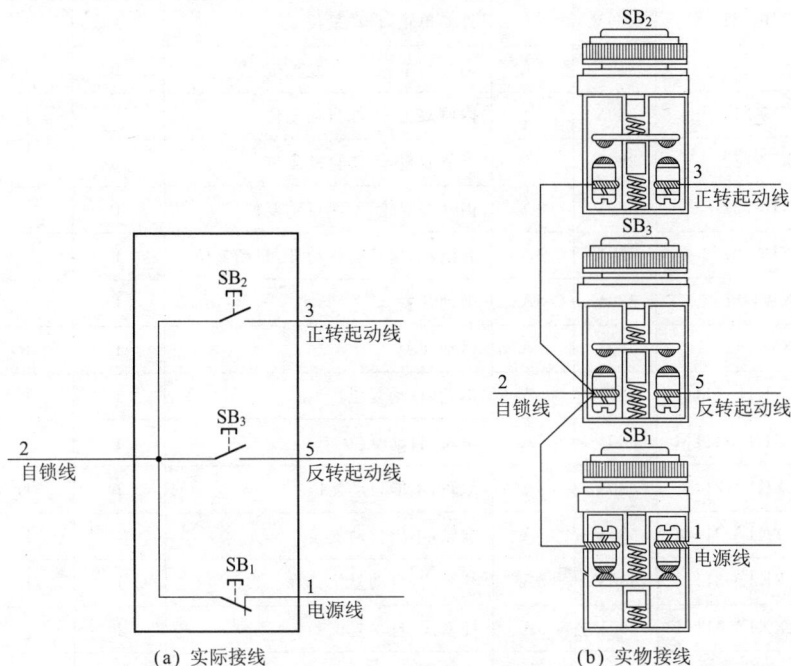

(a) 实际接线

(b) 实物接线

图 94 按钮开关接线图

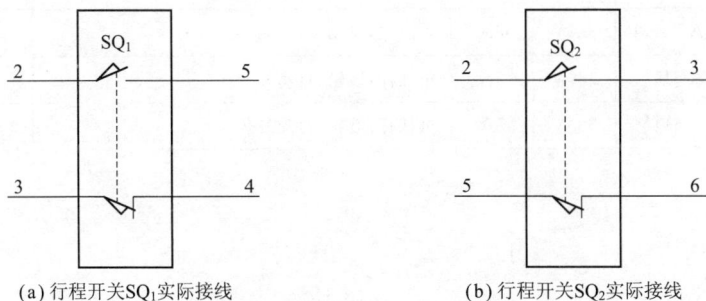

(a) 行程开关SQ₁实际接线

(b) 行程开关SQ₂实际接线

图 95 行程开关实际接线图

表 34 LX、JLXK 系列行程开关技术数据

型　号	额定电压	额定电流	结构特点	触点数量	
				常　开	常　闭
LX19K	380V	5A	元件	1	1
LX19-111	380V	5A	内侧单轮,自动复位	1	1
LX19-121	380V	5A	外侧单轮,自动复位	1	1
LX19-131	380V	5A	内外侧单轮,自动复位	1	1
LX19-212	380V	5A	内侧双轮,不能自动复位	1	1
LX19-222	380V	5A	外侧双轮,不能自动复位	1	1
LX19-232	380V	5A	内外侧双轮,不能自动复位	1	1
LX19-001	380V	5A	无滚轮,仅径向转动杆,自动复位	1	1
LXW1-11	380V	5A	微动开关	1	1
LXW2-11	380V	5A	微动开关	1	1
JLXK1A-111	380V	5A	单轮,自动复位	1	1
JLXK1A-111M	380V	5A	单轮,自动复位	1	1
JLXK1A-211	380V	5A	双轮,不能自动复位	1	1
JLXK1A-211M	380V	5A	双轮,不能自动复位	1	1
JLXK1A-311	380V	5A	柱塞式,自动复位	1	1
JLXK1A-311M	380V	5A	柱塞式,自动复位	1	1
JLXK1A-411	380V	5A	滚轮柱塞式,自动复位	1	1
JLXK1A-411M	380V	5A	滚轮柱塞式,自动复位	1	1
JLXK1A-511	380V	5A	万向式,自动复位	1	1
JLXK1A-511M	380V	5A	万向式,自动复位	1	1
JLXK1A-611	380V	5A	角杠杆,滚轮,自动复位	1	1
JLXK1A-611M	380V	5A	角杠杆,滚轮,自动复位	1	1

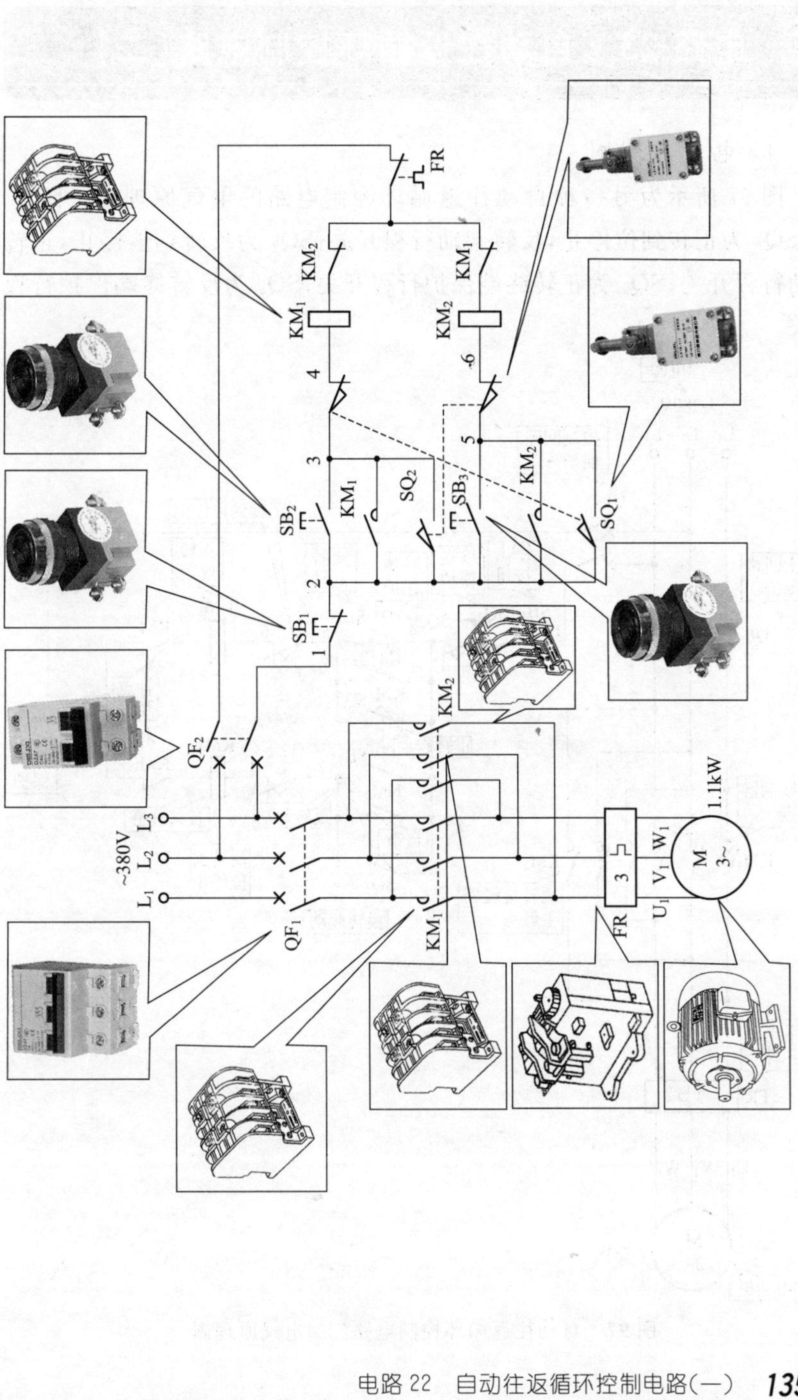

图96 自动往返循环控制电路（一）实物配套图

1. 电气原理图

图 97 所示为另一种自动往返循环控制电路的电气原理图。图 97 中,SQ_1 为正转到位停止,反转起动行程开关;SQ_2 为反转到位停止,正转起动行程开关;SQ_3 为正转终端保护行程开关;SQ_4 为反转终端保护行程开关。

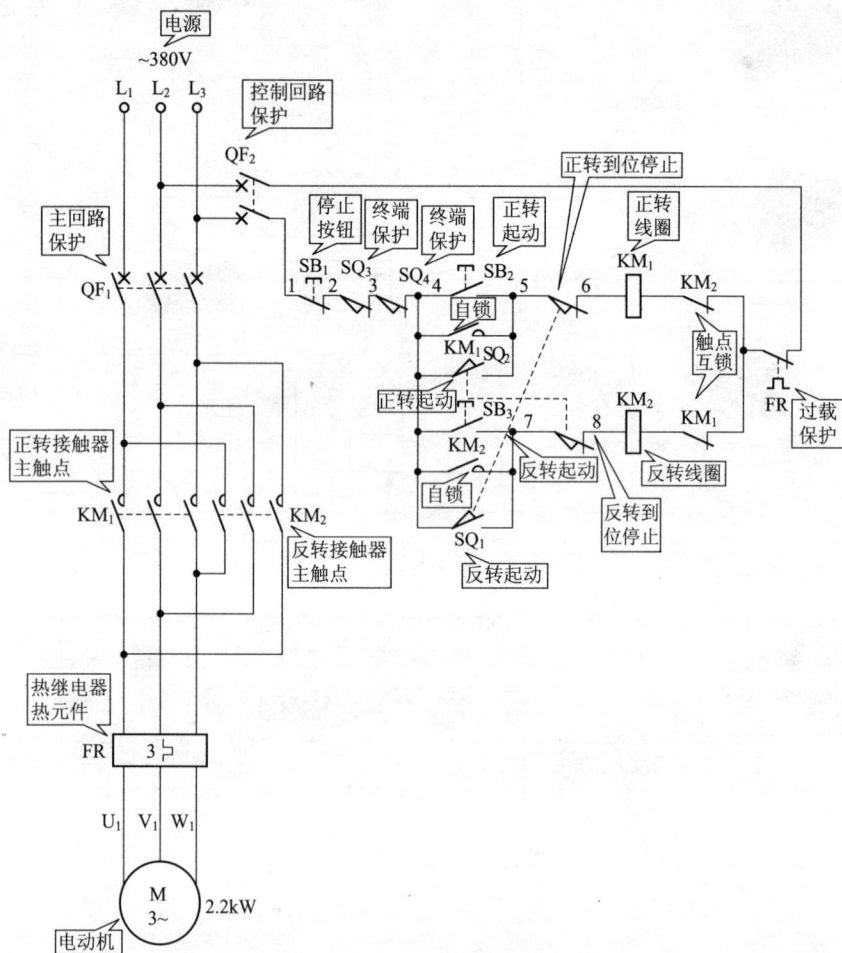

图 97 自动往返循环控制电路(二)电气原理图

2. 电气原理分析

按下反转起动按钮 SB_3，反转交流接触器 KM_2 线圈得电吸合且自锁，其三相主触点闭合，电动机得电反转运转。此时通过机械传动装置来拖动工作台向右移动，当工作台上的挡铁碰触到行程开关 SQ_2（固定在床身上）时，其串联在 KM_2 线圈回路中的一组常闭触点断开，反转交流接触器 KM_2 线圈断电释放，其三相主触点断开，电动机失电反转停止运转。与此同时，SQ_2 并联在正转交流接触器 KM_1 线圈回路中一组常开触点闭合，正转交流接触器 KM_1 得电吸合且自锁，其三相主触点闭合，电动机得电正转运转，电动机拖动工作台向左移动，行程开关 SQ_2 复位，为下次工作做准备。当工作台向左移动到设定位置时，挡铁碰触到行程开关 SQ_1，此时，SQ_1 串联在正转交流接触器 KM_1 线圈回路中的一组常闭触点断开，切断了正转交流接触器 KM_1 线圈电源，KM_1 线圈断电释放，其三相主触点断开，电动机失电正转停止工作。与此同时，行程开关的另一组并联在反转起动按钮 SB_3 上的常开触点闭合，反转交流接触器 KM_2 线圈得电吸合且自锁，其三相主触点闭合，电动机又得电反转运转了。这样就如此这般地自动往返循环下去。欲需停止工作，则必须人为地按下停止按钮 SB_1 才能使电动机停止工作。

注意：为了保证工作台的安全性和可靠性，还在工作台的左右两端极限位置处又分别安装了两个行程开关 SQ_3、SQ_4，它们处于工作台正常的循环行程之外，起极限保护作用，倘若工作台循环行程开关 SQ_1、SQ_2 损坏失灵，则由 SQ_3、SQ_4 进行自动停机极限保护。SQ_3、SQ_4 因串联在控制电路中，安装时可不分左右端任意安装。

3. 逻辑代数表达式

$$KM_{1线圈} = QF_2 \cdot \overline{SB_1} \cdot \overline{SQ_3} \cdot \overline{SQ_4} \cdot (SB_2 + KM_1 + SQ_2) \cdot \overline{SQ_1}$$
$$\cdot \overline{KM_2} \cdot \overline{FR}$$

$$KM_{2线圈} = QF_2 \cdot \overline{SB_1} \cdot \overline{SQ_3} \cdot \overline{SQ_4} \cdot (SB_3 + KM_2 + SQ_1) \cdot \overline{SQ_2}$$
$$\cdot \overline{KM_1} \cdot \overline{FR}$$

4. 电路器件动作简述

按 SB_2 或触动 SQ_2，KM_1 吸合自锁，M 正转运转。

按 SB_3 或触动 SQ_1，KM_2 吸合自锁，M 反转运转。

按 SB_1 或触动 SQ_3、SQ_4，KM_1 或 KM_2 失电释放，M 停止。

5. 电气元件作用表

自动往返循环控制电路(二)电气元件作用表见表35。

表35　电气元件作用表

序号	符号	名　称	型　号	规　格	作　用
1	QF_1	断路器	DZ47-63	16A　三极	主回路过流保护
2	QF_2	断路器	DZ47-63	6A　二极	控制回路过流保护
3	KM_1	交流接触器	CDC10-10	线圈电压 380V	控制电动机正转电源用
4	KM_2	交流接触器	CDC10-10	线圈电压 380V	控制电动机反转电源用
5	FR	热继电器	JR36-20	4.5~7.2A	过载保护
6	SQ_1	行程开关	LX19-111	单　轮	反转起动、正转停止用
7	SQ_2	行程开关	LX19-111	单　轮	正转起动、反转停止用
8	SQ_3	行程开关	LX19-111	单　轮	正转终端保护
9	SQ_4	行程开关	LX19-111	单　轮	反转终端保护
10	SB_1	按钮开关	LA19-11	红　色	停止电动机用
11	SB_2	按钮开关	LA19-11	绿　色	电动机正转起动用
12	SB_3	按钮开关	LA19-11	蓝　色	电动机反转起动用
13	M	三相异步电动机	Y112M-6	2.2kW 5.6A 960r/min	拖　动

6. 元器件安装排列图及端子图

元器件安装排列图及端子图如图 98 所示。

从元器件安装排列图及端子图上可以看出,端子排 XT 上共有 13 个接线端子,其中,L_1、L_2、L_3 为电源引入线,将外部三相 380V 电源接到此处,可采用 3 根 BV 2.5mm² 导线套管敷设。

U_1、V_1、W_1 用 3 根 BV 2.5mm² 导线套管敷设至电动机处。

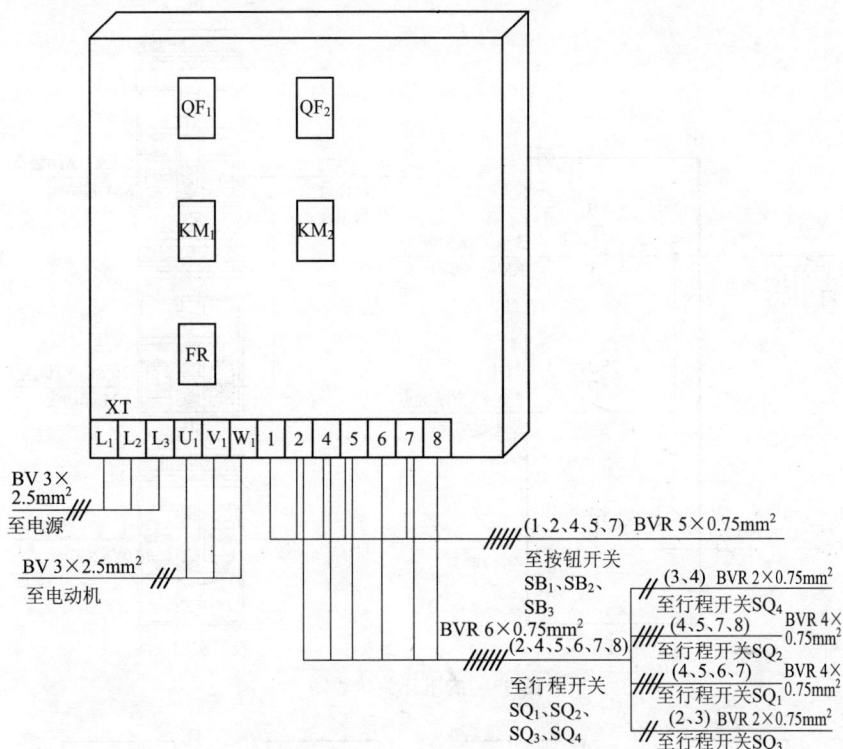

图 98 元器件安装排列图及端子图

1、2、4、5、7 可采用 5 根 BVR 0.75mm² 导线接至配电箱面板按钮开关 SB₁、SB₂、SB₃ 上，2、4、5、6、7、8 可采用 6 根 BVR 0.75mm² 导线接至行程开关 SQ₁、SQ₂、SQ₃、SQ₄ 上，并一一正确对应连接。

7. 按钮开关及行程开关接线图

按钮开关接线如图 99 所示，行程开关实际接线如图 100 所示。

8. 常见故障及排除方法

① 正转工作时（交流接触器 KM₁ 线圈吸合工作），工作台向左移动到位时不停止运转也不换向，工作台移动至终端极限时才停止。此故障原因是行程开关 SQ₁ 损坏或挡铁碰不到行程开关 SQ₁ 所致。检查行程开关 SQ₁ 及重调挡铁即可解决。

② 正转工作时（交流接触器 KM₁ 线圈吸合工作），工作台向左移动到位不停止运转也不换向，工作台直冲至终端不停机而造成事故。此故障主要原因是挡铁松动碰不到行程开关 SQ₁、SQ₃；正转交流接触器 KM₁

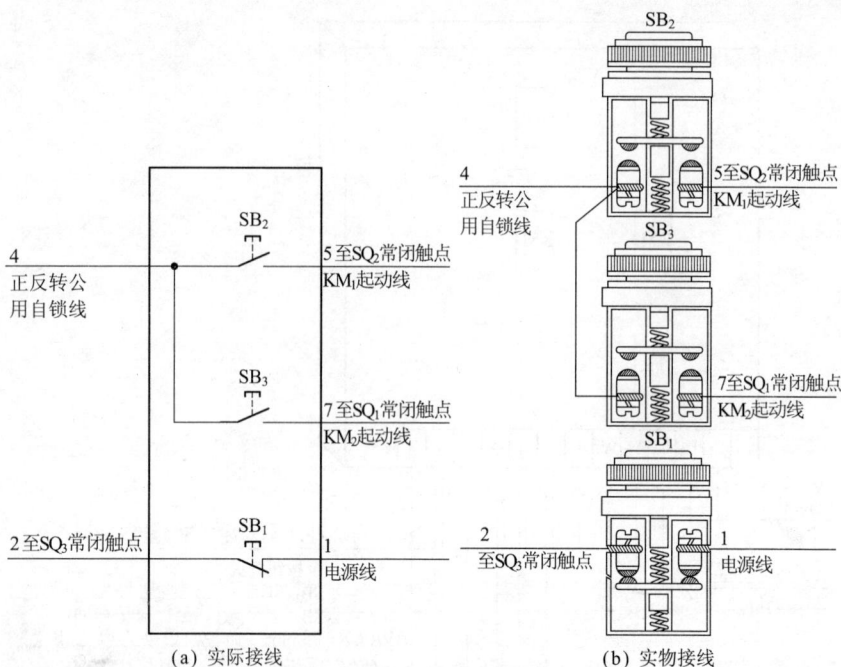

4
正反转公
用自锁线

SB₂
5至SQ₂常闭触点
KM₁起动线

SB₃
7至SQ₁常闭触点
KM₂起动线

2至SQ₃常闭触点
SB₁
1
电源线

（a）实际接线

SB₂
4
正反转公
用自锁线
5至SQ₂常闭触点
KM₁起动线

SB₃
7至SQ₁常闭触点
KM₂起动线

SB₁
2
至SQ₃常闭触点
1
电源线

（b）实物接线

图 99　按钮开关接线图

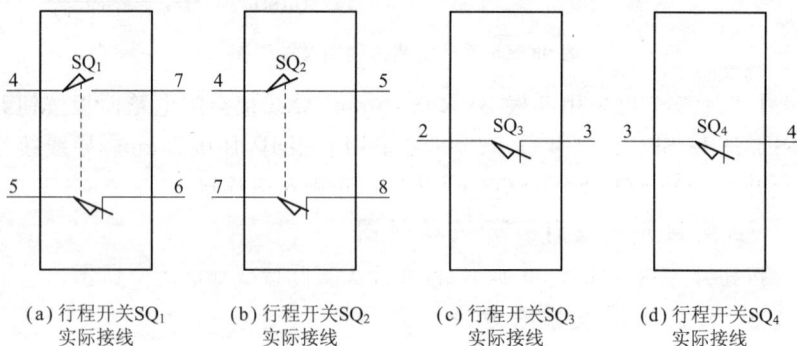

4　SQ₁　7

5　　　　6

（a）行程开关SQ₁
实际接线

4　SQ₂　5

7　　　　8

（b）行程开关SQ₂
实际接线

2　SQ₃　3

（c）行程开关SQ₃
实际接线

3　SQ₄　4

（d）行程开关SQ₄
实际接线

图 100　行程开关实际接线图

铁心极面有油污而造成延时释放；正转交流接触器 KM₁ 机械部分卡住；正转交流接触器 KM₁ 触点粘连。按故障原因检查故障部位及器件，更换并修复。

9. 实物配套图

自动往返循环控制电路(二)实物配套图如图 101 所示。

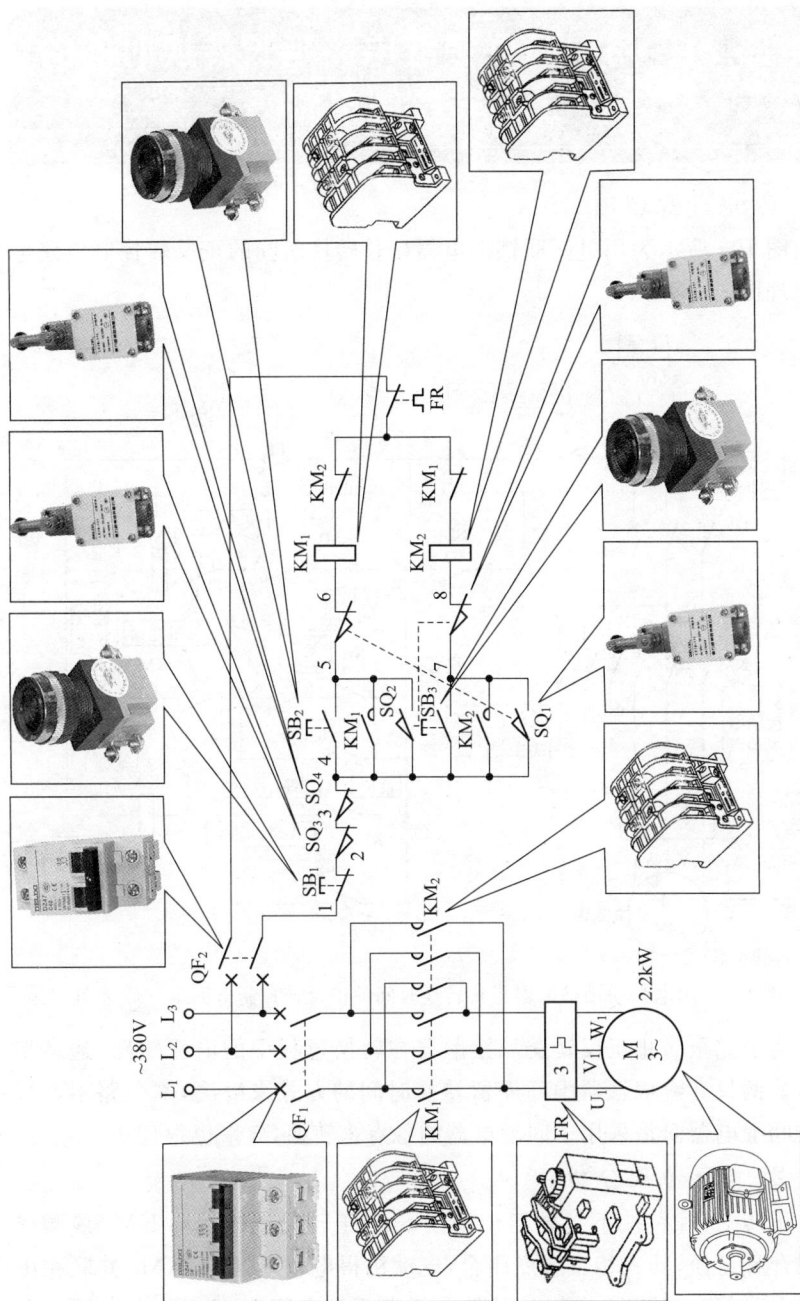

図101 自动往返循环控制电路（二）实物配套图

1. 电气原理图

图102所示为用电弧联锁继电器延长转换时间的正反转控制电路电气原理图。

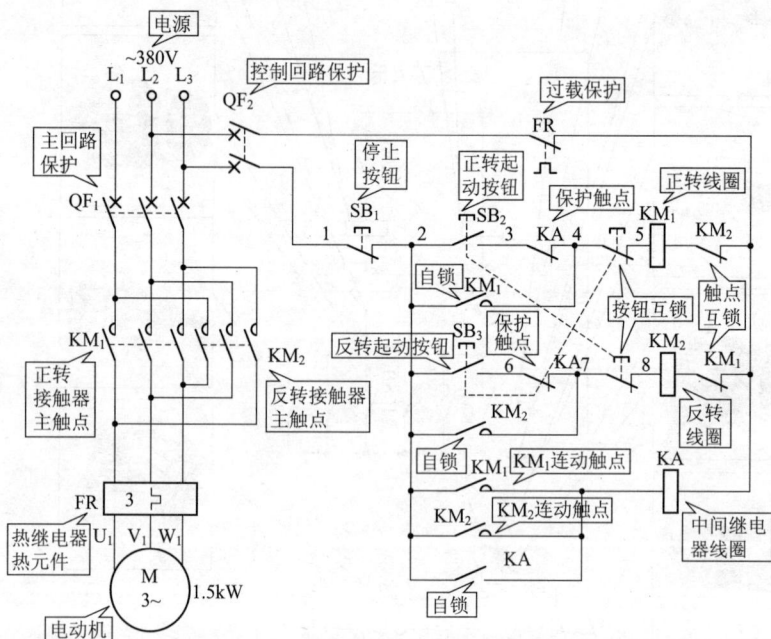

图102 用电弧联锁继电器延长转换时间的正反转控制电路电气原理图

为了完全防止正反转交流接触器在转换过程中的电弧短路,通常采用延长两只交流接触器中间停留转换时间的方式来解决,本电路不是采用时间继电器而是采用中间继电器的触点来转换,效果也很理想。

2. 电气原理分析

正转工作时,按下正转起动按钮 SB_2,正转交流接触器 KM_1 线圈得电吸合且自锁,其三相主触点闭合,电动机得电正转运行,KM_1 并联在中间继电器 KA 线圈起动自锁回路中的常开触点闭合,此时,中间继电器 KA 线圈也同时得电吸合且自锁,使 KA 两组分别串联在正转起动按钮

SB_2 和反转起动按钮 SB_3 回路中的常闭触点断开,作为电弧联锁继电器保护。若此时想操作反转电路,由于 KA 串联在 SB_3 起动回路中的常闭触点早已断开,是无法进行反转操作的,因此必须先按下停止按钮 SB_1 断开正转交流接触器 KM_1 线圈回路电源,使 KM_1 线圈断电释放,其三相主触点断开,电动机正转运行停止下来后,方能操作反转回路。实际上就是用 SB_1 停止按钮将电弧联锁中间继电器线圈 KA 也解除自锁才能进行操作。当主触点电弧完全熄灭后,电弧联锁继电器 KA 线圈才断电释放,这时 KA 常闭触点才恢复常闭状态,反转交流接触器 KM_2 线圈才得电吸合,其三相主触点闭合,电动机得电反转运行。

注意:电弧联锁中间继电器 KA 的线圈额定工作电压应与控制回路电压相同。

3. 逻辑代数表达式

$$KM_{1线圈} = QF_2 \cdot \overline{SB_1} \cdot (SB_2 \cdot \overline{KA} + KM_1) \cdot \overline{SB_3} \cdot \overline{KM_2} \cdot \overline{FR}$$

$$KM_{2线圈} = QF_2 \cdot \overline{SB_1} \cdot (SB_3 \cdot \overline{KA} + KM_2) \cdot \overline{SB_2} \cdot \overline{KM_1} \cdot \overline{FR}$$

$$KA_{线圈} = QF_2 \cdot \overline{SB_1} \cdot (KM_1 + KM_2 + KA) \cdot \overline{FR}$$

4. 电路器件动作简述

按 SB_2,KM_1、KA 吸合且 KM_1 自锁,M 正转运转。

轻轻按下 SB_3,KM_1 失电释放,M 停止。

按 SB_1,KM_1、KA 失电释放,M 停止。

按 SB_3,KM_2、KA 吸合且 KM_2 自锁,M 反转运转。

轻轻按下 SB_2,KM_2 失电释放,M 停止。

按 SB_1,KM_2、KA 失电释放,M 停止。

5. 电气元件作用表

用电弧联锁继电器延长转换时间的正反转控制电路电气元件作用表见表36。

表36　电气元件作用表

序号	符号	名 称	型 号	规 格	作 用
1	QF_1	断路器	DZ47-63	10A　三极	主回路过流保护
2	QF_2	断路器	DZ47-63	6A　二极	控制回路过流保护
3	KM_1	交流接触器	CJX2-0910	线圈电压380V 带 F4-22 辅助触点	控制电动机正转电源

序号	符号	名 称	型 号	规 格	作 用
4	KM₂	交流接触器	CJX2-0910	线圈电压 380V 带 F4-22 辅助触点	控制电动机反转电源
5	FR	热继电器	JRS1D-25	4~6A	过载保护
6	KA	中间继电器	JZ7-44	5A 线圈电压 380V	延长转换时间,熄弧
7	SB₁	按钮开关	LA19-11	红 色	停止电动机用
8	SB₂	按钮开关	LA19-11	绿 色	电动机正转起动用
9	SB₃	按钮开关	LA19-11	蓝 色	电动机反转起动用
10	M	三相异步电动机	Y100L-6	1.5kW 4A 940r/min	拖 动

6. 元器件安装排列图及端子图

元器件安装排列图及端子图如图 103 所示。

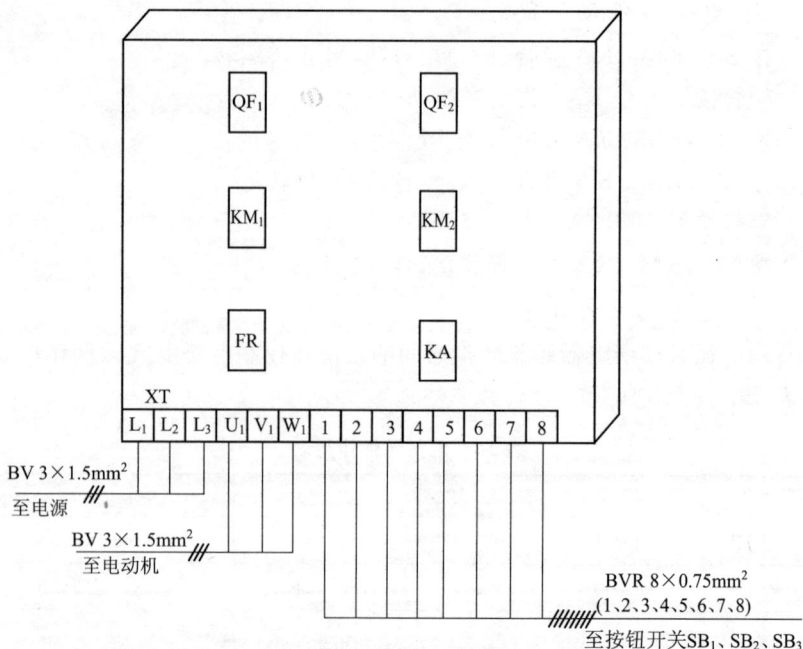

图 103 元器件安装排列图及端子图

从元器件安装排列图及端子图上可以看出,端子排 XT 上共有 14 个接线端子,其中,L_1、L_2、L_3 为电源引入线,将外部三相 380V 电源接到此处,可采用 3 根 BV 1.5mm² 导线套管敷设。

U_1、V_1、W_1 用 3 根 BV 1.5mm² 导线套管敷设至电动机处。

1、2、3、4、5、6、7、8 可采用 8 根 BVR 0.75mm² 导线接至配电箱面板按钮开关 SB_1、SB_2、SB_3 上,并一一正确对应连接。

7. 按钮开关接线图

按钮开关接线如图 104 所示。

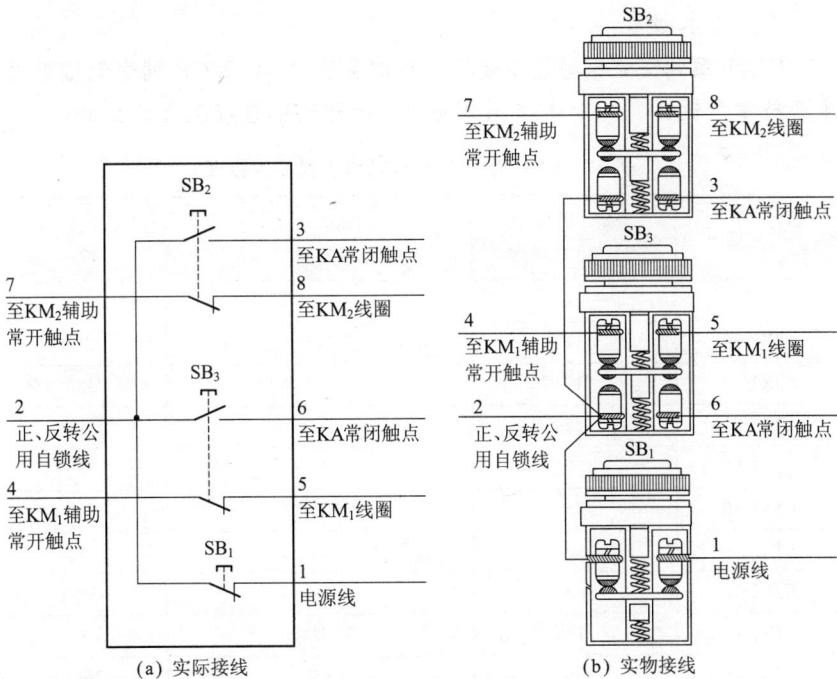

图 104 按钮开关接线图

8. 常见故障及排除方法

① 无论操作正转按钮 SB_2 还是反转按钮 SB_3 均无反应。观察配电箱内元器件发现中间继电器 KA 处于吸合状态。经检查中间继电器 KA 发现触点粘连断不开所致。为什么中间继电器 KA 触点粘连断不开而造成正反转均不能起动呢?从图 105 中可以看出,在 SB_2、SB_3 起动按钮回路中各自串联一只中间继电器 KA 的常闭触点,因为此时常闭触点 KA 已断开使其不能操作。

② 无论正转还是反转,中间继电器 KA 线圈均不工作。从图中分析可以看出,正常时无论正转或反转,在工作后欲想改变其运转方向则必须按下停止按钮 SB₁ 使中间继电器 KA 线圈断电释放后,其串联在正转起动或反转起动回路中的常闭触点恢复常闭才能给各自的起动回路提供准备,否则将无法操作。由于中间继电器 KA 不工作,就相当于正转起动或反转起动回路中都没有任何限制条件,从而起不到延长转换时间熄灭电弧的作用。解决方法是检查中间继电器 KA 线圈是否断路,并更换新品。

9. 技术数据

CJX1 系列交流接触器主要技术数据见表 37;CJX2 系列交流接触器主要技术数据见表 38;CJX2 系列交流接触器辅助触点组合见表 39。

表 37　CJX1 系列交流接触器主要技术数据

型　　号	额定工作电流 (AC-3)/A	控制三相异步电动机 功率(380V 时)/kW	约定发热电流 /A
CJX1-9	9	4	20
CJX1-12	12	5.5	20
CJX1-16	16	7.5	31.5
CJX1-22	22	11	31.5
CJX1-32	32	15	55
CJX1-38	38	18.5	55
CJX1-45	45	22	63
CJX1-63	63	30	80
CJX1-75	75	37	100
CJX1-85	85	45	100
CJX1-110	110	55	160
CJX1-140	140	75	160
CJX1-170	170	90	210
CJX1-205	205	110	220
CJX1-250	250	132	300
CJX1-300	300	160	300
CJX1-400	400	200	400
CJX1-475	475	250	475

表 38　CJX2 系列交流接触器主要技术数据

型　号	额定工作电流 （AC-3）/A	控制三相异步 电动机功率 （380V 时）/kW	约定发热 电流/A	辅助触点	
				数　量	额定电流 /A
CJX2-09	9	4	25	1	6
CJX2-12	12	5.5	25	1	6
CJX2-16	16	7.5	32	1	6
CJX2-25	25	11	40	1	6
CJX2-32	32	15	50	1	6
CJX2-40	40	18.5	60	2	6
CJX2-50	50	22	80	2	6
CJX2-63	63	30	80	2	6
CJX2-80	80	37	125	2	6
CJX2-95	95	45	125	2	6

表 39　CJX2 系列交流接触器辅助触点组合

辅助触点组代号	触点数量及组合	
	常开触点（NO）	常闭触点（NC）
F4-02	0	2
F4-11	1	1
F4-20	2	0
F4-22	2	2
F4-40	4	0
F4-04	0	4
F4-13	1	3
F4-31	3	1

10. 实物配套图

用电弧联锁继电器延长转换时间的正反转控制电路实物配套图如图 105 所示。

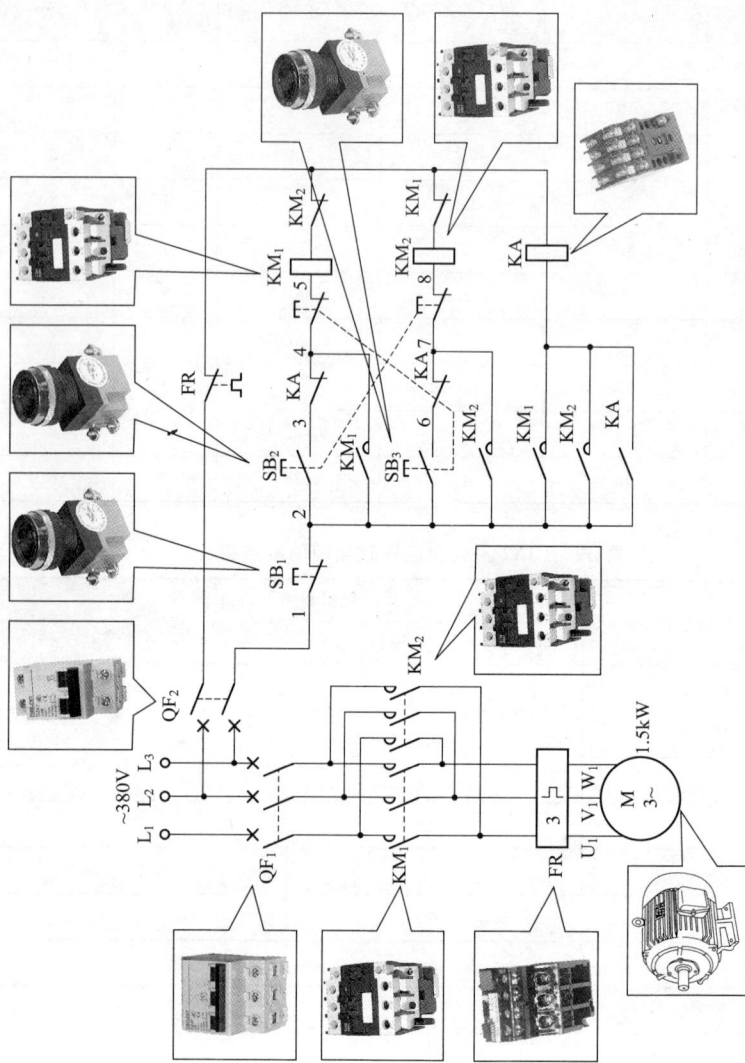

图 105 用电弧联锁继电器延长转换时间的正反转控制电路实物配套图

电路 25 JZF 型正反转自动控制器应用电路

1. 电气原理图

在很多实际生产生活中需要有这样的要求:生产设备能完成正转→停止→反转→停止→正转循环。现实生活中的洗衣机,建筑工地上使用的搅拌机,食堂用的和面机等等,有时为了方便可自制控制电路,这就需要采用多只时间继电器来进行控制,但电器元件多、费用很高、电工维修也较困难。

实际上国内早已有很多类似的成型产品,可直接选用,非常方便。如JZF-01、JZF-07 型正反转自动控制器,其电气原理图及接线方式如图 106和图 107 所示。

2. 电气原理分析

该控制器实际上就是一个正反转自动控制器,JZF-01 型产品其时间可任意调整,能满足一般生产设备的控制需要,并且接线非常简单、方便,

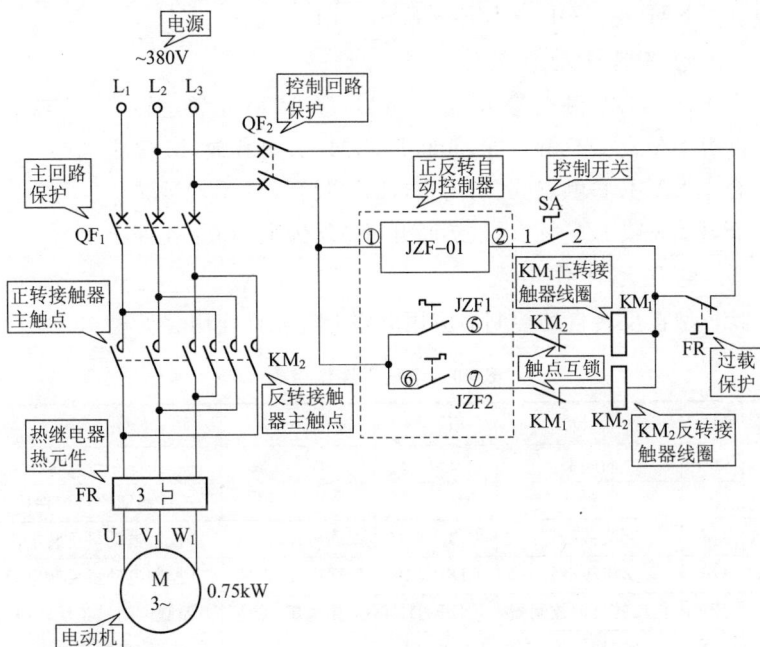

图 106 JZF-01 正反转自动控制器应用电路电气原理图

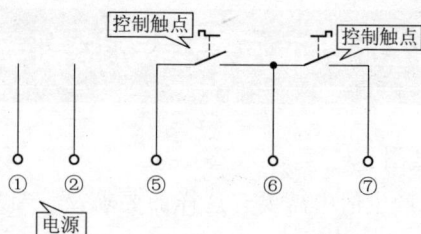

图 107 JZF-01 正反转自动控制器端子接线

该产品经使用动作可靠、安全,可以讲是一种非常理想的控制产品。选型时应特别注意:JZF-01 型正反转自动控制器延时时间为固定式,即正转 25s→停止 5s→反转 25s 循环,不可改变时间。

JZF-06 型正反转自动控制器延时时间为可调式,最小 1s,最大 15s,用户在使用时可根据生产要求而自行设定。

3. 逻辑代数表达式

$$JZF = QF_2 \cdot SA \cdot \overline{FR}$$

$$KM_{1线圈} = QF_2 \cdot JZF_1 \cdot \overline{KM_2} \cdot \overline{FR}$$

$$KM_{2线圈} = QF_2 \cdot JZF_2 \cdot \overline{KM_1} \cdot \overline{FR}$$

4. 电路器件动作简述

合上 SA,JZF 触点⑤、⑥闭合,KM$_1$ 吸合,M 正转运转。

断开 SA 或 JZF 触点⑤、⑥断开,KM$_1$ 失电释放,M 停止。

合上 SA,JZF 触点⑥、⑦闭合,KM$_2$ 吸合,M 反转运转。

断开 SA 或 JZF 触点⑥、⑦断开,KM$_2$ 失电释放,M 停止。

5. 电气元件作用表

JZF 型正反转自动控制器应用电路电气元件作用表见表 40。

表 40　电气元件作用表

序号	符号	名　称	型　号	规　格	作　用
1	QF$_1$	断路器	DZ47-63	10A　三极	主回路过流保护
2	QF$_2$	断路器	DZ47-63	6A　二极	控制回路过流保护
3	KM$_1$	交流接触器	CDC10-10	线圈电压 380V	控制电动机正转电源
4	KM$_2$	交流接触器	CDC10-10	线圈电压 380V	控制电动机反转电源
5	JZF	正反转自动控制器	JZF-01	工作电压 380V	控制电动机正反转信号
6	SA	选择开关	LA18-22X2	旋钮式	控制开关
7	FR	热继电器	JR36-20	2.2～3.5A	过载保护

序号	符号	名　称	型　号	规　格	作　用
8	M	三相异步电动机	Y90S-6	0.75kW 2.3A 910r/min	拖　动

6. 元器件安装排列图及端子图

元器件安装排列图及端子图如图 108 所示。

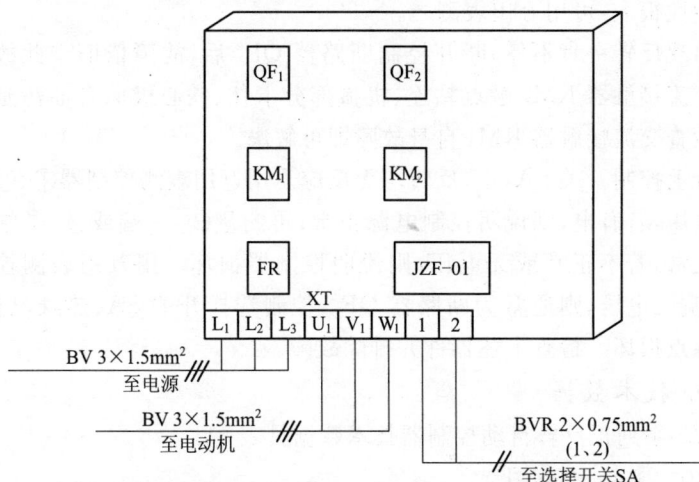

图 108　元器件安装排列图及端子图

从元器件安装排列图及端子图上可以看出,端子排 XT 上共有 8 个接线端子,其中,L_1、L_2、L_3 为电源引入线,将外部三相 380V 电源接到此处,可采用 3 根 BV 1.5mm^2 导线套管敷设。

U_1、V_1、W_1 用 3 根 BV 1.5mm^2 导线套管敷设至电动机处。

1、2 可采用 2 根 BVR 0.75mm^2 导线接至配电箱面板选择开关 SA 上,并一一正确对应连接。

7. 选择开关实际接线

选择开关实际接线如图 109 所示。

8. 常见故障及排除方法

电路出现正转→停止→正转工作,而没有反转。此故障通常为控制器反转无输出,即⑥、⑦触点开关损坏;交流接触器 KM_1 辅助常闭触点断路;交流接触器 KM_2 线圈断路。一般情况下,控制器反转触点开关损坏

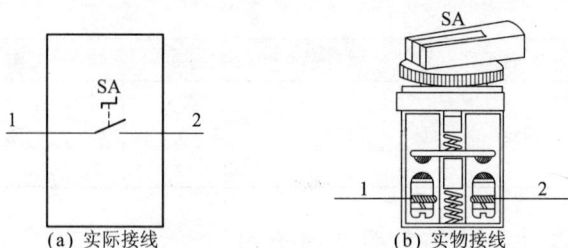

| (a) 实际接线 | (b) 实物接线 |

图 109   选择开关接线图

的可能性很大,可用万用表测之。

出现反转一直不停,断开控制断路器 QF$_2$ 后,故障依旧。此故障一般为交流接触器 KM$_2$ 触点粘连、机械部分卡住、铁心极面有油污延时释放。检查交流接触器 KM$_2$ 自身故障即可解决。

合上控制开关 SA,正、反转均无反应。用万用表测控制器①、②端是否有电压,若有电,则说明控制电源正常;再测量②、⑤端或②、⑦端是否电压正常,若不正常或无电压,则说明控制器损坏。用万用表测控制器①、②端无电压,则通常为断路器 QF$_2$、控制选择开关 SA、热继电器 FR 常闭触点损坏。检查上述器件并排除故障。

9. 技术数据

JZF 系列正反转自动控制器技术数据见表 41。

10. 实物配套图

JZF 型正反转自动控制器应用电路实物配套图如图 110 所示。

表 41   JZF 系列正反转自动控制器技术数据

型号	触点数量	工作电压	控制时间
JZF-01	一对转换	AC 200V AC 380V	正转:25s 停止:5s 反转:25s
JZF-05	一对转换	AC 220V AC 380V	正转:15s 停止:5s 反转:15s 脱水:5s
JZF-06	一对转换	AC 220V AC 380V	运转:1s、2s、4s、8s、16s 停止:0.5s、1s、2s、4s
JZF-07	一对转换	AC 220V AC 380V	正转:1min、2min、4min、8min 停止:1s、2s、4s、8s 反转:1min、2min、4min、8min

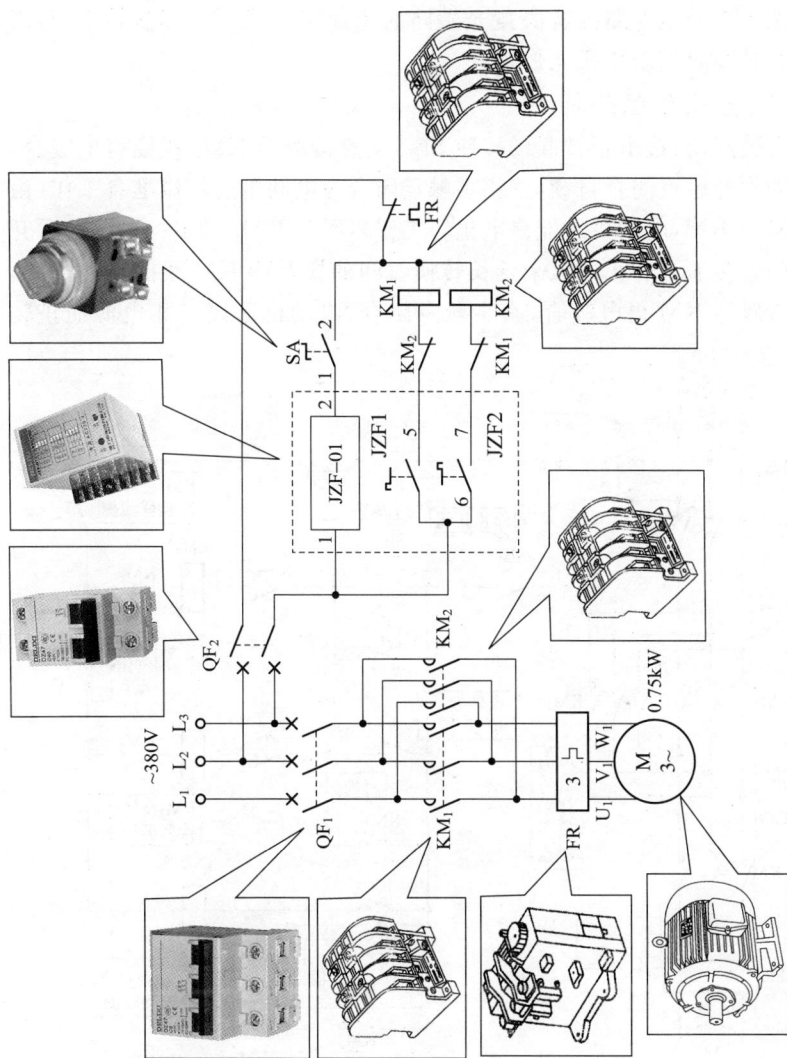

图110 JZF型正反转自动控制器应用电路实物配套图

1. 电气原理图

图 111 所示电路为解决弧光短路而增加了一只交流接触器 KM,用来延长转换时间防止弧光短路。

2. 电气原理分析

正转起动:按下正转起动按钮 SB_2,交流接触器 KM_1 线圈得电吸合,其辅助常开触点闭合自锁,三相主触点闭合为电动机运转做准备工作(由于 KM_1＋KM,电动机才能得电正转工作),同时 KM_1 的另一只辅助常开触点闭合接通了防止电弧来延长转换时间的接触器 KM 线圈回路电源,交流接触器 KM 得电吸合,其主触点闭合,电动机通以三相电源而正转

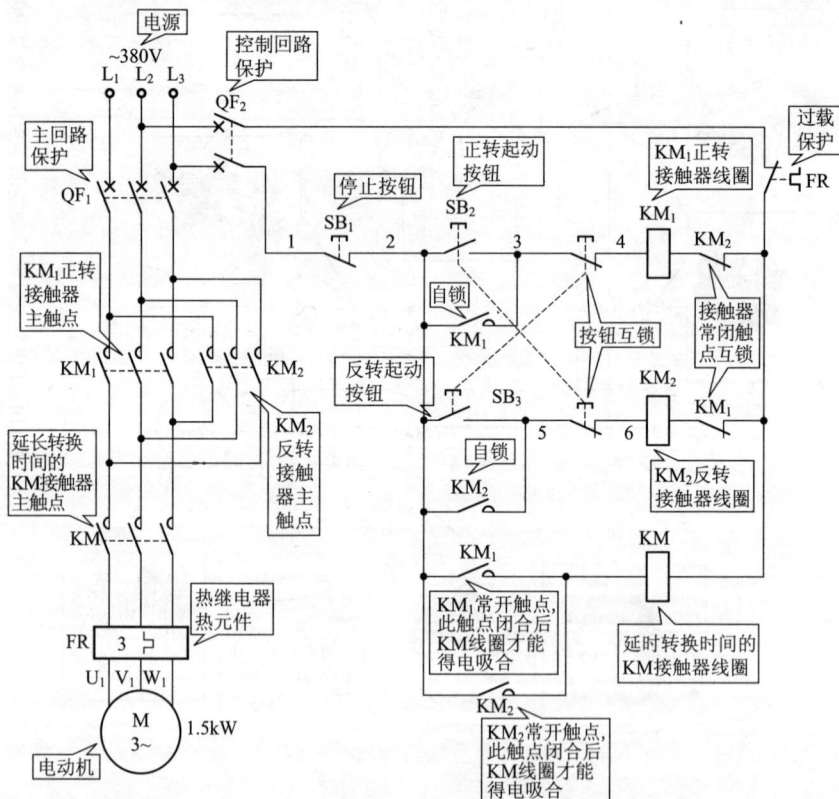

图 111　防止相间短路的正反转控制电路(一)电气原理图

起动运转。从原理图中可以看出,起动时,先主触点 KM_1 闭合,再主触点 KM 闭合,它们之间存在一定时间差,从而减少弧光短路事故。

反转起动:按下反转起动按钮 SB_3,交流接触器 KM_2 线圈得电吸合且自锁,KM_2 三相主触点闭合,改变了电源相序,为电动机起动运转做准备工作(由于 KM_2＋KM,电动机才能得电反转工作),同时,KM_2 的另一只辅助常开触点闭合,接通了交流接触器 KM 线圈回路电源,交流接触器 KM 得电吸合,其三相主触点闭合,电动机通入三相电源而反转起动运转。

上述正转起动和反转起动可简单归纳如下。

正转起动:先 KM_1 主触点闭合＋间隔时间＋再 KM 主触点闭合。

反转起动:先 KM_2 主触点闭合＋间隔时间＋再 KM 主触点闭合。

停止:无论电路工作处于正转还是反转状态,只要按下停止按钮 SB_1 即可将控制电路电源切断,使其操作线圈回路断电而释放,主触点断开,电动机停止运转。

3. 逻辑代数表达式

$$KM_{1线圈} = QF_2 \cdot \overline{SB_1} \cdot (SB_2 + KM_1) \cdot \overline{SB_3} \cdot \overline{KM_2} \cdot \overline{FR}$$

$$KM_{2线圈} = QF_2 \cdot \overline{SB_1} \cdot (SB_3 + KM_2) \cdot \overline{SB_2} \cdot \overline{KM_1} \cdot \overline{FR}$$

$$KM_{线圈} = QF_2 \cdot \overline{SB_1} \cdot (KM_1 + KM_2) \cdot \overline{FR}$$

4. 电路器件原理简述

按 SB_2,KM_1、KM 吸合且 KM_1 自锁,M 正转运转。

按 SB_1 或轻轻按下 SB_3,KM_1、KM 失电释放,M 停止。

按 SB_3,KM_2、KM 吸合且 KM_2 自锁,M 反转运转。

按 SB_1 或轻轻按下 SB_2,KM_2、KM 失电释放,M 停止。

5. 电气元件作用表

防止相间短路的正反转控制电路(一)电气元件作用表见表42。

表42 电气元件作用表

序号	符号	名　称	型　号	规　格	作　用
1	QF_1	断路器	DZ47-63	10A 三极	主回路过流保护
2	QF_2	断路器	DZ47-63	6A 二极	控制回路过流保护
3	KM	交流接触器	CJX2-0910	线圈电压380V 带 F4-22 辅助触点	电动机电源接通、延长转换时间
4	KM_1	交流接触器	CJX2-0910	线圈电压380V 带 F4-22 辅助触点	控制电动机正转电源

序号	符号	名　称	型　号	规　格	作　用
5	KM$_2$	交流接触器	CJX2-0910	线圈电压 380V 带 F4-22 辅助触点	控制电动机反转电源
6	FR	热继电器	JRS1D-25	2.5～4A	过载保护
7	SB$_1$	按钮开关	LA19-11	红　色	停止电动机用
8	SB$_2$	按钮开关	LA19-11	绿　色	电动机正转起动用
9	SB$_3$	按钮开关	LA19-11	蓝　色	电动机反转起动用
10	M	三相异步电动机	Y90S-2	1.5kW 3.4A 2840 r/min	拖　动

6．元器件安装排列图及端子图

元器件安装排列图及端子图如图 112 所示。

从元器件安装排列图及端子图上可以看出，端子排 XT 上共有 12 个接线端子，其中，L$_1$、L$_2$、L$_3$ 为电源引入线，将外部三相 380V 电源接到此处，可采用 3 根 BV 1.5mm^2 导线套管敷设。

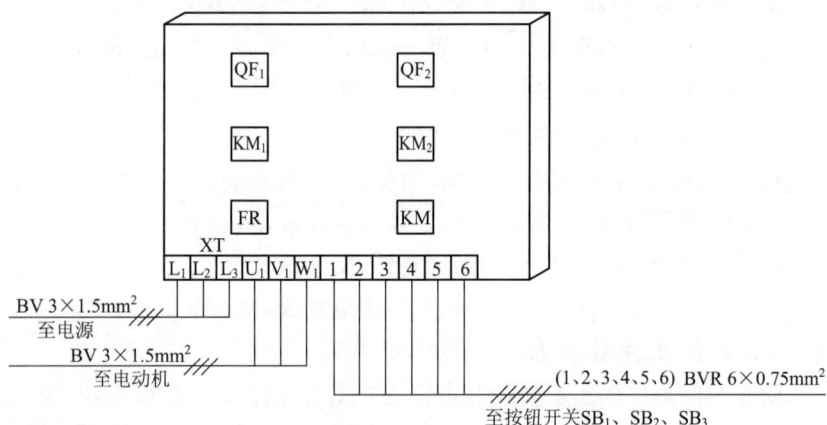

图 112　元器件安装排列图及端子图

U$_1$、V$_1$、W$_1$ 用 3 根 BV 1.5mm^2 导线套管敷设至电动机处。

1、2、3、4、5、6 可采用 6 根 BVR 0.75mm^2 导线接至配电箱面板按钮开关 SB$_1$、SB$_2$、SB$_3$ 上，并一一正确对应连接。

7．按钮开关接线图

按钮开关接线如图 113 所示。

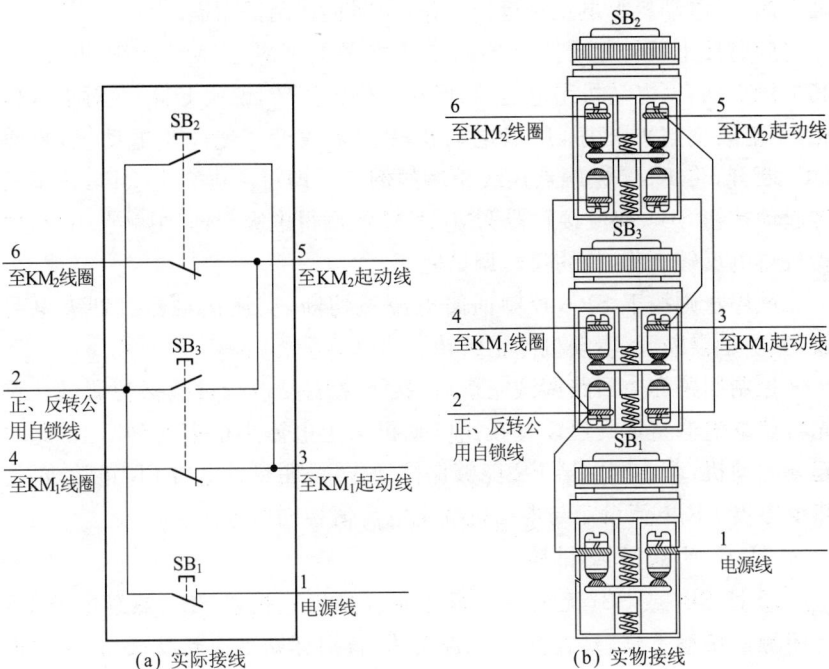

图 113　按钮开关接线图

(a) 实际接线　(b) 实物接线

8. 调　试

首先断开主回路断路器 QF_1，合上控制回路断路器 QF_2 来调试控制回路。控制回路的调试分为正转调试和反转调试。正转调试时，按下正转起动按钮 SB_2，交流接触器 KM_1、KM 线圈得电吸合，说明正转正常；反转调试时按下反转起动按钮 SB_3，交流接触器 KM_2、KM 线圈得电吸合，说明反转正常。

无论怎样调试操作，KM_1 与 KM_2 相互互锁，它们之间一直只有一只工作。调试中若正转已工作，直接操作反转按钮 SB_3 不能完成反转操作，应检查 SB_3 常闭触点是否串联在 KM_1 线圈回路中。若正转已工作，交流接触器 KM_1、KM 线圈均得电吸合，此时按下反转起动按钮 SB_3，交流接触器 KM_2 线圈也得电吸合，说明交流接触器 KM_1、KM_2 辅助常闭触点相互联锁，检查并将 KM_1、KM_2 的辅助常闭触点相互串联在对方接触器线圈回路中即可。控制回路调试完毕，可将主回路断路器 QF_1 合上，调试主回路工作情况。

按下正转起动按钮 SB_2，交流接触器 KM_1、KM 线圈得电吸合，其主触点闭合,电动机得电正转运转工作,说明正转调试完毕。

此时按下反转起动按钮 SB$_3$,交流接触器 KM$_2$、KM 线圈得电吸合,其主触点闭合,电动机得电运转,但转向仍为正转,说明 KM$_2$ 主触点未倒相,不能改变电源相序,所以电动机转向未改变。先停止电动机,再将 QF$_1$ 断开,将 KM$_2$ 主触点连线相序颠倒一下即可。再合上 QF$_1$,按下反转起动按钮 SB$_3$,交流接触器 KM$_2$、KM 线圈得电吸合,其主触点闭合,电动机得电反转工作,说明反转调试完毕。

欲停止则按下 SB$_1$,控制回路电源被切断,交流接触器线圈失电释放,其主触点断开,电动机停止运转。

控制回路和主回路调试完毕后,接下来需要进行过载保护调试。首先将热继电器整定旋钮设置在比电动机额定电流小很多的刻度上,此时起动电动机,若热继电器 FR 能够保护动作,说明热继电器 FR 正常,再将热继电器 FR 电流设定与电动机额定电流值相同即可。

9. 常见故障及排除

① 按 SB$_2$ 或 SB$_3$ 无反应。可能原因是停止按钮 SB$_1$、热继电器 FR 常闭触点接触不良,检查 SB$_1$ 是否损坏,若损坏则更换新品;倘若相关连线脱落,则接好即可。检查热继电器是否动作,手动复位后测量 FR 热继电器常闭触点是否正常,若仍不正常,则更换新品。

② 按 SB$_2$ 或 SB$_3$ 时,电动机均不运转。观察配电盘内的交流接触器动作情况,只有 KM$_1$ 或 KM$_2$ 动作,KM 始终无反应。检查与 KM 线圈相串联的 KM$_1$ 或 KM$_2$ 辅助常开触点是否正常以及相关连线是否正常;检查 KM 线圈是否断路以及线圈连线是否脱落。故障排除后,按 SB$_2$ 时,KM$_1$、KM 同时吸合,正转运行。按 SB$_3$ 时,KM$_2$、KM 同时吸合,反转运行。

③ 按 SB$_3$ 时,为点动反转操作。故障为 KM$_2$ 辅助常开自锁触点接触不良或相关连线脱落,检查并连好后故障排除。

④ 按 SB$_2$ 时,电动机运转正常;按 SB$_3$ 时,电动机无反应。观察配电盘内的交流接触器 KM 动作情况,若按 SB$_2$,KM$_1$、KM 均动作,其三相主触点闭合,电动机得电正常工作,而按 SB$_3$ 时只有 KM$_2$ 动作 KM 无反应,电动机不工作,则应检查 KM$_2$ 串联在 KM 线圈回路中辅助常开触点是否正常并修复。

10. 实物配套图

防止相间短路的正反转控制电路(一)实物配套图如图 114 所示。

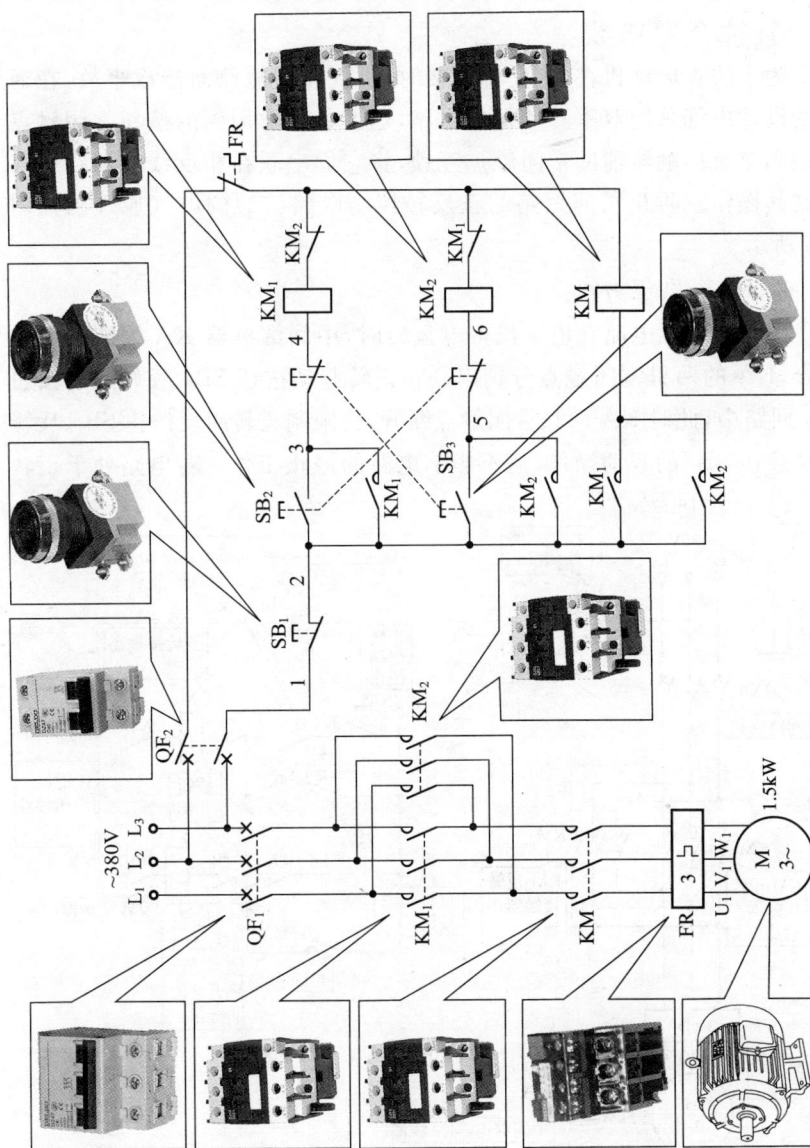

图114 防止相间短路的正反转控制电路（一）实物配套图

1. 电气原理图

为了防止电动机在正、反转换接时,出现相间短路而造成事故,在通常的设计中都采用双重互锁保护电路,也就是经常用到的按钮常闭触点互锁和交流接触器辅助常闭触点互锁,将它们串联在相反线圈回路中来限制其操作。防止相间短路的正反转控制电路(二)的电气原理图如图115 所示。

2. 电气原理分析

图 115 所示电路在电动机得电运转时,中间继电器 KA 线圈也得电吸合,KA 的两只常闭触点分别串联在正转起动按钮 SB$_2$、反转起动按钮 SB$_3$ 回路中,此时 KA 两只常闭触点断开,将限制正转起动按钮 SB$_2$、反转起动按钮 SB$_3$ 的起动操作,但不影响电路的停止工作。若电路处于正转

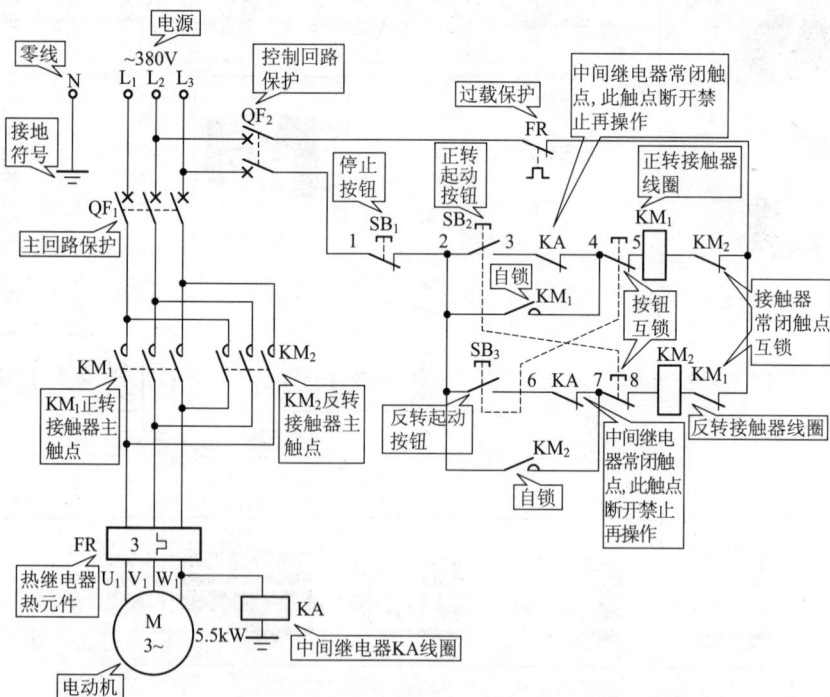

图 115　防止相间短路的正反转控制电路(二)电气原理图

工作时,欲反转,那么正转交流接触器 KM_1 线圈则必须先断电释放,其三相主触点断开,电动机断电停止运转的同时,中间继电器 KA 线圈也断电释放,KA 常闭触点恢复常闭状态,才能为反转起动提供通路,这样,经过中间继电器 KA 的转换,避免了交流接触器在正反转转换时很可能因电动机起动电流很大引起弧光短路。

提醒:此电路中间继电器 KA 线圈电压为 220V,若只有电压为 380V 线圈时,可将此线圈直接并联在交流接触器 KM_1 或 KM_2 下端任意两相上即可。

3. 逻辑代数表达式

$$KM_{1线圈} = QF_2 \cdot \overline{SB_1} \cdot (SB_2 \cdot KA + KM_1) \cdot \overline{SB_3} \cdot \overline{KM_2} \cdot \overline{FR}$$

$$KM_{2线圈} = QF_2 \cdot \overline{SB_1} \cdot (SB_3 \cdot KA + KM_2) \cdot \overline{SB_2} \cdot \overline{KM_1} \cdot \overline{FR}$$

4. 电路器件动作简述

按 SB_2,KM_1、KA 吸合且 KM_1 自锁,M 正转运转。

按 SB_1 或轻轻按下 SB_3,KM_1、KA 失电释放,M 停止。

按 SB_3,KM_2、KA 吸合且 KM_2 自锁,M 反转运转。

按 SB_1 或轻轻按下 SB_2,KM_2、KA 失电释放,M 停止。

5. 电气元件作用表

防止相间短路的正反转控制电路(二)电气元件作用表见表 43。

表 43　电气元件作用表

序号	符号	名　称	型　号	规　格	作　用
1	QF_1	断路器	DZ47-63	20A　三极	主回路过流保护
2	QF_2	断路器	DZ47-63	6A　二极	控制回路过流保护
3	KM_1	交流接触器	CDC10-20	线圈电压 380V	控制电动机正转电源
4	KM_2	交流接触器	CDC10-20	线圈电压 380V	控制电动机反转电源
5	KA	中间继电器	JZ7-44	5A 线圈电压 220V	熄　弧
6	FR	热继电器	JR36-20	10～16A	过载保护
7	SB_1	按钮开关	LA2	红色	停止电动机用
8	SB_2	按钮开关	LA2	绿　色	电动机正转起动用
9	SB_3	按钮开关	LA2	蓝　色	电动机反转起动用

序号	符号	名　称	型　号	规　格	作　用
10	M	三相异步电动机	Y132S-4	5.5kW 11.6A 1440r/min	拖　动

6. 元器件安装排列图及端子图

元器件安装排列图及端子图如图 116 所示。

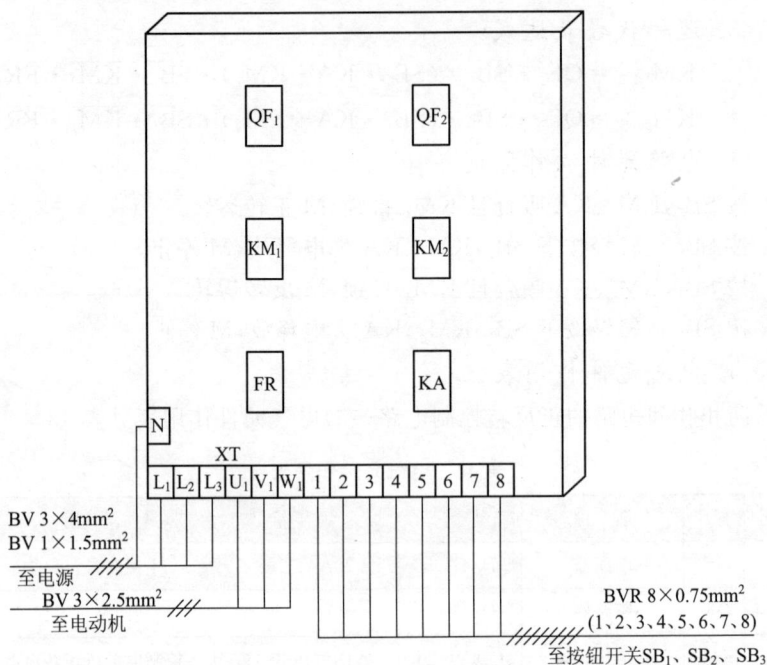

图 116 元器件安装排列图及端子图

从元器件安装排列图及端子图上可以看出，端子排 XT 上共有 15 个接线端子，其中，L_1、L_2、L_3、N 为电源引入线，将外部三相 380V 电源接到此处，可采用 3 根 BV $4mm^2$ 和 1 根 BV $1.5mm^2$ 导线套管敷设。

U_1、V_1、W_1 用 3 根 BV $2.5mm^2$ 导线套管敷设至电动机处。

1、2、3、4、5、6、7、8 可采用 8 根 BVR $0.75mm^2$ 导线接至配电箱面板按钮开关 SB_1、SB_2、SB_3 上，并一一正确对应连接。

7. 按钮开关接线图

按钮开关接线如图 117 所示。

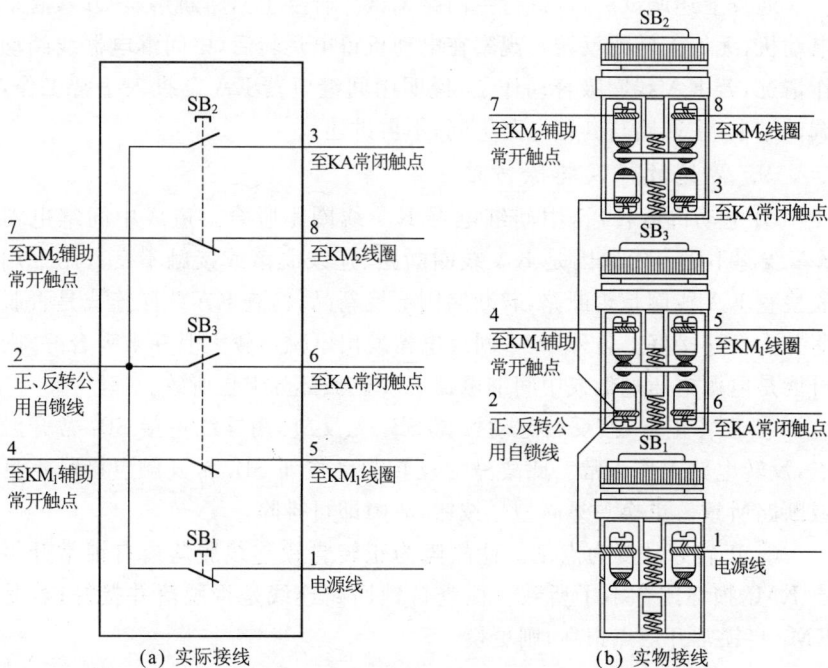

(a) 实际接线　　　　　　　(b) 实物接线

图 117　按钮开关接线图

8. 调　试

电路接线安装完毕后,断开主回路空气断路器 QF_1,合上控制回路断路器 QF_2,调试控制电路。

正转起动操作:按正转起动按钮 SB_2,观察交流接触器 KM_1 线圈是否吸合且自锁,若正常,说明正转控制电路完好。

反转起动操作:无论电动机处于何种状态,如正转运转或停止时,按下反转起动按钮 SB_3,若正转交流接触器 KM_1 线圈原来是吸合的,应立即断电释放,说明互锁保护完好,紧接着反转交流接触器 KM_2 线圈得电吸合且自锁,说明反转控制电路完好。

停止操作:按动停止 SB_1 不放手,再按动任何一只起动按钮 SB_2 或 SB_3 均无效,说明停止正常。

此时可调试最关键的一步,也就是中间继电器 KA 常闭触点互锁情况,用螺丝刀顶住中间继电器 KA 可动机械部分,KA 常闭触点断开;再

按下正转起动按钮 SB_2 或反转起动按钮 SB_3 应均无效,说明 KA 常闭触点能进行互锁。

通过上述调试后,可进行主回路调试。合上主回路断路器 QF_1,起动电动机(无论正转或反转),观察在电动机得电运转后,中间继电器线圈动作情况,若 KA 线圈吸合动作了,说明中间继电器 KA 已投入正常工作,调试结束(主回路与其他电路类同,不再讲述)。

9. 常见故障及排除方法

① 电动机运转后,中间继电器 KA 线圈不吸合。造成中间继电器 KA 线圈不吸合的原因是 KA 线圈断路、连线脱落或接触不良。用万用表检查 KA 线圈是否断路,若断路则更换新品;检查 KA 线圈连线是否脱落并重新连接好。另外,若中间继电器发出电磁声较大但并未吸合好,则可能是电源电压过低或中间继电器 KA 机械部分卡住所致。

② 正转正常,按反转起动按钮 SB_3 无反应,用导线短接 SB_3 常开触点,反转电路工作正常。此故障为反转起动按钮 SB_3 常开触点接触不良或断路所致。更换一只同型号按钮,故障即可排除。

③ 正转起动变为点动。此故障为正转自锁连线脱落或自锁常开触点 KM_1 损坏闭合不了所致。检查自锁回路连线是否脱落并接好;若是 KM_1 自锁常开触点损坏,则更换。

10. 技术数据

为了保证电动机在过载时能可靠动作,防止因热继电器出线端的连接导线过粗,造成轴向导热快,使热继电器动作出现滞后;热继电器出线端的连接导线过细,造成轴向导热差,使热继电器出现提前动作。为此,正确选用热继电器连接导线是很有必要的,热继电器连接导线表见表 44。

表 44 热继电器连接导线表

热继电器额定电流/A	连接导线截面积/mm²	连接导线种类
10	2.5	单股铜芯塑料电线
20	4	
60	16	多股铜芯橡皮软线
150	35	

11. 实物配套图

防止相间短路的正反转控制电路(二)实物配套图如图 118 所示。

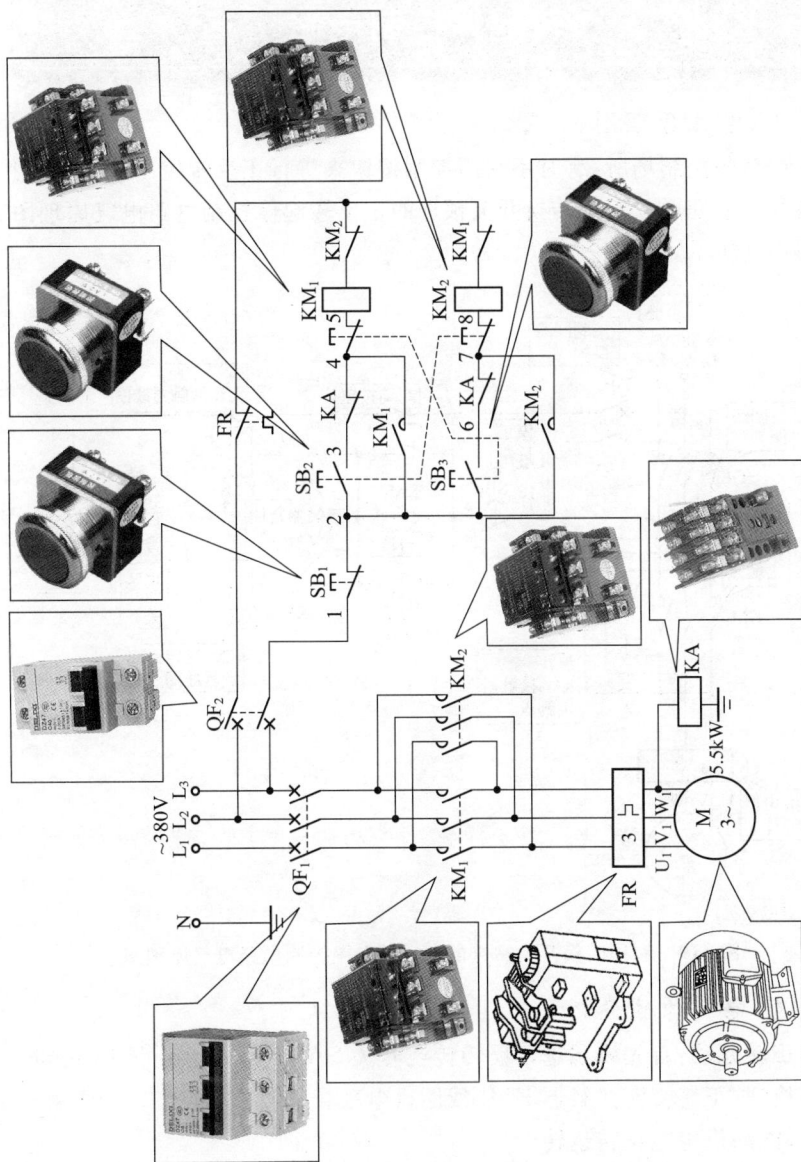

图 118 防止相间短路的正反转控制电路（二）实物配套图

电路 28　利用转换开关预选的正反转起停控制电路

1. 电气原理图

在有些控制场所,有时不利用控制按钮来进行正反转控制,而是采用转换开关来完成。利用转换开关预选的正反转起停控制电路电气原理图如图 119 所示。

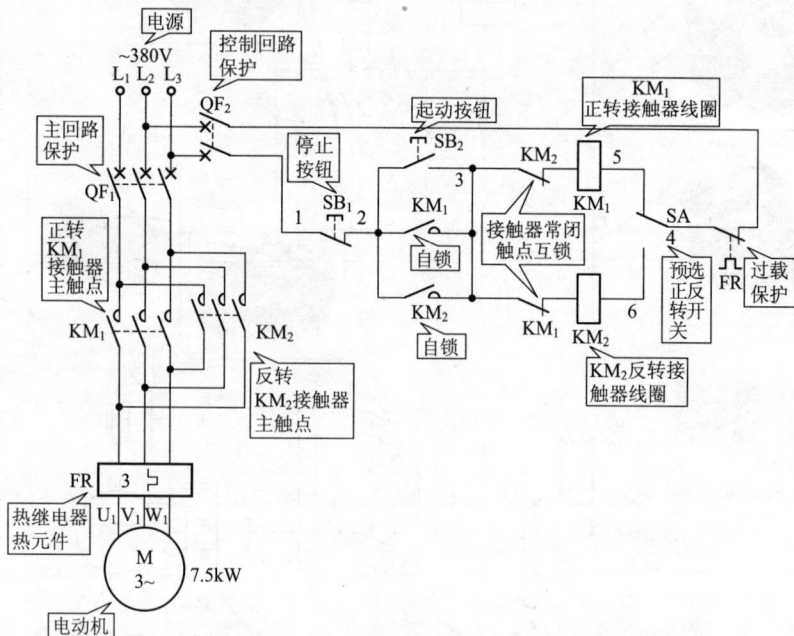

图 119　利用转换开关预选的正反转起停控制电路电气原理图

2. 电气原理分析

正转起动: 首先将预选正反转转换开关 SA 拨至 4、5 端处,按下 SB$_2$ 起动按钮,正转交流接触器 KM$_1$ 线圈得电吸合且自锁,KM$_1$ 三相主触点闭合,电动机得电正转运转。

反转起动: 将预选开关 SA 拨至 4、6 端处,按下 SB$_2$ 起动按钮,反转交流接触器 KM$_2$ 线圈得电吸合且自锁,KM$_2$ 三相主触点闭合,电动机得电反转运转。

停止: 按下停止按钮 SB_1 或将预选转换开关 SA 拨至相反位置即可（但要再恢复 SA 位置状态）。

适用范围: 该电路适用于操作频繁的需正反转控制场合。

3. 逻辑代数表达式

$$KM_{1线圈} = QF_2 \cdot \overline{SB_1} \cdot (SB_2 + KM_1 + KM_2) \cdot \overline{KM_2} \cdot SA \cdot \overline{FR}$$

$$KM_{2线圈} = QF_2 \cdot \overline{SB_1} \cdot (SB_2 + KM_1 + KM_2) \cdot \overline{KM_1} \cdot SA \cdot \overline{FR}$$

4. 电路器件动作简述

将 SA 拨向 4、5 端，按 SB_2，KM_1 吸合自锁，M 正转运转。

将 SB_1 或将 SA 拨向 4、6 端，KM_1 失电释放，M 停止。

将 SA 拨向 4、6 端，按 SB_2，KM_2 吸合自锁，M 反转运转。

将 SB_1 或将 SA 拨向 4、5 端，KM_2 失电释放，M 停止。

5. 电气元件作用表

利用转换开关预选的正反转起停控制电路电气元件作用表见表 45。

表 45　电气元件作用表

序号	符号	名　称	型　号	规　格	作　用
1	QF_1	断路器	DZ47-63	25A　三极	主回路过流保护
2	QF_2	断路器	DZ47-63	6A　二极	控制回路过流保护
3	KM_1	交流接触器	CDC10-20	线圈电压 380V	控制电动机正转电源
4	KM_2	交流接触器	CDC10-20	线圈电压 380V	控制电动机反转电源
5	FR	热继电器	JR36-20	10～16A 带断相保护功能	过载保护
6	SB_1	按钮开关	LA19-11	红色	停止电动机用
7	SB_2	按钮开关	LA19-11	绿色	电动机正反转起动用
8	SA	转换开关	LA18-22X2	旋钮式	电动机正反转选择用
9	M	三相异步电动机	Y132S$_2$-2	7.5kW 15A 2900 r/min	拖　动

6. 元器件安装排列图及端子图

元器件安装排列图及端子图如图 120 所示。

从元器件安装排列图及端子图上可以看出，端子排 XT 上共有 12 个接线端子，其中，L_1、L_2、L_3 为电源引入线，将外部三相 380V 电源接到此处，可采用 3 根 BV 4mm^2 导线套管敷设。

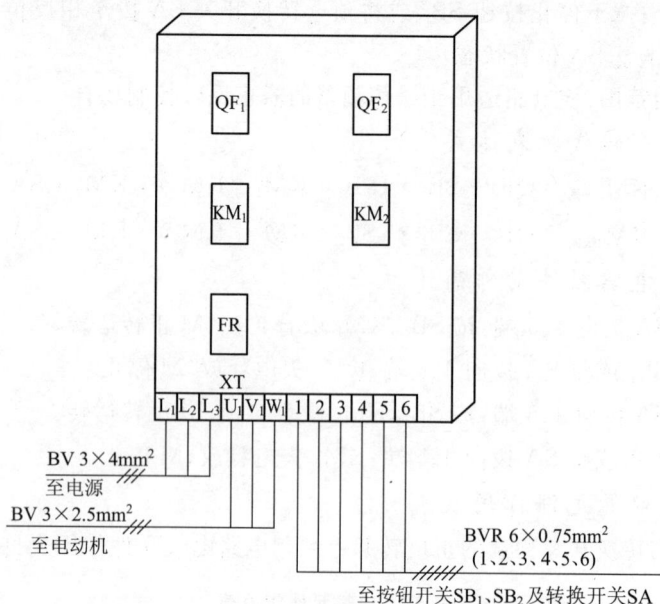

图 120　元器件安装排列图及端子图

U_1、V_1、W_1 用 3 根 BV 2.5mm² 导线套管敷设至电动机处。

1、2、3、4、5、6 可采用 6 根 BVR 0.75mm² 导线接至配电箱面板按钮开关 SB_1、SB_2，转换开关 SA 上，并一一正确对应连接。

7. 按钮开关及转换开关接线图

按钮开关及转换开关实际接线如图 121 所示。

8. 常见故障及排除方法

① 正反转无法选择（只能正转工作）。此故障原因可能是预选转换开关 SA 损坏；反转交流接触器 KM_2 线圈断路；正转交流接触器 KM_1 串联在反转交流接触器 KM_2 线圈回路中的互锁常闭触点 KM_1 接触不良或断路。对于预选转换开关 SA 损坏，可用短接法试之，若不能修复则更换新品；对于反转交流接触器 KM_2 线圈断路则需查明烧毁原因后更换；对于互锁常闭触点 KM_1 接触不良或断路，通常需更换一只同型号交流接触器。

② 正转正常，反转为点动状态。此故障通常为 KM_2 自锁触点断路所致。检查 KM_2 自锁回路相关连线是否脱落，若无脱落，则需更换 KM_2 辅助常开触点或更换同型号交流接触器。

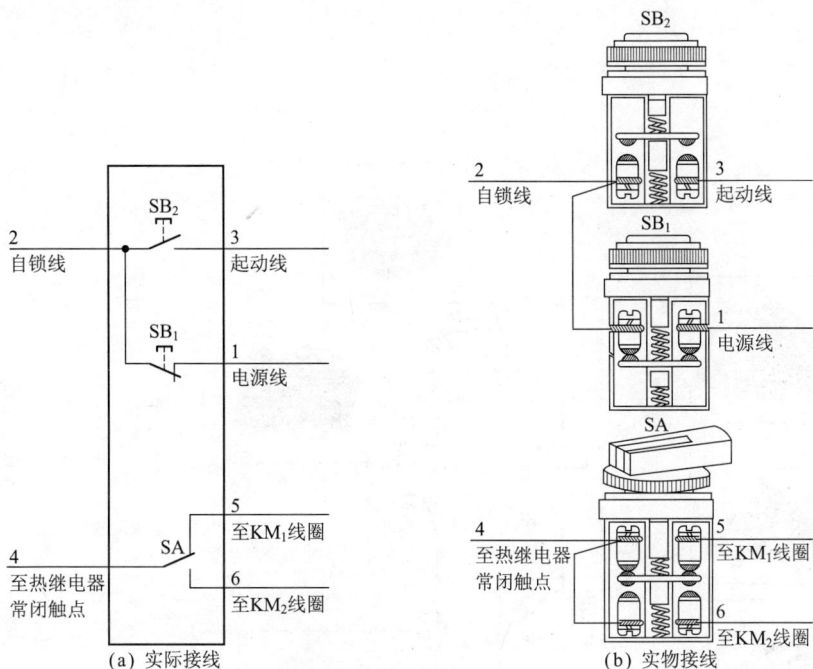

图 121 按钮及转换开关接线图

（a）实际接线　　　　　　　　（b）实物接线

③ 按起动按钮 SB_2 无效（即正反转均不工作,控制电源正常）。此故障为停止按钮 SB_1 断路;起动按钮 SB_2 损坏而闭合不了;预选转换开关 SA 损坏;热继电器 FR 控制常闭触点接触不良。首先用短接法检修。用导线短接起动按钮 SB_2,若电路能工作则说明是起动按钮 SB_2 损坏所致,更换一只同型号按钮开关即可;若短接 SB_2 无反应,则逐一短接停止按钮 SB_1、预选转换开关 SA、热继电器 FR 控制常闭触点,并按动起动按钮 SB_2 试验一下,直至找到故障并排除。

④ 正反转均为点动状态。正反转自锁回路同时出现故障的几率很少,通常是停止按钮 SB_1 与起动按钮 SB_2、正转交流接触器 KM_1、反转交流接触器 KM_2 自锁常开触点之间的公共连线处接触不良或脱落所致。重点检查 2 号线处是否有连线脱落并重新接好。

9. 电路实物配套图

利用转换开关预选的正反转起停控制电路实物配套图如图 122 所示。

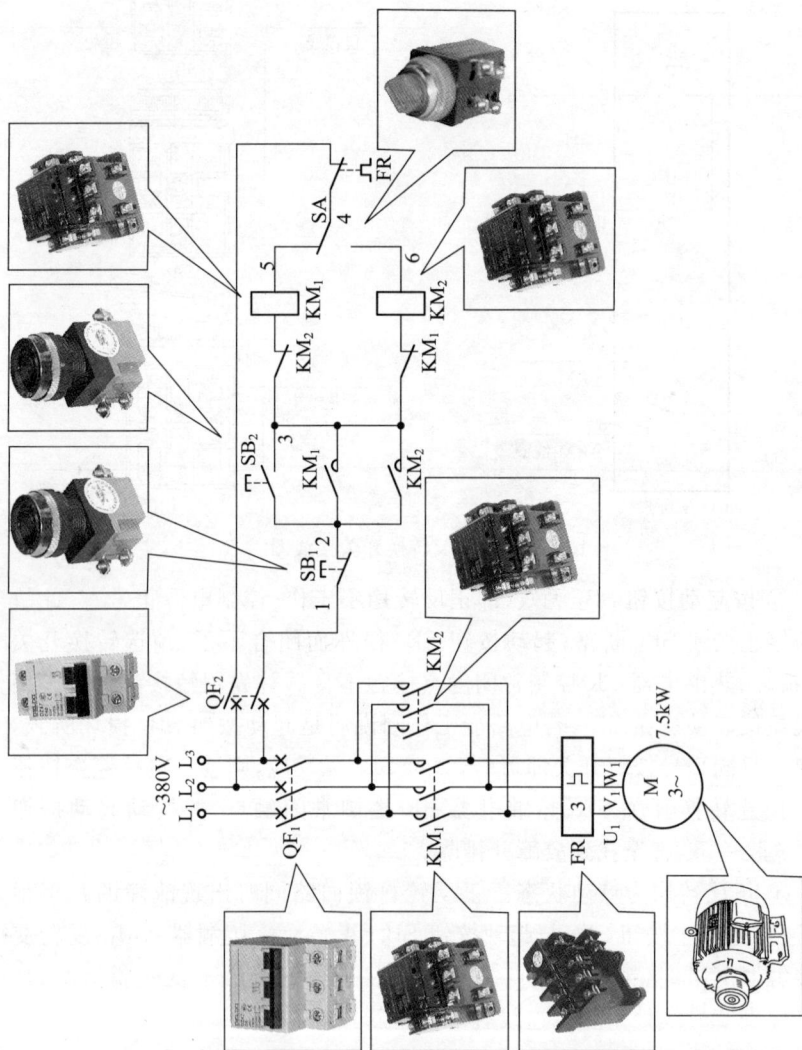

图122 利用转换开关预选的正反转起停控制电路实物配套图

电路 29　具有三重互锁保护的正反转控制电路

1. 电气原理图

具有三重互锁保护的正反转控制电路电气原理图如图 123 所示。

2. 电气原理分析

正转起动时，按下正转起动按钮 SB_2，此时 SB_2 的一组常闭触点断开反转交流接触器 KM_2 线圈回路，起到互锁保护，同时 SB_2 的一组常开触点闭合，交流接触器 KM_1、失电延时时间继电器 KT_1 线圈同时得电吸合。KM_1 主触点闭合，电动机 M 正转起动运行。KM_1 常闭触点、KT_1 延时闭合的常闭触点均断开，使 KM_2 线圈回路同时有三处断开点进行互锁，

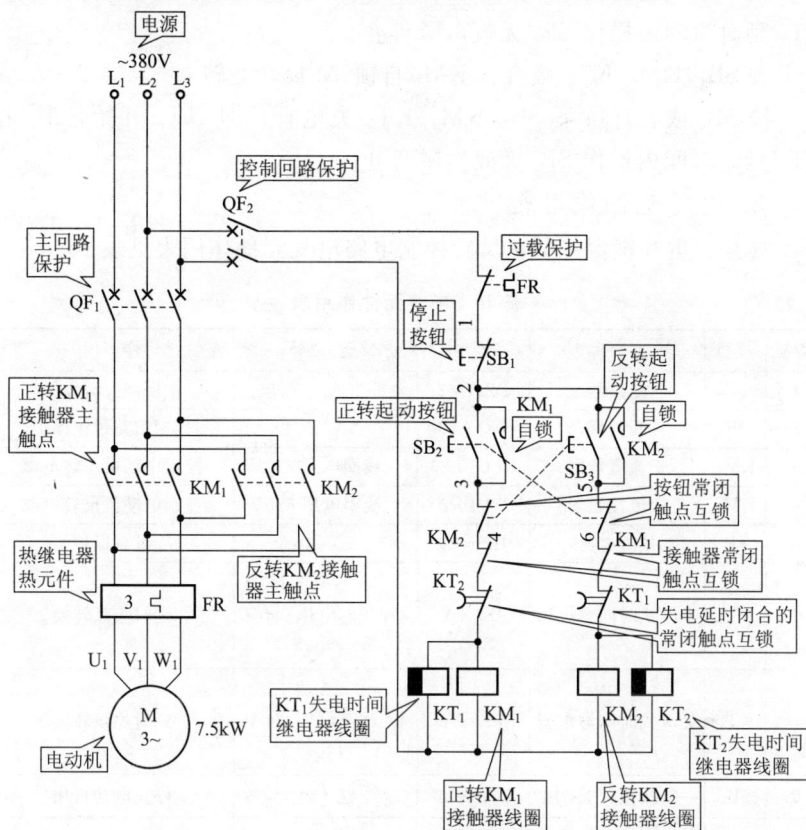

图 123　具有三重互锁保护的正反转控制电路电气原理图

从而起到可靠的互锁保护。当需要反转时，按下反转起动按钮 SB_3，此时，正转交流接触器 KM_1 线圈失电释放，电动机 M 正转停止工作，但 KT_1 失电延时几秒后其常闭触点才能恢复闭合，即使按下反转起动按钮也不能反转起动，则必须按动反转起动按钮 2s 后（设定时间可任意调整），反转才能起动，从而真正起到互锁保护。

3. 逻辑代数表达式

$$KM_{1线圈} = KT_{1线圈} = QF_2 \cdot \overline{FR} \cdot \overline{SB_1}(SB_2 + KM_1) \cdot \overline{KM_2} \cdot \overline{KT_2}$$

$$KM_{2线圈} = KT_{2线圈} = QF_2 \cdot \overline{FR} \cdot \overline{SB_1}(SB_3 + KM_2) \cdot \overline{KM_1} \cdot \overline{KT_1}$$

4. 电路器件动作简述

按 SB_2，KM_1、KT_1 吸合且 KM_1 自锁，M 正转运转。

按 SB_1 或轻轻按下 SB_3，KM_1、KT_1 失电释放且 KT_1 开始延时（在 KT_1 延时时间内操作 SB_3 无效），M 停止。

按 SB_3，KM_2、KT_2 吸合且 KM_2 自锁，M 反转运转。

按 SB_1 或轻轻按下 SB_2，KM_2、KT_2 失电释放且 KT_2 开始延时（在 KT_2 延时时间内操作 SB_2 无效），M 停止。

5. 电气元件作用表

具有三重互锁保护的正反转控制电路电气元件作用表见表 46。

表 46　电气元件作用表

序号	符号	名　称	型　号	规　格	作　用
1	QF_1	断路器	DZ47-63	25A　三极	主回路过流保护
2	QF_2	断路器	DZ47-63	6A　二极	控制回路过流保护
3	KM_1	交流接触器	CDC10-20	线圈电压 380V	控制电动机正转电源
4	KM_2	交流接触器	CDC10-20	线圈电压 380V	控制电动机反转电源
5	FR	热继电器	JR36-20	10～16A	过载保护
6	KT_1	失电式时间继电器	JS7-4A	JS7-3A 或 JS7-4A 线圈电压 380V 180s	延时熄弧转换
7	KT_2	失电式时间继电器	JS7-4A	JS7-3A 或 JS7-4A 线圈电压 380V 180s	延时熄弧转换
8	SB_1	按钮开关	LA19-11	红　色	停止电动机用
9	SB_2	按钮开关	LA19-11	绿　色	起动电动机正转用
10	SB_3	按钮开关	LA19-11	蓝　色	起动电动机反转用

序号	符号	名 称	型 号	规 格	作 用
11	M	三相异步电动机	Y132S$_2$-2	7.5kW 15A 2900r/min	拖 动

6. 元器件安装排列图及端子图

元器件安装排列图及端子图如图 124 所示。

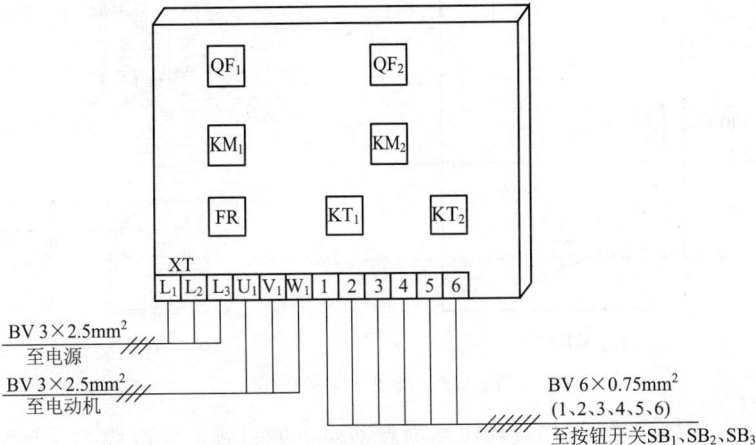

图 124 元器件安装排列图及端子图

从元器件安装排列图及端子图上可以看出,端子排 XT 上共有 12 个接线端子,其中,L$_1$、L$_2$、L$_3$ 为电源引入线,将外部三相 380V 电源接到此处,可采用 3 根 BV 2.5mm^2 导线套管敷设。

U$_1$、V$_1$、W$_1$ 用 3 根 BV 2.5mm^2 导线套管敷设至电动机处。

1、2、3、4、5、6 可采用 6 根 BVR 0.75mm^2 导线接至配电箱面板按钮开关 SB$_1$、SB$_2$、SB$_3$ 上,并一一正确对应连接。

7. 按钮开关接线图

按钮开关接线如图 125 所示。

8. 常见故障及排除方法

① 正转停止后,操作反转电路,需要很长时间后方能进行。此故障为失电延时闭合的常闭触点 KT$_1$ 延时时间调整过长。重新调整 KT$_1$ 延时时间后即可解决。

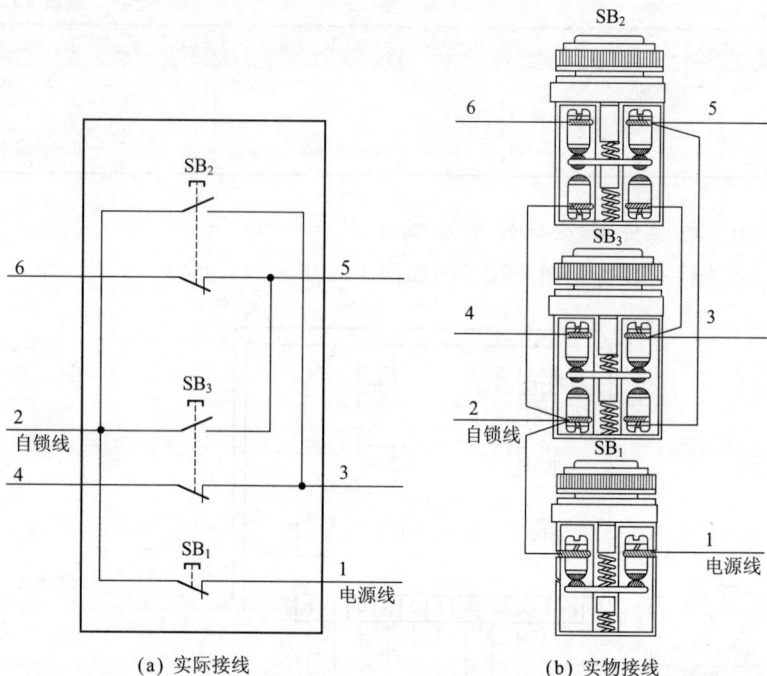

(a) 实际接线　　　　　(b) 实物接线

图 125　按钮开关接线图

② 正转正常,操作反转电路为点动而不能自锁。此故障为反转交流接触器 KM_2 辅助常开触点闭合不了所致。检查确认 KM_2 常闭触点故障后,更换新品即可解决。

③ 按动正转或反转按钮,均无反应(控制回路电源正常)。此故障为控制电路公共部分断路。即停止按钮 SB_1 损坏;热继电器 FR 常闭触点接触不良。检查上述两只元器件并找出故障后,更换新品,故障排除。

④ 任意频繁操作正、反转电路,无延时。此故障为 KT_1、KT_2 延时时间调整过短或 KT_1、KT_2 线圈同时断路损坏所致。可用观察配电箱内电气元件动作情况来确定故障,若正转时,交流接触器 KM_1 和时间继电器 KT_1 线圈能同时得电吸合工作,说明 KT_1 线圈正常无故障;若反转时交流接触器 KM_2 和时间继电器 KT_2 线圈能同时得电吸合工作,说明 KT_2 线圈正常无故障。所以只需要重新调整一下 KT_1、KT_2 的延时时间即可。如果是 KT_1、KT_2 线圈断路,则需更换同型号新品。

9. 电路实物配套图

具有三重互锁保护的正反转控制电路实物配套图如图 126 所示。

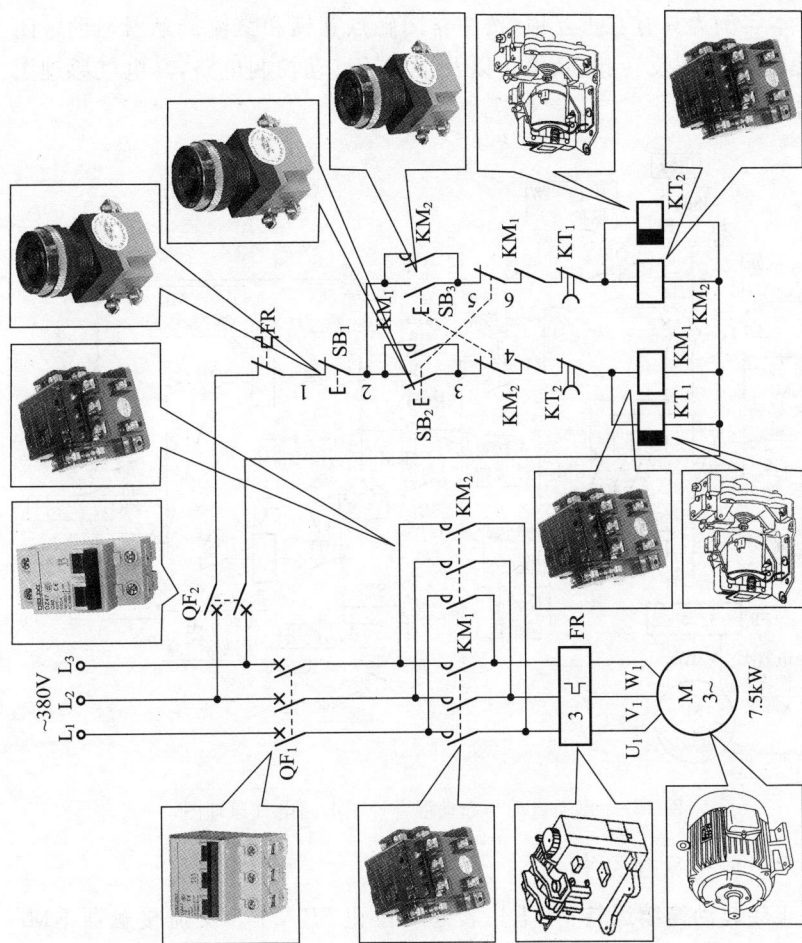

图 126 具有三重互锁保护的正反转控制电路实物配套图

电路 30　可逆点动与起动混合控制电路

1. 电气原理图

本实例为具有双重互锁(按钮常闭触点互锁和交流接触器辅助常闭触点互锁)的正反转起动、停止以及正反转点动控制电路,其电气原理图如图 127 所示。

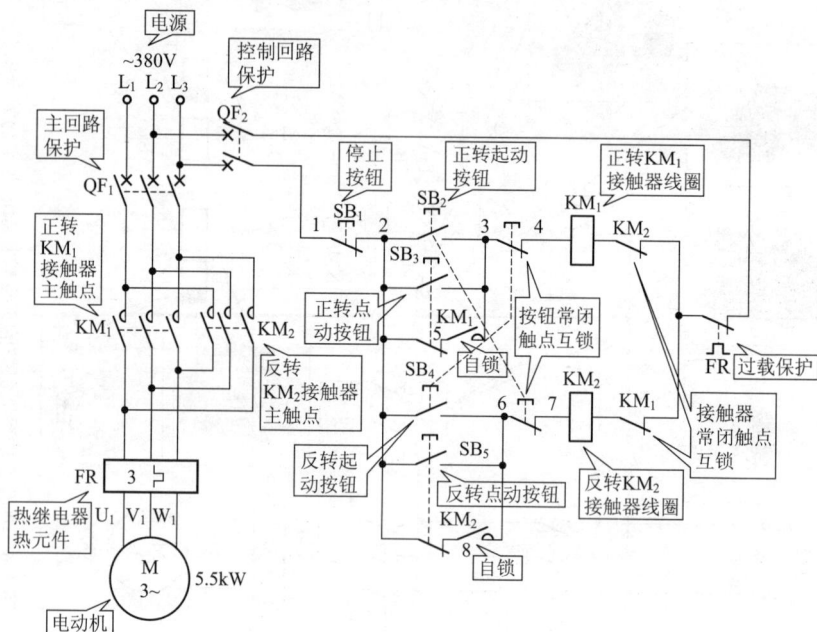

图 127　可逆点动与起动混合控制电路电气原理图

2. 电气原理分析

正转起动连续运转:按下正转起动按钮 SB_2,正转交流接触器 KM_1 线圈得电吸合且自锁,KM_1 常闭触点以及正转起动按钮 SB_2 常闭触点(瞬间断开)均断开,进行互锁。KM_1 三相主触点闭合,电动机得电正转连续运转。

正转停止:按下停止按钮 SB_1 或轻轻按下反转起动按钮 SB_4 均会使交流接触器 KM_1 线圈断电释放,电动机正转停止。

正转点动:按下正转点动按钮 SB_3,SB_3 的一组常闭触点首先断开将

正转交流接触器 KM_1 自锁回路切断,同时 SB_3 的一组常开触点闭合,接通 KM_1 线圈使其得电吸合,KM_1 三相主触点闭合,电动机得电正转运转,松开正转点动按钮 SB_3,KM_1 线圈因无自锁而断电释放,KM_1 三相主触点断开,电动机正转点动运转停止。

反转起动连续运转:按下反转起动按钮 SB_4,反转交流接触器 KM_2 线圈得电吸合且自锁,KM_2 常闭触点以及反转起动按钮 SB_4 常闭触点(瞬间断开)均断开,进行互锁。KM_2 三相主触点闭合,电动机得电反转连续运转。

反转停止:按下停止按钮 SB_1 或轻轻按下正转起动按钮 SB_2 均会使交流接触器 KM_2 线圈断电释放,电动机反转停止。

反转点动:按下反转点动按钮 SB_5,SB_5 的一组常闭触点首先断开将反转交流接触器 KM_2 自锁回路切断,同时 SB_5 的一组常开触点闭合,接通 KM_2 线圈使其得电吸合,KM_2 三相主触点闭合,电动机得电反转运转,松开反转点动按钮 SB_5,KM_2 线圈因无自锁而断电释放,KM_2 三相主触点断开,电动机反转点动运转停止。

特别提醒:本电路在正反转连续起动操作时,可直接操作,无需先按下停止按钮 SB_1 后再进行;在正转或反转电路已工作后,若想反向进行点动操作无效,则必须先按下停止按钮 SB_1 后方可进行。

3. 逻辑代数表达式

$$KM_{1线圈} = QF_2 \cdot \overline{SB_1} \cdot (SB_2 + SB_3 + \overline{SB_3} \cdot KM_1) \cdot \overline{SB_4} \cdot \overline{KM_2} \cdot \overline{FR}$$

$$KM_{2线圈} = QF_2 \cdot \overline{SB_1} \cdot (SB_4 + SB_5 + \overline{SB_5} \cdot KM_2) \cdot \overline{SB_2} \cdot \overline{KM_1} \cdot \overline{FR}$$

4. 电路器件动作简述

按 SB_2,KM_1 吸合自锁,M 正转连续运转。

按 SB_1 或轻轻按下 SB_4,KM_1 失电释放,M 停止。

按 SB_3,KM_1 吸合不自锁,M 正转点动运转。

松开 SB_3,KM_1 失电释放,M 停止。

按 SB_4,KM_2 吸合自锁,M 反转连续运转。

按 SB_1 或轻轻按下 SB_2,KM_2 失电释放,M 停止。

按 SB_5,KM_2 吸合不自锁,M 反转点动运转。

松开 SB_5,KM_2 失电释放,M 停止。

5. 电气元件作用表

可逆点动与起动混合控制电路电气元件作用表见表 47。

表 47　电气元件作用表

序号	符号	名　称	型　号	规　格	作　用
1	QF₁	断路器	DZ47-63	25A　三极	主回路过流保护
2	QF₂	断路器	DZ47-63	6A　二极	控制回路过流保护
3	KM₁	交流接触器	CDC10-20	线圈电压 380V	控制电动机正转电源
4	KM₂	交流接触器	CDC10-20	线圈电压 380V	控制电动机反转电源
5	FR	热继电器	JR36-20	10～16A	过载保护
6	SB₁	按钮开关	LA2	红色	停止电动机用
7	SB₂	按钮开关	LA2	绿　色	起动电动机正转用
8	SB₃	按钮开关	LA2	黑　色	点动电动机正转用
9	SB₄	按钮开关	LA2	蓝　色	起动电动机反转用
10	SB₅	按钮开关	LA2	白　色	点动电动机反转用
11	M	三相异步电动机	Y132S-4	5.5kW 11.6A 1440r/min	拖　动

6. 元器件安装排列图及端子图

元器件安装排列图及端子图如图 128 所示。

从元器件安装排列图及端子图上可以看出,端子排 XT 上共有 14 个接线端子,其中,L_1、L_2、L_3 为电源引入线,将外部三相 380V 电源接到此处,可采用 3 根 BV 2.5mm² 导线套管敷设。

U_1、V_1、W_1 用 3 根 BV 2.5mm² 导线套管敷设至电动机处。

1、2、3、4、5、6、7、8 可采用 8 根 BVR 0.75mm² 导线接至配电箱面板按钮开关 SB_1、SB_2、SB_3、SB_4、SB_5 上,并一一正确对应连接。

7. 按钮开关接线图

按钮开关接线如图 129 所示。

8. 常见故障及排除方法

① 正转起动运转正常,但正转无点动。从原理图分析,故障为正转点动按钮 SB_3 常开触点损坏所致。因正转点动按钮 SB_3 不起作用,使交流接触器 KM_1 线圈不动作,从而出现无点动状态。检查正转点动按钮 SB_3 常开触点是否正常,若不正常,则更换同型号按钮,故障即可排除恢

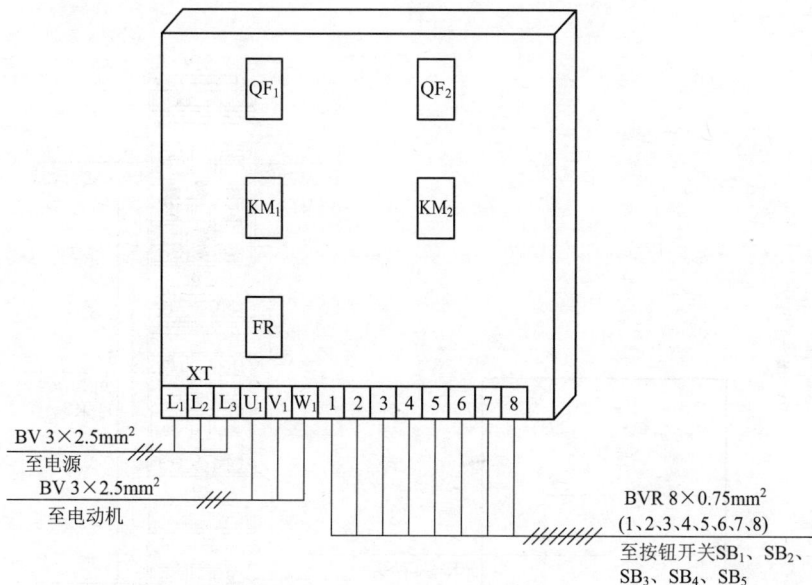

图 128 元器件安装排列图及端子图

复正常。

② 正转起动操作时为点动状态。

从电路分析,此故障为正转点动按钮 SB_3 常闭触点损坏、正转交流接触器 KM_1 辅助常开自锁触点损坏闭合不了所致。因点动按钮 SB_3 常闭触点与交流接触器 KM_1 常开自锁触点串联在一起,所以上述两电器元件任意一处出现断路均会造成无法自锁,使电路为点动状态。

检修此故障非常简单,若怀疑 SB_3 故障则可用短接法,短接 SB_3 常闭触点后,按 SB_2 按钮,电路即能正常工作,从而证明为按钮 SB_3 故障,此时更换按钮 SB_3 即可。至于自锁触点 KM_1 损坏,也可以用短接法试之(但要注意安全,最好断开主回路断路器 QF_1,以保证电动机不能运转,从而保证操作者安全),若短接 KM_1 自锁常开触点,交流接触器 KM_1 线圈能得电吸合动作,则故障为 KM_1 自锁常开触点损坏,更换新品后故障即可排除,电路恢复正常。

9. 电路实物配套图

可逆点动与起动混合控制电路实物配套图如图 130 所示。

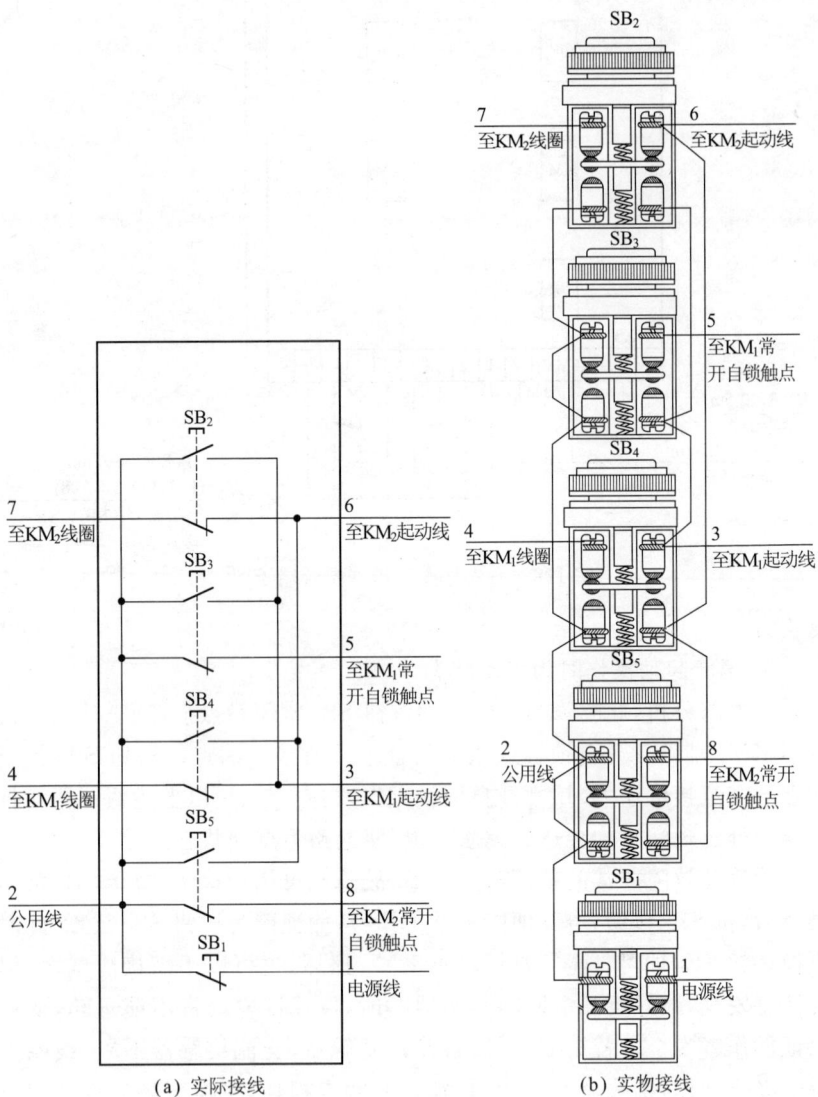

（a）实际接线　　　　　　　（b）实物接线

图 129　按钮开关接线图

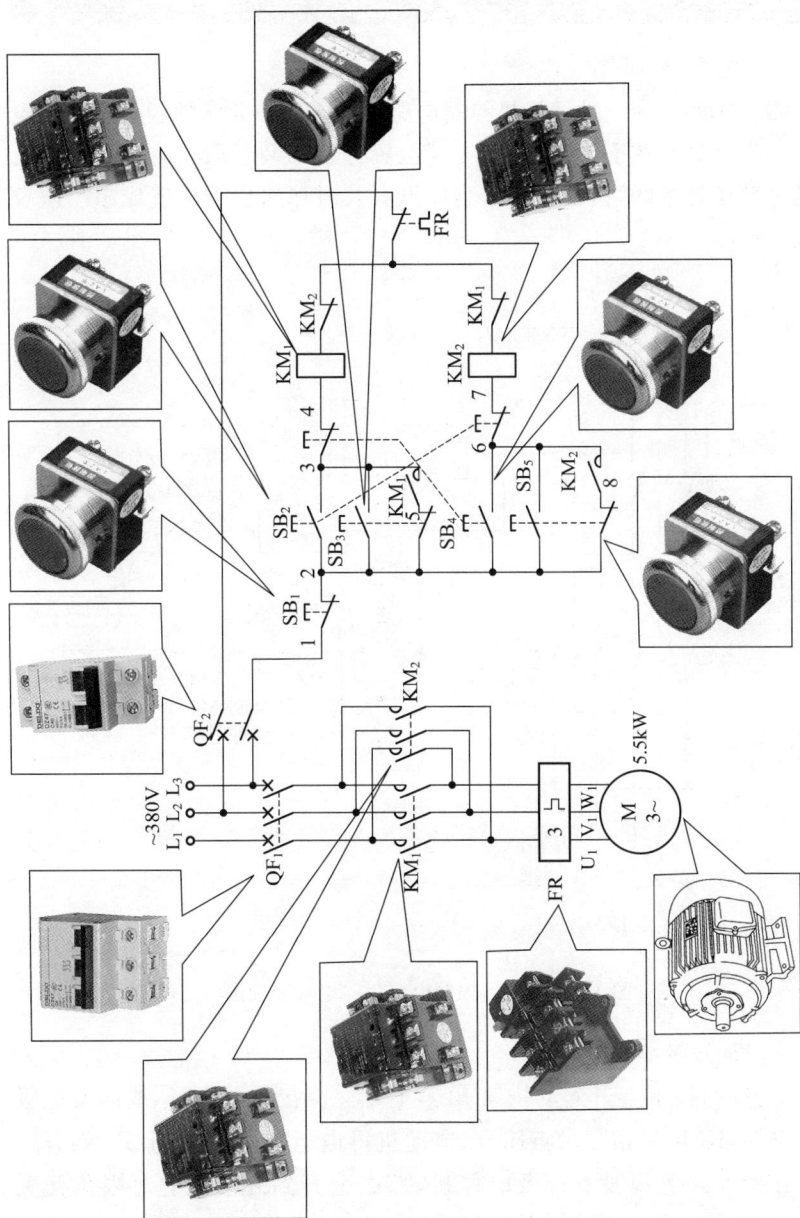

图 130　可逆点动与起动混合控制电路实物配套图

电路 31 卷扬机控制电路(一)

1. 电气原理图

图 131 所示为一种卷扬机控制电路。本电路与通常的卷扬机控制电路不一样之处是在上升、下降的终端位置分别加装了限位开关,这样,无论是上升还是下降,倘若操作不当而没有及时停机也不会造成超出限位事故。

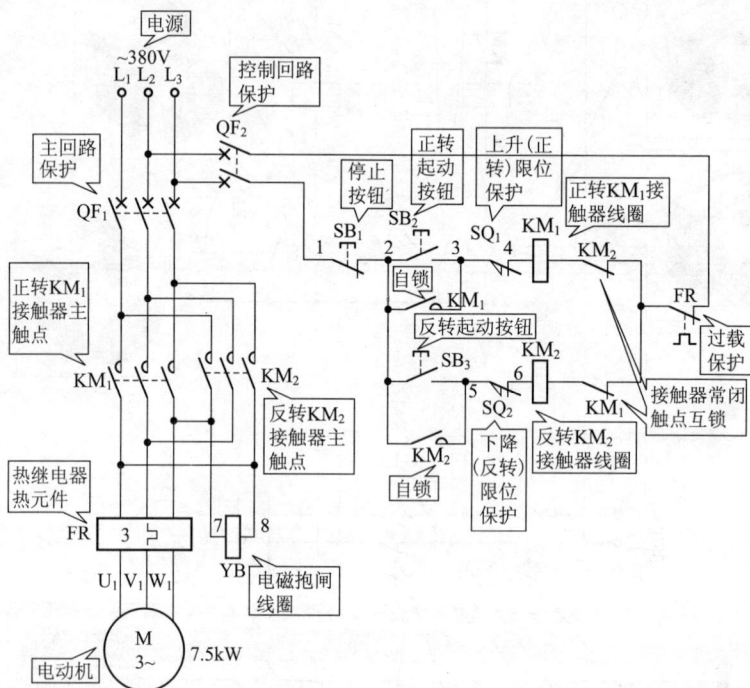

图 131 卷扬机控制电路(一)电气原理图

2. 电气原理分析

上升时,按下上升起动按钮 SB₂,上升交流接触器 KM₁ 线圈得电吸合且自锁,KM₁ 三相主触点闭合,电动机得电运转,提升机上升;倘若操作工在操作时忽视没有能及时停机,那么上升到终端位置时限位开关SQ₁ 就会动作,将上升交流接触器 KM₁ 线圈回路电源切断,KM₁ 线圈断电释放,KM₁ 三相主触点断开,电动机停止运转,从而起到保护作用。

下降与上升原理相同,这里不再赘述。

3. 逻辑代数表达式

$$KM_{1\text{线圈}} = QF_2 \cdot \overline{SB_1} \cdot (SB_2 + KM_1) \cdot \overline{SQ_1} \cdot \overline{KM_2} \cdot \overline{FR}$$

$$KM_{2\text{线圈}} = QF_2 \cdot \overline{SB_1} \cdot (SB_3 + KM_2) \cdot \overline{SQ_2} \cdot \overline{KM_1} \cdot \overline{FR}$$

4. 电路器件动作简述

按 SB_2,KM_1 吸合自锁,YB 吸合,抱闸打开,M 正转运转。

按 SB_1 或触动 SQ_1,KM_1 失电释放,YB 断电,抱闸抱住,M 停止。

按 SB_3,KM_2 吸合自锁,YB 吸合,抱闸打开,M 反转运转。

按 SB_1 或触动 SQ_2,KM_2 失电释放,YB 断电,抱闸抱住,M 停止。

5. 电气元件作用表

卷扬机控制电路(一)电气元件作用表见表 48。

表 48 电气元件作用表

序号	符号	名 称	型 号	规 格	作 用
1	QF_1	断路器	DZ47-63	32A 三极	主回路过流保护
2	QF_2	断路器	DZ47-63	6A 二极	控制回路过流保护
3	KM_1	交流接触器	CDC10-20	线圈电压 380V	控制电动机正转电源
4	KM_2	交流接触器	CDC10-20	线圈电压 380V	控制电动机反转电源
5	FR	热继电器	JR36-20	14~22A	过载保护
6	YB	电磁抱闸	MZD1	线圈电压 380V	制 动
7	SQ_1	行程开关	JLXK1-111		上升终端保护
8	SQ_2	行程开关	JLXK1-111		下降终端保护
9	SB_1	按钮开关	LA2	红 色	停止电动机用
10	SB_2	按钮开关	LA2	绿 色	起动电动机正转用
11	SB_3	按钮开关	LA2	蓝 色	起动电动机反转用
12	M	三相异步电动机	Y160M-6	7.5kW 17A 970r/min	拖 动

6. 元器件安装排列图及端子图

元器件安装排列图及端子图如图 132 所示。

从元器件安装排列图及端子图上可以看出,端子排 XT 上共有 14 个接线端子,其中,L_1、L_2、L_3 为电源引入线,将外部三相 380V 电源接到此

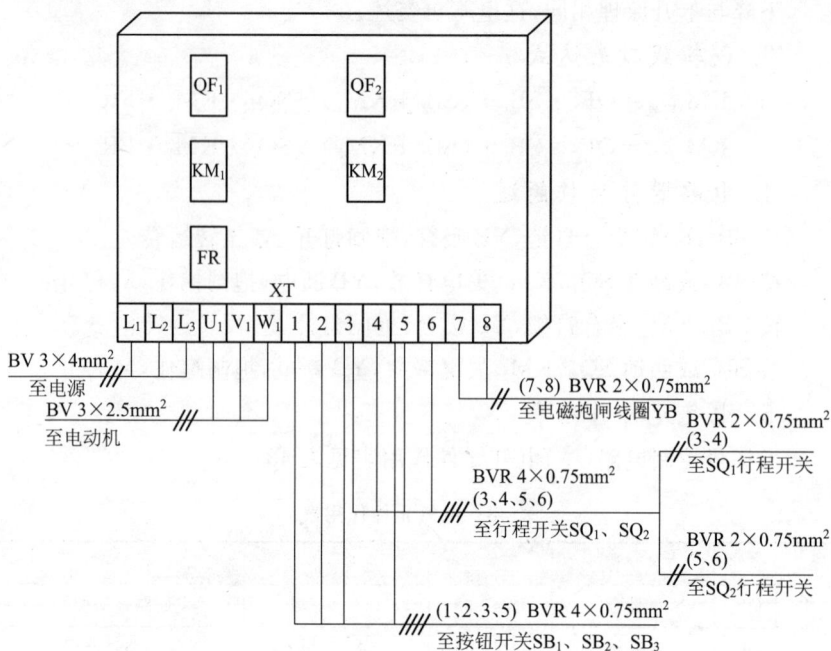

图 132 元器件安装排列图及端子图

处,可采用 3 根 4mm² 导线套管敷设。

U₁、V₁、W₁ 用 3 根 BV 2.5mm² 导线套管敷设至电动机处。

1、2、3、5 可采用 4 根 BVR 0.75mm² 导线接至配电箱面板按钮开关 SB₁、SB₂、SB₃ 上,3、4、5、6 可采用 4 根 BVR 0.75mm² 导线接至行程开关 SQ₁、SQ₂ 上,7、8 可采用 2 根 BVR 0.75mm² 导线接至电动机处电磁抱闸线圈上,套管敷设。并一一正确对应连接。

7. 按钮开关及行程开关接线图

按钮开关实际接线如图 133 所示。行程开关实际接线如图 134 所示。

8. 常见故障及排除方法

① 下降超出极限位置,不能自动停机。此故障原因为下降限位开关 SQ₂ 损坏或碰块碰不上限位开关 SQ₁ 所致。检查碰块及限位开关 SQ₂ 是否有问题,若 SQ₂ 损坏则更换行程开关;若碰块碰不上则调整碰块位置,故障即可排除。

② 下降操作正常,而上升为点动操作。此故障原因为上升交流接触

器 KM_1 自锁回路故障。检查 KM_1 自锁回路触点是否断路,若断路不能闭合,则需更换自锁触点,故障排除。

9. 电路实物配套图

卷扬机控制电路(一)实物配套图如图 135 所示。

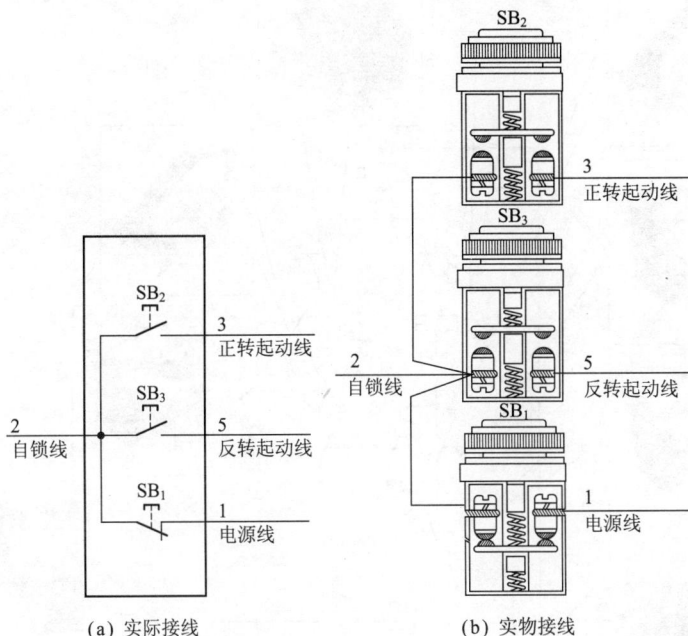

(a) 实际接线   (b) 实物接线

图 133 按钮开关接线图

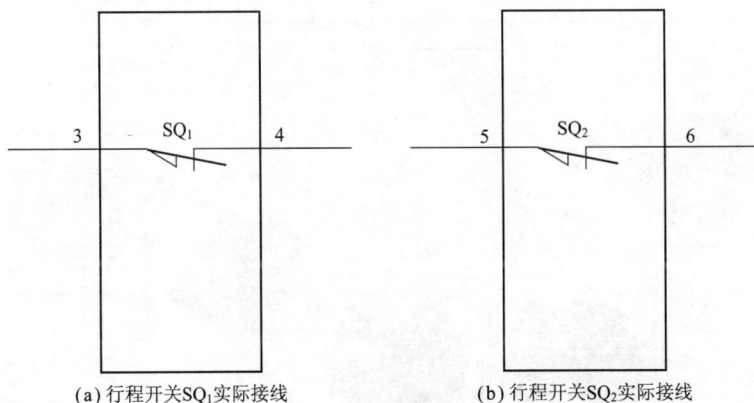

(a) 行程开关SQ_1实际接线   (b) 行程开关SQ_2实际接线

图 134 行程开关实际接线

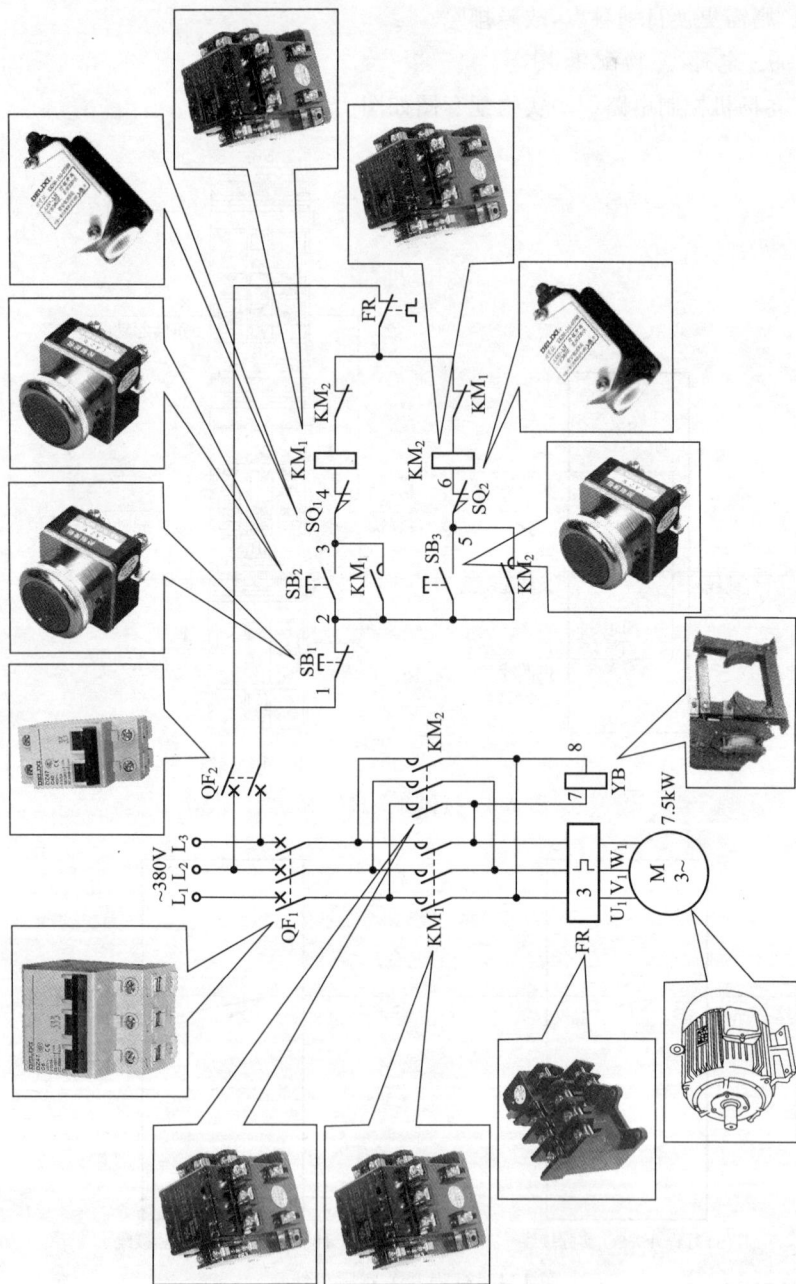

图135 卷扬机控制电路（一）实物配套图

电路 32　卷扬机控制电路(二)

1. 电气原理图

卷扬机作为提升设备广泛应用各个领域,特别是在建筑施工中应用最多。该设备简单、方便、实用,深受使用者青睐。图 136 所示是另一种卷扬机控制电路电气原理图。

图 136 中,交流接触器 KM_1 作为正转控制;交流接触器 KM_2 作为反转控制;YB 为制动电磁抱闸。

2. 电气原理分析

当需要提升(正转)时,则按下正转起动按钮 SB_2,交流接触器 KM_1 线圈得电吸合且自锁,KM_1 三相主触点闭合,电磁抱闸 YB 线圈得电松

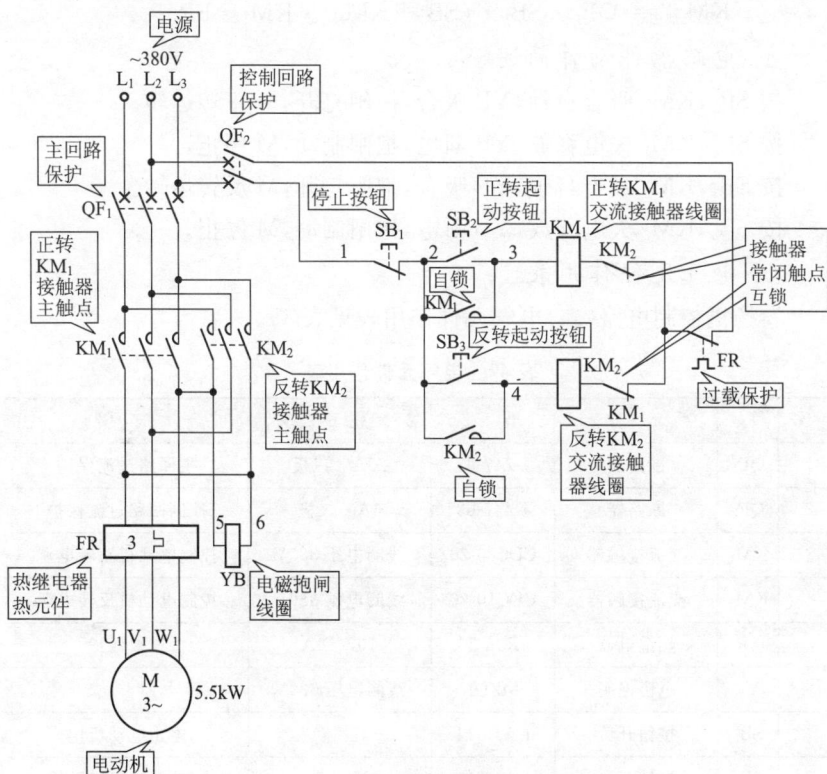

图 136　卷扬机控制电路(二)电气原理图

开抱闸,电动机正转运行;倘若中途需落下(反转)时,直接按动反转按钮SB₃无效,其原因是反转起动按钮无法控制正转KM_1线圈电源,所以KM_1线圈仍吸合,其串联在反转回路中的常闭触点断开了KM_2线圈回路电源,使反转按钮SB₃操作无效。若需反转,则必须先按下停止按钮SB₁,使已吸合的正转交流接触器KM_1线圈失电释放,其互锁常闭触点恢复常闭状态,才能进行反转操作,此时按下反转起动按钮SB₃,交流接触器KM_2线圈得电吸合且自锁,KM_2三相主触点闭合(三相电源中任意两相调换),电动机反转运行,若中间需要停车,则按下停止按钮SB₁,此时电动机失电停止运行,同时电磁抱闸YB线圈失电,电磁抱闸制动。从而完成停止操作。

3. 逻辑代数表达式

$$KM_{1线圈} = QF_2 \cdot \overline{SB_1} \cdot (SB_2 + KM_1) \cdot \overline{KM_2} \cdot \overline{FR}$$

$$KM_{2线圈} = QF_2 \cdot \overline{SB_1} \cdot (SB_3 + KM_2) \cdot \overline{KM_1} \cdot \overline{FR}$$

4. 电路器件动作简述

按SB₂,KM_1吸合自锁,YB吸合,抱闸打开,M正转运转。

按SB₁,KM_1失电释放,YB断电,抱闸制动,M停止。

按SB₃,KM_2吸合自锁,YB吸合,抱闸打开,M反转运转。

按SB₁,KM_2失电释放,YB断电,抱闸制动,M停止。

5. 电气元件作用表

卷扬机控制电路(二)电气元件作用表见表49。

表 49　电气元件作用表

序号	符号	名　称	型　号	规　格	作　用
1	QF₁	断路器	DZ47-63	25A　三极	主回路过流保护
2	QF₂	断路器	DZ47-63	6A　二极	控制回路过流保护
3	KM₁	交流接触器	CDC10-20	线圈电压380V	控制电动机正转电源
4	KM₂	交流接触器	CDC10-20	线圈电压380V	控制电动机反转电源
5	FR	热继电器	JR36-20	10～16A	过载保护
6	YB	电磁抱闸	MZD1	线圈电压380V	制　动
7	SB₁	按钮开关	LA19-11	红色	停止电动机用
8	SB₂	按钮开关	LA19-11	绿　色	起动电动机正转用
9	SB₃	按钮开关	LA19-11	蓝　色	起动电动机反转用

序号	符号	名　称	型　号	规　格	作　用
10	M	三相异步电动机	Y132S-4	5.5kW 11.6A 1440r/min	拖　动

6.元器件安装排列图及端子图

元器件安装排列图及端子图如图 137 所示。

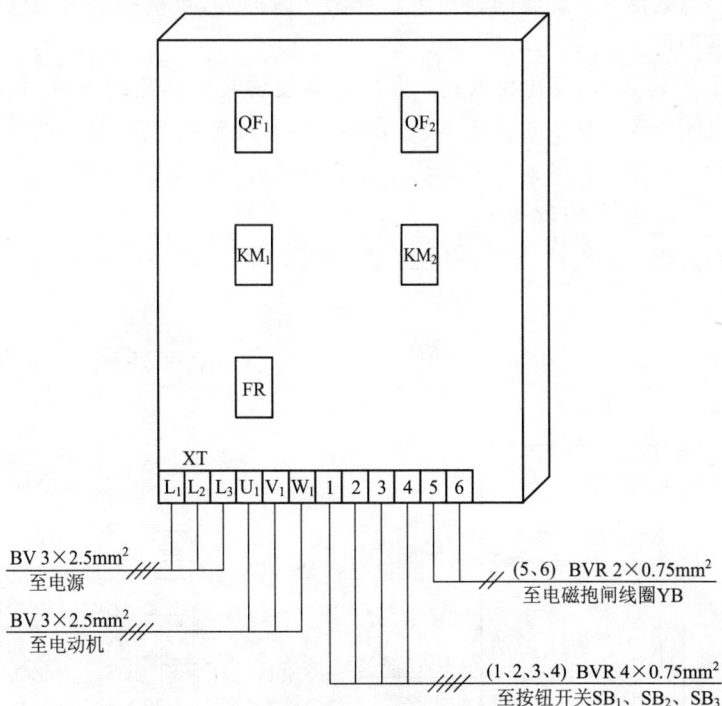

图 137　元器件安装排列图及端子图

　　从元器件安装排列图及端子图上可以看出，端子排 XT 上共有 12 个接线端子，其中，L_1、L_2、L_3 为电源引入线，将外部三相 380V 电源接到此处，可采用 3 根 BV 2.5mm² 导线套管敷设。

　　U_1、V_1、W_1 用 3 根 BV 2.5mm² 导线套管敷设至电动机处。

　　1、2、3、4 可采用 4 根 BVR 0.75mm² 导线接至配电箱面板按钮开关 SB_1、SB_2、SB_3 上，5、6 可采用 2 根 BVR 0.75mm² 导线接至电动机处电磁

抱闸线圈上,套管敷设,并一一正确对应连接。

7. 按钮开关实际接线

按钮开关接线如图 138 所示。

8. 常见故障及排除方法

① 正转或反转均没有制动,电磁抱闸线圈 YB 动作。此故障为电磁抱闸机械部分未调整好所致。故障排除方法是重新调整电磁抱闸机械部分使其在 YB 线圈断电后能可靠刹住设备。

② 无论正转还是反转均没有制动,电磁抱闸无反应。此故障原因为电磁抱闸线圈 YB 烧毁断路所致。查出烧毁原因,更换一只新的电磁抱闸线圈即可。

③ 正转正常,反转为点动。此故障为反转自锁回路的 KM_2 辅助常开触点闭合不了所致。由于 KM_2 自锁辅助常开触点断路,从而使反转电路变为点动操作。故障排除方法是更换 KM_2 自锁辅助常开触点。

9. 电路实物配套图

卷扬机控制电路(二)实物配套图如图 139 所示。

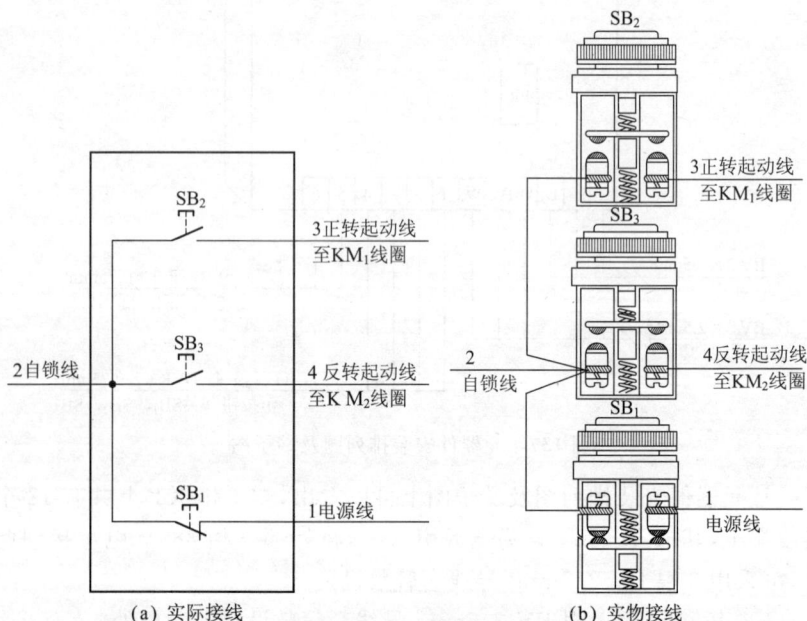

(a) 实际接线　　　　　(b) 实物接线

图 138　按钮开关接线图

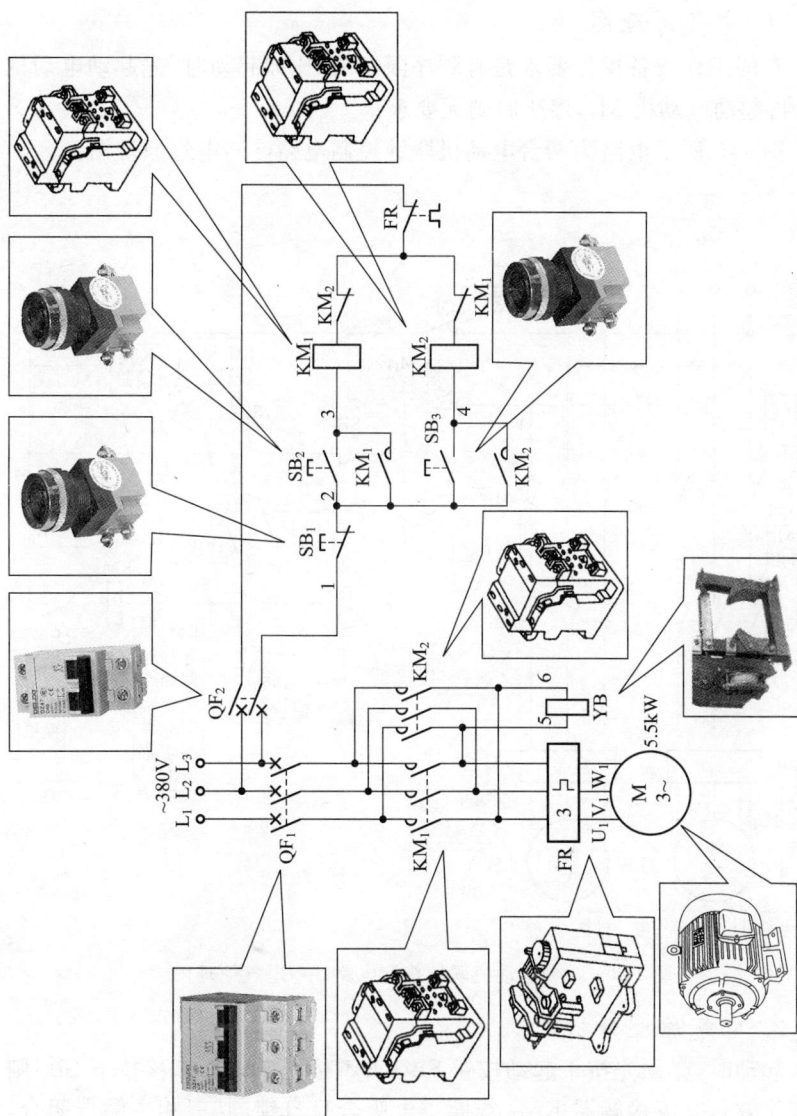

図 139 卷扬机控制电路（二）实物配套图

1. 电气原理图

有的工作设备操作要求是有顺序限制的,比如起动时,先起动电动机 M_1,再起动电动机 M_2,停止时则无要求。

图 140 所示电路为两台电动机联锁控制电路(一)电气原理图。

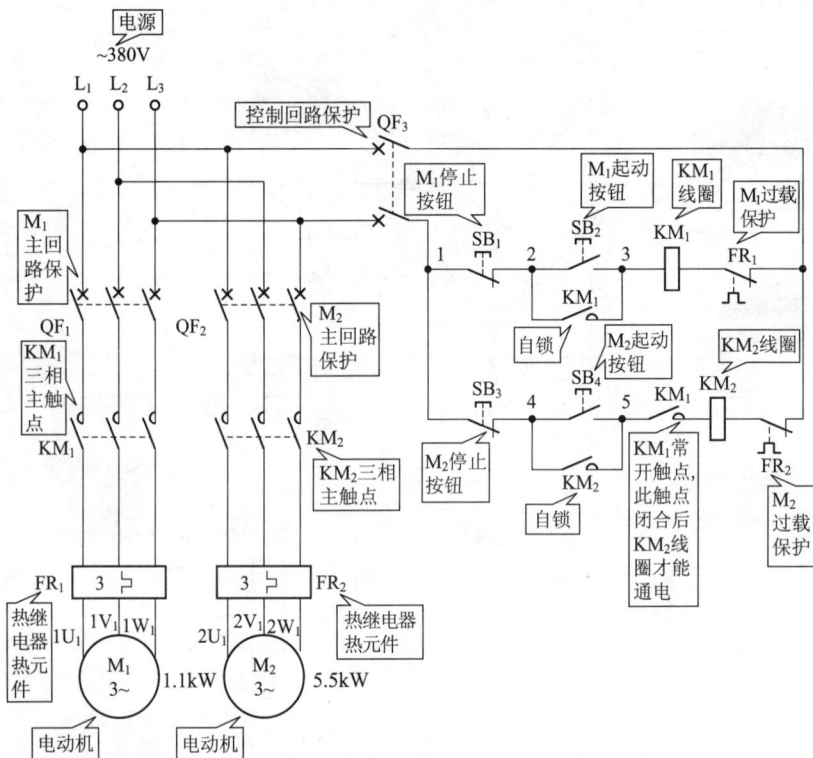

图 140　两台电动机联锁控制电路(一)电气原理图

2. 电气原理分析

起动时,必须先按下起动按钮 SB_2(若不按下 SB_2 而直接按下 SB_4 则操作无效),交流接触器 KM_1 线圈得电吸合且自锁,其三相主触点闭合,电动机 M_1 得电运转工作。同时交流接触器 KM_1 串联在 KM_2 线圈回路中的辅助常开触点闭合,为 KM_2 工作提供准备条件(实际上就是利用 KM_1 的这个辅助常开触点来完成顺序起动);再按下起动按钮 SB_4,此时,

交流接触器 KM_2 线圈也吸合且自锁,其三相主触点闭合,电动机 M_2 得电运转工作。

停止时有以下两种方式:

① 按顺序停止。先按下 SB_3,停止交流接触器 KM_2,使电动机 M_2 先停止;再按下 SB_1,停止交流接触器 KM_1,电动机 M_1 停止。

② 同时停止。停止时直接按下 SB_1,交流接触器 KM_1、KM_2 线圈同时失电释放,各自的三相主触点均断开,两台电动机 M_1、M_2 同时断电停止工作。

3. 逻辑代数表达式

$$KM_{1线圈} = QF_3 \cdot \overline{SB_1} \cdot (SB_2 + KM_1) \cdot \overline{FR_1}$$

$$KM_{2线圈} = QF_3 \cdot \overline{SB_3} \cdot (SB_4 + KM_2) \cdot KM_1 \cdot \overline{FR_2}$$

4. 电路器件动作简述

先按 SB_2,KM_1 吸合自锁,M_1 运转。

再按 SB_4,KM_2 吸合自锁,M_2 运转。

若先按 SB_3,KM_2 失电释放,M_2 停止。

若先按 SB_1,KM_1、KM_2 均失电释放,M_1、M_2 停止。

5. 电气元件作用表

两台电动机联锁控制电路(一)电气元件作用表见表50。

表50 电气元件作用表

序号	符号	名　称	型　号	规　格	作　用
1	QF_1	断路器	DZ47-63	10A 三极	主回路过流保护(M_1)
2	QF_2	断路器	DZ47-63	20A 三极	主回路过流保护(M_2)
3	QF_3	断路器	DZ47-63	6A 二极	控制回路过流保护
4	KM_1	交流接触器	CDC10-10	线圈电压380V	控制电动机 M_1 电源
5	KM_2	交流接触器	CDC10-20	线圈电压380V	控制电动机 M_2 电源
6	FR_1	热继电器	JR36-20	2.2~3.5A	M_1 过载保护
7	FR_2	热继电器	JR36-20	10~16A	M_2 过载保护
8	SB_1	按钮开关	LA19-11	红色	M_1 电动机停止用
9	SB_2	按钮开关	LA19-11	绿色	M_1 电动机起动用
10	SB_3	按钮开关	LA19-11	红色	M_2 电动机停止用
11	SB_4	按钮开关	LA19-11	绿色	M_2 电动机起动用

序号	符号	名 称	型 号	规 格	作 用
12	M_1	三相异步电动机	Y90S-4	1.1kW 2.7A 1400r/min	拖 动
13	M_2	三相异步电动机	Y132S-4	5.5kW 11.6A 1440r/min	拖 动

6. 元器件安装排列图及端子图

元器件安装排列图及端子图如图 141 所示。

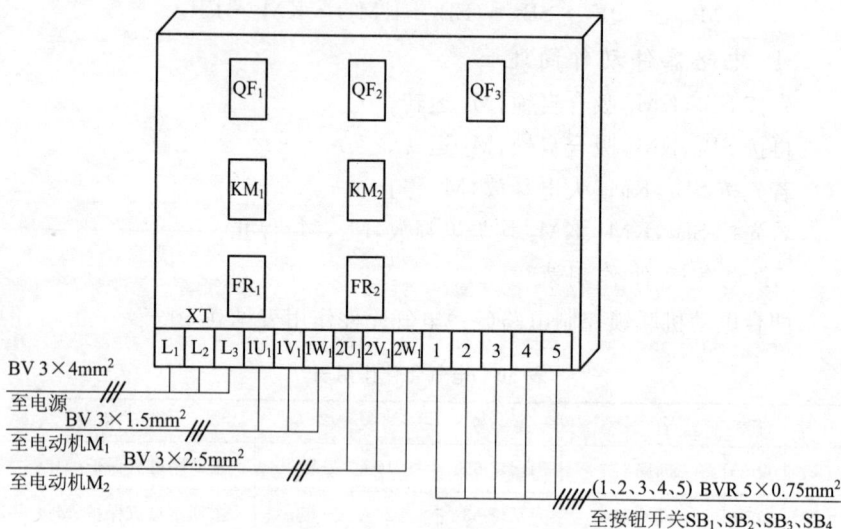

图 141 元器件安装排列图及端子图

从元器件安装排列图及端子图上可以看出,端子排 XT 上共有 14 个接线端子,其中,L_1、L_2、L_3 为电源引入线,将外部三相 380V 电源接到此处,可采用 3 根 BV 4mm² 导线套管敷设。

$1U_1$、$1V_1$、$1W_1$ 用 3 根 BV 1.5mm² 导线套管敷设至电动机 M_1 处。

$2U_1$、$2V_1$、$2W_1$ 用 3 根 BV 2.5mm² 导线套管敷设至电动机 M_2 处。

1、2、3、4、5 可采用 5 根 BVR 0.75mm² 导线接至配电箱面板按钮开关 SB_1、SB_2、SB_3、SB_4 上,并一一正确对应连接。

7. 按钮开关接线图

按钮开关接线如图 142 所示。

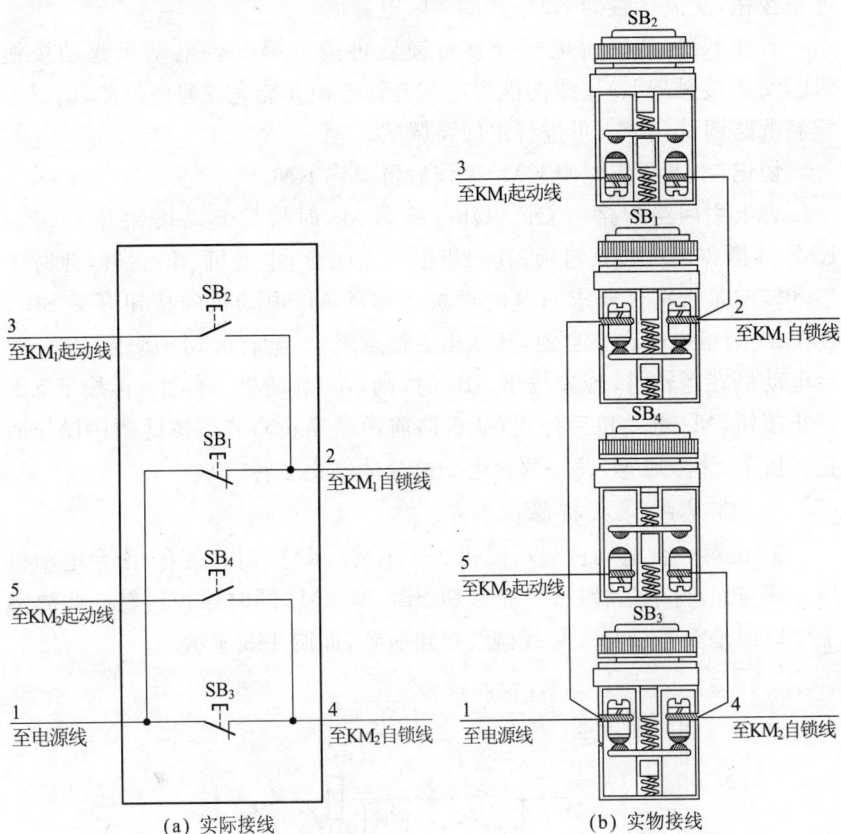

图 142　按钮开关接线图

8.调　试

为确保安全,先断开主回路断路器 QF_1、QF_2,合上控制回路断路器 QF_3 调试控制回路。

先调试第 2 台电动机 M_2 控制电路,按下第 2 台电动机 M_2 起动按钮 SB_4,观察 KM_2 是否吸合,若吸合则电路存在不互锁问题,检查相关电路并排除。若不吸合,则基本上为正确,此时断开 QF_3,用一根导线将 KM_1 串联在 KM_2 线圈回路中的辅助常开触点短接起来后,再按下 SB_2,此时交流接触器 KM_2 线圈应得电吸合且自锁,若停止则按下 SB_3,交流接触器 KM_2 线圈断电释放,KM_2 回路调试完毕,同时断开 QF_3 将 KM_1 辅助常开触点上并联的短接线去掉。然后再调试第 1 台电动机 M_1 控制电路。按下起动按钮 SB_2,交流接触器 KM_1 线圈得电吸合且自锁,按下 SB_1

停止按钮,交流接触器 KM_1 线圈应断电释放。

若在 KM_1 线圈得电吸合且自锁后再按下第 2 台电动机起动按钮 SB_4,交流接触器 KM_2 线圈能得电吸合且自锁并能完成起停控制,则整个控制电路调试完毕。可进行主回路调试。

切记:本电路应先使 KM_1 工作后再操作 KM_2。

合上主回路断路器 QF_1、QF_2,起动 M_1 时按动起动按钮开关 SB_2,KM_1 线圈得电吸合且自锁,其三相主触点闭合,电动机 M_1 运转(此时观察其转向是否符合要求);这时再按下起动 M_2 电动机的按钮开关 SB_4,KM_2 线圈得电吸合且自锁,其三相主触点闭合,电动机 M_2 运转工作。两台电动机在运转时,若先按下 SB_3 时,则 M_2 电动机先停止;再按下 SB_1 停止按钮,M_1 电动机后停止(从后向前顺序停止);若不按此顺序操作而直接按下 SB_1,则 M_1、M_2 两台电动机全部停止运转。

9. 常见故障及排除

① 按第一台电动机起动按钮 SB_2,KM_1、KM_2 同时吸合,两台电动机 M_1、M_2 同时得电运转;按停止按钮 SB_1,M_1、M_2 同时停止运转。此故障主要原因是 3 号线与 5 号线碰线短路所致,如图 143 所示。

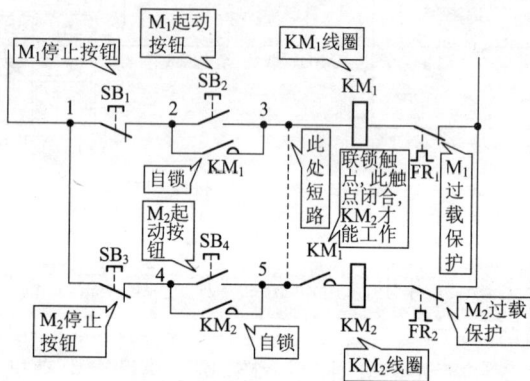

图 143

② M_1 电动机未转,按起动按钮 SB_4,M_2 电动机能起动运转。此故障可能是交流接触器 KM_1 串联在 KM_2 线圈回路中的辅助常开触点损坏断不开或根本没接。此时观察配电盘内的交流接触器,若 KM_1、KM_2 均吸合,则说明 KM_1 主回路有故障或 M_1 电动机主回路断路器 QF_1 动作跳闸了。若 KM_1 未吸合、KM_2 吸合了,则说明故障在 KM_1 辅助常开触点上或根本未接上。

③ 按起动按钮 SB_2，交流接触器 KM_1 能吸合，不能自锁，即按 SB_2 成点动的了。此故障原因主要是交流接触器 KM_1 自锁回路有故障，如自锁触点损坏或自锁线脱落所致。

④ 按第 2 台电动机停止按钮 SB_3，电动机 M_2 不能停止，按 SB_1，则电动机 M_1、M_2 能同时停止。此故障可能原因是 M_2 电动机停止按钮 SB_1 损坏短路，不能断开 KM_2 线圈回路电源，电动机 M_2 不能停止工作。另外，若 3 号线与 5 号线短路碰线也会出现上述现象。

⑤ 按任何按钮开关均无反应。此故障与 KM_1 线圈回路有关。如 SB_1、KM_1 线圈、FR 热继电器常闭触点、SB_2 损坏等，若上述元件有问题，则是 KM_1 线圈不能得电吸合，同样 KM_2 因 KM_1 联锁常闭触点的作用而失效。检查上述器件，并加以排除。

⑥ 按住 SB_3 很长时间 KM_2 才能断电释放，M_2 电动机才能停止运转。此故障原因可能是交流接触器 KM_2 铁心极面有油污造成交流接触器延时释放问题，解决此故障的方法很简单，只要将此交流接触器拆开，用细砂纸或干布将其动、静铁心极面处理干净即可。

10. 技术数据

LA18、LA19、LA10 系列按钮技术数据见表 51。

表 51　LA18、LA19、LA10 系列按钮技术数据

型　号	电压/V	触点数量		按　钮		电流/A	结构形式
		常　开	常　闭	钮　数	颜　色		
LA18-22	380V	2	2	1	红、绿、白、黄	5	元　件
LA18-44	380V	4	4	1	红、绿、白、黄	5	元　件
LA18-66	380V	6	6	1	红、绿、白、黄	5	元　件
LA18-22J	380V	2	2	1	红	5	紧急式
LA18-44J	380V	4	4	1	红	5	紧急式
LA18-66J	380V	6	6	1	红	5	紧急式
LA18-22Y	380V	2	2	1	本　色	5	钥匙式
LA18-44Y	380V	4	4	1	本　色	5	钥匙式

型　号	电压/V	触点数量		按　钮		电流/A	结构形式
		常　开	常　闭	钮　数	颜　色		
LA18-66Y	380V	6	6	1	本色	5	钥匙式
LA18-22X2	380V	2	2	1	黑	5	旋钮二位置
LA18-22X3	380V	2	2	1	黑	5	旋钮三位置
LA18-44X	380V	4	4	1	黑	5	旋钮式
LA18-66X	380V	6	6	1	黑	5	旋钮式
LA19-11	380V	1	1	1	红、绿、白、黄、黑、蓝	5	元　件
LA19-11J	380V	1	1	1	红	5	紧急式
LA19-11D	380V	1	1	1	红、绿、蓝、黑、白	5	带指示灯
LA19-11DJ	380V	1	1	1	红	5	带灯紧急式
LA10-1K	380V	1	1	1	红、绿、黑	5	开启式
LA10-2K	380V	2	2	2	红、绿	5	开启式
LA10-3K	380V	3	3	3	红、黑、绿	5	开启式
LA10-1H	380V	1	1	1	红、黑、绿	5	保护式
LA10-2H	380V	2	2	2	红、绿	5	保护式
LA10-3H	380V	3	3	3	红、黑、绿	5	保护式
LA10-1S	380V	1	1	1	红、绿、黑	5	防水式
LA10-2S	380V	2	2	2	红、绿	5	防水式
LA10-3S	380V	3	3	3	红、绿、黑	5	防水式
LA10-1F	380V	1	1	1	红、绿、黑	5	防腐式
LA10-2F	380V	2	2	2	红、绿	5	防腐式
LA10-3F	380V	3	3	3	红、黑、绿	5	防腐式

11. 电路实物配套图

两台电动机联锁控制电路(一)实物配套图如图 144 所示。

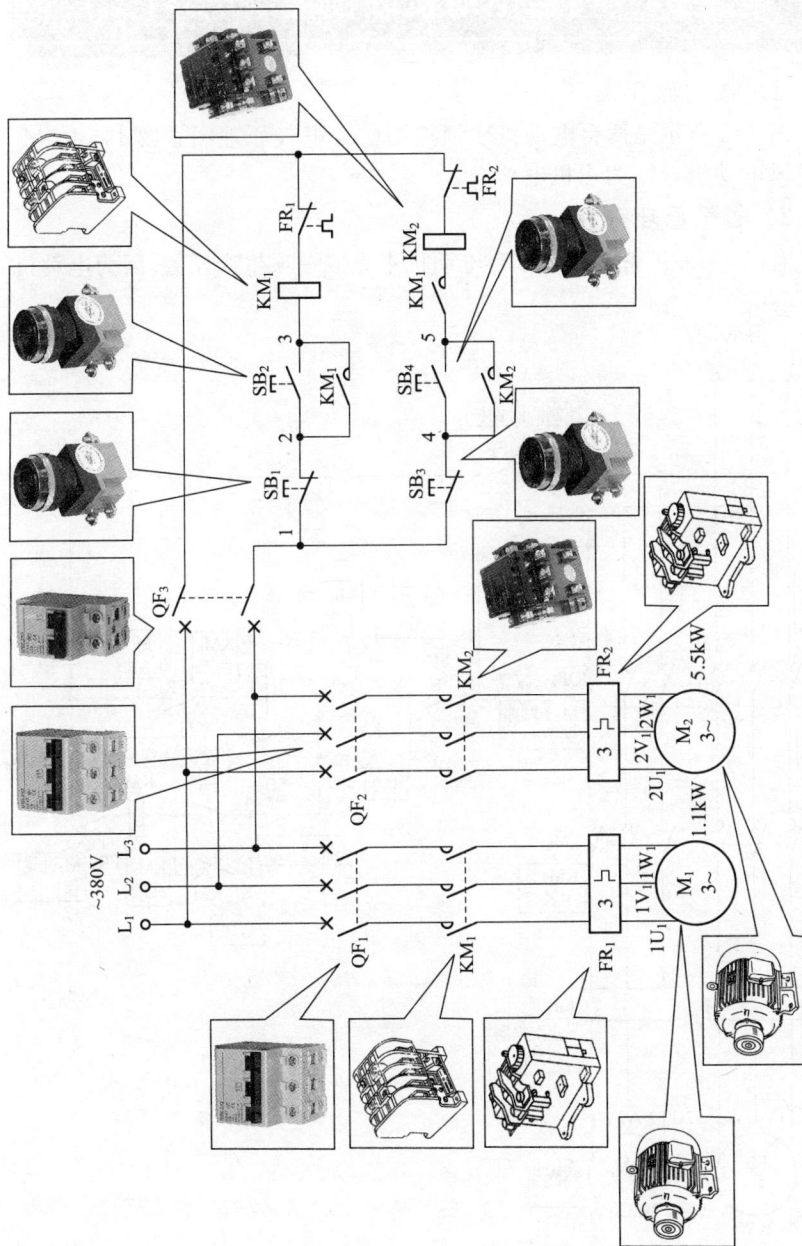

图144 两台电动机联锁控制电路（一）实物配套图

1. 电气原理图

图 145 所示是两台电动机联锁控制(二)电气原理图。图 145 中 M_1 为吸风电动机,M_2 为主机电动机。

2. 电气原理分析

有时,一种设备上装有多台电动机来完成一项生产任务,因为电动机

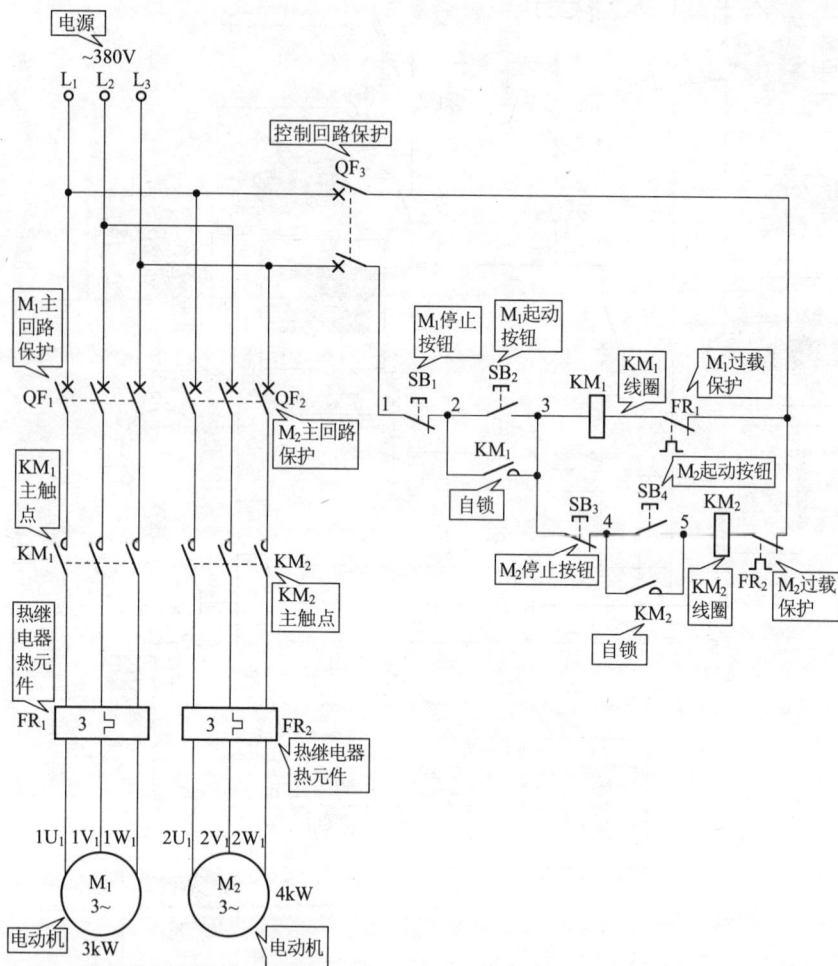

图 145　两台电动机联锁控制电路(二)电气原理图

各自所起的作用不同,有的时候还必须按预先设备的动作顺序要求来完成起动或停止,才能确保工作正常进行。例如,纺织机械 BC583 细纱机,要求起动时先起动吸风机后才能起动主机工作,这就要求在电路设计时,按动作要求来完成。

起动时,必须先按下吸风机起动按钮 SB_2(若直接操作 SB_4 则无效),交流接触器 KM_1 线圈得电吸合且自锁,因主机控制电路是接在 KM_1 自锁常开触点之后,若操作 KM_2 则必须在 KM_1 辅助常开触点自锁后方可进行,也就是说,必须按顺序先起动 M_1 电动机,此时,可进行主机控制操作,按下主机起动按钮 SB_4,交流接触器 KM_2 线圈得电吸合且自锁,其三相主触点闭合,主机电动机 M_2 得电运转工作。

停止时有两种方式:一种是先停止主机 M_2 后,再停止吸风电动机 M_1,也就是说,必须先按下 SB_3 主机电动机停止按钮后,再按下吸风电动机停止按钮 SB_1,这样,停止时先停止主机电动机 M_2 再停止吸风电动机 M_1,停止顺序与起动顺序相反;另一种停止方式就是直接按下停止按钮 SB_1,此时,两台电动机就不按顺序都停止工作。

3. 逻辑代数表达式

$$KM_{1线圈} = QF_3 \cdot \overline{SB_1} \cdot (SB_2 + KM_1) \cdot \overline{FR_1}$$

$$KM_{2线圈} = QF_3 \cdot \overline{SB_1} \cdot (SB_2 + KM_1) \cdot \overline{SB_3}(SB_4 + KM_2) \cdot \overline{FR_2}$$

4. 电路器件动作简述

先按 SB_2,KM_1 吸合自锁,M_1 运转。

再按 SB_4,KM_2 吸合自锁,M_2 运转。

若先按 SB_3,KM_1 失电释放,M_2 停止。

若先按 SB_1,KM_1、KM_2 均失电释放,M_1、M_2 停止。

5. 电气元件作用表

两台电动机联锁控制电路(二)电气元件作用表见表 52。

表 52 电气元件作用表

序号	符号	名 称	型 号	规 格	作 用
1	QF_1	断路器	DZ47-63	16A 三极	M_1 电动机主回路过流保护
2	QF_2	断路器	DZ47-63	20A 三极	M_2 电动机主回路过流保护
3	QF_3	断路器	DZ47-63	6A 二极	控制回路过流保护
4	KM_1	交流接触器	CDC10-10	线圈电压 380V	控制 M_1 电动机电源

序号	符号	名 称	型 号	规 格	作 用
5	KM$_2$	交流接触器	CDC10-10	线圈电压 380V	控制 M$_2$ 电动机电源
6	FR$_1$	热继电器	JR36-20	6.8～11A	M$_1$ 电动机过载保护
7	FR$_2$	热继电器	JR36-20	6.8～11A	M$_2$ 电动机过载保护
8	SB$_1$	按钮开关	LA19-11	红色	停止 M$_1$ 电动机用
9	SB$_2$	按钮开关	LA19-11	绿色	起动 M$_1$ 电动机用
10	SB$_3$	按钮开关	LA19-11	红色	停止 M$_2$ 电动机用
11	SB$_4$	按钮开关	LA19-11	绿色	起动 M$_2$ 电动机用
12	M$_1$	三相异步电动机	Y132M-8	3kW 7.7A 710r/min	吸风机拖动
13	M$_2$	三相异步电动机	Y132M$_1$-6	4kW 9.4A 960r/min	主机拖动

6. 元器件安装排列图及端子图

元器件安装排列图及端子图如图 146 所示。

从元器件安装排列图及端子图上可以看出,端子排 XT 上共有 14 个接线端了,其中,L$_1$、L$_2$、L$_3$ 为电源引入线,将外部三相 380V 电源接到此处,可采用 3 根 BV 4mm^2 导线套管敷设。

1U$_1$、1V$_1$、1W$_1$ 用 3 根 BV 2.5mm^2 导线套管敷设至电动机 M$_1$ 处。

2U$_1$、2V$_1$、2W$_1$ 用 3 根 BV 2.5mm^2 导线套管敷设至电动机 M$_2$ 处。

1、2、3、4、5 可采用 5 根 BVR 0.75mm^2 导线接至配电箱面板按钮开关 SB$_1$、SB$_2$、SB$_3$、SB$_4$ 上,并一一正确对应连接。

7. 按钮开关接线图

按钮开关接线如图 147 所示。

8. 调 试

断开两台电动机 M$_1$、M$_2$ 主回路断路器 QF$_1$、QF$_2$,先合上 QF$_3$ 调试控制回路。

首先操作第 2 台电动机起动按钮 SB$_4$,观察 KM$_2$ 动作情况,若无反

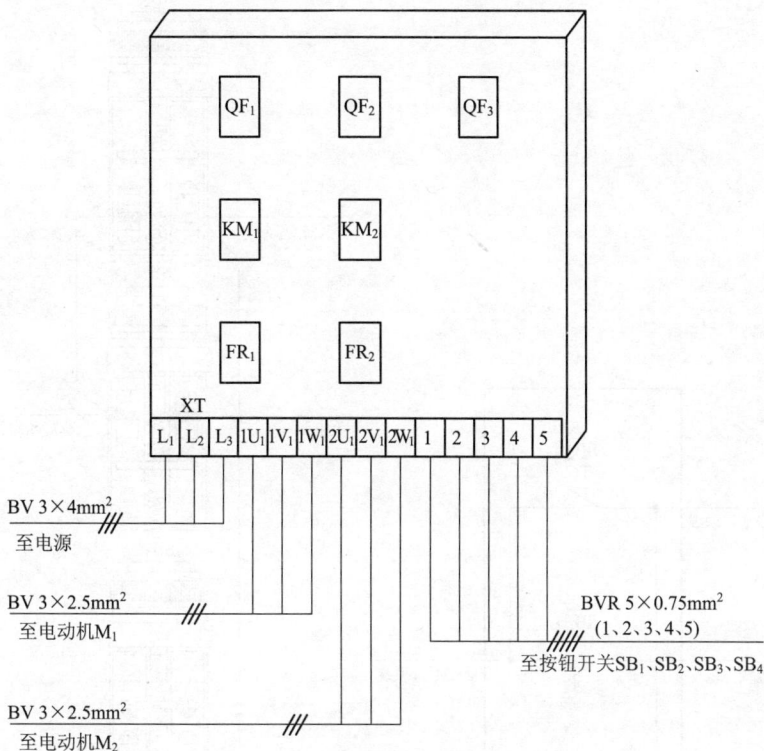

图 146 元器件安装排列图及端子图

应,再按动第 1 台电动机起动按钮 SB_2,交流接触器 KM_1 线圈得电吸合且自锁,再按动起动按钮 SB_4,交流接触器 KM_2 线圈也得电吸合工作,说明 KM_1、KM_2 起动回路及联锁起动回路正常。假如 KM_1、KM_2 线圈吸合后,若先按下 SB_3,此时 KM_2 应失电释放,再按下 SB_1,KM_1 也能断电释放;若先按下 SB_1,则 KM_1、KM_2 线圈同时断电释放。经上述操作后,说明控制电路工作正常。

合上主回路断路器 QF_1、QF_2,按动起动按钮 SB_2、SB_4,交流接触器 KM_1、KM_2 线圈能分别得电吸合工作,其 KM_1、KM_2 三相主触点能分别接通 M_1、M_2 电动机电源,使其运转(此时要观察其转向是否符合要求)。先按动 SB_3 时,M_2 电动机停止运转;再按动 SB_1,M_1 电动机停止运转;若先按下 SB_1,则两台电动机 M_1、M_2 同时停止工作。

对于热继电器及其保护电路调试参见本书任意一个电路。

经上述调试后,可交付使用,调试完毕。

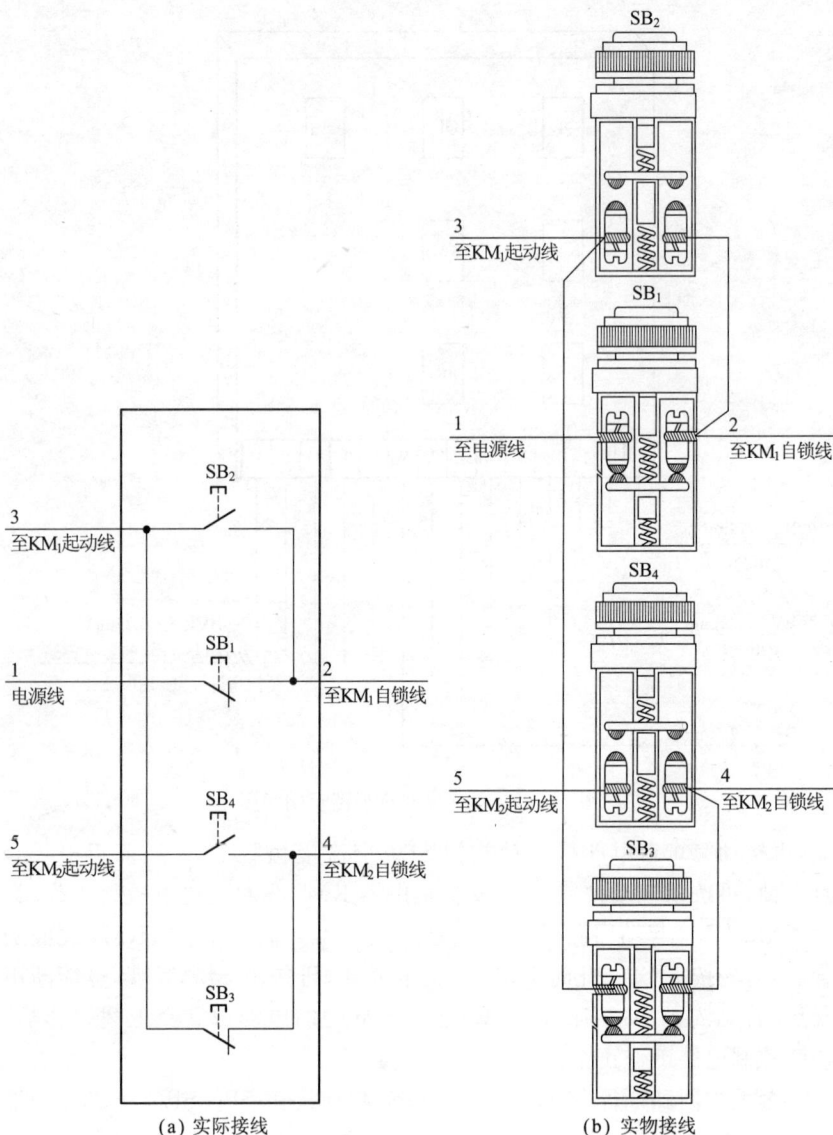

SB₂ ... (labels)

（a）实际接线　　　　　（b）实物接线

图 147　按钮开关接线图

9. 常见故障及排除方法

① 控制回路断路器 QF_3 合不上。其主要原因为：一是断路器自身有问题，此时可观察断路器 QF_3，若合闸无电火花出现而合不上或将下端负载线拆下后还送不上，则为断路器自身损坏；二是断路器 QF_3 下端有相

间短路或接地现象,用万用表查找故障点恢复供电。

② 一按 SB_4 时断路器 QF_3 就跳闸。其故障原因是:一为交流接触器 KM_2 线圈烧毁短路了,解决方法为更换新线圈;二是按钮开关 SB_4 接地或此按钮连线错接到电源两端上造成短路,找出故障点,恢复正常。

③ 按 SB_2 为点动状态。此故障为 KM_1 自锁回路有故障,通常为 KM_1 自锁触点损坏或自锁线脱落而致,用万用表查出故障点并恢复即可。

④ 按动 SB_1 停止按钮,电动机 M_1 能停止,而电动机 M_2 仍运转不停;手按动 SB_1 时观察交流接触器 KM_1 无通断现象。此故障可通过断开控制回路断路器 QF_3 来检查,若断开断路器 QF_3,故障依旧,则为交流接触器 KM_2 主触点熔焊或其动、静铁心极面有油污造成延时释放。更换交流接触器 KM_2 即可解决。

⑤ 按动起动按钮 SB_4,交流接触器 KM_1 线圈得电吸合,按动起动按钮 SB_2,KM_2 线圈得电吸合。此故障为接线错误,即 KM_1、KM_2 起动控制线接反了。解决方法是找出相应的起动线并分别连至各自的 KM_1、KM_2 线圈上即可。

⑥ 按起动按钮 SB_2、SB_4,两台电动机 M_1、M_2 都不转只是嗡嗡响。此故障为电源 L_2 回路至电动机绕组断路所致。若交流接触器 KM_1、KM_2 线圈能正常吸合,则说明电源 L_1、L_3 相上有 380V 电压,说明 L_1、L_3 相正常。而主回路两台电动机同时缺相,按常规两只接触器同时出现主触点缺相的可能性不大。所以基本上断定是电源 L_2 缺相,可用测电笔或万用表检查并排除。

⑦ 电动机 M_2 运转时经常出现 QF_2 跳闸而停止工作。用钳形电流表测电动机电流正常不过载,检查热继电器 FR_2 电流刻度旋钮设置低于电动机额定电流。解决方法是重新将热继电器电流刻度旋钮设置正确即可。

10. 电路实物配套图

两台电动机联锁控制电路(二)实物配套图如图 148 所示。

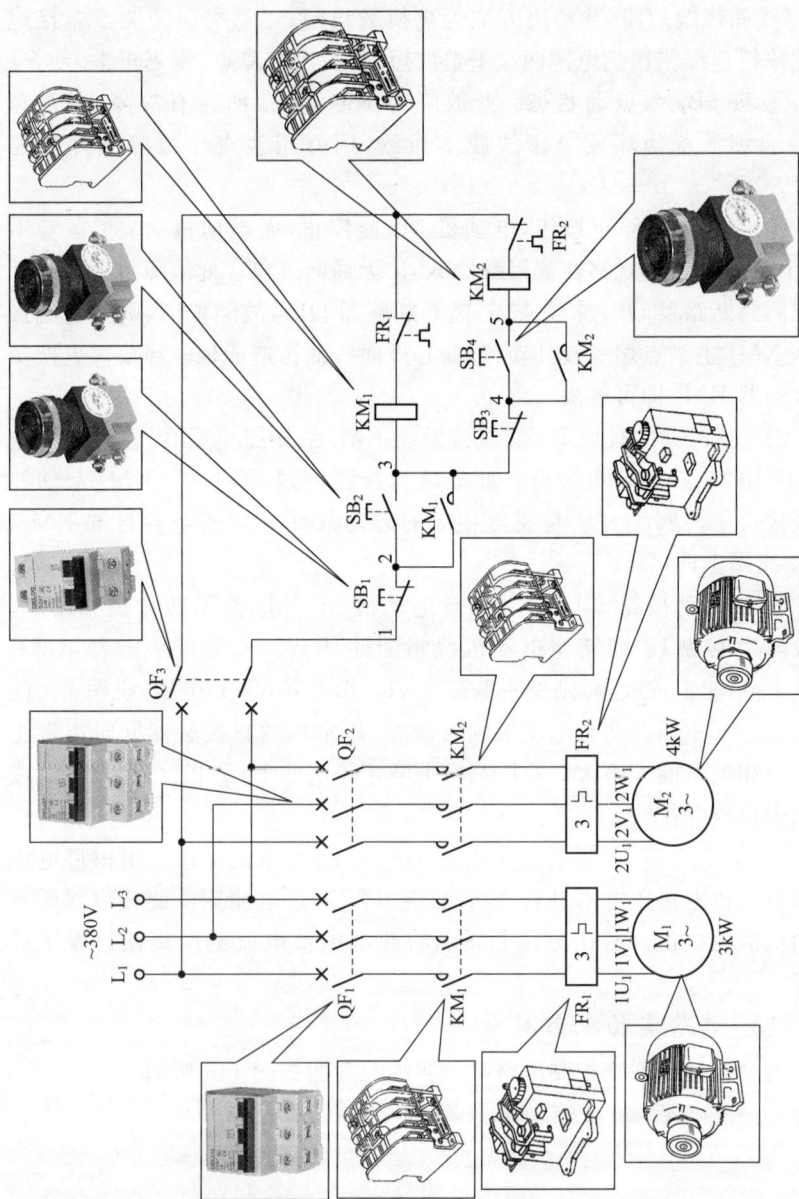

图 148 两台电动机联锁控制电路（二）实物配套图

电路 35　短暂停电自动再起动电路(一)

1. 电气原理图

大家知道,有些生产设备是不允许停电时间过长的,如玻璃厂、纺织厂染色工序等,因停机时间过长造成产品报废。但供电电网有时会出现短暂停电现象,这可能是由雷电、电网故障、大容量设备起动时压降太大等造成的。这些故障现象来得突然又很快恢复供电。这对于上述企业有重要的需连续作业而不能停机的场合,往往出现短暂电网停电后又恢复供电时,操作者没有及时起动设备停机时间过长而造成产品报废。为解决此问题,对能否及时在短暂停电又恢复供电时能快速自动再起动,提出了更新、更高的要求。为此,本节介绍一种短暂停电电动机自动再起动电路,其电气原理图如图 149 所示。

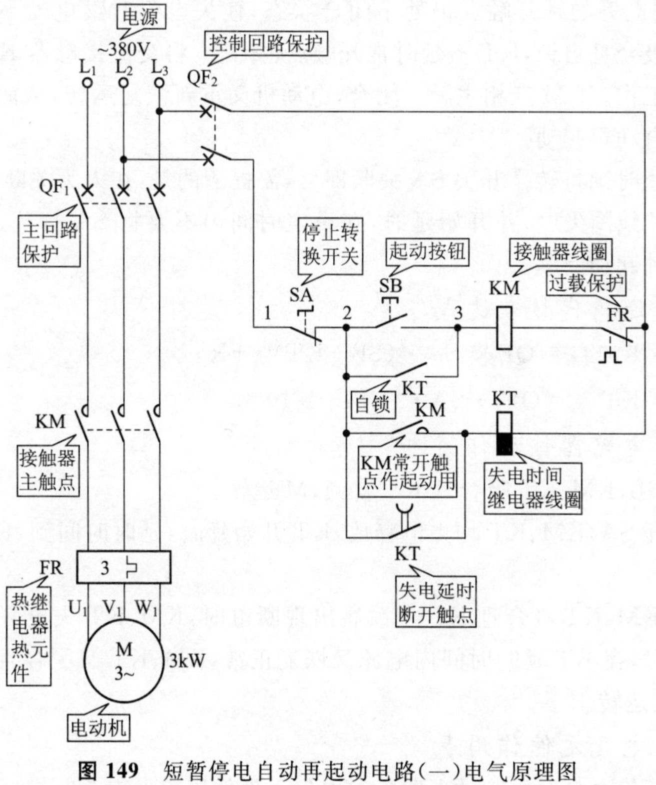

图 149　短暂停电自动再起动电路(一)电气原理图

2. 电气原理分析

正常起动时,按下起动按钮 SB,交流接触器 KM 线圈得电吸合,KM 并联在失电延时继电器 KT 线圈回路中的辅助常开触点闭合,失电延时继电器 KT 线圈得电吸合且 KT 失电延时断开的常开触点瞬时闭合,KT 线圈自锁工作,此 KT 失电延时继电器的延时断开的常开触点的作用就是在电网出现短暂停电又恢复供电时(实际上是在 KT 的延时范围内,KT 未延时完电网又恢复供电,通过此触点而自动再起动),同时 KT 不延时瞬动常开触点闭合,将交流接触器 KM 线圈回路自锁起来,KM 三相主触点闭合,接通电动机电源,电动机起动运转。

倘若此时出现短暂停电,则交流接触器 KM、失电延时继电器 KT 线圈均断电释放,KT 延时断开的常开触点开始延时断开(此时间可根据工艺要求设定,在此时间内恢复供电,电动机自动再起动,若停电时间超过此时间只能通过人为操作进行),若在延时范围内电网恢复供电,由于 KT 延时断开的常开触点仍处于闭合状态,使失电延时继电器 KT 线圈又得电吸合且自锁,KT 不延时常开触点也闭合,将交流接触器 KM 线圈也接通工作。KM 三相主触点闭合,电动机又重新恢复运转,从而完成短暂停电自动再起动。

停止时则将转换开关 SA 关断即可,需提醒的是,在人为关断 SA 时,由于 KT 线圈失电,并开始延时,在设定时间内不要将 SA 打开,否则会出现自动起动问题。

3. 逻辑代数表达式

$$KM_{线圈} = QF_2 \cdot \overline{SA} \cdot (SB + KT) \cdot \overline{FR}$$
$$KT_{线圈} = QF_2 \cdot \overline{SA} \cdot (KM + KT)$$

4. 电路器件动作简述

按 SB,KM、KT 吸合且 KT 自锁,M 运转。

断开 SA,KM、KT 均失电释放,KT 开始延时,延时时间到,KT 触点恢复。

若 KM、KT 吸合且 KT 自锁后出现断电时,KM、KT 失电释放,KT 开始延时,在 KT 延时时间内电源又恢复正常,KM、KT 又吸合且 KT 自锁,M 又运转。

5. 电气元件作用表

短暂停电自动再起动电路(一)电气元件作用表见表 53。

表 53　电气元件作用表

序号	符号	名　称	型　号	规　格	作　用
1	QF₁	断路器	DZ47-63	16A　三极	主回路过流保护
2	QF₂	断路器	DZ47-63	6A　二极	控制回路过流保护
3	KM	交流接触器	CDC10-10	线圈电压 380V	控制电动机电源
4	FR	热继电器	JR36-20	6.8~11A	过载保护
5	KT	失电式时间继电器	JS7-4A	线圈电压为 380V 180s	延　时
6	SA	转换开关	LA18-22X2	旋钮二位置 红　色	停止电动机用
7	SB	按钮开关	LA2	绿　色	起动电动机用
8	M	三相异步电动机	Y132S-6	3kW 7.2A 960r/min	拖　动

6. 元器件安装排列图及端子图

元器件安装排列图及端子图如图 150 所示。

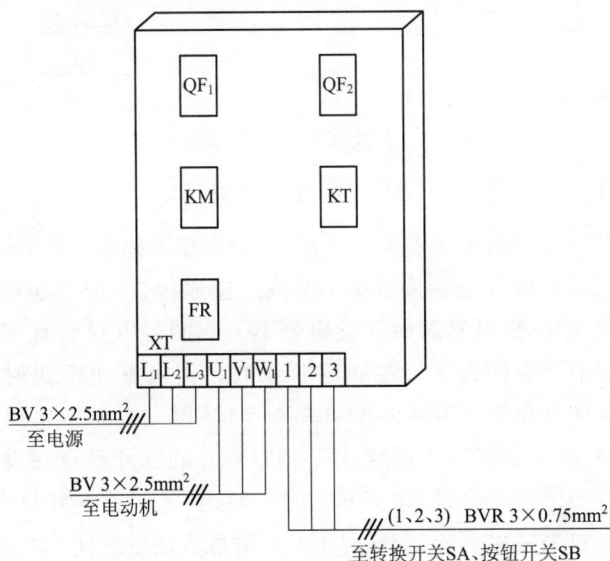

图 150　元器件安装排列图及端子图

从元器件安装排列图及端子图上可以看出,端子排 XT 上共有 9 个接线端子,其中,L_1、L_2、L_3 为电源引入线,将外部三相 380V 电源接到此处,可采用 3 根 BV 2.5mm^2 导线套管敷设。

U_1、V_1、W_1 用 3 根 BV 2.5mm^2 导线套管敷设至电动机处。

1、2、3 可采用 3 根 BVR 0.75mm^2 导线接至配电箱面板按钮开关 SB、转换开关 SA 上,并一一正确对应连接。

7. 按钮开关及转换开关接线图

按钮开关、转换开关实际接线如图 151 所示。

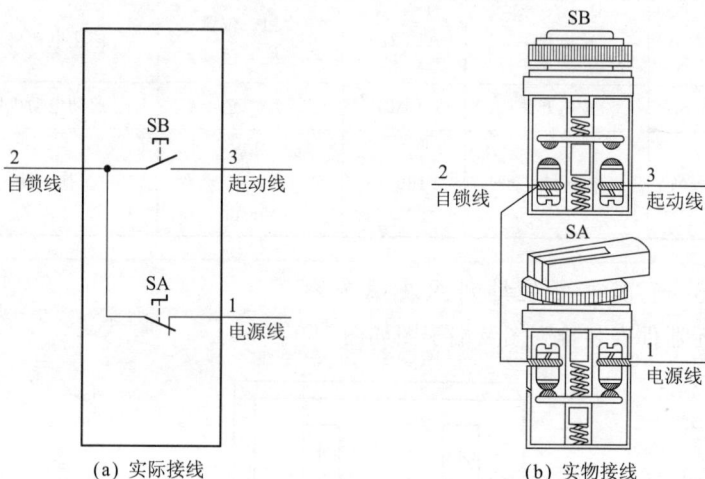

(a) 实际接线　　　　　　　　　　(b) 实物接线

图 151　转换开关、按钮开关接线图

8. 调　试

首先断开主回路断路器 QF_1,合上控制回路断路器 QF_2,来调试控制回路是否正常。将停止转换开关 SA 拨至接通位置,按下起动按钮 SB,交流接触器 KM、失电延时时间继电器 KT 线圈得电吸合且 KT 不延时瞬动常开触点闭合作为交流接触器 KM 的自锁触点,KT 延时断开的常开触点瞬时闭合作为 KT 线圈的自锁触点(该触点也是本电路中最关键的一个元件,在 KT 线圈失电时,KT 延时断开的常开触点在设定时间内恢复常开状态。也就是说,在 KT 延时时间内,电网能恢复供电,电路就能通过此触点来完成自起动,此时 KT 延时触点还处于闭合状态,完成自动再起动)。

下面做短暂停电再来电调试。将控制回路断路器 QF_2 断开(断开时间不要超出 KT 的设置延时时间)后再合上,此时观察配电柜内失电延时时间继电器 KT、交流接触器 KM 的动作情况。在断电时,KM、KT 线圈均断电释放,同时 KT 开始延时,在 KT 未延时结束之前合上 QF_2,控制电源不通过起动按钮 SB,而是通过 KT 延时断开的常开触点(此时为闭合状态)与 KM 线圈形成回路完成再起动的。上述操作可反复试验多次为合格。

最后做一次长时间恢复试验,也就是说,在电路起动运转后,断开 QF_2,而再合上 QF_2 时,要求 KT 已延时完毕,超出了 KT 预置的延时时间,此时电路不能自起动为正确。整个自起动控制电路调试完毕。

其主回路及保护电路调试参见其他相关电路。

告诫电工人员在调试、维修控制电路时,必须先将主回路负载断掉,即不带负载调试(以保护人身及设备安全)再观察配电柜内电气元件动作情况(也就是说,操作某一个器件后,与此相关联哪个或哪些器件应动作),这是非常重要的,也是电工人员调试、维修中的捷径。切记!

9. 常见故障与维修

① 按下 SB,电动机为点动运行状态,无自锁。除相关连线脱落外有三种故障可造成上述现象:一是按 SB,KM 线圈得电吸合,失电延时时间继电器 KT 线圈也得电吸合且 KT 能自锁,而 KM 不能自锁,则判断为 KT 并联在 SB 起动按钮上的瞬动常开触点损坏;二是按 SB,KM 线圈得电吸合,而失电延时时间继电器 KT 线圈不动作,则判断为 KT 线圈损坏或 KM 辅助常开触点损坏(或 KT 线圈与 KM 辅助常开触点均损坏);三是按 SB,KM、KT 线圈均得电吸合,松开 SB 后均同时释放,则判断为 KT 失电延时断开的常开触点损坏。

② 一合 QF_2,未按 SB,KM 立即吸合(注意,连线无误,而且 KT 未动作前),此故障为 KT 不延时,瞬动触点熔焊或断不开所致。

③ 在停止转换开关 SA 断开电路很长时间(已超出了 KT 的延时设置时间)后,再接通 SA,无需按下 SB,电动机自动起动运转。此故障有可能是以下原因所致:SB 短路、KT 瞬动常开触点断不开、KM 辅助常开触点断不开、KT 延时断开的常开触点断不开。通常最常见的故障是 KT 延时断开的常开触点失控。

10. 电路实物配套图

短暂停电自动再起动电路(一)实物配套图如图 152 所示。

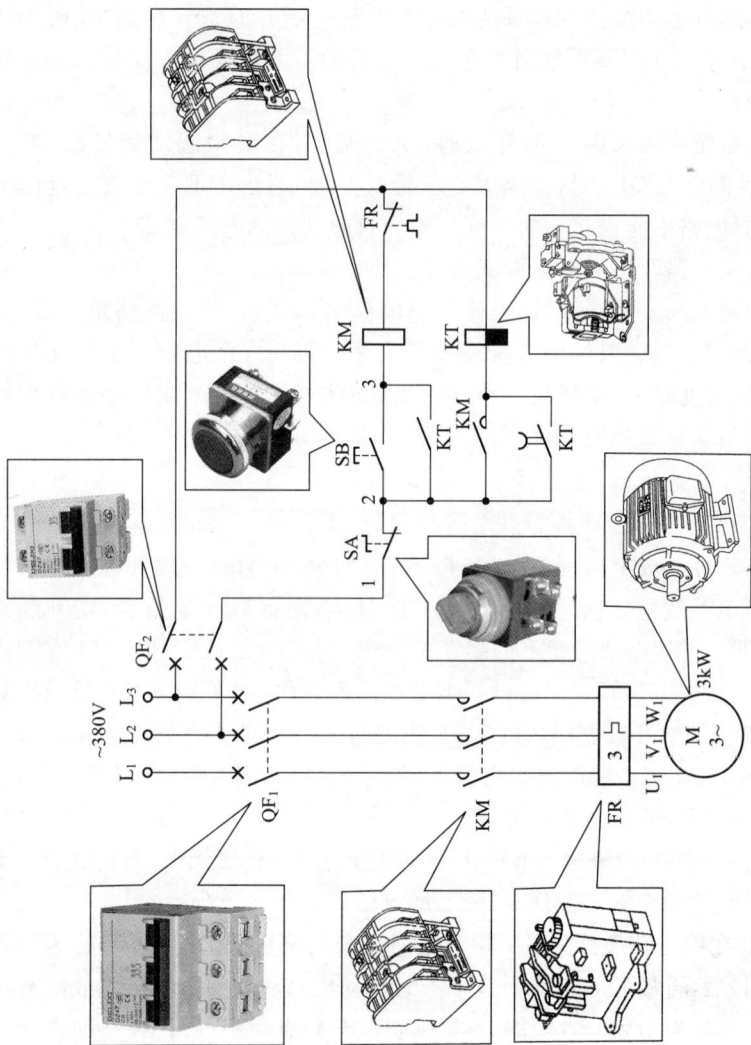

图152 短暂停电自动再起动电路（一）实物配套图

电路 36　短暂停电自动再起动电路(二)

1. 电气原理图

有些工艺要求特殊的生产设备,要求电动机在电网出现短暂停电又恢复供电时能快速自动地将生产设备重新起动起来。在很重要的需连续作业而不能停转的场合,如玻璃厂玻璃液窑,若电网停电时间较长时,超出了玻璃液的凝固时间,势必造成产品报废! 若在此玻璃液容许的再起动时间内将设备及时起动起来,即可使设备能继续进行再生产。

图 153 所示为另一种短暂停电自动再起动电路的电气原理图。

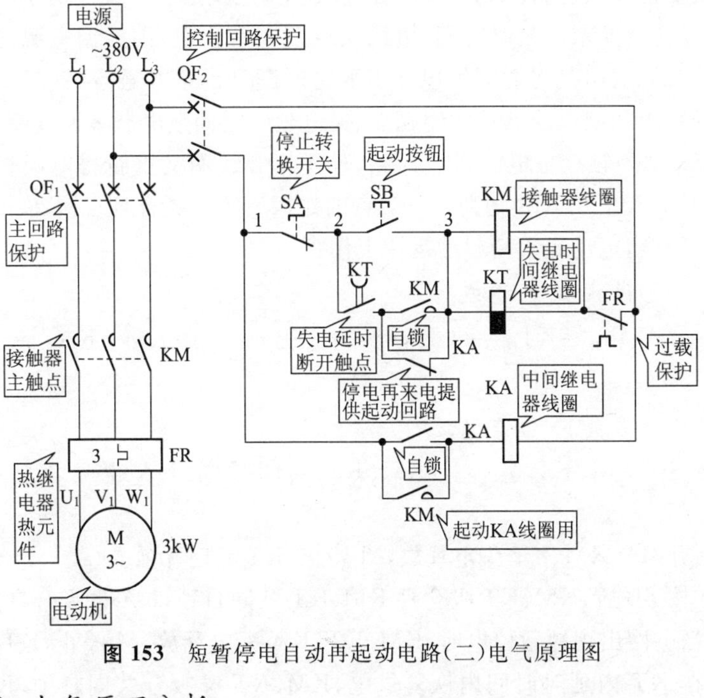

图 153　短暂停电自动再起动电路(二)电气原理图

2. 电气原理分析

正常工作时,按下起动按钮 SB,交流接触器 KM 线圈、失电延时时间继电器 KT 同时吸合且 KT、KM 自锁,KM 辅助常开触点闭合,使中间继电器 KA 线圈得电吸合且自锁,为停电恢复供电做准备。实际上当按下起动按钮 SB 时,KM、KT、KA 三只线圈均得电工作,其 KM 三相主触点闭合,电动机得电运转工作。当需正常停止时,则将转换开关 SA 旋至断开位置,此时,交流接触器 KM、失电延时时间继电器 KT 线圈均失电释放,KM 三相主触点断开,电动机断电停止运转。即使控制回路 KM、KT 线圈断电释放,但由于中间继电器 KA 线圈仍吸合不释放,其并联在交流接触器 KM 自锁触点上的常闭触点一直处于常开状态(在不断电状态下),使 KM、KT 能正常工作,不会出现任何不安全因素,达到理想的控制目的。

倘若电动机起动后,交流接触器 KM、中间继电器 KA、失电延时时间继电器 KT 线圈均得电吸合且自锁,如果此时出现断电现象(非人为操作停机),KM、KT、KA 均断电释放,KA 并联在 KM 自锁触点上的常闭触点恢复常闭为再起动提供起动条件,同时 KT 失电延时断开的常开触点延时恢复常开状态,在 KT 延时恢复过程中(也就是 KT 设定的延时时间内,即工艺所要求的延时时间)电网又恢复正常供电,则控制电源通过转换开关 SA、失电延时时间继电器 KT 延时断开的常开触点(此时仍闭合未断开)、中间继电器 KA 常闭触点、失电延时时间继电器 KT 线圈、热继电器 FR 常闭触点至电源形成回路,KM、KT 线圈又重新得电吸合且自锁,同时 KA 也在 KM 辅助常开触点的作用下得电吸合且自锁,KM 三相主触点闭合,电动机重新起动运转工作。

3. 逻辑代数表达式

$$KM_{线圈} = KT_{线圈} = QF_2 \cdot \overline{SA} \cdot [SB + KT \cdot (KM + \overline{KA})] \cdot \overline{FR}$$

$$KA_{线圈} = QF_2 \cdot (KA + KM)$$

4. 电路器件动作简述

按 SB,KM、KT 吸合且 KM、KT 共同自锁,KA 也吸合自锁,M 运转。

断开 SA,KM、KT 失电释放,M 停止,KT 延时无效。

在按 SB 后,KM、KT 吸合且 KM、KT 共同自锁,KA 也吸合自锁,M 运转;当电网出现短暂停电时,KM、KT、KA 失电释放,M 停止,KT 开始延时,在 KT 内延时时间内恢复供电,KM、KT 又吸合共同自锁,KA 也吸合自锁,M 又自动运转。

5. 电气元件作用表

短暂停电自动再起动电路(二)电气元件作用表见表 54。

6. 元器件安装排列图及端子图

元器件安装排列图及端子图如图 154 所示。

从元器件安装排列图及端子图上可以看出,端子排 XT 上共有 9 个接线端子,其中,L_1、L_2、L_3 为电源引入线,将外部三相 380V 电源接到此处,可采用 3 根 BV 2.5mm² 导线套管敷设。

U_1、V_1、W_1 用 3 根 BV 2.5mm² 导线套管敷设至电动机处。

表 54　电气元件作用表

序号	符号	名　称	型　号	规　格	作　用
1	QF₁	断路器	DZ47-63	16A　三极	主回路过流保护
2	QF₂	断路器	DZ47-63	6A　二极	控制回路过流保护
3	KM	交流接触器	CDC10-10	线圈电压 380V	控制电动机电源
4	FR	热继电器	JR36-20	6.8~11A	过载保护
5	KT	失电式时间继电器	JS7-4A	线圈电压 380V 180s	延　时
6	KA	中间继电器	JZ7-44	5A 线圈电压 380V	记忆转换
7	SA	转换开关	LA18-22X2	旋钮式 红色	停止电动机用
8	SB	按钮开关	LA19-11	绿　色	起动电动机用
9	M	三相异步电动机	Y132S-6	3kW 7.2A 960r/min	拖　动

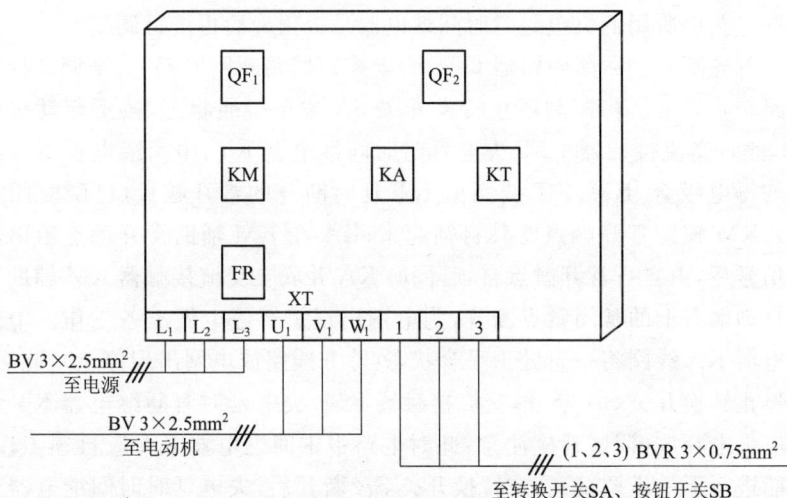

图 154　元器件安装排列图及端子图

1、2、3 可采用 3 根 BVR 0.75mm² 导线接至配电箱面板按钮开关 SB、转换开关 SA 上,并一一正确对应连接。

7. 转换开关及按钮开关接线

转换开关、按钮开关实际接线如图 155 所示。

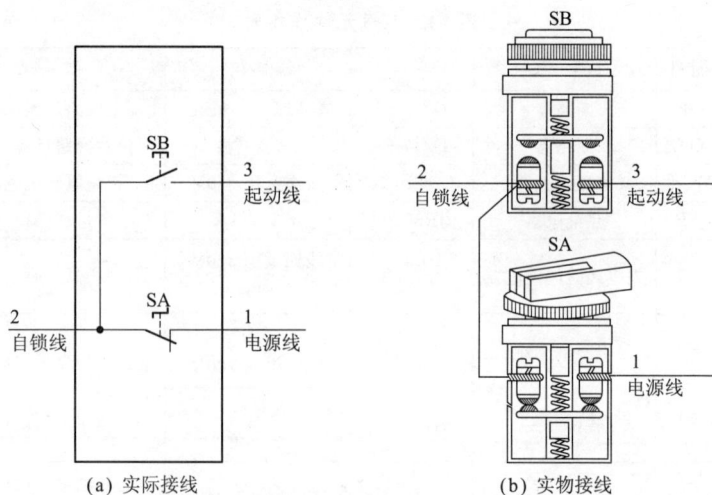

图 155 转换开关、按钮开关接线图

8. 调 试

调试之前,应先检查电路中各连线点是否松动,接线是否正确,还要检查电路中所用的失电延时时间继电器是否正确后再进行调试。

首先断开主回路断路器 QF₁,合上控制回路断路器 QF₂,来调试控制回路是否正常。将控制停止转换开关 SA 拨至接通状态,按下起动按钮 SB,此时交流接触器 KM、失电延时时间继电器 KT、中间继电器 KA 线圈均得电吸合,KM、KT 线圈由 KT 延时断开的常开触点(已瞬时闭合了)、KM 辅助常开触点将其自锁起来;KA 在 KM 辅助常开触点给出起动信号后,由自身常开触点自锁,同时 KA 并联在交流接触器 KM 辅助常开自锁触点上的常闭触点断开,为电网出现短暂停电做准备工作。中间继电器 KA 线圈将一直处于吸合状态(除非线路或电网出现停电),此时,将停止转换开关 SA 断开,交流接触器 KM、失电延时时间继电器 KT 线圈应失电释放(调试者应注意:此时电路中中间继电器 KA 应自锁工作,才能进行下一步调试)。在转换开关 SA 断开后,失电延时时间继电器延不延时或延时设定时间未完毕均不影响电路重新起动操作;若想使电路再起动工作,则按下起动按钮 SB,交流接触器 KM、失电延时时间继电器 KT 线圈又重新得电吸合且自锁,这说明此电路基本正常,可进行短暂停电自动再起动调试。此时可将控制回路断路器 QF_2 断开再合上(断开再合上的时间在失电延时时间继电器 KT 的设定时间内),交流接触器 KM、失电延时时间继电器 KT、中间继电器 KA 线圈均得电吸合且各自自锁,完成短暂停电又恢复供电自动再起动。最后一个调试是将控制回路断路器 QF_2 断开(断开时间大于失电延时时间继电器 KT 的设定时间)后再合上,观察电路的工作情况,KM、KT、KA 均不工作,说明停电时间已超过 KT 的设定时间,电路不能进行自动再起动操作。控制回路调试完毕。

下面进行主回路调试。合上主回路断路器 QF_1,按下起动按钮 SB,交流接触器 KM、失电延时时间继电器 KT、中间继电器 KA 线圈得电吸合且分别自锁,KM 三相主触点闭合,电动机通入三相交流电源运转起来。注意观察电动机转向是否符合要求。

过载保护调试参照各例中过载保护部分。

9. 常见故障及排除方法

① 不能进行停电再来电自起动。可能原因是中间继电器 KA 触点熔焊或中间继电器铁心极面有油污造成其延时释放所致。从图 156 可以看出,只有中间继电器 KA 不释放,KA 并联在交流接触器 KM 自锁常开触点上的常闭触点处于断开状态,使自起动回路断路。

另外还有一个原因是 KT 设置时间极短所致,可将延时时间根据需要适当延长一些。这种故障与上述故障很容易区分,主要观察中间继电

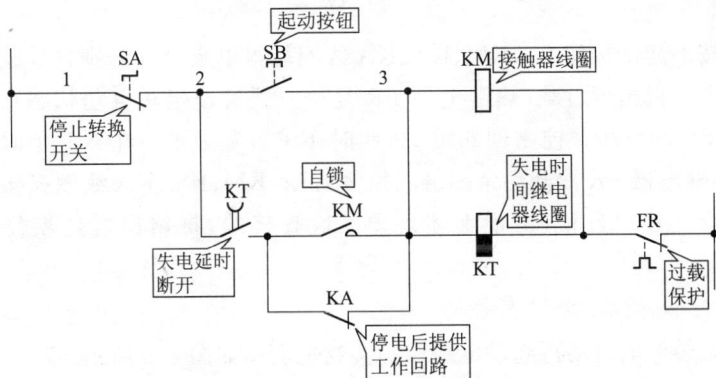

图 156

器 KA 的动作情况,这里不再介绍,请读者自行分析。

② 电动机为点动运转。可能原因是 KT 延时断开的常开触点、KM 辅助常开自锁触点有任意一个或两个未闭合或相关自锁回路连线断路所致。用万用表检查即可排除。

③ 电路需停止后断开停止转换开关 SA,欲重新起动电动机,无需按 SB,电动机便能自起动。此故障原因为中间继电器线圈回路断路所致,检查并排除相关故障。

④ 电动机运转后出现断续工作,即运转一会儿,停一会儿,再运转一会儿,再停一会儿。而运转时间比停的时间长。此故障为连线错误并且电动机过载设置在自动复位状态,如图 157 所示。

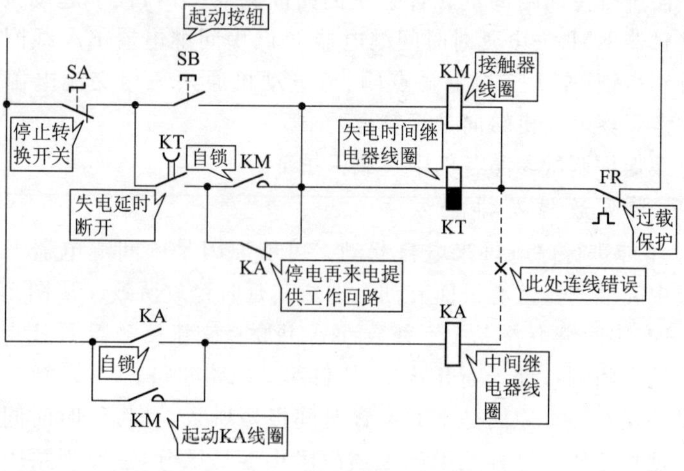

图 157

按下起动按钮 SB,KM、KT、KA 线圈均得电吸合且分别自锁。倘若此时电动机出现过载(热继电器 FR 复位方式又设定在自动状态),热继电器 FR 动作断开控制回路电源,此时 KT 开始延时,在 KT 延时时间内,热继电器 FR 冷却后常闭触点恢复常闭,KM、KT、KA 线圈又重新得电吸合且分别自锁,出现上述现象。检查接线,将错误之处恢复正确即可。

9. 电路实物配套图

短暂停电自动再起动电路(二)实物配套图如图 158 所示。

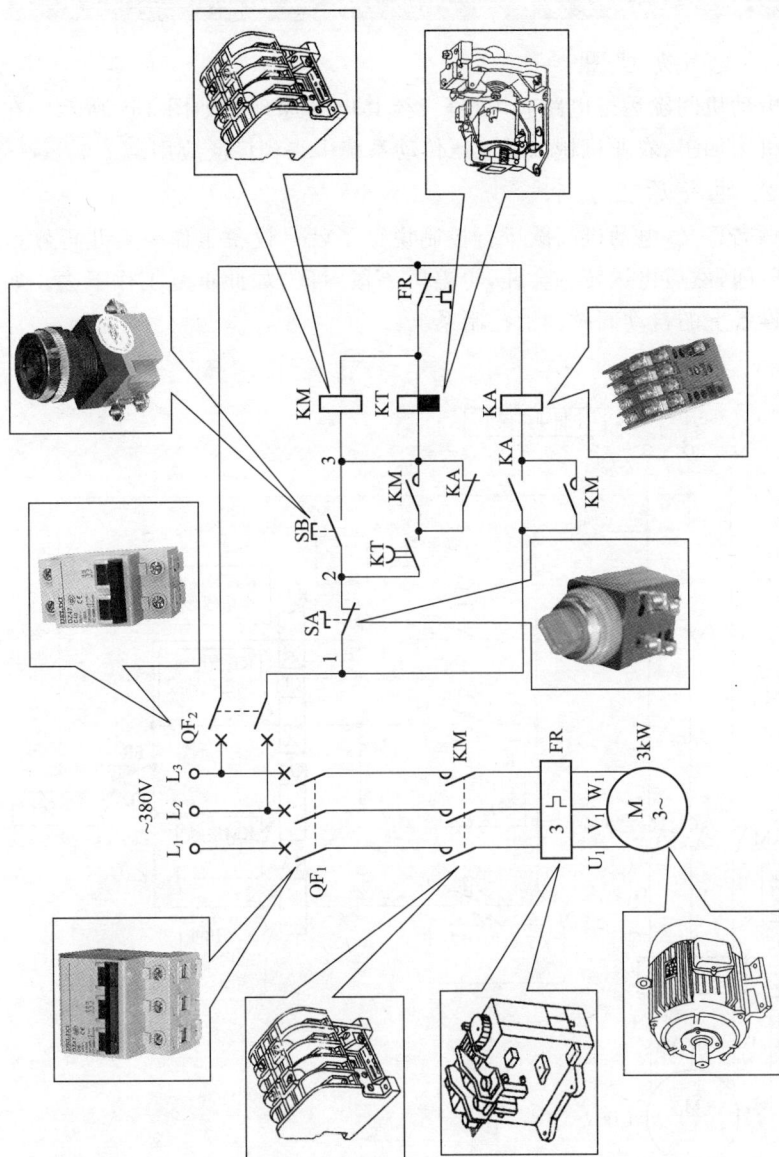

图 158　短暂停电自动再起动电路（二）实物配套图

电路 37　电动机间歇运行控制电路(一)

1. 电气原理图

电动机间歇运行电路应用很广泛,其电气原理图如图 159 所示。在很多机床加工、农业机械以及液压传动系统中得到广泛应用。

2. 电气原理分析

顾名思义,电动机间歇运行控制说穿了就是设备工作一会儿再停留一段时间,然后再运转一会儿,再停留一段时间,如此重复工作下去。如机床设备上的自动间歇润滑控制系统。

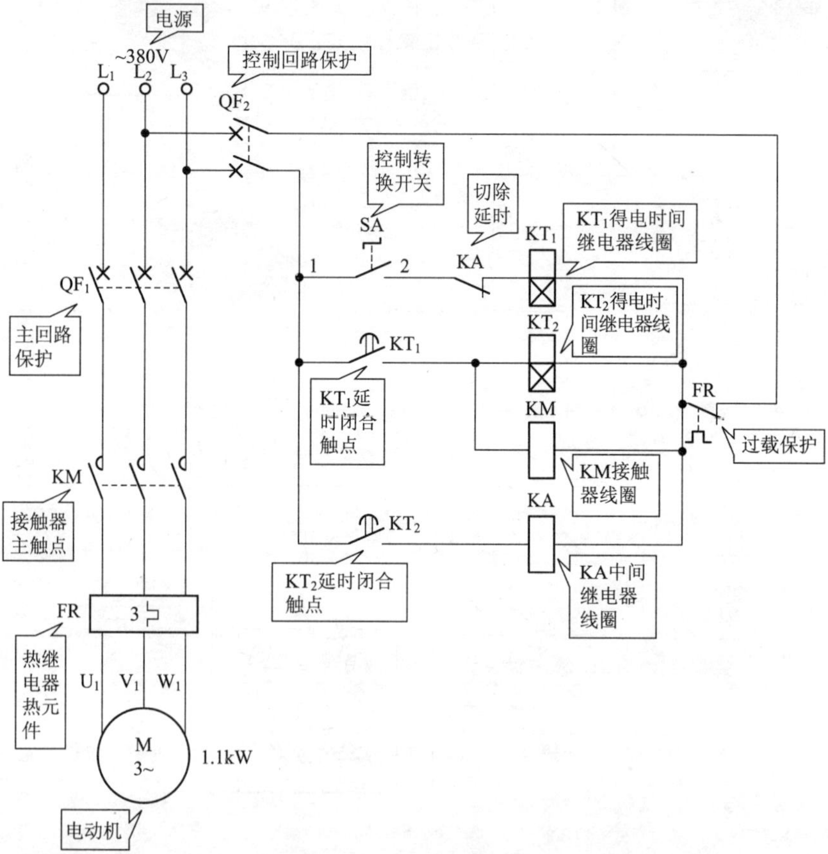

图 159　电动机间歇运行控制电路(一)电气原理图

需工作时,合上转换开关 SA 后,此时电动机不会起动运转,其原因是时间继电器 KT_1 延时时间未到仍处于断开状态,交流接触器 KM 线圈得不到控制电源而不能工作。

当时间继电器 KT_1 延时时间(此时间就是电动机的停止时间,即间歇时间)到达时,KT_1 延时闭合的常开触点闭合,此时,交流接触器 KM 和另一只时间继电器 KT_2 线圈同时得电吸合工作,KM 三相主触点闭合,电动机得电运转工作。而 KT_2 时间继电器又开始延时(此时间就是电动机的运转时间),经 KT_2 延时时间后,KT_2 延时闭合的常开触点闭合,中间继电器 KA 线圈得电吸合,KA 串联在时间继电器 KT_1 线圈回路中的常闭触点断开,切断了时间继电器 KT_1 线圈回路电源,KT_1 线圈断电释放,交流接触器 KM 以及时间继电器 KT_2 线圈均断电释放,中间继电器线圈也因 KT_2 恢复常开而释放,电路恢复原始状态,KM 三相主触点断开,电动机失电停止工作。如此重复完成间歇运行。

上述控制电路可简化成图 160 所示电路,可节省一只中间继电器 KA,可供读者参考。

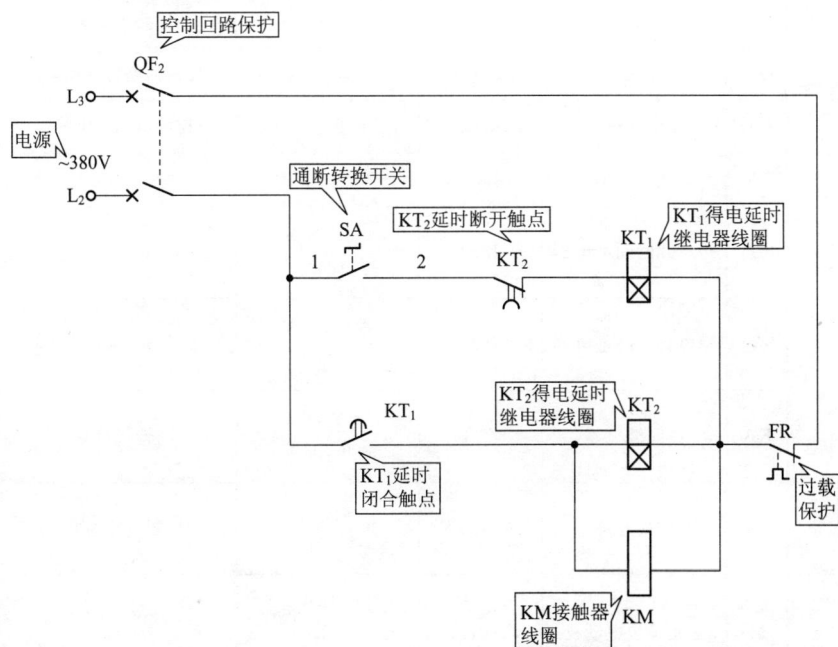

图 160

该电路中时间继电器 KT_1、KT_2 为得电延时时间继电器，其延时时间可根据实际需要分别调整。

3. 逻辑代数表达式

$$KM_{线圈} = KT_{2线圈} = QF_2 \cdot KT_1 \cdot \overline{FR}$$

$$KT_{1线图} = QF_2 \cdot SA \cdot \overline{KA} \cdot \overline{FR}$$

$$KA_{线圈} = QF_2 \cdot KT_2 \cdot \overline{FR}$$

4. 电路器件动作简述

合上 SA，KT_1 吸合，KT_1 开始延时，KT_1 延时时间到，KT_2、KM 吸合，M 运转，KT_2 开始延时，KT_2 延时时间到，KA 吸合，KT_1、KT_2、KM、KA 失电释放，M 停止，KT_1 又吸合……重复上述过程。

5. 电气元件作用表

电动机间歇运行控制电路(一)电气元件作用表见表55。

表55 电气元件作用表

序号	符号	名　称	型　号	规　格	作　用
1	QF_1	断路器	DZ47-63	10A　三极	主回路过流保护
2	QF_2	断路器	DZ47-63	6A　二极	控制回路过流保护
3	KM	交流接触器	CDC10-10	电压380V	控制电动机电源
4	FR	热继电器	JR36-20	2.2～3.5A	过载保护
5	KT_1	得电式时间继电器	JS20	电压380V 180s	延　时
6	KT_2	得电式时间继电器	JS20	电压380V 180s	延　时
7	KA	中间继电器	JZ7-44	5A 电压380V	转　换
8	SA	转换开关	LA18-22X2	旋钮式 二挡	控制电路通断
9	M	三相异步电动机	Y90L-6	1.1kW 3.2A 910r/min	拖　动

6. 元器件安装排列图及端子图

元器件安装排列图及端子图如图 161 所示。

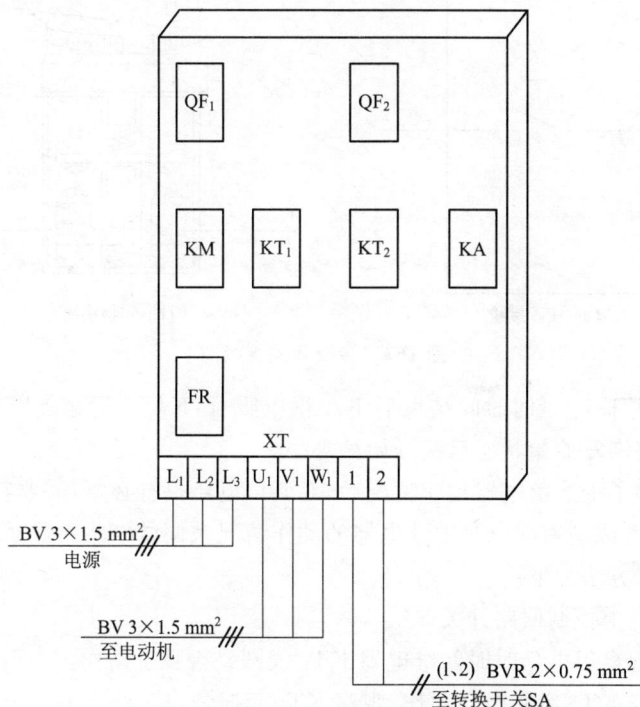

图 161 元器件安装排列图及端子图

从元器件安装排列图及端子图上可以看出，端子排 XT 上共有 8 个接线端子，其中，L_1、L_2、L_3 为电源引入线，将外部三相 380V 电源接到此处，可采用 3 根 BV 1.5mm^2 导线套管敷设。

U_1、V_1、W_1 用 3 根 BV 1.5mm^2 导线套管敷设至电动机处。

1、2 可采用 2 根 BVR 0.75mm^2 导线接至配电箱面板转换开关 SA 上，并一一正确对应连接。

7. 转换开关接线图

转换开关实际接线如图 162 所示。

8. 调 试

首先断开主回路断路器 QF_1，合上控制回路断路器 QF_2 来调试控制回路。下面先介绍一下各继电器动作情况。

合 SA，KT_1 吸合并开始延时，经延时后 KT_2、KM 同时吸合且 KT_2

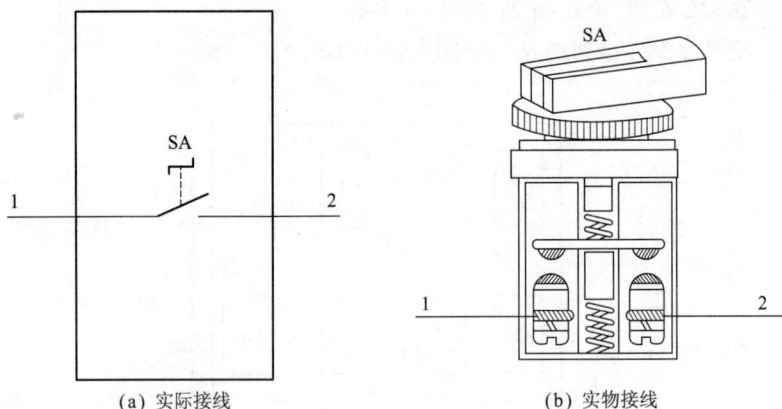

(a) 实际接线　　　　　　　　(b) 实物接线

图 162　转换开关接线图

开始延时,KT$_2$ 延时时间结束后 KA 得电吸合,KA 常闭触点断开 KT$_1$,整个电路恢复原始状态后又开始循环……

了解了上述继电器动作情况后,对调试电路很有必要,需要特别指出的是,要养成观察配电盘内继电器的动作情况来调试电路的习惯。

调试方法如下:

① 合上控制回路开关 SA。

② 观察得电延时时间继电器 KT$_1$ 线圈是否吸合动作。

③ 若 KT$_1$ 线圈吸合动作,观察 KT$_1$ 延时情况。

④ 若 KT$_1$ 延时时间结束,交流接触器 KM、得电延时时间继电器 KT$_2$ 线圈得电吸合动作。

⑤ KT$_2$ 开始延时。

⑥ KT$_2$ 延时时间结束,中间继电器 KA 线圈得电吸合。

⑦ KA 常闭触点断开 KT$_1$ 线圈电源,KT$_1$、KT$_2$、KM、KA 线圈全部断电释放,恢复原始状态。

⑧ 重复①开始。

上述动作情况正常说明电路连接正确,符合动作要求。该电路最终要注意观察交流接触器 KM 线圈的动作情况,也就是说,一通电,KM 不工作;经一段时间后 KM 线圈得电吸合工作;工作一段时间后 KM 断电释放;经一段时间后 KM 又重新得电吸合工作,完成重复间歇运行控制。其 KT$_1$、KT$_2$ 的延时时间可根据实际生产需要任意设置。

接着调试主回路。先断开 QF$_2$ 控制回路断路器(以防止合上 QF$_1$

时,带负载合闸),合上主回路断路器 QF_1,再合上 QF_2,第一要注意观察电动机转向是否符合工艺要求;第二观察电动机是否是工作一会儿,停一会儿,再工作一会儿,再停一会儿的间歇运行状态。若符合,说明电路调试完毕,并让电动机空载运转 30min 后,无发热、超电流、异响、异味等现象出现。

9. 常见故障及排除方法

① 合 SA 电路无反应。此故障可能原因是 SA 断路;KA 常闭触点断路;热继电器 FR 常闭触点断路;检查断路点并排除。

② 合 SA、电动机不转,配电盘内只有时间继电器 KT_1 吸合动作。首先检查 KT_1 延时时间是否调整得过长;若不过长,用万用表测量 KT_1 延时闭合的常开触点是否正常,若触点断路,可更换触点。

③ 合 SA,电动机运转不停,不作间歇运行。观察配电盘内 KT_1、KT_2、KM 线圈吸合,中间继电器 KA 不动作,故障原因可能是 KT_2 延时闭合的常开触点断路;KT_2 延时时间调整过长(失控);中间继电器 KA 线圈断路,可用万用表找出故障点并排除。

④ 合 SA,电动机运转不停。观察配电盘内 KT_1、KM 线圈吸合,KT_2、KA 不工作。其故障原因可能是 KT_2 线圈断路所致,用替换法排除故障。

⑤ 合 SA,电动机不运转,配电盘内中间继电器 KA 吸合。此故障原因为 KT_2 得电延时闭合的常开触点断不开所致。更换 KT_2 延时闭合的常开触点后,电路恢复正常工作。

⑥ 合 SA,电动机不运转,配电盘内 KT_1、KT_2、KA 工作循环正常,但 KM 线圈不吸合。此故障一般为交流接触器 KM 线圈断路所致,检查更换该线圈即可恢复正常工作。

⑦ 合 SA,电动机间歇运行,但有时间歇停机时间过长,有一定的规律。应检查 KT_1、KT_2 设定的延时时间是否符合要求。若符合,一般故障为电动机出现过载使热继电器 FR 常闭触点动作(热继电器复位方式设置为自动复位)或热继电器 FR 电流设定的太小出现频繁跳闸所致。检查故障所在并加以排除。

10. 电路实物配套图

电动机间歇运行控制电路(一)实物配套图如图 163 所示。

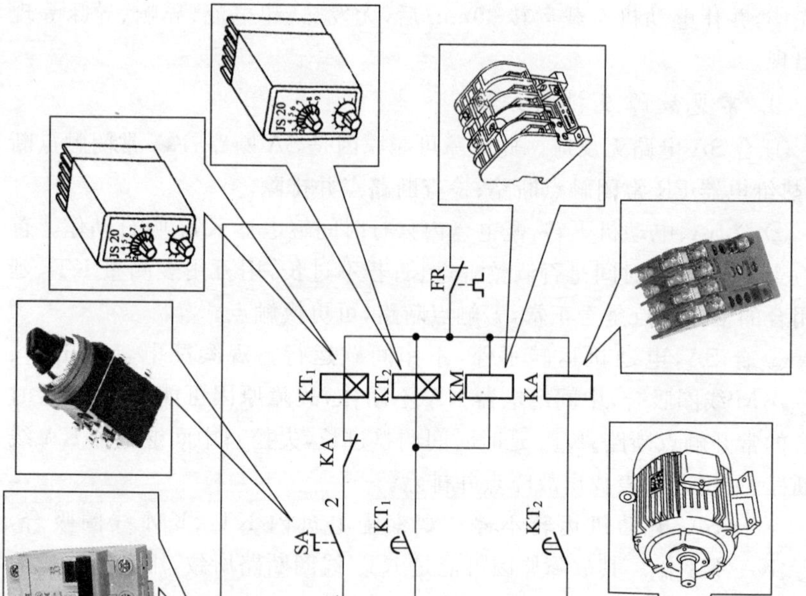

图163　电动机间歇运行控制电路（一）实物配套图

电路 38　电动机间歇运行控制电路(二)

1. 电气原理图

某些工艺控制要求电动机完成间歇运转,也就是电动机运转一段时间后延时自动停止,然后再延时自动起动,完成间歇控制。

图 164 所示是另一种电动机间歇运行控制电路的电气原理图。

2. 电气原理分析

工作时合上控制转换开关 SA,此时交流接触器 KM、时间继电器 KT_1 线圈得电吸合工作,KM 三相主触点闭合,电动机得电运转工作。经一段延时后(即运转时间),KT_1 延时闭合的常开触点闭合,使中间继电器 KA 线圈得电吸合且自锁,切断了交流接触器 KM、时间继电器 KT_1

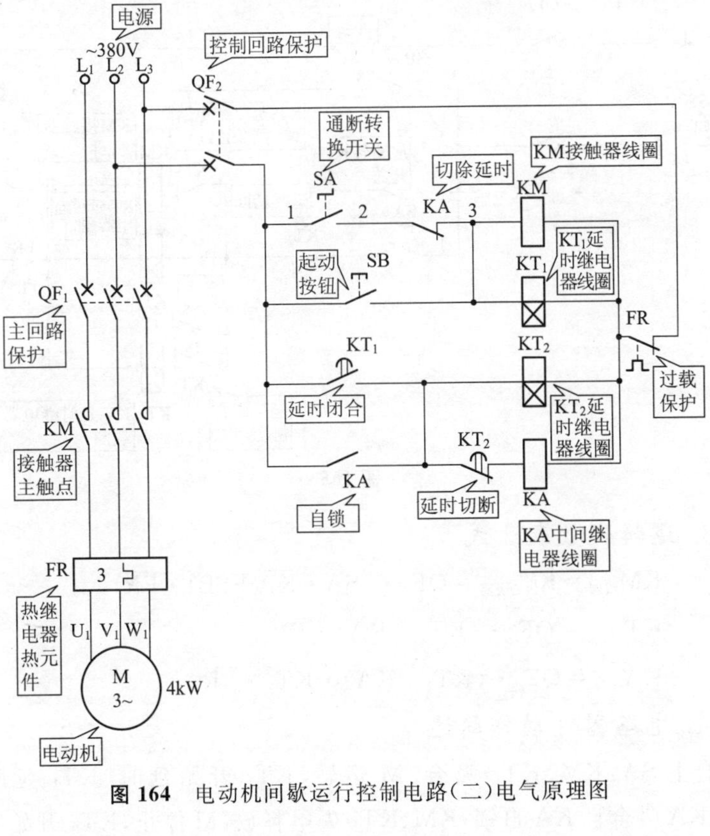

图 164　电动机间歇运行控制电路(二)电气原理图

线圈回路电源，KM 三相主触点断开，切断了电动机电源，电动机失电停止运转。同时，时间继电器 KT_2 线圈得电吸合并开始延时（其延时时间为电动机停止运转时间），经 KT_2 延时后，KT_2 延时断开的常闭触点切断了中间继电器 KA 线圈电源，KA 线圈失电释放，其串联在 KM、KT_1 线圈回路中的常闭触点恢复原始状态，此时 KM、KT_1 线圈又得电工作，KM 其三相主触点又闭合，电动机又得电运转了，重复上述过程，从而实现电动机的间歇运转。

本电路与前例电路不同之处在于多增设了一只按钮开关 SB，作为点动控制或根据实际要求长时间按动此按钮使电动机不按间歇运行控制工作，即按动 SB 多长时间电动机就运转多长时间。

其控制电路可简化为图 165 所示电路，仅供读者参考。

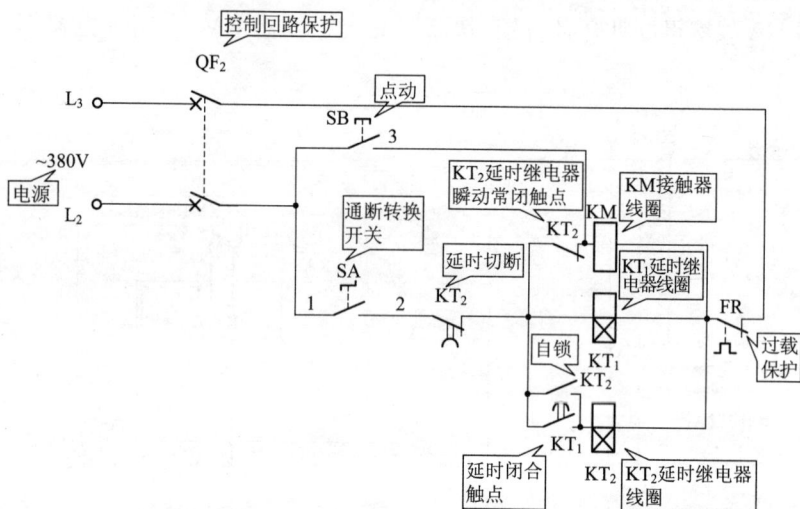

图 165

3. 逻辑代数表达式

$$KM_{线圈} = KT_{1线圈} = QF_2 \cdot (SA \cdot \overline{KA} + SB) \cdot \overline{FR}$$

$$KT_{2线圈} = QF_2 \cdot (KT_1 + KA) \cdot \overline{FR}$$

$$KA_{线圈} = QF_2 \cdot (KT_1 + KA) \cdot \overline{KT_2} \cdot \overline{FR}$$

4. 电路器件动作简述

合上 SA，KM、KT_1 吸合，M 运转，KT_1 开始延时，KT_1 延时到，KT_2、KA 吸合且 KA 自锁，KM、KT_1 失电释放，M 停止，KT_2 开始延时，

KT$_2$ 延时时间到，KA、KT$_2$ 失电释放，KM、KT$_1$ 又吸合，M 运转，KT$_1$ 又开始延时，重复以上过程。

5.电气元件作用表

电动机间歇运行控制电路(二)电气元件作用表见表 56。

表 56　电气元件作用表

序号	符号	名　称	型　号	规　格	作　用
1	QF$_1$	断路器	DZ47-63	16A　三极	主回路过流保护
2	QF$_2$	断路器	DZ47-63	6A　二极	控制回路过流保护
3	KM	交流接触器	CDC10-10	电压 380V	控制电动机电源
4	FR	热继电器	JR36-20	6.8～11A	过载保护
5	KT$_1$	得电式时间继电器	JS20	电压 380V 180s	延　时
6	KT$_2$	得电式时间继电器	JS20	电压 380V 180s	延　时
7	KA	中间继电器	JZ7-44	5A 电压 380V	转　换
8	SA	转换开关	LA18-22X2	旋钮式 二挡	控制电路通断
9	SB	按钮开关	LA2	绿　色	点　动
10	M	三相异步电动机	Y112M-4	4kW 8.8A 1440r/min	拖　动

6.元器件安装排列图及端子图

元器件安装排列图及端子图如图 166 所示。

从元器件安装排列图及端子图上可以看出，端子排 XT 上共有 9 个接线端子，其中，L$_1$、L$_2$、L$_3$ 为电源引入线，将外部三相 380V 电源接到此处，可采用 3 根 BV 2.5mm^2 导线套管敷设。

U$_1$、V$_1$、W$_1$ 用 3 根 BV 2.5mm^2 导线套管敷设至电动机处。

1、2、3 可采用 3 根 BVR 0.75mm^2 导线接至配电箱面板按钮开关 SB、转换开关 SA 上，并一一正确对应连接。

7. 按钮开关及转换开关接线图

转换开关、按钮开关实际接线如图167所示。

8. 调 试

首先断开 QF₁ 主回路断路器,合上 QF₂ 调试控制电路。

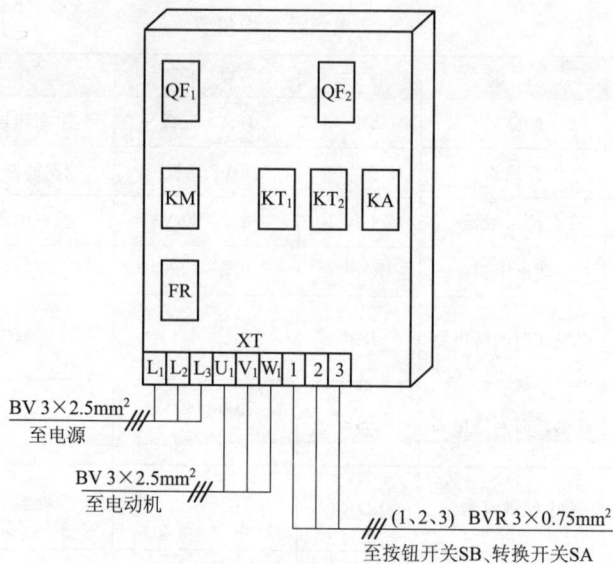

图 166 元器件安装排列图及端子图

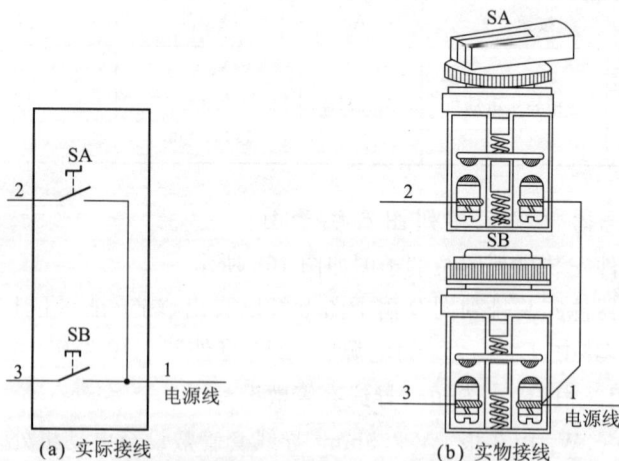

图 167 按钮开关 SB、转换开关 SA 接线图

(a) 实际接线   (b) 实物接线

① 合上控制开关 SA,观察电路中各时间继电器、中间继电器、交流接触器动作情况。此时交流接触器 KM、时间继电器 KT_1 吸合动作。

② 观察 KT_1 延时情况,若在 KT_1 延时时间结束后,时间继电器 KT_2、中间继电器 KA 吸合动作,说明 KT_1 延时动作完成。

③ 此时观察 KM、KT_1 应立即断电释放,若 KM、KT_1 断电释放,说明 KA 常闭触点已动作断开;此时从配电柜内可以看见,KT_2、KA 是吸合状态,KT_1、KM 是释放状态。

④ 观察 KT_2 延时情况,若在 KT_2 延时时间结束后,KA、KT_2 断电释放,KM、KT_1 又重新吸合动作,说明控制电路工作正常。可将 KT_1、KT_2 的延时时间设置好,电路可进行间歇控制。

⑤ 交流接触器 KM 随着 SB 的通断而吸合或释放的时间依按动 SB 按钮时间的长短而定,说明点动控制电路正常,可进行主回路调试了。

合上 QF_1、QF_2、SA,观察电动机运转方向是否满足要求,电动机是否转一会儿,停一会儿,再转一会儿,再停一会儿,完成间歇运行,若符合要求,主回路调试完毕。至于保护电路调试请参见本书相关电路即可。

9. 常见故障及排除方法

① 合上 SA,电路中只有交流接触器 KM 动作,电动机一直运转不停,不作间歇运行。从电气原理图中可以看出,若只有 KM 得电吸合工作,而时间继电器 KT_1 未工作,其他电器及动作无法进行(图 168),应重点检查 KT_1 线圈是否断路。

② 合上 SA 无反应,按动 SB 点动按钮,电路动作正常。此故障原因很简单,通常为开关 SA 断路或中间继电器 KA 常闭触点断路或两者均有问题。用万用表检查并排除。

③ 合上 SA,KM、KT_1、KT_2 吸合动作,中间继电器 KA 没有反应不工作,电动机一直运转不停,不能作间歇运行。从电路原理图上可以看出,只有 KT_2 延时断开的常闭触点接触不良或中间继电器 KA 线圈断路才会出现 KA 不工作,使电路出现不循环现象。检查并排除故障。

④ 合上 SA,电路运转延时正常,间歇停止时间极短,严重不对称,也就是说,运转几秒后一停顿又运转了,再经几秒后又一瞬时停顿又运转了。此故障为中间继电器 KA 没有自锁所致,如图 169 所示。

10. 电路实物配套图

电动机间歇运行控制电路(二)实物配套图如图 170 所示。

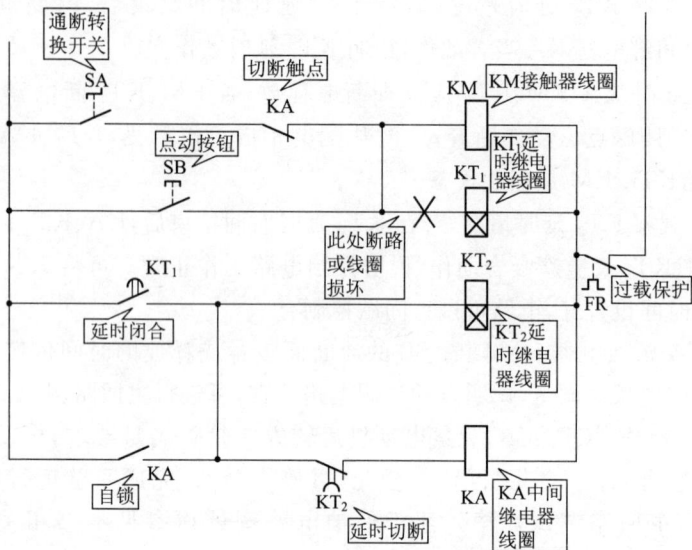

图 168

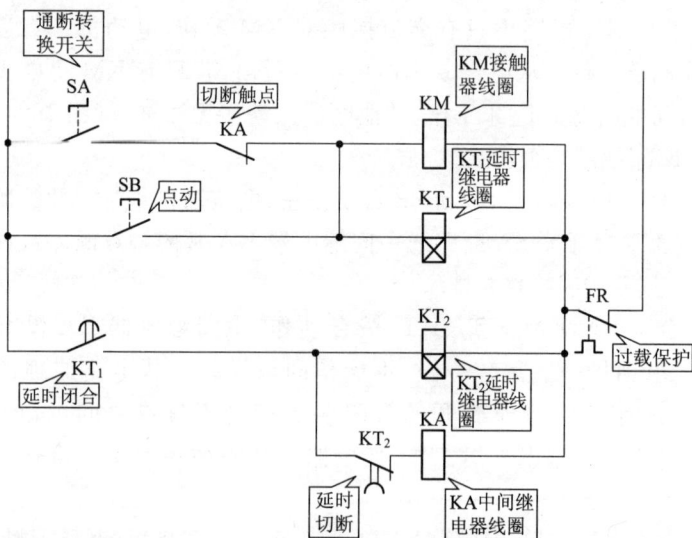

图 169

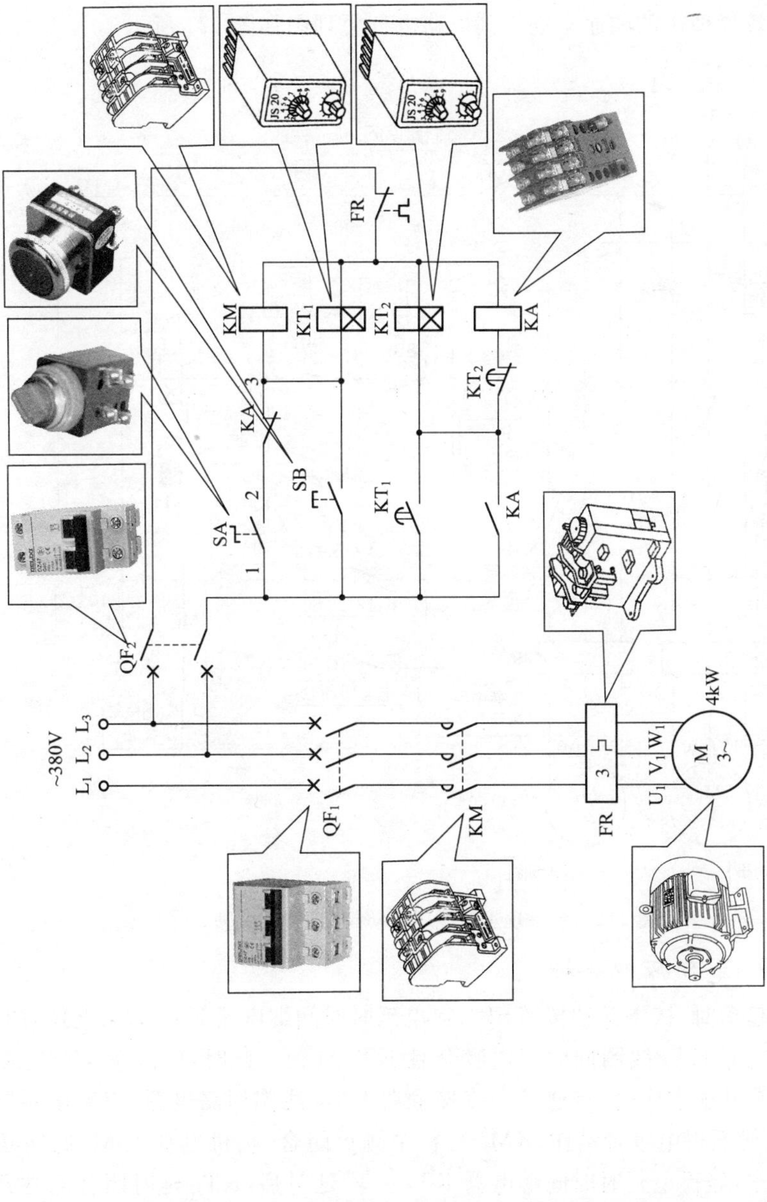

图170 电动机间歇运行控制电路（二）实物配套图

电路 39　效果理想的顺序自动控制电路

1. 电气原理图

效果理想的顺序自动控制电路电气原理图如图 171 所示。

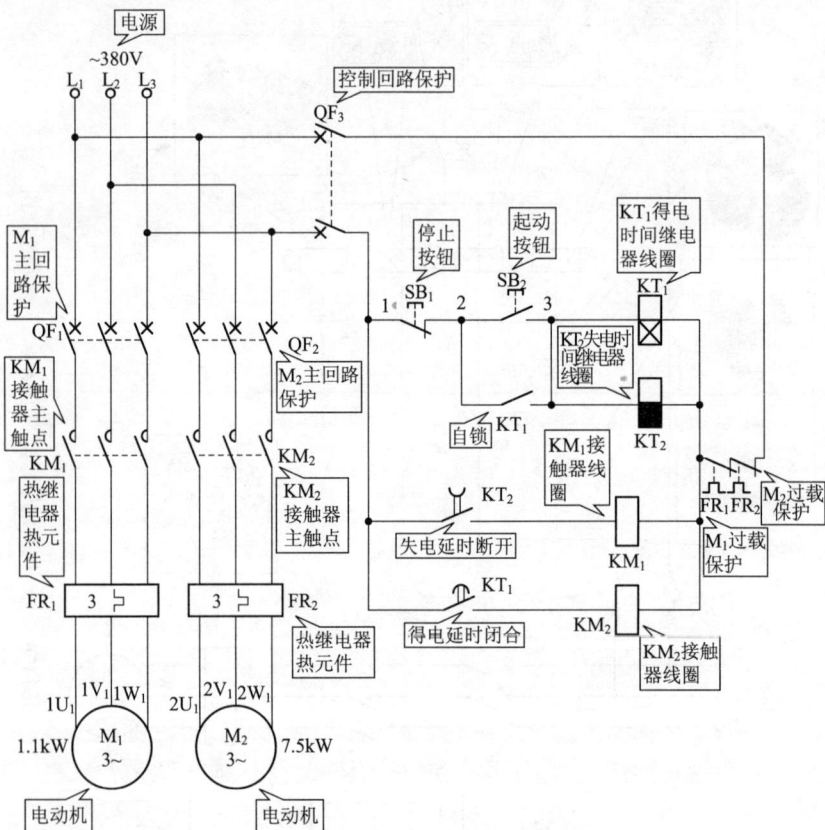

图 171　效果理想的顺序自动控制电路电气原理图

2. 电气原理分析

起动时,按下起动按钮 SB_2,得电延时时间继电器 KT_1 和失电延时时间继电器 KT_2 线圈同时得电吸合且 KT_1 自锁。此时,KT_2 失电延时断开的常开触点闭合,接通了交流接触器 KM_1 线圈回路电源,交流接触器 KM_1 线圈得电吸合动作,KM_1 三相主触点闭合,辅机电动机 M_1 得电运转工作,经得电延时时间继电器 KT_1 一段延时后,KT_1 延时闭合的常开触点闭合,将交流接触器 KM_2 线圈回路电源接通,KM_2 三相主触点闭合,主机电动机 M_2 得电运转工作。从而完成起动时先起动辅机 M_1,再延时自动起动主机 M_2。

停止时按下停止按钮 SB_1,得电延时时间继电器 KT_1、失电延时时间继电器 KT_2 线圈均同时断电释放,KT_1 得电延时闭合的常开触点瞬时断开,切断了交流接触器 KM_2 线圈回路电源,KM_2 线圈断电释放,其三相主触点断开,主机电动机 M_2 断电停止运转,经失电延时时间继电器 KT_2 一段延时后,KT_2 失电延时断开的常开触点恢复常开,辅机电动机 M_1 断电停止运转。从而实现在停止时先停止主机后再延时自动停止辅机。

需提醒的是,本电路在起动运转后,无论哪台电动机出现过载,其热继电器 FR_1 或 FR_2 控制常闭触点断开,必然使得电延时时间继电器 KT_1,失电延时时间继电器 KT_2,交流接触器 KM_1、KM_2 线圈断电释放,KM_1、KM_2 各自的三相主触点断开,电动机 M_1、M_2 失电停止运转;此时失电延时时间继电器 KT_2 开始延时,在 KT_2 延时时间内,倘若过载动作后的热继电器 FR_1 或 FR_2 控制常闭触点复位恢复常闭,那么交流接触器 KM_1 线圈在 KT_2 失电延时断开的常开触点(延时时间未到,仍处于闭合状态)的作用下而得电吸合,KM_1 三相主触点闭合,就会使电动机 M_1 又自动起动运转一段时间至 KT_2 延时时间结束后停止。为防止意外情况发生,请引起注意,特别是失电延时时间继电器 KT_2 的延时整定时间不要过长,最好小于 10s,避免上述情况的发生。

本电路设计巧妙、实用,非常适合具有上述要求的控制场合。

3. 逻辑代数表达式

$$KM_{1线圈} = QF_3 \cdot KT_2 \cdot \overline{FR_1} \cdot \overline{FR_2}$$

$$KM_{2线圈} = QF_3 \cdot KT_1 \cdot \overline{FR_1} \cdot \overline{FR_2}$$

$$KT_{1线圈} = KT_{2线圈} = QF_3 \cdot \overline{SB_1} \cdot (SB_2 + KT_1) \cdot \overline{FR_1} \cdot \overline{FR_2}$$

4. 电路器件动作简述

按 SB_2,KT_1、KT_2 吸合且 KT_1 自锁,KM_1 先吸合,M_1 先运转,KT_1 开始延时,KT_1 延时时间到,KM_2 吸合,M_2 后运转。

按 SB_1,KT_1、KT_2 失电释放,KM_2 也失电释放,M_2 先停止,KT_2 开始延时,KT_2 延时时间到,KM_1 失电释放,M_1 后停止。

5. 电气元件作用表

效果理想的顺序自动控制电路电气元件作用表见表57。

表 57　电气元件作用表

序号	符号	名　称	型　号	规　格	作　用
1	QF$_1$	断路器	DZ47-63	16A　三极	M$_1$ 电动机过流保护
2	QF$_2$	断路器	DZ47-63	10A　三极	M$_2$ 电动机过流保护
3	QF$_3$	断路器	DZ47-63	6A　二极	控制回路过流保护
4	KM$_1$	交流接触器	CDC10-10	线圈电压 380V	控制 M$_1$ 电动机电源
5	KM$_2$	交流接触器	CDC10-10	线圈电压 380V	控制 M$_2$ 电动机电源
6	FR$_1$	热继电器	JR36-20	4.5～7.2A	M$_1$ 电动机过载保护
7	FR$_2$	热继电器	JR36-20	3.2～5A	M$_2$ 电动机过载保护
8	KT$_1$	得电式时间继电器	JS14	电压 380V　0～30s	延　时
9	KT$_2$	失电式时间继电器	JS7-4A	线圈电压 380V 0～30s	延　时
10	SB$_1$	按钮开关	LA2	红　色	停止电动机用
11	SB$_2$	按钮开关	LA2	绿　色	起动电动机用
12	M$_1$	三相异步电动机	Y100L-2	3kW　6.4A 2880r/min	1$^\#$ 设备拖动
13	M$_2$	三相异步电动机	Y90S-2	1.5kW　3.4A 2840r/min	2$^\#$ 设备拖动

6. 元器件安装排列图及端子图

元器件安装排列图及端子图如图 172 所示。

从元器件安装排列图及端子图上可以看出,端子排 XT 上共有 12 个接线端子,其中,L$_1$、L$_2$、L$_3$ 为电源引入线,将外部三相 380V 电源接到此处,可采用 3 根 BV 6mm^2 导线套管敷设。

1U$_1$、1V$_1$、1W$_1$ 用 3 根 BV 1.5mm^2 导线套管敷设至电动机 M$_1$ 处。

2U$_1$、2V$_1$、2W$_1$ 用 3 根 BV 4mm^2 导线套管敷设至电动机 M$_2$ 处。

1、2、3 可采用 3 根 BVR 0.75mm^2 导线接至配电箱面板按钮开关 SB$_1$、SB$_2$ 上,并一一正确对应连接。

7. 按钮开关接线图

按钮开关接线如图 173 所示。

8. 常见故障及排除方法

① 只有辅机工作,主机不工作。首先观察配电箱内电气元件动作情

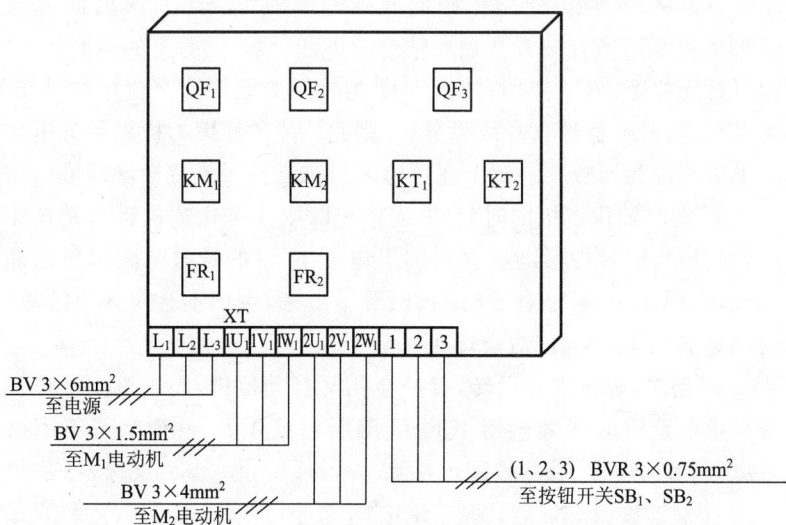

图 172　元器件安装排列图及端子图

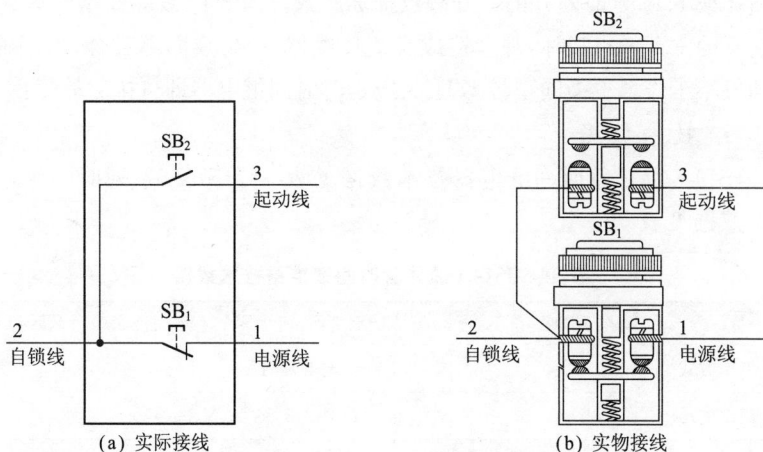

图 173　按钮开关接线图

况,若得电延时时间继电器 KT_1 线圈不吸合,则故障原因为 KT_1 损坏而使延时闭合的常开触点不闭合,造成交流接触器 KM_2 线圈不能得电吸合工作,从而导致主机 M_2 不工作。若得电延时时间继电器 KT_1 线圈得电吸合,则故障为 KT_1 延时闭合的常开触点损坏或交流接触器 KM_2 线圈断路。用万用表测出故障器件并修复即可。

　　② 一合控制断路器 QF_3,辅机 M_1 不需起动操作就运转,按停止按钮

无反应。若从控制电路分析，则此故障的原因为失电延时时间继电器 KT_2 的失电延时断开的常开触点粘连断不开所致，只要更换 KT_2 延时触点即可排除故障；若从主回路分析，则此故障的原因为交流接触器 KM_2 主触点粘连；若从器件自身故障分析，则此故障的原因为机械部分卡住或铁心极面有油污所致。遇到上述故障时只需更换交流接触器即可。

③ 起动时辅机主机同时起动，而停止时则先停止主机再自动停止辅机。此故障很明显为得电延时时间继电器 KT_1 的延时时间调整的非常短所致，实际上 KT_1 是有延时的，但看不出来，否则不会出现上述故障。重新调整 KT_1 延时时间故障即可排除。

④ 起动时，辅机立即运转，过一会儿又自动停机，而主机无反应。此故障为得电延时时间继电器 KT_1 线圈断路或 KT_1 自锁触点不闭合所致，更换同型号 KT_1 后故障即可排除。

⑤ 按起动按钮 SB_2 后，辅机不工作，而经过一段时间后，主机自动工作；停止时按下 SB_1，主机停止工作。此故障为失电延时时间继电器 KT_2 线圈损坏或 KT_2 延时断开的常开触点损坏所致。因 KT_2 线圈断路或 KT_2 延时断开的常开触点损坏，都会造成交流接触器 KM_1 线圈不吸合，所以辅机电动机不工作。更换同型号 KT_2 失电延时时间继电器即可排除故障。

9. 技术数据

JS14A 晶体管时间继电器技术数据见表 58；JS7-A 系列时间继电器技术数据见表 59。

表 58　JS14A 晶体管时间继电器技术数据

型　号	JS14A-□/□□			JS14A-□/□□M			JS14A-□/□□Y		
工作方式	通电延时								
额定电压	24V、36V、110V、127V、220V、380V								
设定方式	电位器								
触点数量	延时二组转换								
触点容量	交流 250V　3A，直流 28V　5A								
延时范围 /s	代号	1	5	10	30	60	120	180	300	600
	延时范围	0.1～1	0.5～5	1～10	3～30	6～60	12～120	18～180	30～300	60～600
	代号	900	1200		1800		3600			
	延时范围	90～900	120～1200		180～1800		360～3600			

型　号	JS14A-□/□□	JS14A-□/□□M	JS14A-□/□□Y
安装方式	装置式	面板式	外接式
接线图	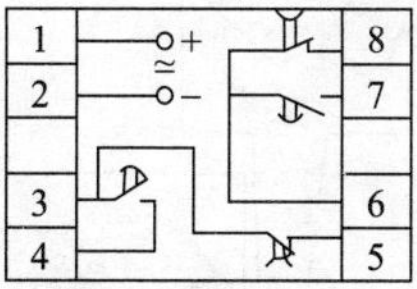	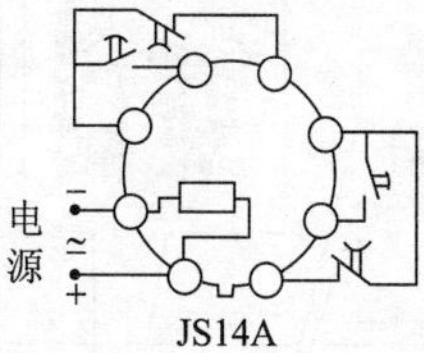 电源 JS14A	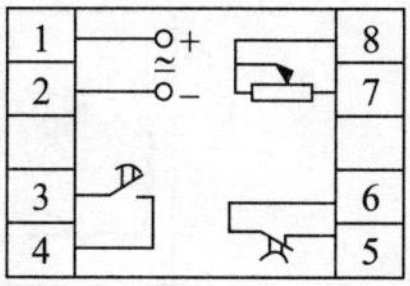

表 59　JS7-A 系列时间继电器技术数据

型号			JS7-1A	JS7-2A	JS7-3A	JS7-4A
触点额定电压/V			380	380	380	380
触点额定电流/A			5	5	5	5
延时触点数量	通电延时	动合	1	1		
		动断	1	1		
	断电延时	动合			1	1
		动断			1	1
瞬动触点数量	动合			1		1
	动断			1		1
吸引线圈电压/V			36、127、220、380	36、127、220、380	36、127、220、380	36、127、220、380
延时范围/s			0.4～60、0.4～180	0.4～60、0.4～180	0.4～60、0.4～180	0.4～60、0.4～180

10. 电路实物配套图

效果理想的顺序自动控制电路实物配套图如图 174 所示。

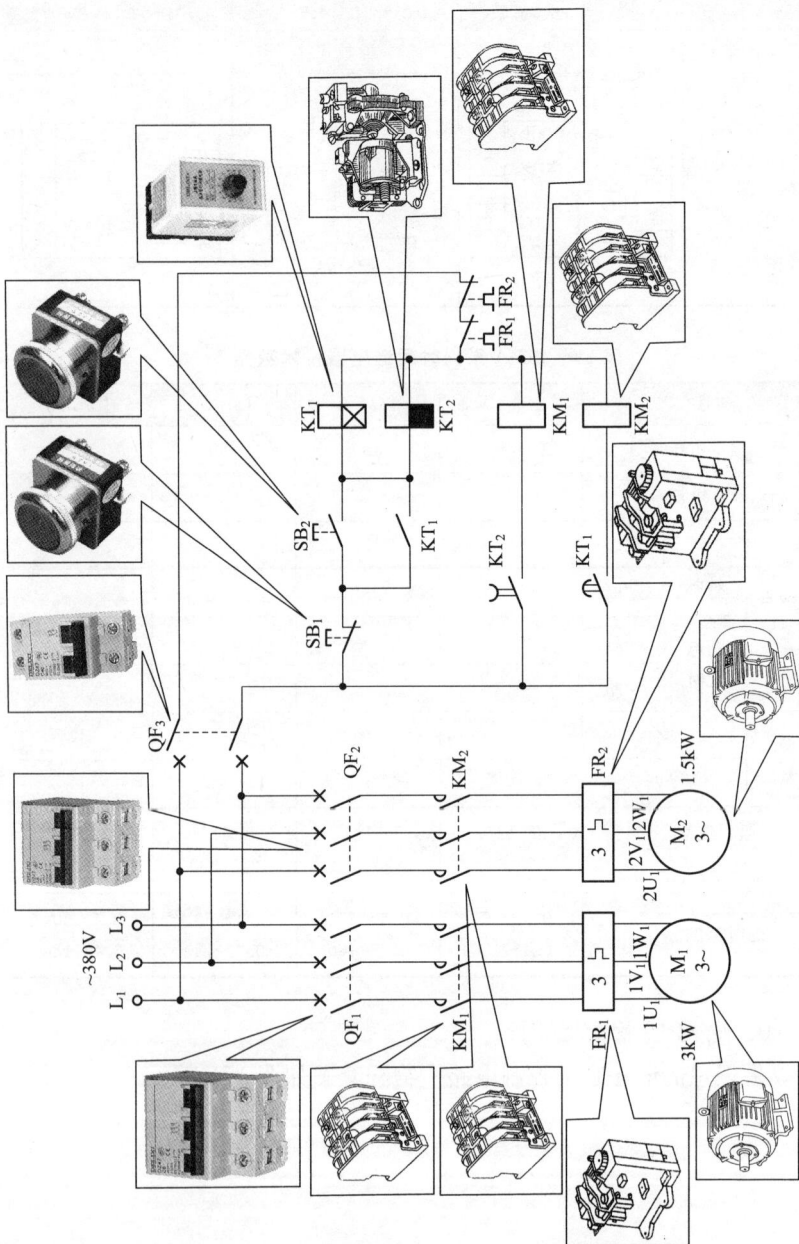

图174 效果理想的顺序自动控制电路实物配套图

电路 40　用一只按钮控制电动机起停电路

1. 电气原理图

一般用两个按钮开关(简称按钮)控制一台电动机的起动和停止,但在某些特殊场合(如多点控制和远距离控制时,需要大量的导线和按钮,以节省连接导线和减少按钮数目)或某些特殊设备上,需要采用单按钮控制电动机的起动和停止。仅用一只按钮控制电动机的起动和停止电路电气原理图如图 175 所示。

2. 电气原理分析

起动时,按下按钮 SB,中间继电器 KA_1 线圈得电吸合且自锁,KA_1 常开触点闭合,交流接触器 KM 线圈得电吸合且自锁,其三相主触点闭合,电动机起动运转。KM 的常开辅助触点闭合,常闭辅助触点断开,这

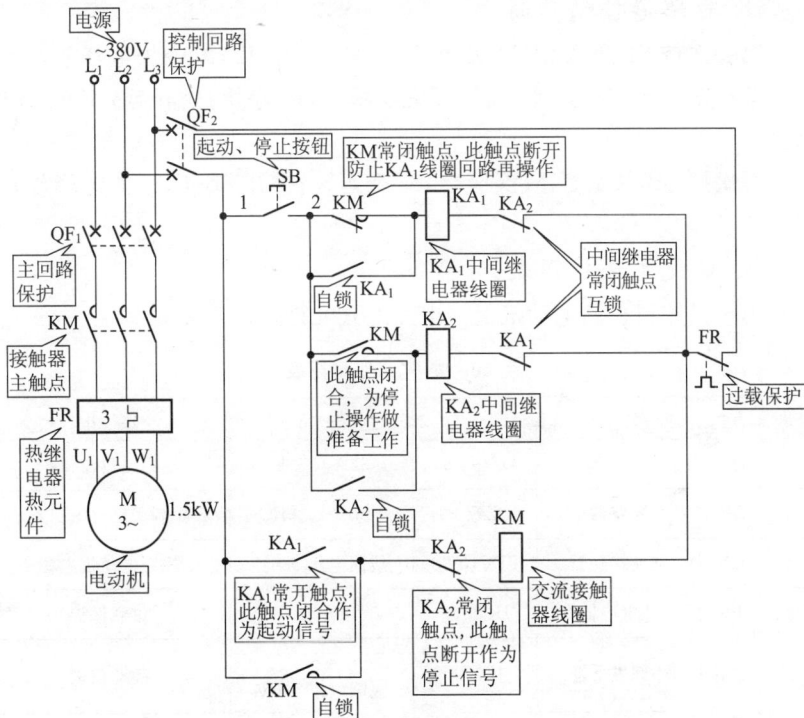

图 175　用一只按钮控制电动机起停电路电气原理图

时,中间继电器 KA_2 的线圈因 KA_1 的常闭触点已断开而不能得电,所以 KA_2 不能吸合。松开按钮 SB,KA_1 线圈断电释放,因 KM 已自锁,所以交流接触器 KM 线圈仍得电吸合,电动机继续运转。但这时 KA_1 因 SB 松开而失电释放,其常闭触点复位,为接通 KA_2 做好准备。

需要停车时,第二次按下按钮 SB,这时中间继电器 KA_1 线圈通路被 KM 常闭触点切断,所以 KA_1 线圈不会吸合,而 KA_2 线圈得电吸合,KA_2 线圈吸合后,其常闭触点断开,切断 KM 线圈电源,KM 失电释放,其三相主触点断开,电动机失电停转。

此电路非常巧妙,可举一反三应用在其他控制场合。

3. 逻辑代数表达式

$$KA_{1线圈}=QF_2 \cdot SB \cdot (\overline{KM}+KA_1) \cdot \overline{KA_2} \cdot \overline{FR}$$

$$KA_{2线圈}=QF_2 \cdot SB \cdot (KM+KA_2) \cdot \overline{KA_1} \cdot \overline{FR}$$

$$KM_{线圈}=QF_2 \cdot (KA_1+KM) \cdot \overline{KA_2} \cdot \overline{FR}$$

4. 电路器件动作简述

第一次按 SB,KA_1、KM 吸合,M 运转;松开 SB,KA_1 失电释放。

第二次按 SB,KA_2 吸合,KM 失电释放,M 停止;松开 SB,KA_2 失电释放。

再次按 SB,KA_1、KM 又吸合,M 又运转;松开 SB,KA_1 失电释放,重复上述过程。

5. 电气元件作用表

用一只按钮控制电动机起停电路电气元件作用表见表 60。

表 60　电气元件作用表

序号	符号	名　称	型　号	规　格	作　用
1	QF_1	断路器	DZ15-100	32A　三极	主回路过流保护
2	QF_2	断路器	DZ47-63	6A　二极	控制回路过流保护
3	KM	交流接触器	CDC10-20	线圈电压 380V	控制电动机电源
4	FR	热继电器	JR36-32	14~22A	过载保护
5	KA_1	中间继电器	JZ7-44	5A 线圈电压 380V	起动控制
6	KA_2	中间继电器	JZ7-44	5A 线圈电压 380V	停止控制

序号	符号	名 称	型 号	规 格	作 用
7	SB	按钮开关	LA19-11	绿色或蓝色	起动、停止用
8	M	三相异步电动机	Y132M-4	7.5kW 15.4A 1440r/min	拖 动

6. 元器件安装排列图及端子图

元器件安装排列图及端子图如图 176 所示。

从元器件安装排列图及端子图上可以看出,端子排 XT 上共有 8 个接线端子,其中,L_1、L_2、L_3 为电源引入线,将外部三相 380V 电源接到此处,可采用 3 根 BV 1.5mm² 导线套管敷设。

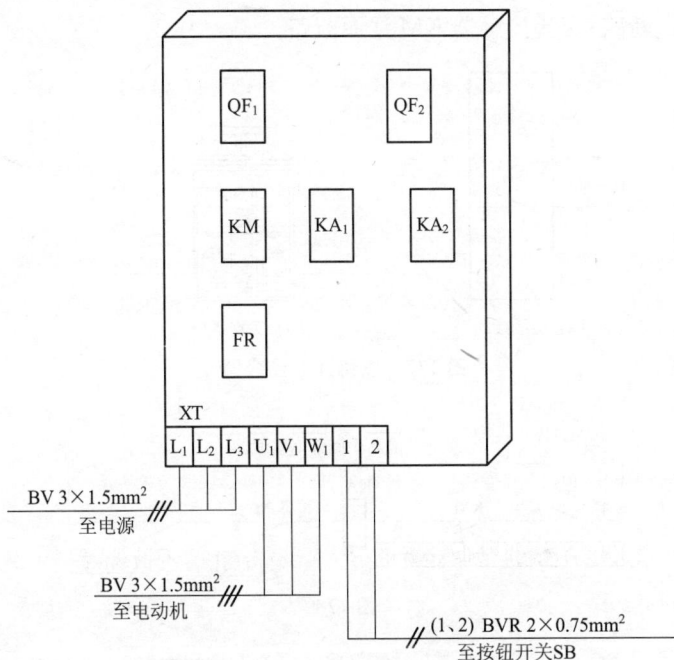

图 176 元器件安装排列图及端子图

U_1、V_1、W_1 用 3 根 BV 1.5mm² 导线套管敷设至电动机处。

1、2 可采用 2 根 BVR 0.75mm² 导线接至配电箱面板按钮开关 SB 上,并一一正确对应连接。

7. 按钮开关接线图

按钮开关接线如图 177 所示。

8. 常见故障及排除方法

① 按动按钮 SB 无任何反应(控制电源正常)。可能故障原因是按钮 SB 损坏;热继电器 FR 常闭触点接触不良或断路;交流接触器 KM 辅助常闭触点断路;中间继电器 KA_2 串联在 KA_1 线圈回路中的常闭触点断路;中间继电器 KA_1 线圈断路等,如图 178 电路所示。

从图 178 中可以看出故障元件较多,可采用测电笔检测后即可找出故障元件并排出故障。

② 按动按钮 SB,中间继电器 KA_1 线圈得电吸合但交流接触器 KM 线圈不吸合。从图 179 所示电路可看出,故障范围很小,造成此故障的只有三个元器件:即中间继电器 KA_1 常开触点闭合不了;中间继电器 KA_2 常闭触点断路;交流接触器 KM 线圈断路。

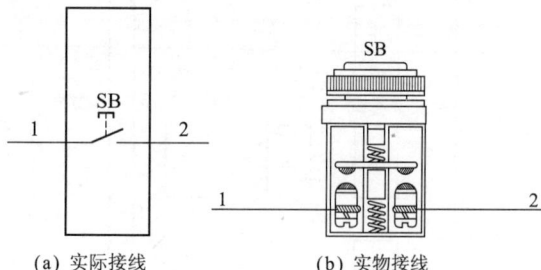

(a) 实际接线　　　　　(b) 实物接线

图 177　按钮开关接线图

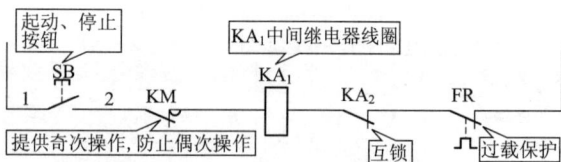

图 178

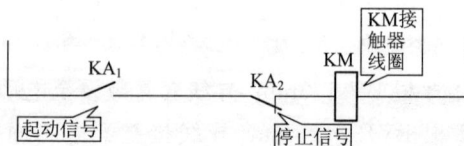

图 179

③ 按 SB 按钮,交流接触器 KM 不能自锁为点动。从图 175 电路可以看出,按动 SB 时,中间继电器 KA$_1$ 线圈得电吸合动作了,其串联在交流接触器 KM 线圈回路中的常开触点 KA$_1$ 闭合,从而使交流接触器 KM 线圈得电吸合动作。一旦松开按钮 SB,中间继电器 KA$_1$ 线圈就断电释放,其串联在交流接触器 KM 线圈电路中的常开触点 KA$_1$ 就断开,交流接触器 KM 线圈也随着断电释放。从而进一步证明,故障为并联在中间继电器 KA$_1$ 常开触点上的交流接触器 KM 辅助常开触点损坏而不能自锁所致,如图 180 电路所示。

④ 停止时按 SB 按钮,中间继电器 KA$_2$ 线圈不吸合,交流接触器 KM 线圈吸合不释放,从而造成不能停机。此故障如图 181 电路所示。故障可能原因是交流接触器 KM 辅助常开触点闭合不了;中间继电器 KA$_2$ 线圈断路;中间继电器 KA$_1$ 常闭触点断路。

⑤ 停止时,按 SB 按钮,中间继电器 KA$_2$ 线圈吸合动作,但切不断交流接触器 KM 线圈回路电源,造成不能停机故障。此故障原因为串联在交流接触器 KM 线圈回路中的常闭触点 KA$_2$ 损坏断不开;交流接触器自身故障:机械部分卡住或铁心极面有油污造成延时释放或触点部分粘连。

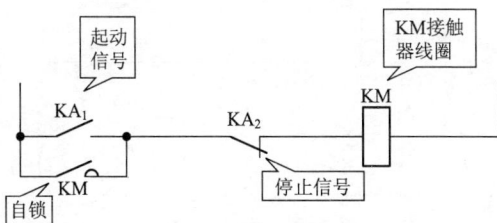

图 180

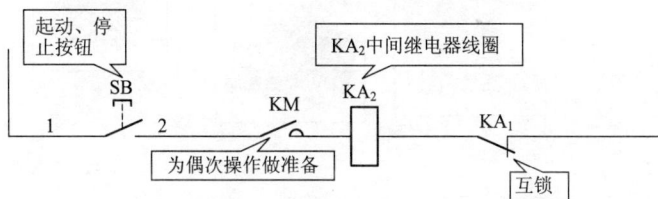

图 181

9. 电路实物配套图

用一只按钮控制电动机起停电路实物配套图如图 182 所示。

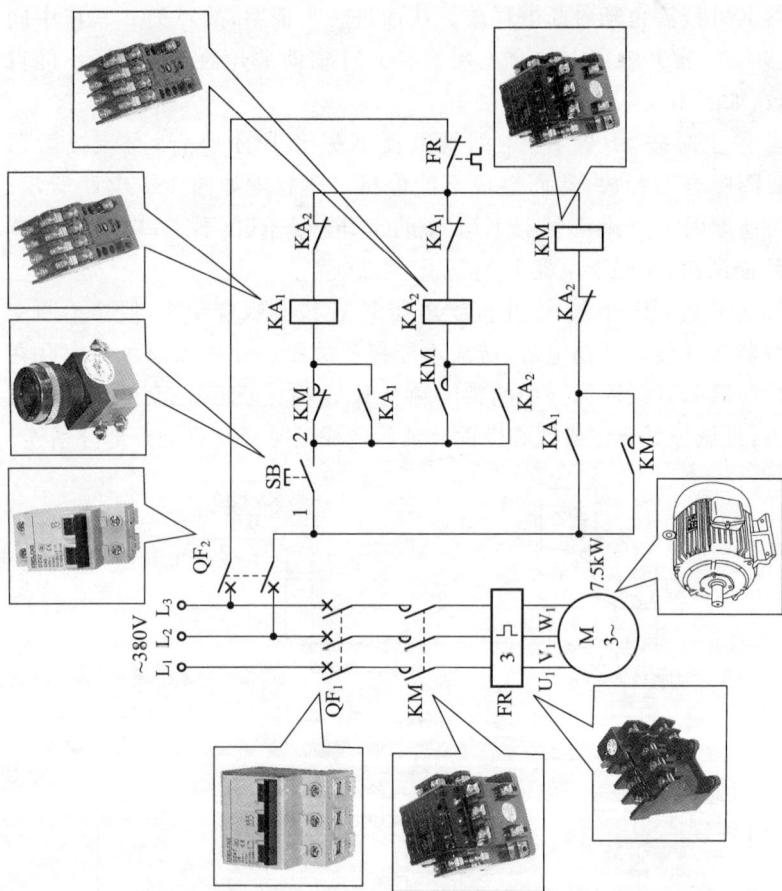

图182 用一只按钮控制电动机起停电路实物配套图

电路 41 仅用一只行程开关实现自动往返控制电路

1. 电气原理图

在众多的自动往返控制电路中,通常均采用两只行程开关来实现自动往返控制。这种控制方法安装施工困难,使用导线多,维修起来较麻烦。为此,本例介绍仅用一只双轮 LX19-232 型不可复位式行程开关完成某设备拖板系统的自动往返控制。

仅用一只行程开关实现自动往返控制电路的电气原理图如图 183 所示。

2. 电气原理分析

起动拖板时,按下起动按钮 SB₂,中间继电器 KA 线圈得电吸合且自锁,做控制电源准备工作,交流接触器 KM₁ 线圈在行程开关 SQ 常闭触

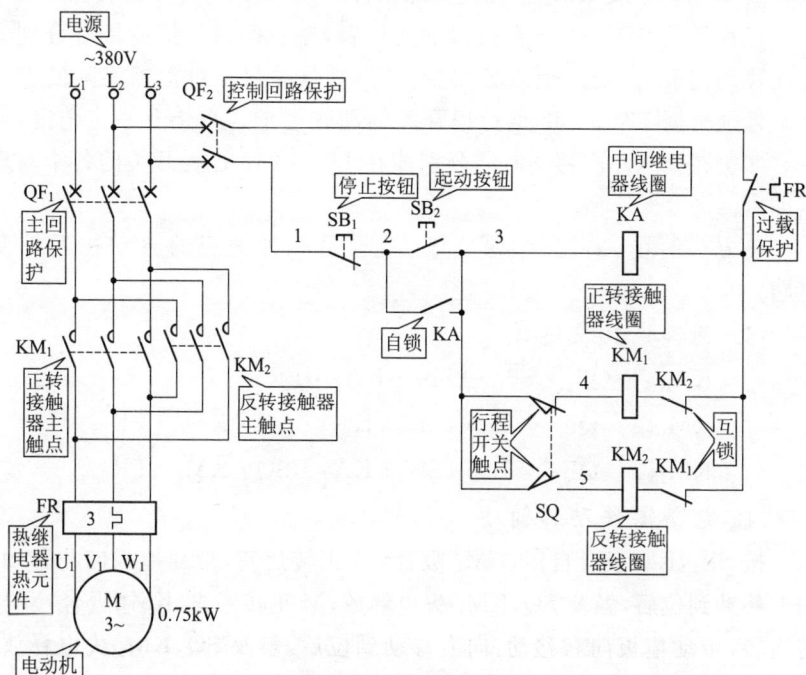

图 183 仅用一只行程开关实现自动往返控制电路电气原理图

点的作用下形成回路而得电吸合,其三相主触点闭合,电动机 M 正转运行(拖板向左移动),当拖板向左移动到位时,左边到位撞块(又称挡块)将行程开关撞动使 SQ 转态(即行程开关 SQ 的常闭触点断开,常开触点闭合),交流接触器 KM_1 线圈失电释放,电动机 M 正转运行停止(拖板向左移动停止);同时,交流接触器 KM_2 线圈在行程开关 SQ 常开触点(已转态为常闭触点)的作用下形成回路而得电吸合,其主触点闭合,电动机 M 反转运行(拖板向右移动),当拖板向右边移动到位时,右边到位保护撞块将行程开关撞动恢复原来状态(即行程开关 SQ 的常闭触点闭合,常开触点断开),此时,交流接触器 KM_1 线圈在行程开关 SQ 常闭触点(已转态恢复到原来状态)的作用下形成回路而又得电吸合,其三相主触点闭合,电动机 M 再次正转运行(拖板向左移动),这样一直重复循环下去,从而实现自动往返控制。

如需要停止拖板运转电动机,则按下拖板停止按钮 SB_1,中间继电器 KA 线圈断电释放,切断交流接触器 KM_1 或 KM_2 线圈回路电源使其断电释放,其 KM_1 或 KM_2 三相主触点断开,电动机失电停止运转。

行程开关 SQ 可安装在机器中间位置,左右两只保护撞块可分别安装在移动拖板上(安装距离必须左右对称,具体尺寸可根据实际要求确定),且须根据 LX19-232 型行程开关的动作要求各自错开一定角度,使左右撞块在拖板左右移动时能分别撞在 LX19-232 行程开关的各个轮珠上即可。

该方法简单、实用、维修安装方便,是一种理想的自动往返控制电路。

3. 逻辑代数表达式

$$KA_{线圈} = QF_2 \cdot \overline{SB_1} \cdot (SB_2 + KA) \cdot \overline{FR}$$

$$KM_{1线圈} = QF_2 \cdot \overline{SB_1} \cdot (SB_2 + KA) \cdot \overline{SQ} \cdot \overline{KM_2} \cdot \overline{FR}$$

$$KM_{2线圈} = QF_2 \cdot \overline{SB_1} \cdot (SB_2 + KA) \cdot SQ \cdot \overline{KM_1} \cdot \overline{FR}$$

4. 电路器件动作简述

按 SB_2,KA 吸合自锁,KM_1 吸合,M 正转运转,带动拖板向左移动,向左移动到位后,触及 SQ,KM_1 失电释放,M 正转停止,KM_2 吸合,M 反转运转,带动拖板向右移动,向右移动到位后,触及 SQ,KM_2 失电释放,M 反转停止,KM_1 又吸合,M 又正转运转,重复上述过程。

按 SB_1,KA 失电释放,KM_1 或 KM_2 失电释放,M 停止。

5. 电气元件作用表

仅用一只行程开关实现自动往返控制电路电气元件作用表见表 61。

表 61　电气元件作用表

序号	符号	名　称	型　号	规　格	作　用
1	QF$_1$	断路器	DZ47-63	10A　三极	主回路过流保护
2	QF$_2$	断路器	DZ47-63	6A　二极	控制回路过流保护
3	KM$_1$	交流接触器	CJX2-0901	线圈电压 380V	控制电动机正转电源
4	KM$_2$	交流接触器	CJX2-0901	线圈电压 380V	控制电动机反转电源
5	FR	热继电器	JRS1D-25	1.6~2.5A	过载保护
6	KA	中间继电器	JZ7-44	线圈电压 380V	起动准备
7	SQ	行程开关	LX19-232	双　轮 滚　轮 不能自动复位	正、反转转换
8	SB$_1$	按钮开关	LA19-11	红　色	停止电动机用
9	SB$_2$	按钮开关	LA19-11	绿　色	起动电动机用
10	M	三相异步电动机	Y90S-6	0.75kW 2.3A 910r/min	拖　动

6. 元器件安装排列图及端子图

元器件安装排列图及端子图如图 184 所示。

从元器件安装排列图及端子图上可以看出,端子排 XT 上共有 11 个接线端子,其中,L$_1$、L$_2$、L$_3$ 为电源引入线,将外部三相 380V 电源接到此处,可采用 3 根 BV 1.5mm^2 导线套管敷设。

U$_1$、V$_1$、W$_1$ 用 3 根 BV 1.5mm^2 导线套管敷设至电动机处。

1、2、3 可采用 3 根 BVR 0.75mm^2 导线接至配电箱面板按钮开关 SB$_1$、SB$_2$ 上,2、4、5 可采用 3 根 BVR 0.75mm^2 导线穿管接至行程开关 SQ 上,并一一正确对应连接。

7. 按钮开关及行程开关接线图

按钮开关实际接线如图 185 所示,行程开关 SQ 实际接线如图 186 所示。

8. 常见故障及排除方法

① 交流接触器 KM$_1$ 线圈得电吸合正常,电动机正转运转(拖板向左

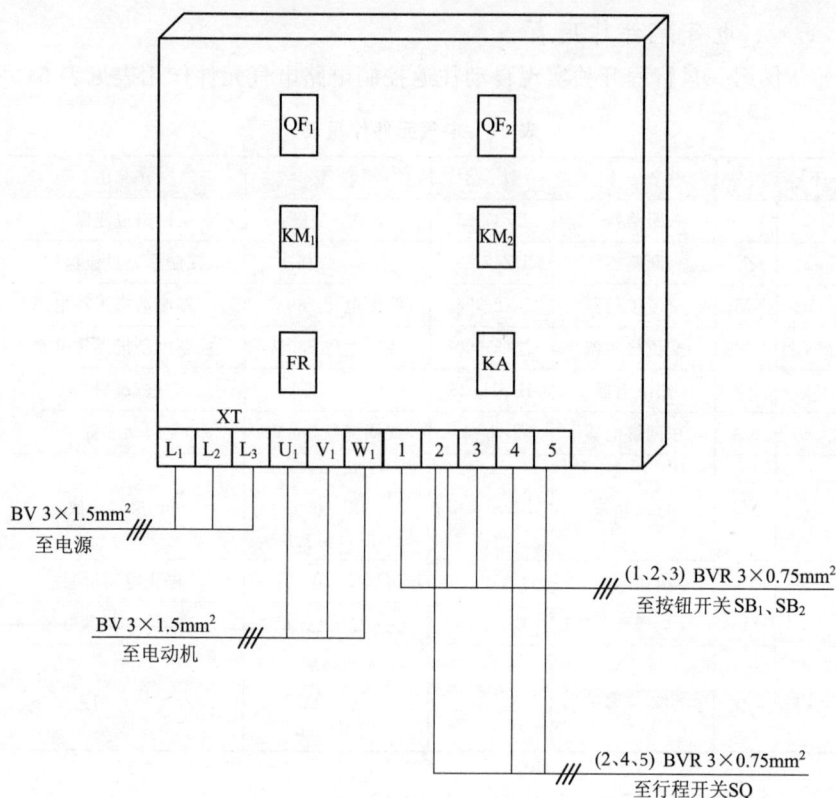

图 184 元器件安装排列图及端子图

移动）但左边到位碰块碰到行程开关 SQ 时，交流接触器 KM_1 线圈断电释放，电动机停止工作，不能实现反转运转。此故障原因为行程开关 SQ 常开触点损坏；交流接触器 KM_1 互锁常闭触点损坏开路；交流接触器 KM_2 线圈断路等。若是行程开关 SQ 损坏，则需更换新品；若是交流接触 KM_1 互锁常闭触点损坏则更换常闭触点或更换同型号新品；若是交流接触器 KM_2 线圈断路则更换一只同型号的线圈即可。

②交流接触器 KM_1 线圈得电吸合正常，电动机正转运转（拖板向左移动），但左边到位后不能停止运转而造成事故。此故障原因为行程开关 SQ 损坏其常闭触点断不开；碰块松动碰不到行程开关 SQ；交流接触器 KM_1 铁心极面有油污而造成释放缓慢或不释放；交流接触器 KM_1 触点粘连或机械部分卡住。若行程开关 SQ 损坏则更换新品即可；若碰块松动碰不到行程开关则需重新仔细调整并加以紧固；若是交流接触器 KM_1

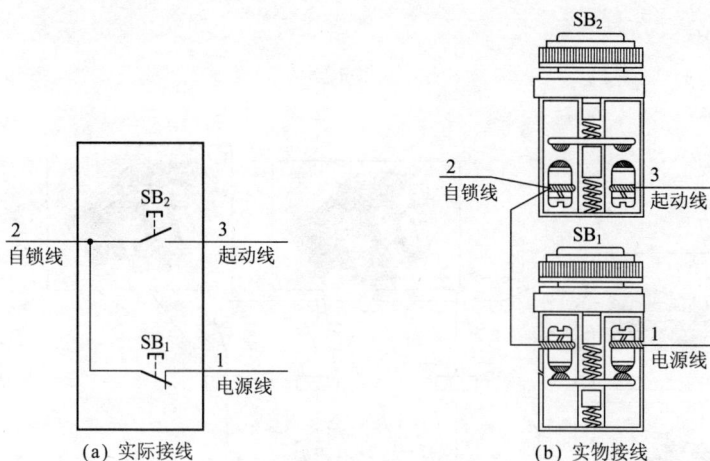

(a) 实际接线　　　　　　　　(b) 实物接线

图 185　按钮开关接线图

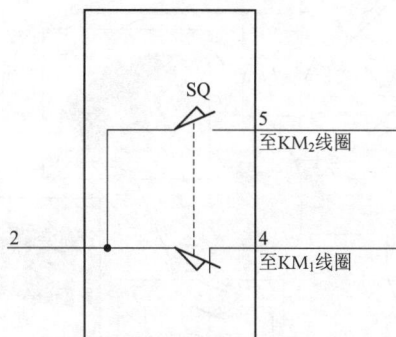

图 186　SQ 行程开关实际接线

铁心极面脏有油污,则将其拆开,用干布或细砂纸将其动、静铁心极面处理干净;若是交流接触器 KM_1 触点粘连或者是机械部分卡住,则必须更换同型号新品。

③ 按起动按钮 SB_2,但手一松开 SB_2,电动机就停止运转(无论正转还是反转)。此故障原因为手按住起动按钮 SB_2,观察配电箱内电气动作情况,若中间继电器 KA 线圈不吸合则为 KA 线圈损坏;若 KA 线圈吸合则为 KA 自锁触点损坏。对于上述两种故障,必须更换中间继电器 KA。

9. 电路实物配套图

仅用一只行程开关实现自动往返控制电路实物配套图如图 187所示。

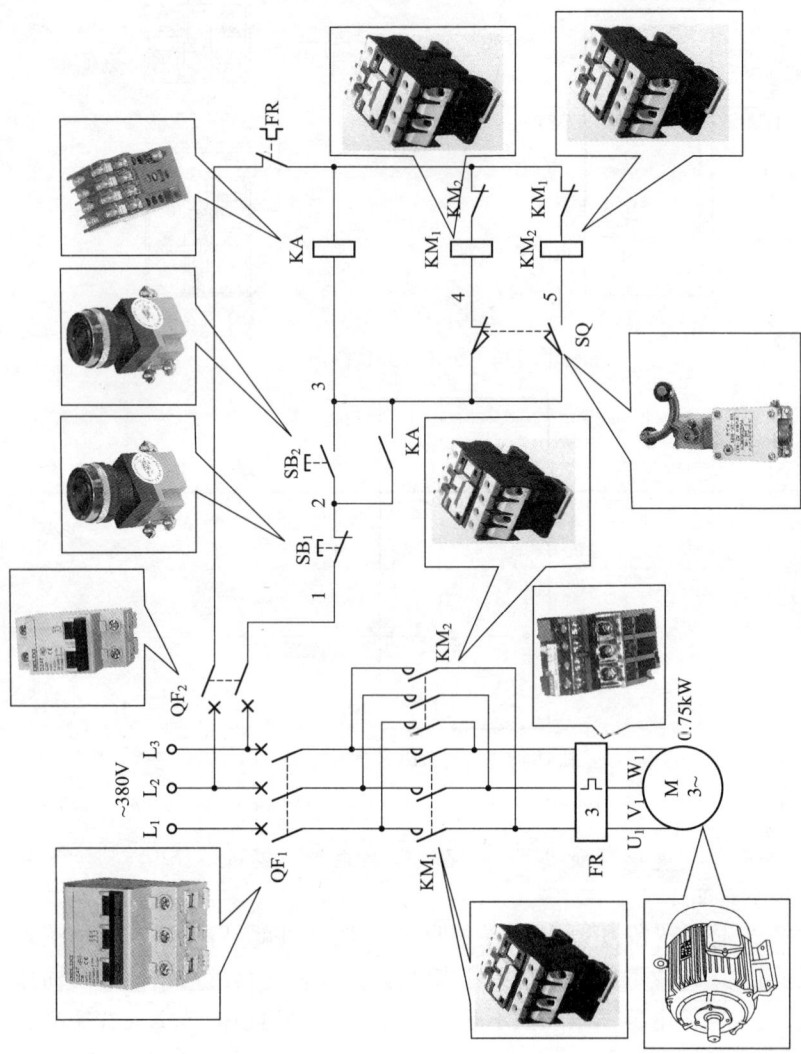

图187 仅用一只行程开关实现自动往返控制电路实物配套图

电路 42　单按钮控制电动机正反转起停电路

1. 电气原理图

图 188 所示为单按钮控制电动机正反转起停电路电气原理图。

2. 电气原理分析

合上控制回路断路器 QF_2，第一次按下按钮 SB，中间继电器 KA_1 线圈得电吸合且自锁，其常开触点闭合，正转交流接触器 KM_1 线圈得电吸

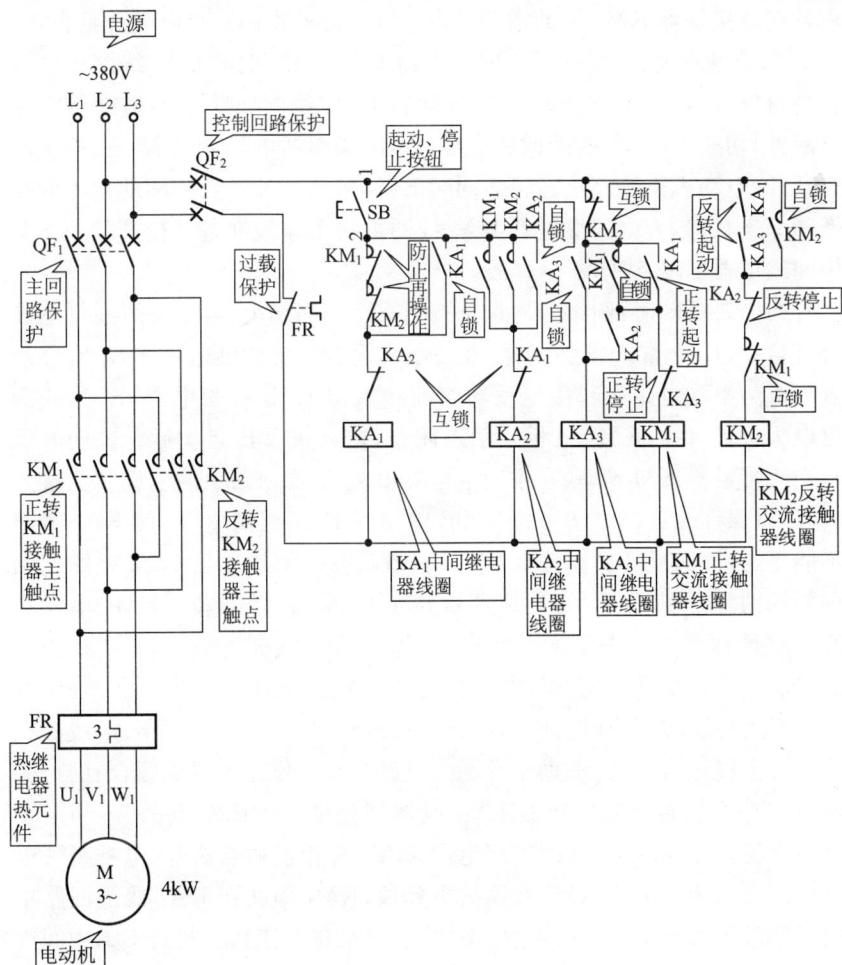

图 188　单按钮控制电动机正反转起停电路电气原理图

合且自锁,KM_1 三相主触点闭合,电动机正转起动运转,同时正转交流接触器 KM_1 的辅助常开触点闭合,在正转交流接触器 KM_1 线圈吸合后,松开按钮 SB,此时,中间继电器 KA_1 线圈断电释放,由于正转交流接触器 KM_1 串联在中间继电器 KA_1 线圈回路中的辅助常闭触点断开,以保证在第二次按下按钮 SB 前切断 KA_1 线圈回路,使 KA_1 线圈不能得电;同时正转交流接触器 KM_1 串联在中间继电器 KA_2 线圈回路中的辅助常开触点闭合,为第二次按下按钮 SB 做准备工作。

当需要正转停止时,则第二次按下按钮 SB,中间继电器 KA_2 线圈在正转交流接触器 KM_1 辅助常开触点(已闭合)的作用下得电吸合且自锁,KA_2 常开触点闭合,接通了中间继电器 KA_3 线圈回路,KA_3 线圈得电吸合且自锁,KA_3 串联在正转交流接触器 KM_1 线圈回路中的辅助常闭触点断开,切断了 KM_1 线圈回路电源,KM_1 线圈断电释放,KM_1 三相主触点断开,电动机正转停止运转。同时 KM_1 辅助常开触点和辅助常闭触点恢复原来状态,为中间继电器 KA_1 线圈再次工作做准备。松开按钮 SB,中间继电器 KA_2 线圈断电释放。

当需要反转时,则第三次按下按钮 SB,中间继电器 KA_1 线圈得电吸合且自锁,KA_1 常开触点闭合,并与早已闭合的中间继电器 KA_3 常开触点组合为串联电路一起接通反转交流接触器 KM_2 线圈电源,KM_2 线圈得电吸合且自锁,KM_2 三相主触点闭合,电动机反转起动运转。同时反转交流接触器 KM_2 串联在中间继电器 KA_1 线圈回路中的辅助常闭触点断开,以保证在第四次按下按钮 SB 前切断 KA_1 线圈电源,使 KA_1 线圈不能得电;同时反转交流接触器 KM_2 串联在中间继电器 KA_2 线圈回路中的辅助常开触点闭合,为第四次按下按钮 SB 做准备。KM_2 串联在 KA_3 线圈回路中的常闭触点断开,切断了 KA_3 线圈电源,为下次操作提供先决条件。松开按钮 SB,中间继电器 KA_1 线圈断电释放。

当需要反转停止时,则第四次按下按钮 SB,中间继电器 KA_2 线圈在反转交流接触器 KM_2 辅助常开触点(已闭合)的作用下得电吸合且自锁,KA_2 串联在反转交流接触器 KM_2 线圈回路中的常闭触点断开,切断了反转交流接触器 KM_2 线圈回路电源,KM_2 三相主触点断开,电动机失电反转停止运转。由于 KM_2 线圈失电释放,KM_2 串联在 KA_1 线圈回路中的辅助常闭触点闭合,为再次按下按钮 SB 做准备工作。松开 SB,中间继电器 KA_2 线圈断电释放。

再次按下按钮 SB,重复上述过程。

本电路适用于纺织厂等要求完成正转→停→反转→停→再正转⋯⋯循环的场合,读者也可举一反三地应用在其他控制场合。该电路新颖、巧妙、实用。

3. 逻辑代数表达式

$$KA_{1线圈}=QF_2 \cdot SB \cdot (\overline{KM_1} \cdot \overline{KM_2}+KA_1) \cdot \overline{KA_2} \cdot \overline{FR}$$

$$KA_{2线圈}=QF_2 \cdot SB \cdot (KM_1+KM_2+KA_2) \cdot \overline{KA_1} \cdot \overline{FR}$$

$$KA_{3线圈}=QF_2 \cdot \overline{KM_2}[KA_3+(KM_1+KA_1) \cdot KA_2] \cdot \overline{FR}$$

$$KM_{1线圈}=QF_2 \cdot \overline{KM_2}[KA_3 \cdot (KM_1+KA_1) \cdot KA_2] \cdot \overline{KA_3} \cdot \overline{FR}$$

$$KM_{2线圈}=QF_2 \cdot [(KA_3 \cdot KA_1+KM_2) \cdot \overline{KA_2} \cdot \overline{KM_1} \cdot \overline{FR}$$

4. 电路器件动作简述

第一次按 SB,KA$_1$ 吸合自锁,KM$_1$ 也吸合自锁,M 正转运转;松开 SB,KA$_1$ 失电释放。

第二次按 SB,KA$_2$ 吸合自锁、KA$_3$ 也吸合自锁,KM$_1$ 失电释放,M 正转停止;松开 SB,KA$_2$ 失电释放。

第三次按 SB,KA$_1$ 吸合自锁,KM$_2$ 也吸合自锁,KA$_3$ 失电释放,M 反转运转;松开 SB,KA$_1$ 失电释放。

第四次按 SB,KA$_2$ 吸合自锁,KM$_2$ 失电释放,M 反转停止;松开 SB,KA$_2$ 失电释放。

再次按下 SB,重复上述过程。

5. 电气元件作用表

单按钮控制电动机正反转起停电路电气元件作用表见表 62。

表 62 电气元件作用表

序号	符号	名　称	型　号	规　格	作　用
1	QF$_1$	断路器	DZ47-63	20A　三极	主回路过流保护
2	QF$_2$	断路器	DZ47-63	6A　二极	控制回路过流保护
3	KM$_1$	交流接触器	CDC10-10	线圈电压 380V	控制电动机正转电源
4	KM$_2$	交流接触器	CDC10-10	线圈电压 380V	控制电动机反转电源
5	KA$_1$	中间继电器	JZ7-44	5A 线圈电压 380V	逻辑记忆转换
6	KA$_2$	中间继电器	JZ7-44	5A 线圈电压 380V	逻辑记忆转换

序号	符号	名 称	型 号	规 格	作 用
7	KA₃	中间继电器	JZ7-44	5A 线圈电压 380V	逻辑记忆转换
8	FR	热继电器	JR36-20	6.8～11A	过载保护
9	SB	按钮开关	LA2	绿或蓝	正转起动、反转起动、停止
10	M	三相异步电动机	Y112M-2	4kW 8.2A 2890r/min	拖 动

6. 元器件安装排列图及端子图

元器件安装排列图及端子图如图 189 所示。

从元器件安装排列图及端子图上可以看出,端子排 XT 上共有 8 个接线端子,其中,L$_1$、L$_2$、L$_3$ 为电源引入线,将外部三相 380V 电源接到此处,可采用 3 根 BV 2.5mm^2 导线套管敷设。

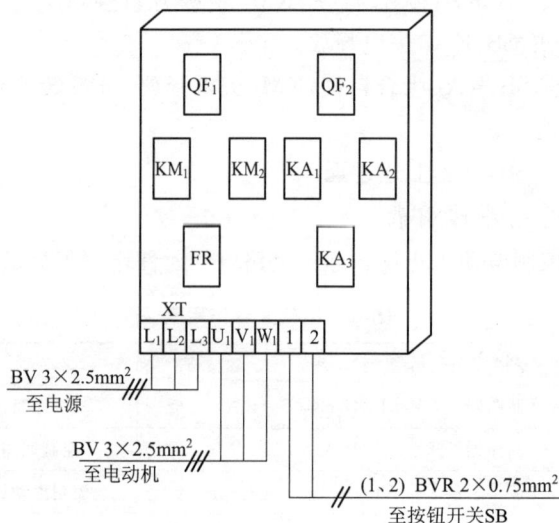

图 189 元器件安装排列图及端子图

U$_1$、V$_1$、W$_1$ 用 3 根 BV 2.5mm^2 导线套管敷设至电动机处。

1、2 可采用 2 根 BVR 0.75mm^2 导线接至配电箱面板按钮开关 SB 上,并一一正确对应连接。

7. 按钮接线图

按钮开关实际接线如图 190 所示。

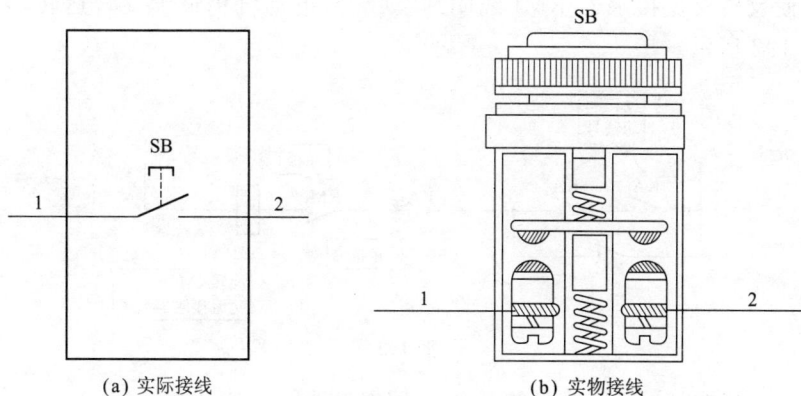

(a) 实际接线   (b) 实物接线

图 190　按钮开关接线图

8. 常见故障及排除方法

① 起动时按动按钮 SB(即奇次操作),中间继电器 KA 线圈不能吸合。正转交流接触器 KM_1 或反转交流接触器 KM_2 线圈不能吸合,电动机不能正转或反转工作。此故障原因为 KA_2 互锁常闭触点断路;正转交流接触器 KM_1 串联在 KA_1 线圈回路中的辅助常闭触点断路;反转交流接触器 KM_2 串联在 KA_1 线圈回路中的辅助常闭触点断路;KA_1 线圈断路。如图 191 电路所示,用万用表检查上述各电器元件是否正常,故障即可排除。

② 第四次按动按钮 SB,中间继电器 KA_2 线圈得电吸合,但切不断反转交流接触器 KM_2 线圈电源,此时断开控制回路断路器 QF_2 时,反

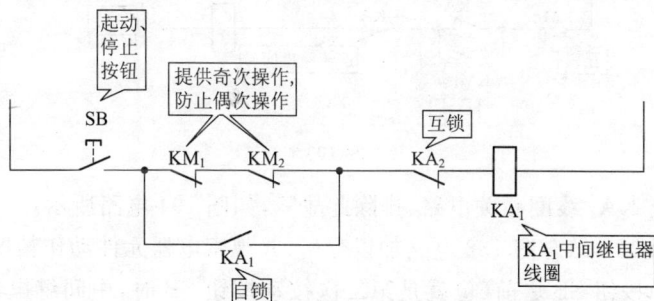

图 191

电路 42　单按钮控制电动机正反转起停电路　**257**

转交流接触器 KM_2 线圈立即断电释放。此故障主要原因是中间继电器 KA_2 串联在反转交流接触器 KM_2 线圈回路中的常闭触点断不开,从而使反转交流接触器 KM_2 线圈继续吸合,电动机仍继续反转运转,如图 192 所示。

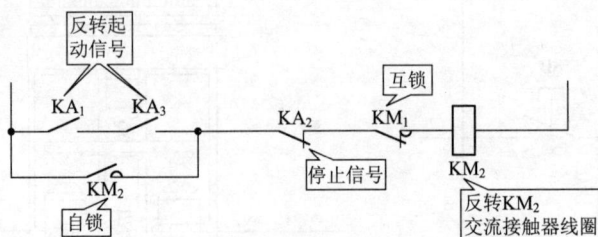

图 192

上述故障更换同型号的 KA_2 中间继电器即可排除。

③ 第三次按动按钮 SB 时,应为反转起动操作,但电动机转向为正转。观察配电箱内电气元件的动作情况,从图 188 所示电路可以看出,在第二次按动按钮 SB 时,中间继电器 KA_3 线圈应吸合动作,否则由于 KA_3 不能闭合,就接通不了反转交流接触器 KM_2 线圈回路电源,而将正转交流接触器 KM_1 回路接通了。从而出现继续正转运转问题,如图 193 所示。

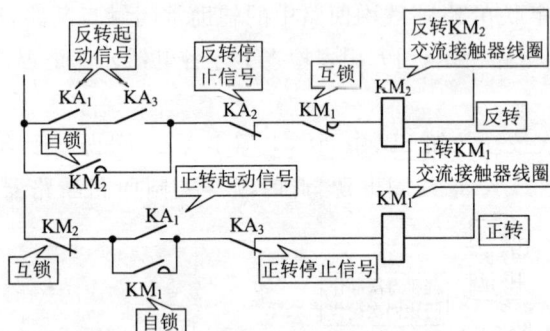

图 193

检查 KA_3 线圈相关电路,排除此故障,如图 194 电路所示。

从图 194 结合图 188 电路加以分析,并观察电器元件动作情况,若第三次按动按钮 SB 之前(也就是第二次按动按钮 SB 时,中间继电器 KA_3 线圈能可靠吸合,但松开 SB 时,KA_3 线圈也随之断电释放),KA_3 工作正

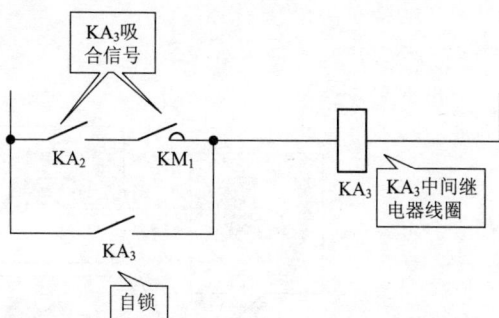

图 194

常,但无自锁,可检查 KA₃ 自锁电路是否断路。若第三次在按动按钮 SB 前,由于中间继电器 KA₃ 未吸合自锁,从而接通不了反转交流接触器 KM₂ 线圈回路电源而使电动机反转得不到三相电源不能运转。此故障可重点检查 KA₃ 线圈是否断路;KA₂ 常开触点是否断路;正转交流接触器 KM₁ 辅助常开触点是否闭合不了。

9. 技术数据

JZ7 系列中间继电器的主要技术数据见表 63。

表 63　JZ7 系列中间继电器的主要技术数据

型　号	电压/V	额定电流/A	触点数量		吸引线圈电压/V	操作频率/(次/h)	通电持续率/%	电寿命/万次
			常开	常闭	50Hz			
JZ7-22			2	2				
JZ7-41			4	1				
JZ7-42			4	2				
JZ7-44	交流 50Hz 380	5	4	4	12、24、36、48、110、127、220、380	1200	40	100
JZ7-53			5	1 或 3				
JZ7-62			6	2				
JZ7-71			7	1				
JZ7-80			8	0				

10. 电路实物配套图

单按钮控制电动机正反转起停电路实物配套图如图 195 所示。

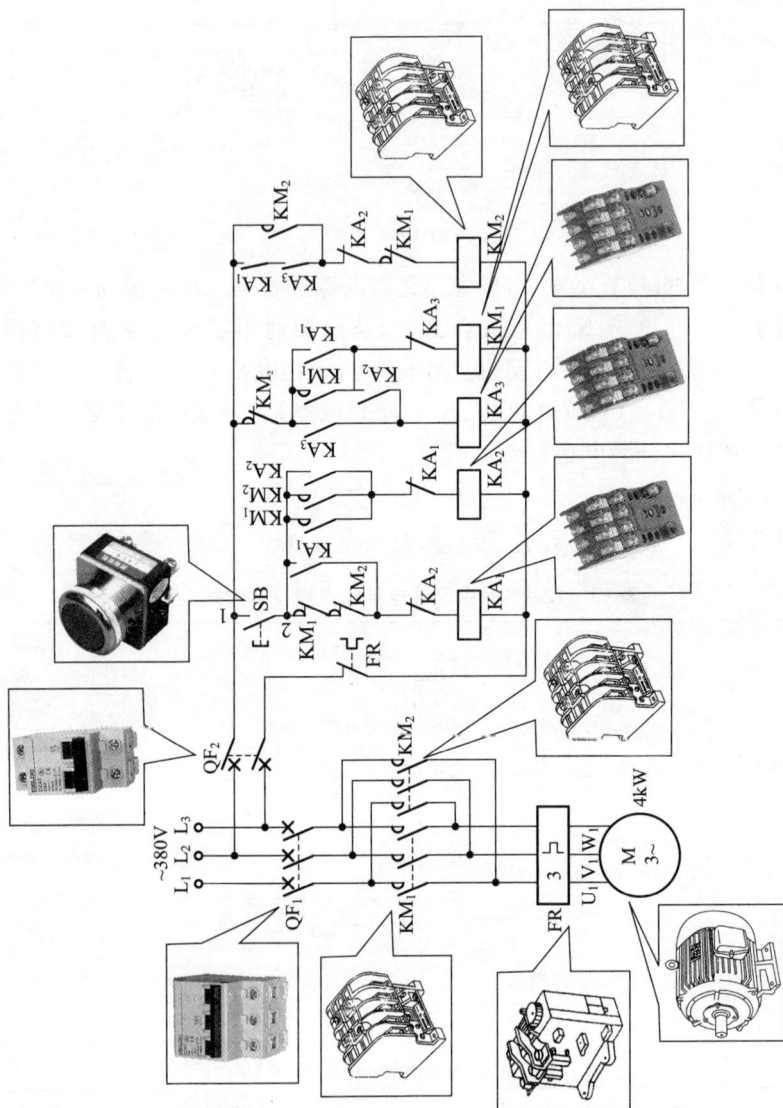

图195 单按钮控制电动机正反转起停电路实物配套图

电路 43　电动机固定转向控制电路

1. 电气原理图

在某些场合,只允许电动机按一个指定的方向运转,即使当电动机相序因外线路检修后或其他原因而反向时,也要保证电动机按指定方向运转,否则会造成人身及设备事故。利用 CQX-1 型错缺相保护器来完成上述要求安全可靠,效果理想,实用性强。CQX-1 型错缺相保护器的电气工作原理图如图 196 所示。

利用 CQX-1 型错缺相保护器锁定电动机运转方向的控制电路如图 197 所示。

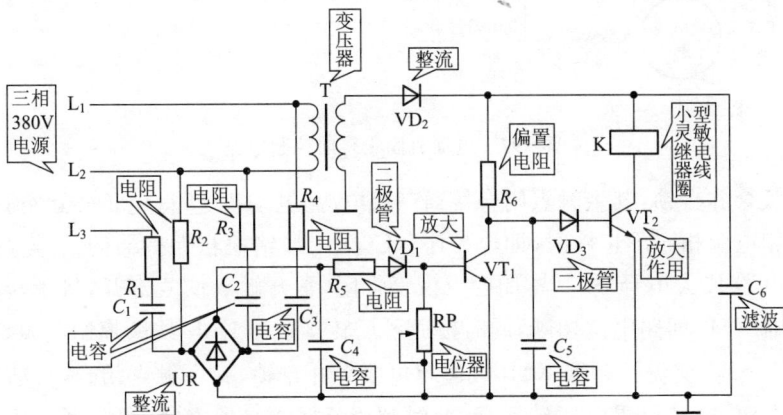

图 196　CQX-1 型错缺相保护器的工作原理图

2. 电气原理分析

在正常情况下(正相序、无缺相时),信号检测电路电源经过 $R_1 \sim R_4$、$C_1 \sim C_3$ 及 UR 整流。此时,桥式整流 UR 输出电压接近于 0 V,三极管 VT_1 截止、VT_2 导通使继电器 K 得电吸合。一旦出现错相或断相(缺相)时,在信号检测整流桥 UR 的输出端便会有信号电压产生,VT_1 导通,VT_2 截止,继电器 K 失电释放,从而切断交流接触器(KM$_1$ 或 KM$_2$)线圈的控制电源,交流接触器失电释放,其三相主触点断开,电动机停止工作。

当三相电源相序正确时(即正相序),CQX-1 型错缺相保护器的信号检测继电器 K 吸合动作,其常闭触点断开,常开触点闭合,给正转交流接触器 KM$_1$ 提供控制电源,若按下起动按钮 SB$_2$,交流接触器 KM$_1$ 线圈得

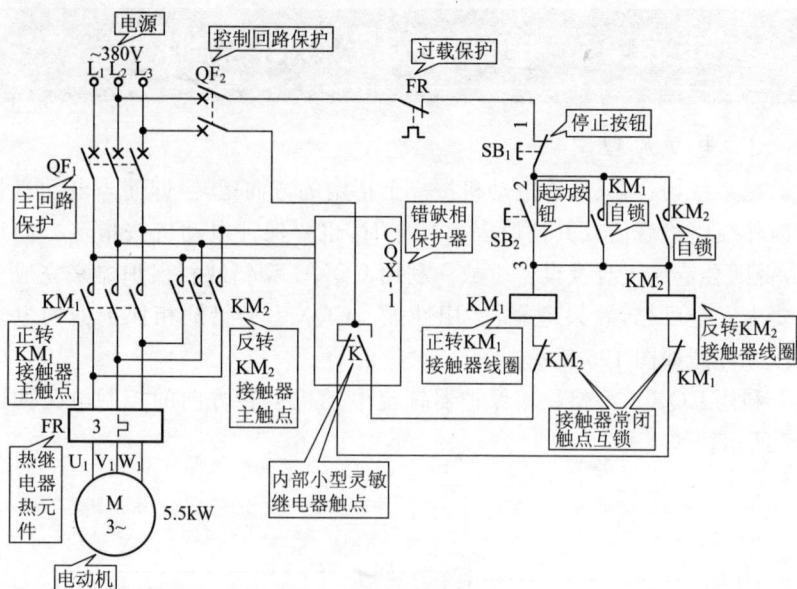

图 197　电动机固定转向控制电路

电吸合并自锁,其主触点闭合接通三相电源,电动机 M 得电正转运行;当三相电源相序不正确时(即逆相序),CQX-1 型错缺相保护器的信号检测继电器 K 失电释放,其常闭触点恢复常闭,常开触点恢复常开,将正转接触器 KM$_1$ 回路电源切断,同时接通了反转接触器 KM$_2$ 线圈控制电源,若按下 SB$_2$,交流接触器 KM$_2$ 线圈得电吸合并自锁,其主触点闭合,接通三相电源,电动机得电正转运行(此时利用反转接触器 KM$_2$ 再将逆相序变换为正相序,即反、反得正的道理)。

3. 逻辑代数表达式

$$KM_{1线圈} = QF_2 \cdot \overline{FR} \cdot \overline{SB_1} \cdot (SB_2 + KM_1) \cdot \overline{KM_2} \cdot K$$

$$KM_{2线圈} = QF_2 \cdot \overline{FR} \cdot \overline{SB_1} \cdot (SB_2 + KM_2) \cdot \overline{KM_1} \cdot \overline{K}$$

4. 电路器件动作简述

正相序时,CQX-1 内部继电器 K 得电吸合,按 SB$_2$,KM$_1$ 吸合自锁,M 正转运转。

反相序时,CQX-1 内部继电器 K 失电释放,按 SB$_2$,KM$_2$ 吸合自锁,M 反转运转,也就是反反得正,将电源纠正过来了。

按 SB$_1$,KM$_1$ 或 KM$_2$ 失电释放,M 停止。

5. 电气元件作用表

电动机固定转向控制电路电气元件作用表见表 64。

表 64　电气元件作用表

序号	符号	名　称	型　号	规　格	作　用
1	QF$_1$	断路器	DZ47-63	20A　三极	主回路过流保护
2	QF$_2$	断路器	DZ47-63	6A　二极	控制回路过流保护
3	KM$_1$	交流接触器	CDC10-20	线圈电压 380V	控制电动机正转电源
4	KM$_2$	交流接触器	CDC10-20	线圈电压 380V	控制电动机反转电源
5	CQX	错缺相保护器	CQX-1	专用成品	纠正错误相序
6	FR	热继电器	JR36-20	10~16A	过载保护
7	SB$_1$	按钮开关	LA19-11	红色	停止电动机用
8	SB$_2$	按钮开关	LA19-11	绿色	起动电动机用
9	M	三相异步电动机	Y132S$_1$-2	5.5kW 11A 2900r/min	拖动

6. 元器件安装排列图及端子图

元器件安装排列图及端子图如图 198 所示。

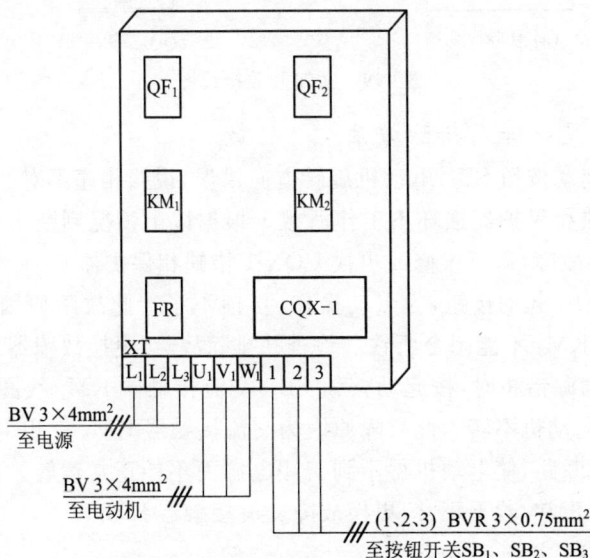

图 198　元器件安装排列图及端子图

从元器件安装排列图及端子图上可以看出,端子排 XT 上共有 9 个接线端子,其中,L_1、L_2、L_3 为电源引入线,将外部三相 380V 电源接到此处,可采用 3 根 BV 4mm^2 导线套管敷设。

U_1、V_1、W_1 用 3 根 BV 4mm^2 导线套管敷设至电动机处。

1、2、3 可采用 3 根 BVR 0.75mm^2 导线接至配电箱面板按钮开关 SB_1、SB_2、SB_3 上,并一一正确对应连接。

7. 按钮开关接线图

按钮开关接线如图 199 所示。

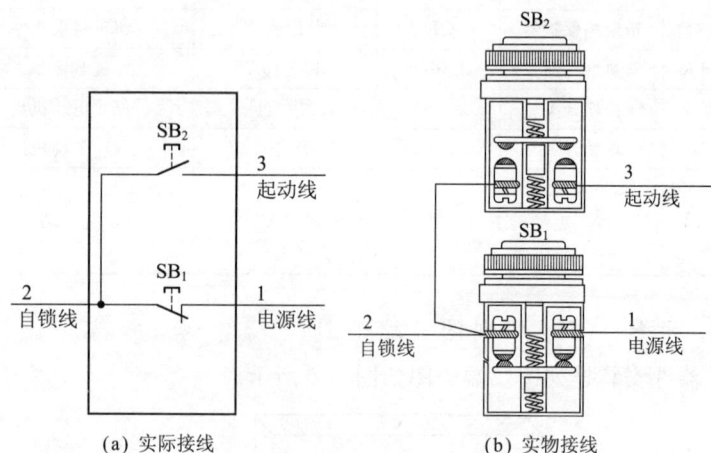

(a) 实际接线　　　　　　　　(b) 实物接线

图 199　按钮开关接线图

8. 常见故障及排除方法

① 按起动按钮 SB_2,电动机旋转方向错误,说明相序不对。此故障为 CQX-1 错缺相保护器损坏不工作所致。根据以上情况判断为 CQX-1 错缺相保护器故障,返厂维修或更换 CQX-1 错缺相保护器。

② 按 SB_2 起动按钮,为点动操作,自锁不了。此故障原因为自锁触点 KM_1 或 KM_2 不能闭合所致。检查并排除故障,更换故障器件。

③ 当电源错相时,按起动按钮 SB_2,交流接触器 KM_2 线圈得电吸合且自锁,但电动机不转。此故障原因为交流接触器 KM_2 三相主触点不能闭合而出现断路,使电动机得不到三相电源而不能正常运转。检查 KM_2 主触点是否正常,若不正常,更换故障交流接触器 KM_2。

9. 电路实物配套图

电动机固定转向控制电路实物配套图如图 200 所示。

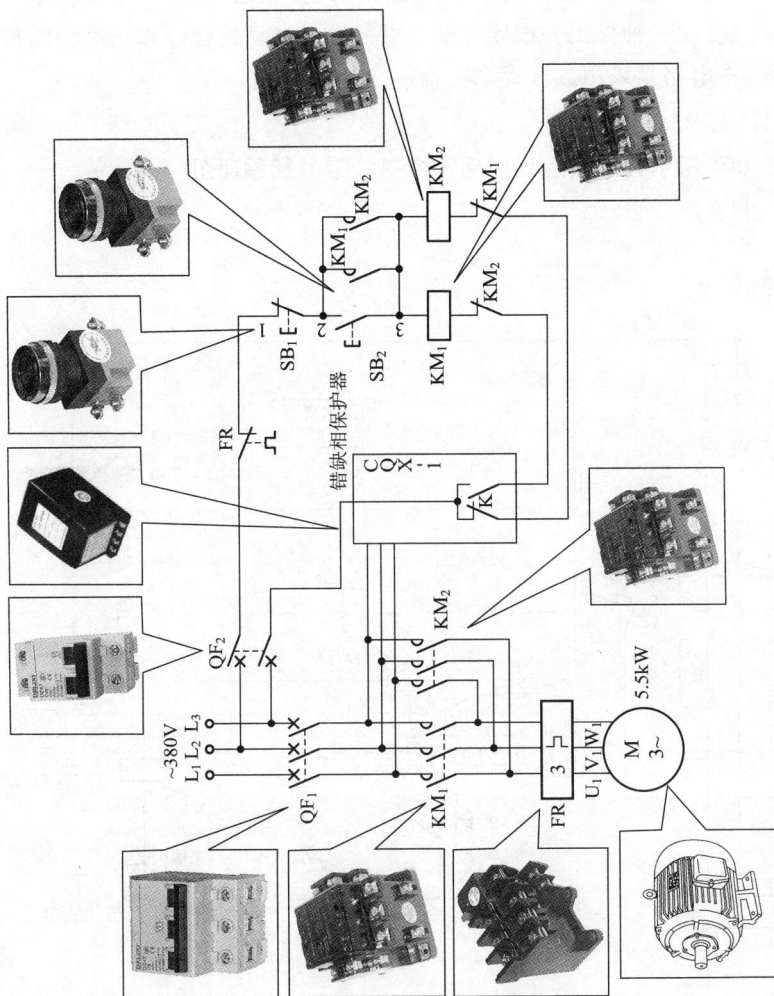

图 200　电动机固定转向控制电路实物配套图

电路 43　电动机固定转向控制电路　**265**

电路 44　单线远程正反转控制电路

在有些控制场所,如水塔与水源地之间距离很远,节省一根导线很有必要。现介绍一种仅用一根导线就可以完成对电动机起停和正反转的控制过程,本电路是采用二极管来实现选择控制的。

1. 电气原理图

图 201 所示为单线远程正反转控制电路电气原理图。

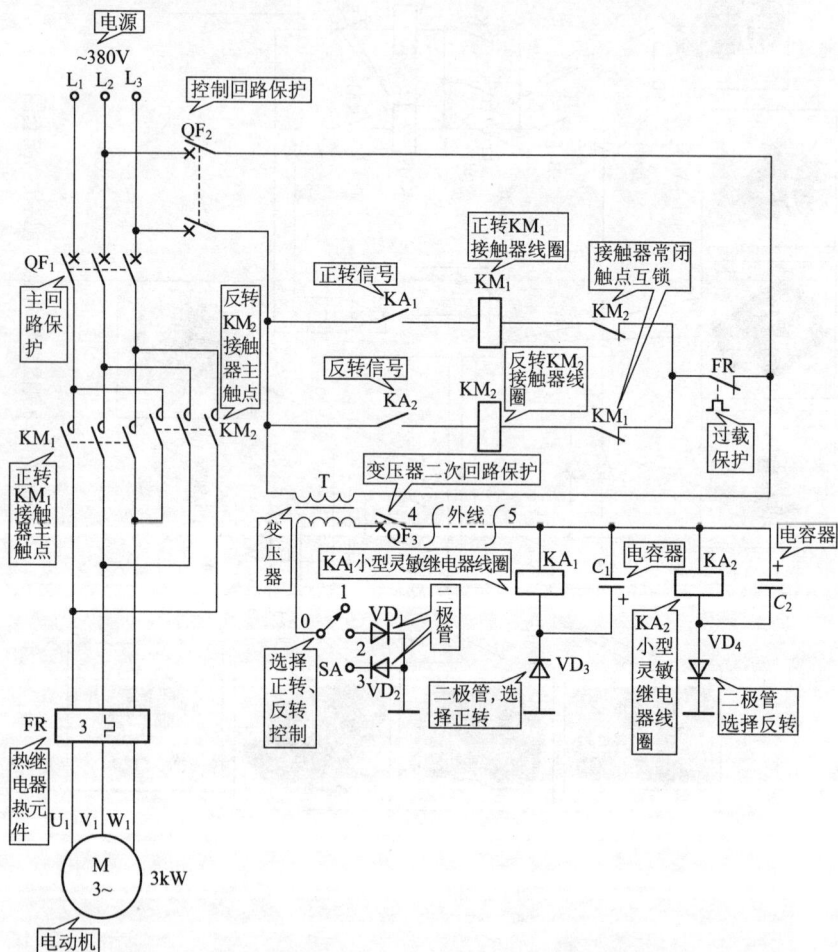

图 201　单线远程正反转控制电路电气原理图

2. 电气原理分析

某人在甲地拨动多挡开关 SA,若拨到位置"1"时,乙地的电动机就会因控制回路断电而停止工作。

若 SA 开关拨到位置"2"时,乙地的电动机控制电路因二极管 VD_1、VD_3 通过大地为顺向而导通,使小型灵敏继电器 KA_1 线圈得电吸合,KA_1 常开触点闭合,接通了正转交流接触器 KM_1 线圈回路电源,KM_1 得电吸合,KM_1 三相主触点闭合,电动机得电正转运行。

若 SA 开关拨到位置"3"时,乙地的电动机控制电路因二极管 VD_2、VD_4 通过大地为顺向而导通,使小型灵敏继电器 KA_2 线圈得电吸合,KA_2 常开触点闭合,接通了反转交流接触器 KM_2 线圈回路电源,KM_2 得电吸合,KM_2 三相主触点闭合,电动机得电反转运行。从而完成很巧妙的组合选择,同时也节省了一根导线。

本电路非常巧妙,简单且实用,特别适合于需要远距离控制的场合,可节省大量导线。电路中小型灵敏继电器 KA_1、KA_2 可以选用 JRX-13F 等型号,至于控制电源电压可根据甲乙两地线路的长短试验确定,通常根据经验可选用小型灵敏继电器线圈电压为 12V 或 24V,此电压很低,比较安全。

3. 逻辑代数表达式

$$KM_{1线圈} = QF_2 \cdot KA_1 \cdot \overline{KM_2} \cdot \overline{FR}$$

$$KM_{2线圈} = QF_2 \cdot KA_2 \cdot \overline{KM_1} \cdot \overline{FR}$$

$$KA_{1线圈} = SA \cdot VD_1 \cdot VD_3$$

$$KA_{2线圈} = SA \cdot VD_2 \cdot VD_4$$

4. 电路器件动作简述

SA 拨至 2 处,KA_1 吸合,KM_1 也吸合,M 正转运转。

SA 拨至 3 处,KA_2 吸合,KM_2 也吸合,M 反转运转。

SA 拨至 1 处,KA_1 或 KA_2 失电释放,KM_1 或 KM_2 失电释放,M 停止。

5. 电气元件作用表

单线远程正反转控制电路电气元件作用表见表 65。

6. 元器件安装排列图及端子图

元器件安装排列图及端子图如图 202 所示。

表 65　电气元件作用表

序号	符号	名　称	型　号	规　格	作　用
1	QF₁	断路器	DZ47-63	16A　三极	主回路过流保护
2	QF₂	断路器	DZ47-63	6A　二极	控制回路过流保护
3	KM₁	交流接触器	CDC10-10	线圈电压 380V	控制电动机正转电源
4	KM₂	交流接触器	CDC10-10	线圈电压 380V	控制电动机反转电源
5	FR	热继电器	JR36-20	4.5～7.2A	过载保护
6	KA₁	小型灵敏继电器	JRX-13F	线圈电压 12VDC	控制正转信号
7	KA₂'	小型灵敏继电器	JRX-13F	线圈电压 12VDC	控制反转信号
8	QF₃	断路器	DZ47-63	6A 单极	控制变压器 二次侧过流保护
9	T	控制变压器	BK-25	380/15V 25W	降　压
10	SA	转换开关	LA18-22X2	旋钮式 三　挡	正反转信号选择
11	VD₁～ VD₄	整流二极管	2CZ		正反转控制选择
12	C₁～C₂	电容器		电解电容 470μF/50V	滤　波
13	M	三相异步电动机	Y100L-2	3kW 6.4A 2880r/min	拖　动

　　从元器件安装排列图及端子图上可以看出,端子排 XT 上共有 11 个接线端子,其中,L_1、L_2、L_3 为电源引入线,将外部三相 380V 电源接到此处,可采用 3 根 BV $2.5mm^2$ 导线套管敷设。

　　U_1、V_1、W_1 用 3 根 BV $2.5mm^2$ 导线套管敷设至电动机处。

　　0、2、3 可采用 3 根 BVR $0.75mm^2$ 导线接至配电箱面板按钮开关 SA 上,4、5 可采用 2 根 BVR $0.75mm^2$ 导线外引出来,并一一正确对应连接。

7. 转换开关接线图

　　转换开关 SA 实际接线如图 203 所示。

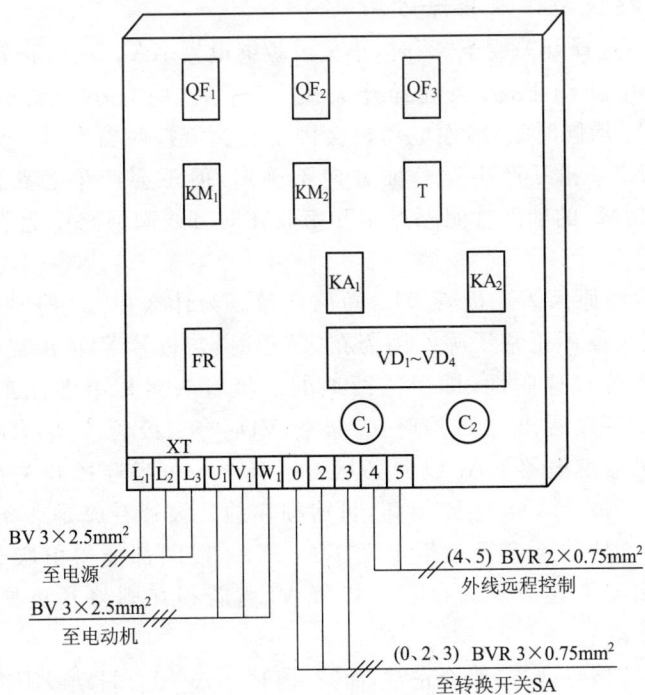

图 202　元器件安装排列图及端子图

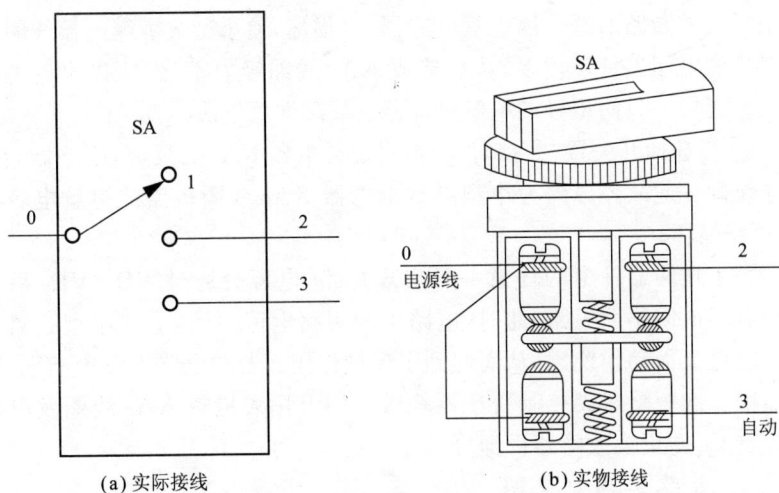

（a）实际接线　　　　　　　（b）实物接线

图 203　转换开关 SA 接线图

8. 常见故障及排除方法

① 当选择开关拨至"2"时,小型灵敏继电器 KA$_1$ 吸合,正转交流接触器 KM$_1$ 动作正常;当选择开关拨至"3"时,两只小型灵敏继电器 KA$_1$、KA$_2$ 均同时吸合,而电动机会因正转交流接触器 KM$_1$、反转交流接触器 KM$_2$ 相互产生竞争而方向不确定,但不会产生短路问题(因 KM$_1$ 或 KM$_2$ 的辅助常闭触点相互串联在对方线圈回路中起到互锁保护)。

此故障原因为二极管 VD$_2$ 短路所致。为什么在"2"挡时正常,而在"3"挡时就不正常了呢?因为在"2"挡时,二极管 VD$_1$ 正常,甲乙两地的二极管有选向性,即甲乙两地的二极管头尾相串即能工作。从原理图上可以看出,"2"挡时,二极管 VD$_1$ 与二极管 VD$_3$ 为顺向,那么小型灵敏继电器 KA$_1$ 线圈必然得电吸合……当选择开关在"3"挡时,由于二极管 VD$_2$ 短路损坏,可将损坏的二极管看成是一条直通线路,那么乙地的小型灵敏继电器 KA$_1$、KA$_2$ 线圈都能得电吸合工作,所以会出现上述故障。检查二极管 VD$_2$,若损坏则将其更换掉后故障即可排除。

② "2"挡时,KA$_1$ 吸合正常,而"3"挡时,KA$_2$ 吸合抖动吸不牢且电磁噪声大。

此故障原因为并联在 KA$_2$ 小型灵敏继电器线圈上的电解电容器 C$_2$ 容量干涸或断路所致。因电解电容器 C$_2$ 损坏,使小型灵敏继电器线圈上所得到的电压偏低了很多,从而造成 KA$_2$ 线圈吸力不足,所以出现上述问题。更换一只同型号的电解电容器后故障即可解决。

③ 当选择开关置"2"挡时,小型灵敏继电器 KA$_1$ 无反应,断路器 QF$_3$ 动作跳闸。此故障原因为小型灵敏继电器 KA$_1$ 线圈短路或电解电容器 C$_1$ 短路损坏。

因上述两器件中的任意一只出现短路,电源会通过 VD$_1$、VD$_3$ 后而无负载形成回路而短路,此时,电路中的短路电流很大,迫使小型断路器 QF$_3$ 过电流而动作跳闸,从而起到了保护作用。若此电路不设置 QF$_3$,则可能因二次短路造成控制变压器烧毁。用万用表检查 KA$_1$ 线圈及电解电容器 C$_1$ 并更换故障器件即可。

9. 电路实物配套图

单线远程正反转控制电路实物配套图如图 204 所示。

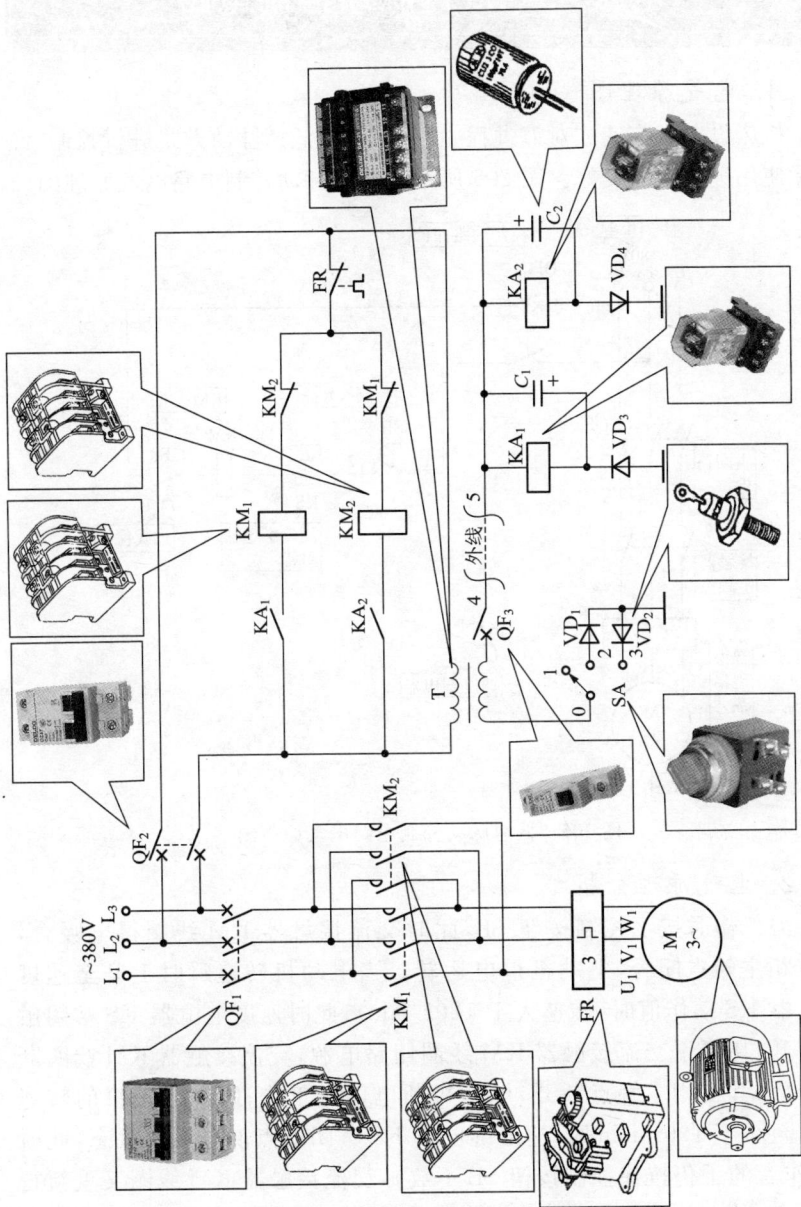

图204 单线远程正反转控制电路实物配套图

电路 45　低速脉动控制电路

1. 电气原理图

机床设备在变速或对刀过程中,通常采用低速脉动方式进行控制,经实际使用证明效果良好。图 205 所示为低速脉动控制电路电气原理图。

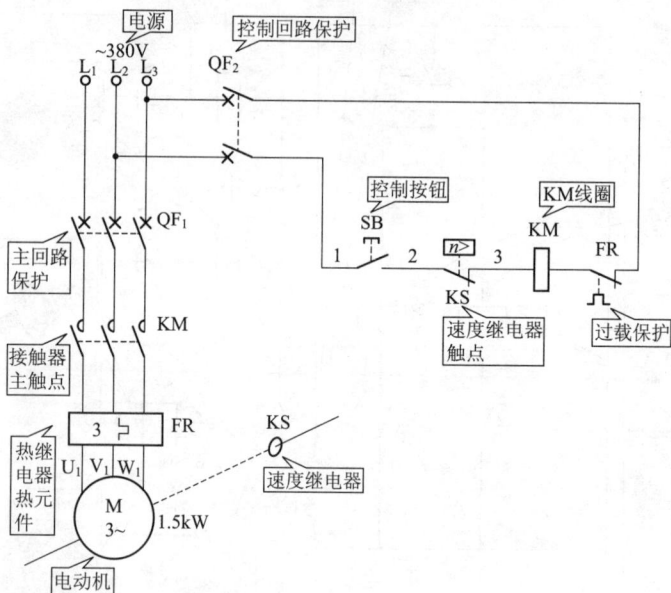

图 205　低速脉动控制电路电气原理图

2. 电气原理分析

需工作时按下控制按钮 SB,此时交流接触器 KM 线圈得电吸合,其三相主触点闭合,电动机得电运转。当电动机转速瞬时上升至速度继电器 KS 动作值时(转速大于 120r/min),此时速度继电器 KS 常闭触点断开,切断了交流接触器 KM 线圈回路电源,交流接触器 KM 线圈断电释放,其三相主触点断开,电动机断电停止工作;瞬间电动机的转速下降至小于 100r/min 时,速度继电器 KS 常闭触点恢复常闭状态,此时(操作者的手仍按住控制按钮 SB 不放),交流接触器 KM 线圈又重新得电吸合,其三相主触点闭合,电动机再次起动运转起来了,如此重复下去,从而使电动机在通、断、通、断的状态下低速脉动运转,完成低速脉动控制。

3. 逻辑代数表达式

$$KM_{线圈} = QF_2 \cdot SB \cdot \overline{KS} \cdot \overline{FR}$$

4. 电路器件动作简述

按住 SB,KM 吸合,M 瞬时运转。

KS 断开,KM 失电释放,M 瞬时停止。

KS 闭合,KM 又吸合,M 又瞬时运转,一直重复下去。

松开 SB,KM 失电释放,M 停止。

5. 电气元件作用表

低速脉动控制电路电气元件作用表见表 66。

表 66　电气元件作用表

序号	符号	名　称	型　号	规　格	作　用
1	QF₁	断路器	DZ47-63	10A　三极	主回路过流保护
2	QF₂	断路器	DZ47-63	6A　二极	控制回路过流保护
3	KM	交流接触器	CDC10-10	线圈电压 380V	控制电动机电源
4	FR	热继电器	JR36-20	3.2～5A	过载保护
5	KS	速度继电器	JY1		反接制动
6	SB	按钮开关	LA2	绿色或蓝色	点动用
7	M	三相异步电动机	Y90S-2	1.5kW 3.4A 2840r/min	拖　动

6. 元器件安装排列图及端子图

元器件安装排列图及端子图如图 206 所示。

从元器件安装排列图及端子图上可以看出,端子排 XT 上共有 9 个接线端子,其中,L₁、L₂、L₃ 为电源引入线,将外部三相 380V 电源接到此处,可采用 3 根 BV 1.5mm² 导线套管敷设。

U₁、V₁、W₁ 用 3 根 BV 1.5mm² 导线套管敷设至电动机处。

1、2 可采用 2 根 BVR 0.75mm² 导线接至配电箱面板按钮开关 SB 上;2、3 可采用 2 根 BVR 0.75mm² 导线套管接至电动机处速度继电器 KS 上,并一一正确对应连接。

7. 按钮开关及速度继电器接线图

按钮开关实际接线如图 207 所示;速度继电器实际接线如图 208

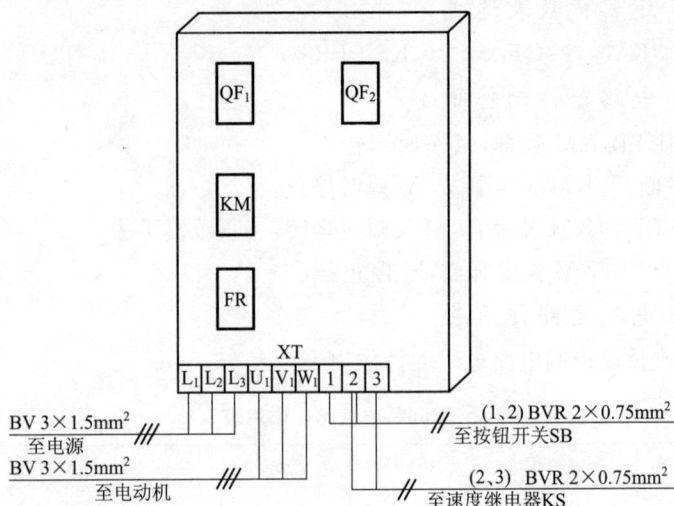

图206 元器件安装排列图及端子图

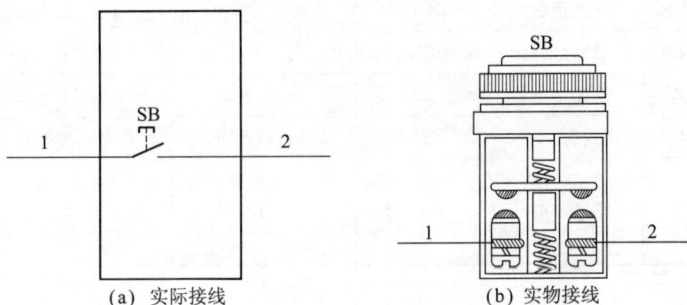

（a）实际接线　　　　　　　（b）实物接线

图207 按钮开关接线图

所示。

8. 调 试

由于该电路很简单，调试内容又少，只作简单介绍。

断开主回路断路器 QF_1，合上控制回路断路器 QF_2。此时按下点动按钮 SB，交流接触器 KM 线圈应得电吸合，松开 SB，则交流接触器 KM 线圈应断电释放，由于电路中的关键器件速度继电器 KS 与电动机同轴连接，可对主回路送电进行调试。

合上主回路断路器 QF_1，按下点动按钮 SB 不放，观察电动机运转情况，应为刚转一下就停下来，且反复进行。也可观察配电柜内交流接触器 KM 的动作情况，此时应吸合后又立即断开，又吸合，又立即断开且反复

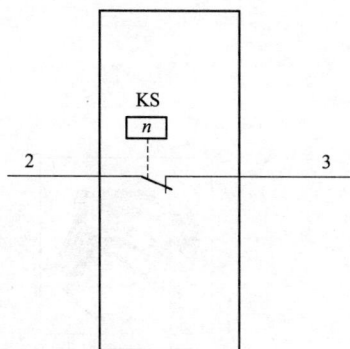

图 208   速度继电器实际接线

动作,这说明控制电路及主回路工作正常,无需调试即可正常工作。

9. 常见故障及排除

① 按点动按钮 SB,电动机不工作。检查点动按钮 SB、速度继电器常闭触点 KS、交流接触器 KM、热继电器常闭触点 FR 是否出现断路现象,并加以排除。

② 按点动按钮 SB 不放,电动机一直运转不停。此故障为速度继电器常闭触点 KS 断不开所致,更换速度继电器。

③ 按点动按钮 SB 时间要短要快,即按即松,若按 SB 时间过长,再松开 SB,电动机不停止,全速工作,此故障通常为交流接触器铁心极面有油污而造成交流接触器延时释放现象。遇到此问题,最好更换新品,若无新品,则可将接触器拆开,用干布或细砂纸将接触器动、静铁心极面处理干净即可。

10. 技术数据

速度继电器技术数据见表 67。

表 67   速度继电器技术数据

型号	额定电压/V	额定电流/A	额定转速/(r/min)	触点数量
JFZ0	380	2	300~3600	一常开、一常闭
JY1	380	2	100~3600	一常开、一常闭

11. 电路实物配套图

低速脉动控制电路实物配套图如图 209 所示。

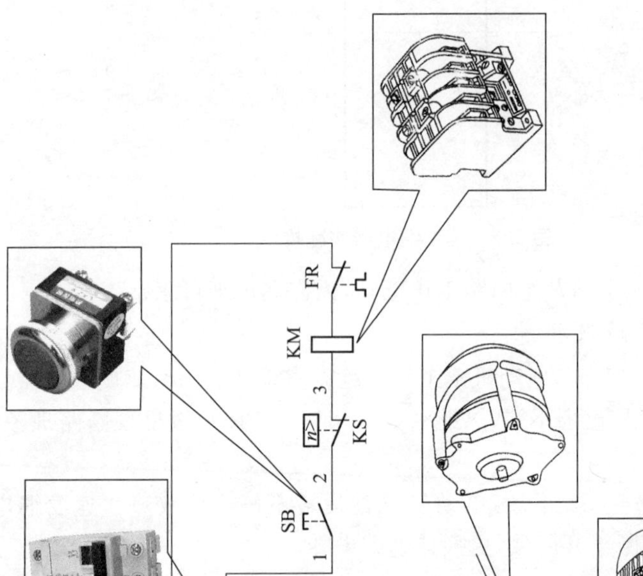

图 209 低速脉动控制电路实物配套图

电路 46 交流接触器低电压情况下起动电路

1. 电气原理图

在日常工作中,当供电电压偏低,低于额定电压 85% 以下时会造成很多电气设备不能正常运行,最常见的是控制交流接触器线圈因电源电压过低而吸力不足不能正常工作,会出现交流接触器衔铁跳动不止,不能可靠吸合。为此,可在交流接触器的线圈回路中串联一只整流二极管,这样原交流吸合改为直流吸合交流运行,效果较好。

图 210 所示为交流接触器在低电压情况下起动电路的电气原理图。

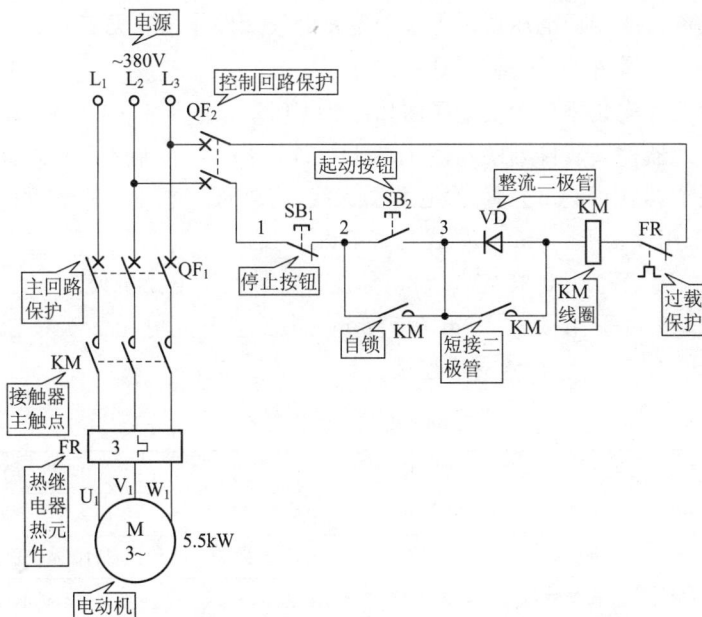

图 210 交流接触器在低电压情况下起动电路电气原理图

2. 电气原理分析

起动时按下起动按钮 SB_2,交流接触器 KM 线圈在整流二极管 VD 的作用下由交流起动改为直流起动交流运行,交流接触器 KM 线圈得电吸合且 KM 两只辅助常开触点闭合,一只起自锁作用,一只将整流二极管短接起来,否则交流接触器线圈会因长时间通入直流电源而烧毁。KM 三相主触点闭合,电动机得电运转。

停止时,则需按下停止按钮 SB$_1$ 即可。

因为电路中加入了整流二极管,所以交流接触器线圈通入电流较大,不宜用于操作很频繁的控制场合。电路中整流二极管 VD 工作电流必须大于交流接触器线圈电流,而反向击穿电压必须大于 700V。

3. 逻辑代数表达式

$$KM_{线圈} = QF_2 \cdot \overline{SB_1} \cdot (SB_2 + KM) \cdot (VD + KM) \cdot \overline{FR}$$

4. 电路器件动作简述

按 SB$_2$,KM 吸合自锁,M 运转。

按 SB$_1$,KM 失电释放,M 停止。

5. 电气元件作用表

交流接触器低电压情况下起动电路电气元件作用表见表 68。

6. 元器件安装排列图及端子图

元器件安装排列图及端子图如图 211 所示。

从元器件安装排列图及端子图上可以看出,端子排 XT 上共有 9 个接线端子,其中,L$_1$、L$_2$、L$_3$ 为电源引入线,将外部三相 380V 电源接到此处,可采用 3 根 BV 4mm^2 导线套管敷设。

U$_1$、V$_1$、W$_1$ 用 3 根 BV 4mm^2 导线套管敷设至电动机处。

1、2、3 可采用 3 根 BVR 0.75mm^2 导线接至配电箱面板按钮开关 SB$_1$、SB$_2$ 上,并一一正确对应连接。

表 68 电气元件作用表

序号	符号	名 称	型 号	规 格	作 用
1	QF$_1$	断路器	DZ47-63	20A 三极	主回路过流保护
2	QF$_2$	断路器	DZ47-63	6A 二极	控制回路过流保护
3	KM	交流接触器	CDC10-20	线圈电压 380V	控制电动机电源
4	FR	热继电器	JR36-20	10～16A	过载保护
5	VD	整流二极管	2CZ		整 流
6	SB$_1$	按钮开关	LA2	红 色	停止电动机用
7	SB$_2$	按钮开关	LA2	绿 色	起动电动机用
8	M	三相异步电动机	Y132S-4	5.5kW 11.6A 1440r/min	拖 动

7. 按钮开关接线图

按钮开关接线如图 212 所示。

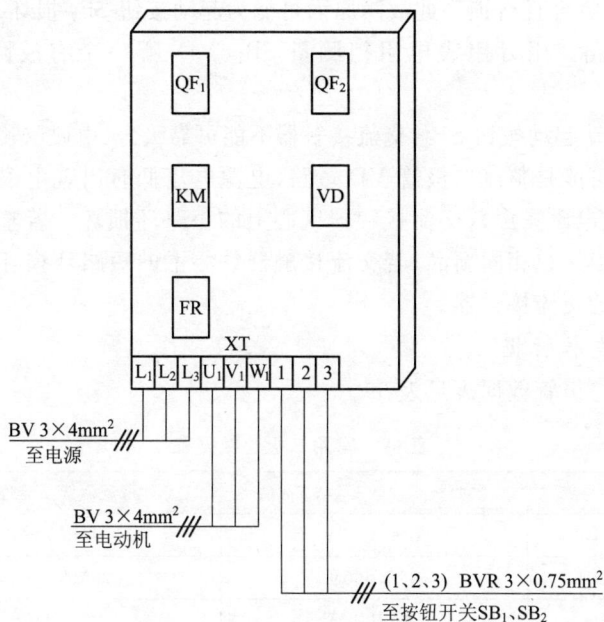

图 211 元器件安装排列图及端子图

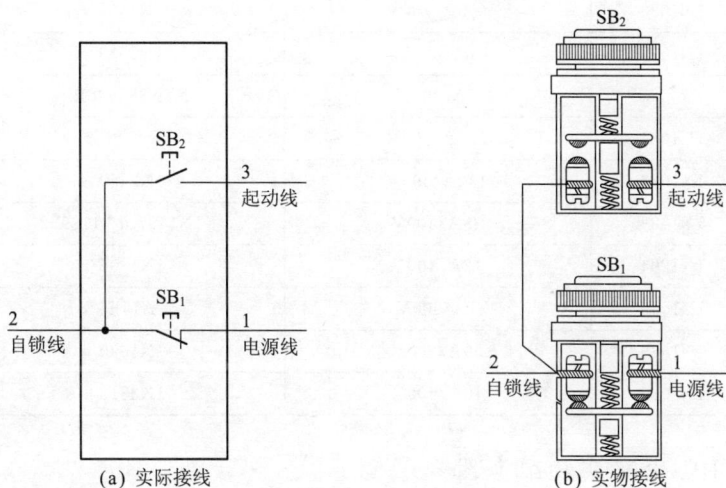

(a) 实际接线

(b) 实物接线

图 212 按钮开关接线图

8. 常见故障及排除方法

① 按起动按钮 SB₂ 无反应,用螺丝刀顶一下交流接触器 KM 可动部分,KM 能吸合且自锁。此故障原因可能为起动按钮 SB₂ 损坏;整流二极管 VD 断路。用万用表电阻挡测量 SB₂、VD,哪一个有故障,更换掉即可。

② 按动起动按钮 SB₂,交流接触器不能可靠吸合,电磁噪声很大。此故障原因可能是整流二极管 VD 短路(电源电压低时出现电磁线圈吸力不足,造成电磁噪声);交流接触器铁心上的短路环损坏。若整流二极管损坏则更换一只相同新品;若交流接触器铁心上的短路环损坏则更换一只同型号的交流接触器。

9. 技术数据

常用二极管数据表见表 69。

表 69　常用二极管数据表

型　号	主要技术参数 IM/VRWM	可近似置换器件
100B	12A/1000V	16F100
100JB4L	25A/400V	26MB40A
16F100	12A/1000V	12A1000
1F5	1.3A/600V	1F6、PLR816
1N1033	0.5A/400V	1N4004
1N1045	1A/400V	1N5060
1N1075	5A/400V	BYX38/600R
1N1084	0.5A/400V	M500
1N1088	1.5A/400V	1N2850
1N1188	35A/400V	1N1437、1N1189
1N1204	12A/400V	1N1205
1N1555	1A/500V	A14E
1N1689	50A/800V	1N1690
1N2025	10A/400V	1N3212

10. 电路实物配套图

交流接触器低电压情况下起动电路实物配套图如图 213 所示。

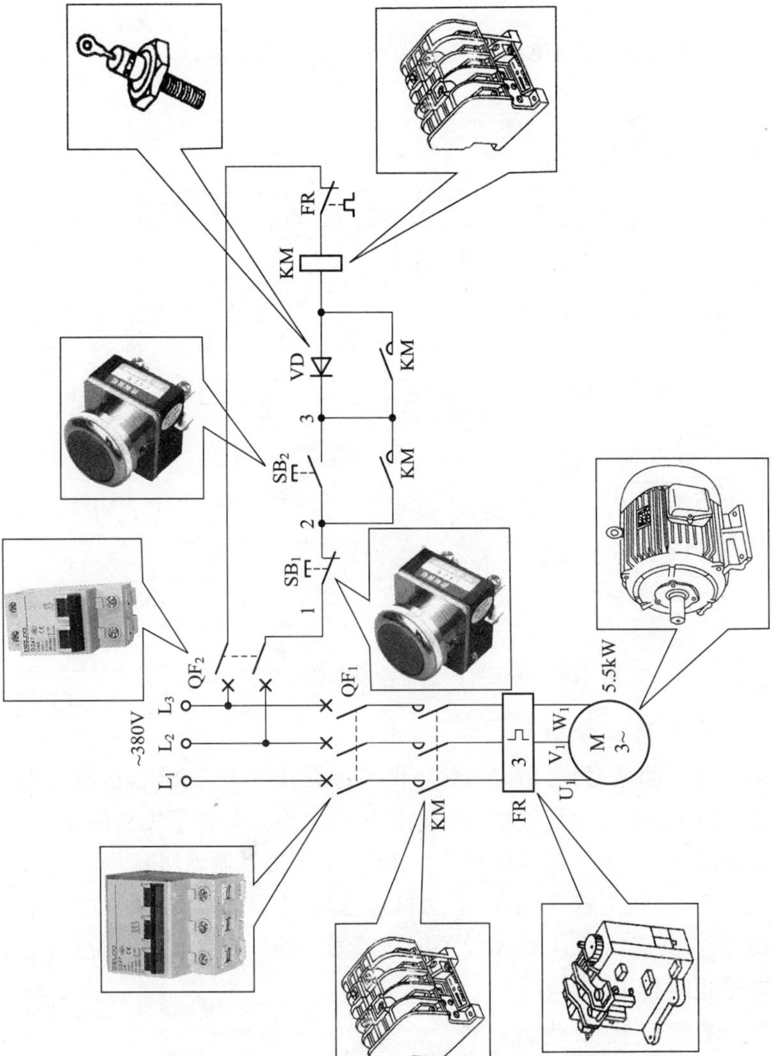

图 213　交流接触器低电压情况下起动电路实物配套图

电路 47　电动机的加密控制电路

1. 电气原理图

电动机的加密控制电路电气原理图如图 214 所示。

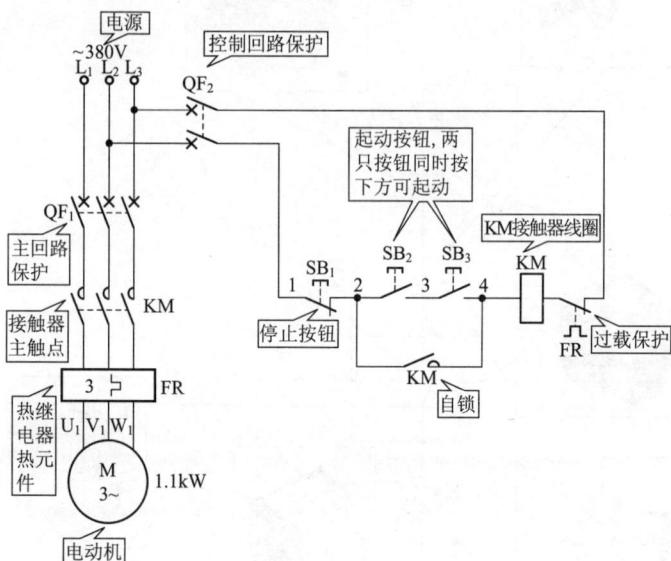

图 214　电动机的加密控制电路电气原理图

2. 电气原理分析

操作者在起动时,必须同时按下两只起动按钮 SB_2、SB_3,机器才能起动工作,多用在印刷厂切纸机、锻床、冲压机床等安全要求极高的设备。

起动时,同时按下起动按钮 SB_2、SB_3,交流接触器 KM 线圈得电吸合且自锁,KM 三相主触点闭合,电动机得电运转工作。停止时,则按下停止按钮 SB_1,交流接触点 KM 线圈断电释放,KM 三相主触点断开,电动机失电停止运转工作。

3. 逻辑代数表达式

$$KM_{线圈} = QF_2 \cdot \overline{SB_1} \cdot (SB_2 \cdot SB_3 + KM) \cdot \overline{FR}$$

4. 电路器件动作简述

同时按 SB_2、SB_3,KM 吸合自锁,M 运转;按 SB_1,KM 失电释放,M 停止。

5. 电气元件作用表

电动机的加密控制电路电气元件作用表见表70。

6. 元器件安装排列图及端子图

元器件安装排列图及端子图如图215所示。

表 70　电气元件作用表

序号	符号	名　称	型　号	规　格	作　用
1	QF$_1$	断路器	DZ47-63	10A　三极	主回路过流保护
2	QF$_2$	断路器	DZ47-63	6A　二极	控制回路过流保护
3	KM	交流接触器	CDC10-10	线圈电压380V	控制电动机电源
4	FR	热继电器	JR36-20	2.2~3.5A	过载保护
5	SB$_1$	按钮开关	LA2	红　色	停止电动机用
6	SB$_2$	按钮开关	LA2	起动时必须与 SB$_3$ 同时按下	起动电动机用
7	SB$_3$	按钮开关	LA2	起动时必须与 SB$_2$ 同时按下	起动电动机用
8	M	三相异步电动机	Y802-2	1.1kW 2.6A 2825 r/min	拖　动

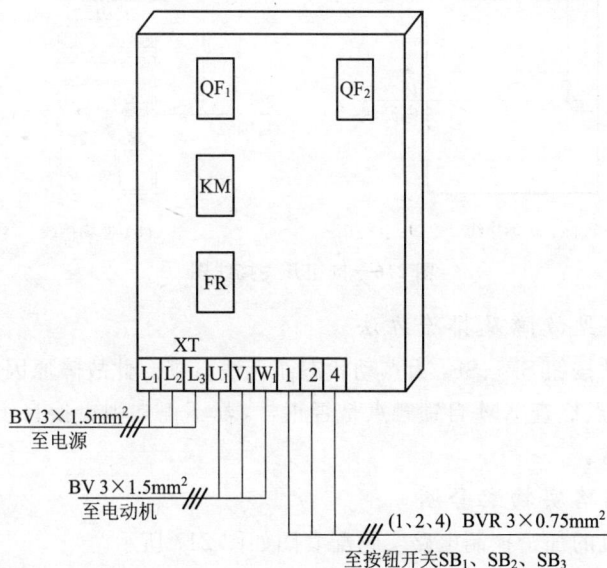

图 215　元器件安装排列图及端子图

从元器件安装排列图及端子图上可以看出,端子排 XT 上共有 9 个接线端子,其中,L_1、L_2、L_3 为电源引入线,将外部三相 380V 电源接到此处,可采用 3 根 BV 1.5mm² 导线套管敷设。

U_1、V_1、W_1 用 3 根 BV 1.5mm² 导线套管敷设至电动机处。

1、2、4 可采用 3 根 BVR 0.75mm² 导线接至配电箱面板按钮开关 SB_1、SB_2、SB_3 上,并一一正确对应连接。

7. 按钮开关接线图

按钮开关接线如图 216 所示。

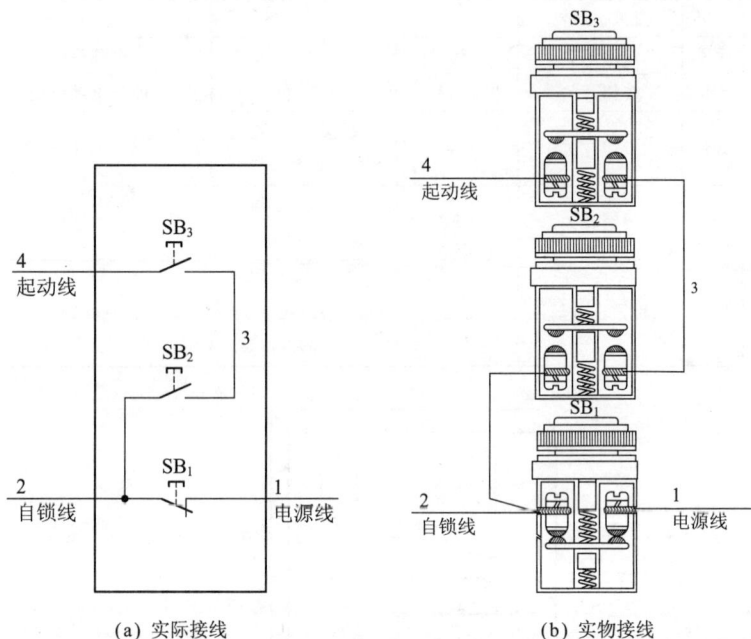

(a) 实际接线　　　　　　(b) 实物接线

图 216　按钮开关接线图

8. 常见故障及排除方法

按起动按钮 SB_2、SB_3 为点动状态而无法自锁。此故障原因为自锁回路故障,重点检查 KM 自锁触点是否正常,若不正常则更换自锁触点,电路恢复正常。

9. 电路实物配套图

电动机的加密控制电路实物配套图如图 217 所示。

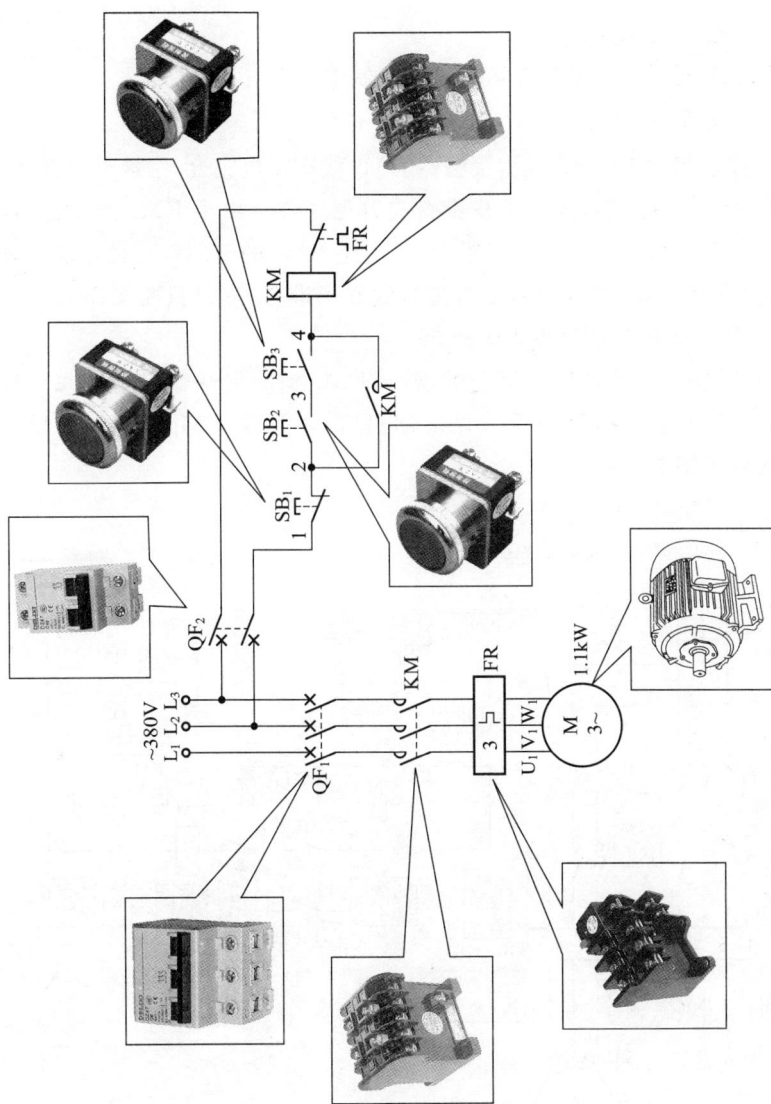

图 217　电动机的加密控制电路实物配套图

电路 48　多条皮带运输原料控制电路

1. 电气原理图

图 218 所示是多条皮带运输原料控制电路电气原理图。

2. 电气原理分析

当按下起动按钮 SB_2 后,接触器 KM_1 线圈得电吸合,主触点闭合,使电动机 M_1 得电运转,第一条皮带首先开始工作。由于 KM_1 的吸合,自锁触点闭合,维持 KM_1 的继续吸合,另一组 KM_1 的辅助常开触点也同时闭合,为 KM_2 的线圈电源回路的接通做好了准备,这时只要操作人员按下 SB_4,第二条皮带便可投入运行。

与此同时,为了操作程序上的需要,KM_2 辅助常开触点闭合并短接了 SB_1 停止按钮,从而为先停 M_2 电动机后,才能再停 M_1 控制回路做了必要的联锁限制。

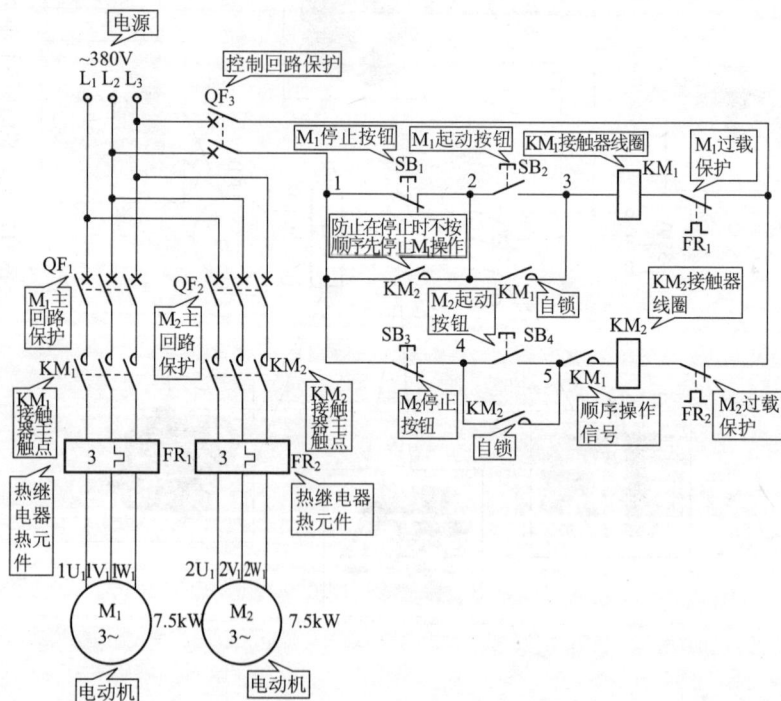

图 218　多条皮带运输原料控制电路

因此在停止运输皮带时,只要先按下 SB_3 使 KM_2 释放,即可解除停止按钮的短接线路。当 M_2 停转后,操作 SB_1,才可使 M_1 停转,从而实现按预定的程序控制电动机的起、停控制,做到正常有序地工作。

3. 逻辑代数表达式

$$KM_{1线圈} = QF_3 \cdot (\overline{SB_1} + KM_2) \cdot (SB_2 + KM_1) \cdot \overline{FR_1}$$

$$KM_{2线圈} = QF_3 \cdot \overline{SB_3} \cdot (SB_4 + KM_2) \cdot KM_1 \cdot \overline{FR_2}$$

4. 电路器件动作简述

按 SB_2,KM_1 吸合自锁,M_1 先运转;再按 SB_4,KM_2 吸合自锁,M_2 后运转。

因停止按钮 SB_1 已被 KM_2 辅助常开触点短接了起来,所以只能从后向前进行停止操作。

按 SB_3,KM_2 失电释放,M_2 先停止;再按 SB_1,KM_1 失电释放,M_1 后停止。

5. 电气元件作用表

多条皮带运输原料控制电路电气元件作用表见表71。

表71 电气元件作用表

序号	符号	名 称	型 号	规 格	作 用
1	QF_1	断路器	DZ47-63	32A 三极	M_1 电动机主回路过流保护
2	QF_2	断路器	DZ47-63	32A 三极	M_2 电动机主回路过流保护
3	QF_3	断路器	DZ47-63	6A 二极	控制回路过流保护
4	KM_1	交流接触器	CDC10-20	线圈电压 380V	控制 M_1 电动机电源
5	KM_2	交流接触器	CDC10-20	线圈电压 380V	控制 M_2 电动机电源
6	FR1	热继电器	JR36-20	14~22A	M_1 电动机过载保护
7	FR2	热继电器	JR36-20	14~22A	M_2 电动机过载保护
8	SB_1	按钮开关	LA19-11	红 色	M_1 电动机停止用
9	SB_2	按钮开关	LA19-11	绿 色	M_1 电动机起动用
10	SB_3	按钮开关	LA19-11	红 色	M_2 电动机停止用
11	SB_4	按钮开关	LA19-11	绿 色	M_2 电动机起动用
12	M_1	三相异步电动机	Y160M-6	7.5kW 17A 970r/min	第一条皮带拖动

序号	符号	名　称	型　号	规　格	作　用
13	M_2	三相异步电动机	Y160M-6	7.5kW 17A 970r/min	第二条皮带拖动

6. 元器件安装排列图及端子图

元器件安装排列图及端子图如图 219 所示。

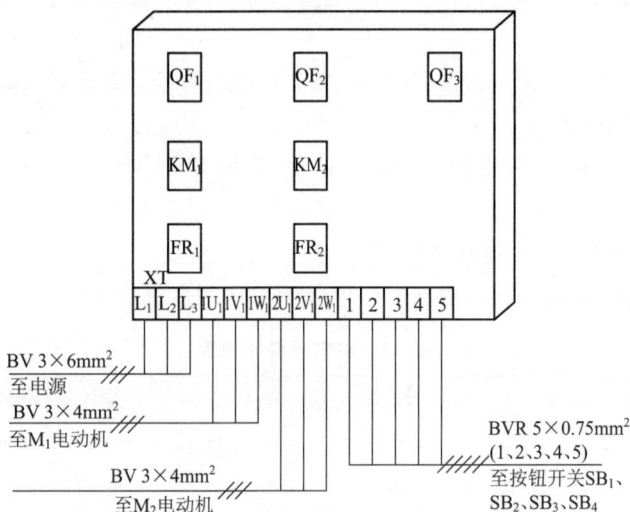

图 219　元器件安装排列图及端子图

从元器件安装排列图及端子图上可以看出，端子排 XT 上共有 14 个接线端子，其中，L_1、L_2、L_3 为电源引入线，将外部三相 380V 电源接到此处，可采用 3 根 BV 6mm^2 导线套管敷设。

$1U_1$、$1V_1$、$1W_1$ 用 3 根 BV 4mm^2 导线套管敷设至电动机 M_1 处。

$2U_1$、$2V_1$、$2W_1$ 用 3 根 BV 4mm^2 导线套管敷设至电动机 M_2 处。

1、2、3、4、5 可采用 5 根 BVR 0.75mm^2 导线接至配电箱面板按钮开关 SB_1、SB_2、SB_3、SB_4 上，并一一正确对应连接。

7. 按钮开关接线图

按钮开关接线如图 220 所示。

8. 常见故障及排除方法

① 起动时，M_1 电动机先起动运转，然后再起动 M_2 电动机，起动顺

288　黄师傅教你学电动机控制电路

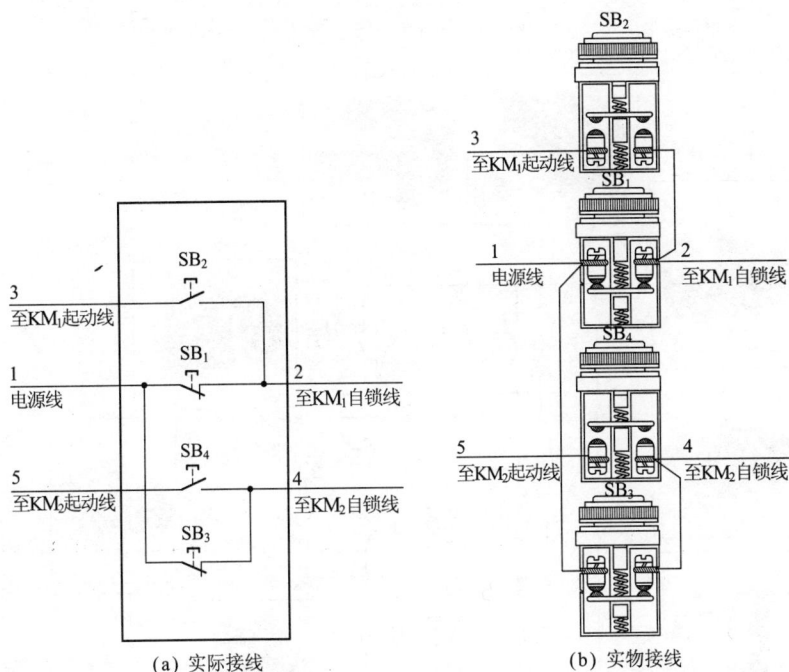

(a) 实际接线   (b) 实物接线

图 220 按钮开关接线图

序正常。但停止时,无需先停止 M_2 电动机后再停止 M_1 电动机,即 M_1 电动机可随意停止。此故障原因为 M_2 电动机控制回路交流接触器 KM_2 并联在 M_1 电动机控制电路停止按钮 SB_1 上的辅助常开触点损坏不能闭合所致。因为 KM_2 辅助常开触点不能闭合,就不能将 SB_1 停止按钮短接起来,无法对 SB_1 实施控制。更换 KM_2 辅助常开触点后,故障排除。

② M_1 电动机起动后,按 SB_4 起动按钮无效,M_2 电动机无法起动。此故障原因为 M_2 电动机停止按钮 SB_3 损坏;M_2 电动机起动按钮损坏;KM_1 串联在 KM_2 线圈回路中的常开触点损坏;KM_2 线圈断路;热继电器 FR 常闭触点损坏。检查上述各器件找出故障点,从维修经验上看,KM_1 串联在 KM_2 线圈回路中的常开触点闭合不了的可能性最大,应重点检查。

9. 电路实物配套图

多条皮带运输原料控制电路实物配套图如图 221 所示。

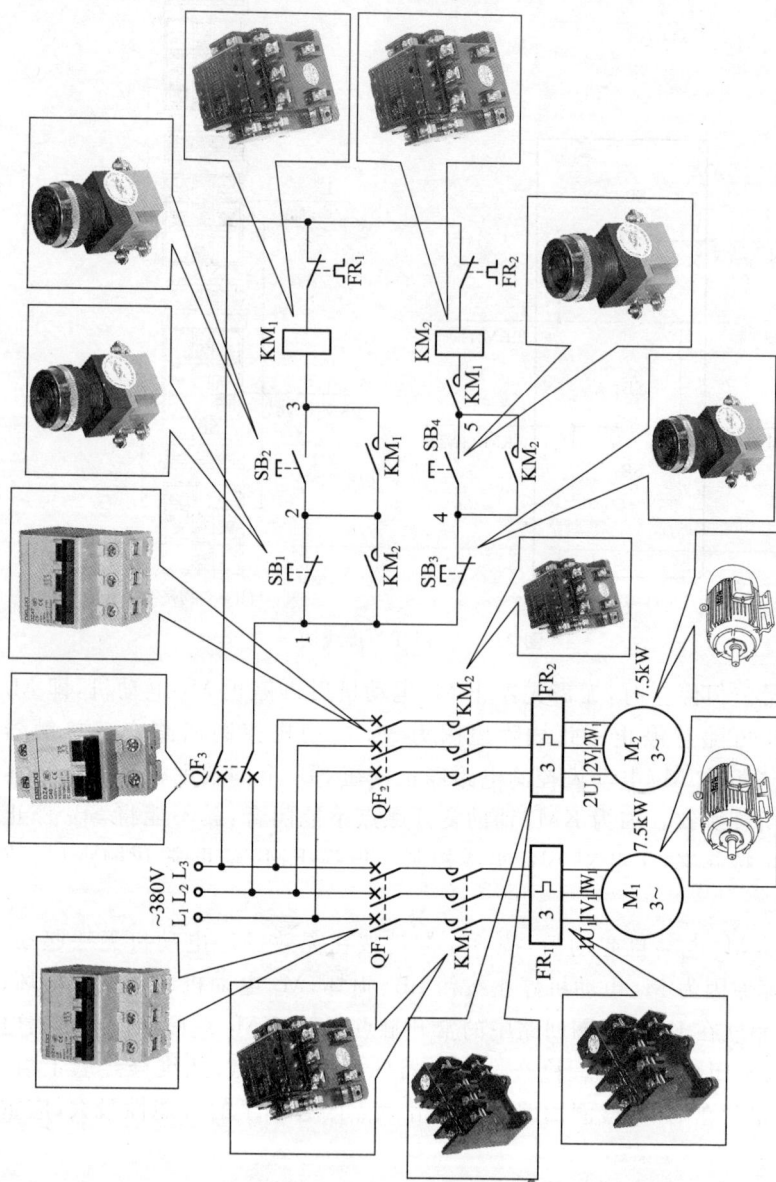

图 221 多条皮带运输原料控制电路实物配套图

电路 49 定子绕组串联电阻起动自动控制电路(一)

1. 电气原理图

若三相异步电动机铭牌上标有额定电压为 $220/380V(\triangle/Y)$ 的连接方式时,就不能采用 Y-$\triangle$ 方法来进行降压起动。通常采用串联电阻器的方法来进行降压起动。图 222 所示是一种定子绕组串联电阻起动自动控制电路电气原理图。

2. 电气原理分析

当起动电动机时,按下起动按钮 SB_2,交流接触器线圈 KM_1 得电吸合,使电动机绕组串入电阻降压起动。这时时间继电器 KT 线圈也得电工作且开始延时,经 KT 延时后,KT 延时闭合的常开触点闭合,KM_2 线圈也得电吸合,KM_2 主触点闭合短接起动电阻 R_{st},电动机在全电压下运行。按下停机按钮 SB_1,交流接触器 KM_1、KM_2,时间继电器 KT 线圈均

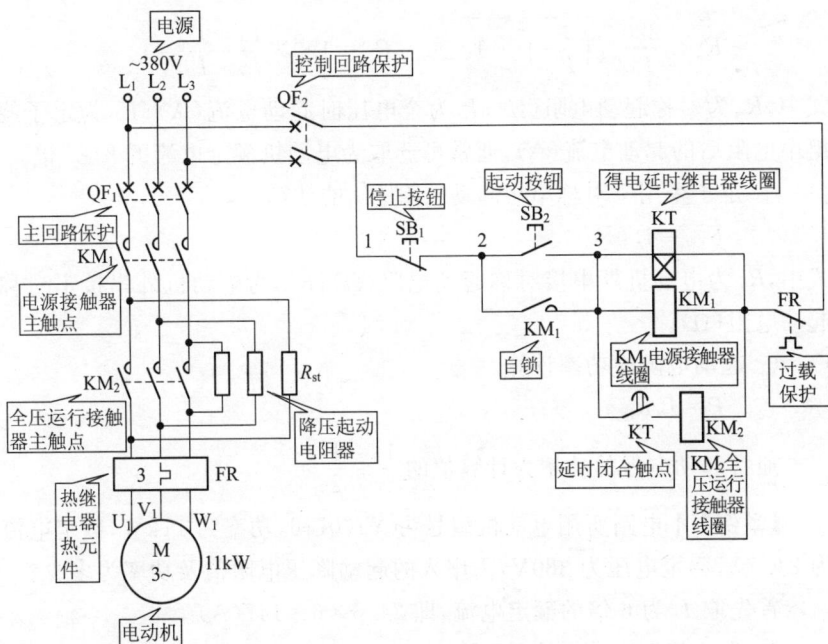

图 222 定子绕组串联电阻起动自动控制电路(一)电气原理图

断电释放,KM_1、KM_2各自的三相主触点断开,电动机失电停止运转。

这种电路适用于要求起动平稳的中等容量的鼠笼式异步电动机,其不足之处是起动转矩因起动电流的减小而减小。另外,起动电阻要消耗一定的功率,所以不宜频繁起动。

3. 逻辑代数表达式

$$KM_{1线圈} = KT_{线圈} = QF_2 \cdot \overline{SB_1} \cdot (SB_2 + KM_1) \cdot \overline{FR}$$

$$KM_{2线圈} = QF_2 \cdot \overline{SB_1} \cdot (SB_2 + KM_1) \cdot KT \cdot \overline{FR}$$

4. 电路器件动作简述

按SB_2,KT、KM_1吸合且KM_1自锁,M串电阻起动;KT开始延时,KT延时时间到,KM_2也吸合,M全压正常运转。

按SB_1,KT、KM_1、KM_2失电释放,M停止。

该电路存在一个问题就是电路工作时,交流接触器KM_1、KM_2及时间继电器KT线圈均工作,消耗电能。

5. 降压起动电阻的估算方法

① 定子三相外串接对称起动电阻R_{st}的估算。

$$R_{st} = \frac{220}{I_{st}} \sqrt{\left(\frac{I_{st}}{I'_{st}}\right)^2 - 1} \quad 或 \quad R_{st} = 190 \times \frac{I_{st} - I'_{st}}{I_{st} \cdot I'_{st}}$$

式中,R_{st}为对称起动电阻(Ω);I_{st}为全电压时起动电流(A);I'_{st}为定子绕组串电阻后的起动电流(A),通常可选取为电动机额定电流的2~3倍。

② 定子采用不对称串接起动电阻R'_{st}的估算。

$$R'_{st} = 1.5 R_{st}$$

式中,R_{st}为电动机外串接对称起动电阻(Ω);R'_{st}为电动机外串接不对称起动电阻(Ω)。

③ 起动电阻的功率计算。

$$P = I_N^2 R_{st}$$

通常起动电阻的功率为计算值的$\frac{1}{3} \sim \frac{1}{2}$。

【举例】本电路所用电动机型号为Y160L-6,功率为11kW,额定电流为24.5A,额定电压为380V,需串入的起动降压电阻值及功率为多少?

首先取I_{st}为6倍的额定电流,即$24.5 \times 6 = 147$(A)。

I'_{st}为2倍的额定电流,即$24.5 \times 2 = 49$(A)。

代入公式得

$$R_{st}=\frac{220}{147}\sqrt{\left(\frac{147}{49}\right)^2-1}=\frac{220}{147}\times2.8\approx4.19(\Omega)$$

起动降压电阻的功率为

$$P=I_N^2R_{st}=(24.5)^2\times4.19\approx2515(W)\approx2.5(kW)$$

6. 电气元件作用表

定子绕组串联电阻起动自动控制电路(一)电气元件作用表见表72。

表72 电气元件作用表

序号	符号	名 称	型 号	规 格	作 用
1	QF$_1$	断路器	CDM$_1$-63	40A 四极	主回路过流保护
2	QF$_2$	断路器	DZ47-63	6A 二极	控制回路过流保护
3	KM$_1$	交流接触器	CDC10-40	线圈电压380V	控制电动机电源用
4	KM$_2$	交流接触器	CDC10-40	线圈电压380V	全压运行用
5	FR	热继电器	JR36-32	20～32A	过载保护
6	KT	得电式时间继电器	JS20	电压380V 180s	延时转换
7	R_{st}	电阻器		计算得出	降压起动
8	SB$_1$	按钮开关	LA19-11	红 色	停止电动机用
9	SB$_2$	按钮开关	LA19-11	绿 色	降压及全压运行用
10	M	三相异步电动机	Y160L-6	11kW 24.6A 970r/min	拖 动

7. 元器件安装排列图及端子图

元器件安装排列图及端子图如图223所示。

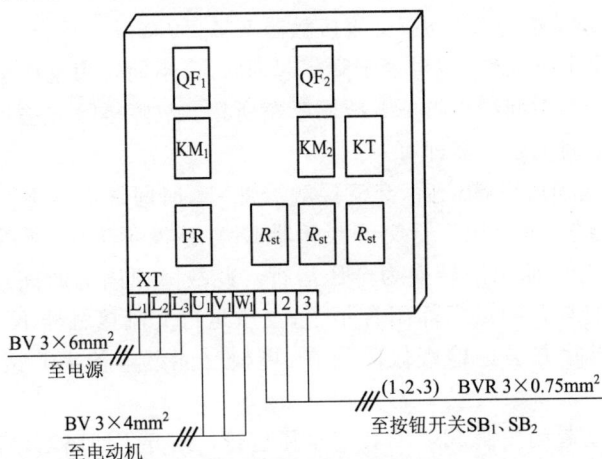

图223 元器件安装排列图及端子图

电路49 定子绕组串联电阻起动自动控制电路(一) **293**

从元器件安装排列图及端子图上可以看出,端子排 XT 上共有 9 个接线端子,其中,L_1、L_2、L_3 为电源引入线,将外部三相 380V 电源接到此处,可采用 3 根 BV 6mm² 导线套管敷设。

U_1、V_1、W_1 用 3 根 BV 4mm² 导线套管敷设至电动机处。

1、2、3 可采用 3 根 BVR 0.75mm² 导线接至配电箱面板按钮开关 SB_1、SB_2 上,并一一正确对应连接。

8. 按钮开关接线图

按钮开关接线如图 224 所示。

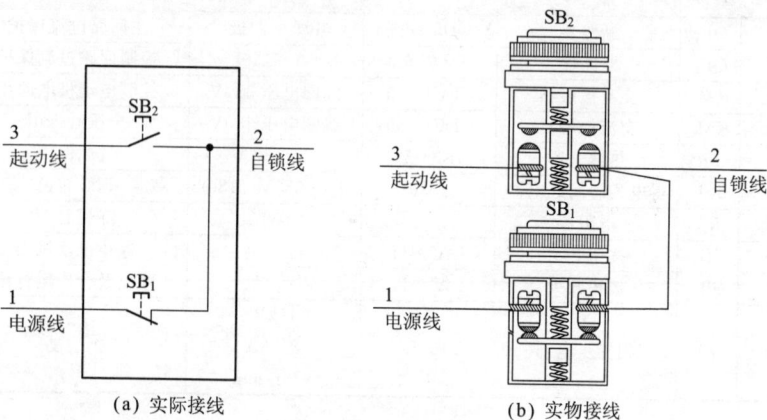

图 224　按钮接线图

9. 常见故障及排除方法

① 按起动按钮 SB_2 后,交流接触器 KM_1 线圈得电吸合且自锁,但时间继电器 KT 不动作,一直处于降压起动状态,不能转为全压运行。此故障主要原因是时间继电器 KT 线圈断路所致。故障排除方法是更换一只相同型号的时间继电器即可。

② 按起动按钮 SB_2 后,交流接触器 KM_1、时间继电器 KT 线圈均得电吸合且自锁,但全压运行交流接触器 KM_2 线圈不工作,所以一直处于降压起动状态,而无法转换为全压运行。此故障原因为时间继电器 KT 延时闭合的常开触点损坏闭合不了;全压运行交流接触器 KM_2 线圈断路。故障排除方法是检查故障所在,更换时间继电器 KT 或交流接触器 KM_2。

③ 按动起动按钮 SB_2,直接为全压运行。断开主回路断路器 QF_1,检修控制电路,当按动起动按钮 SB_2 时,交流接触器 KM_1、时间继电器 KT、

交流接触器 KM_2 线圈均同时得电吸合工作。从动作情况看,全压运行交流接触器 KM_2 在未起动操作前为释放状态,说明 KM_2 没有出现触点粘连、机械部分卡住、铁心极面脏而延时释放等问题,所以故障基本确定为时间继电器 KT 延时闭合的常开触点断不开所致。故障排除方法是更换一只新的同型号时间继电器即可。

④ 按动 SB_2 时为点动,一直按着 SB_2 能转换为全压运行,但手一松开 SB_2,KM_1、KT、KM_2 均同时释放。此故障原因为 KM_1 自锁回路断路所致。解决方法是更换交流接触器 KM_1 自锁常开触点。

⑤ 按起动按钮 SB_2 不放手,只有时间继电器 KT 线圈吸合,经 KT 延时后,直接全压运行。此故障原因为降压起动交流接触器 KM_1 线圈断路所致。排除方法是更换交流接触器 KM_1 线圈。

⑥ 按起动按钮 SB_2 无任何反应(控制回路电源正常)。此故障原因为停止按钮 SB_1 断路;起动按钮 SB_2 损坏;热继电器 FR 常闭触点损坏。排除方法是检查上述三处是否正常,查出故障后,更换故障元器件。

10. 技术数据

ZX1、ZX2 系列铸铁电阻器技术数据见表 73。

表 73　ZX1、ZX2 系列铸铁电阻器技术数据

型　号	电阻元件		额定电流/A	总电阻值/Ω
	型　号	数　量		
ZX1-1/5	ZT1-5		215	1.10
ZX1-1/7	ZT1-7		181	0.14
ZX1-1/10	ZT1-10		152	0.20
ZX1-1/14	ZT1-14		128	0.28
ZX1-1/20	ZT1-20	20	107	0.40
ZX1-1/28	ZT1-28		91	0.56
ZX1-1/40	ZT1-40		76	0.80
ZX1-1/55	ZT1-55		64	1.10
ZX1-1/80	ZT1-80		54	1.60
ZX1-1/110	ZT1-110		46	2.20
ZX1-1/38	ZT1-38		55	1.52
ZX1-1/54	ZT1-54		46	2.16
ZX1-1/75	ZT1-75	40	39	3.00
ZX1-1/105	ZT1-105		33	4.20
ZX1-1/140	ZT1-140		29	5.60
ZX1-1/200	ZT1-200		24	8.00
ZX1-1/280	ZT1-280		20	11.2

| 型 号 | 电阻元件 | | 额定电流/A | 总电阻值/Ω |
	型 号	数 量		
ZX2-1/0.2	ZB1-0.2		43	2
ZX2-1/0.25	ZB1-0.25		38	2.5
ZX2-1/0.33	ZB1-0.33		32	3.3
ZX2-1/0.4	ZB1-0.40		29	4
ZX2-1/0.5	ZB1-0.50		26	5
ZX2-1/0.66	ZB1-0.66		23	6.6
ZX2-1/0.95	ZB1-0.95		19	9.5
ZX2-1/0.7	ZB1-0.7	10	22	7
ZX2-1/0.9	ZB2-0.9		20	9
ZX2-1/1.1	ZB2-1.1		18	11
ZX2-1/1.26	ZB2-1.26		16	12.6
ZX2-1/1.45	ZB2-1.45		15	14.5
ZX2-1/1.95	ZB2-1.95		14	19.5
ZX2-1/2.8	ZB2-2.80		11	28
ZX2-2/3.5	ZB2-3.50		5.4	120
ZX2-2/4.4	ZB2-4.40		4.9	140
ZX2-2/5.0	ZB2-5.0	10	4.4	180
ZX2-2/5.8	ZB2-5.8		3.9	216
ZX2-2/8.0	ZB2-8.0		10	35
ZX2-2/12.0	ZB2-12.0		8.9	44
ZX2-2/14.0	ZB2-14.0		8.3	50
ZX2-2/18.0	ZB2-18.0	10	7.7	58
ZX2-2/21.6	ZB2-21.6		6.6	80
ZX2-2/27.6	ZB2-27.6		3.5	276
ZX2-2/37	ZB2-37		3.1	370
ZX2-2/48	ZB2-48		2.7	480
ZX2-2/68	ZB2-68	10	2.3	680
ZX2-2/96	ZB2-96		1.9	960
ZX2-2/140	ZB2-140		1.6	1400
ZX2-2/188	ZB2-188		1.4	1880
ZX2-2/260	ZB2-260		1.2	2600

11. 电路实物配套图

定子绕组串联电阻起动自动控制电路（一）实物配套图如图225所示。

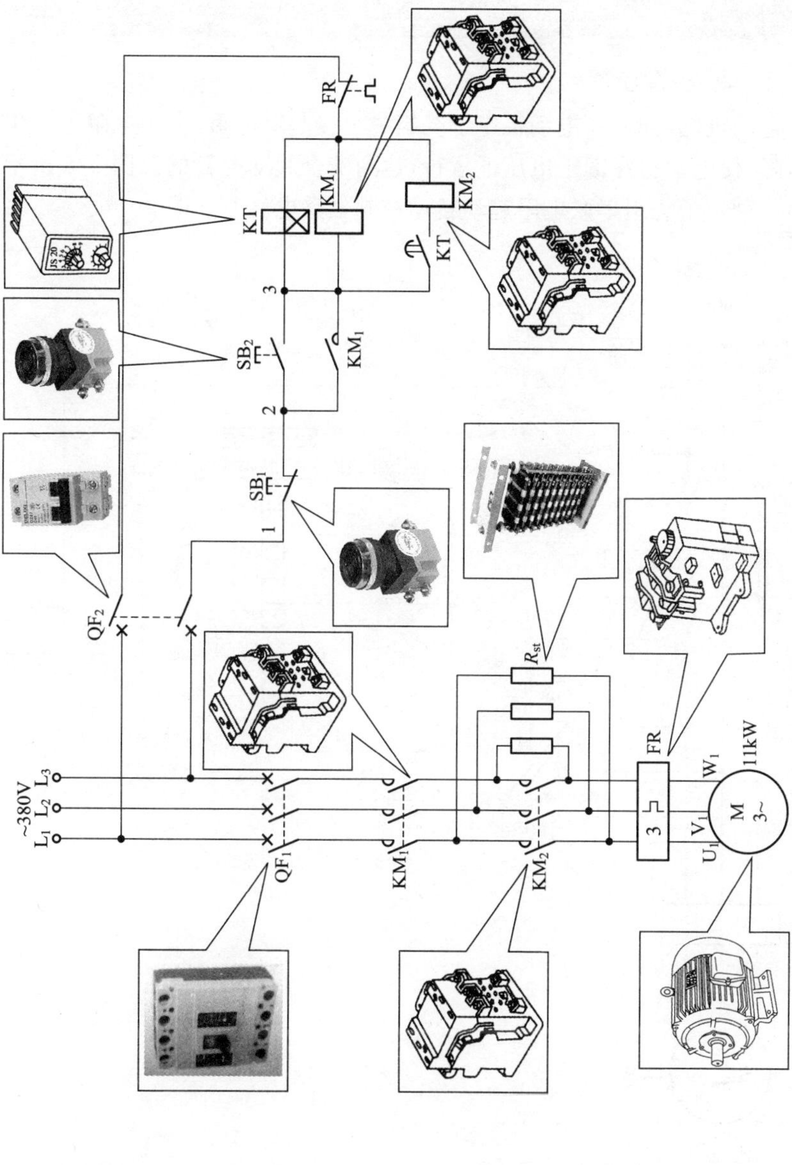

图 225 定子绕组串联电阻起动自动控制电路（一）实物配套图

电路 50　定子绕组串联电阻起动自动控制电路(二)

1. 电气原理图

电动机起动时,在电动机定子绕组中串接起动电阻,由于电阻上产生电压降,使电动机在额定电压下运行,达到安全起动的目的。图 226 所示是另一种定子绕组串联电阻起动自动控制电路电气原理图。

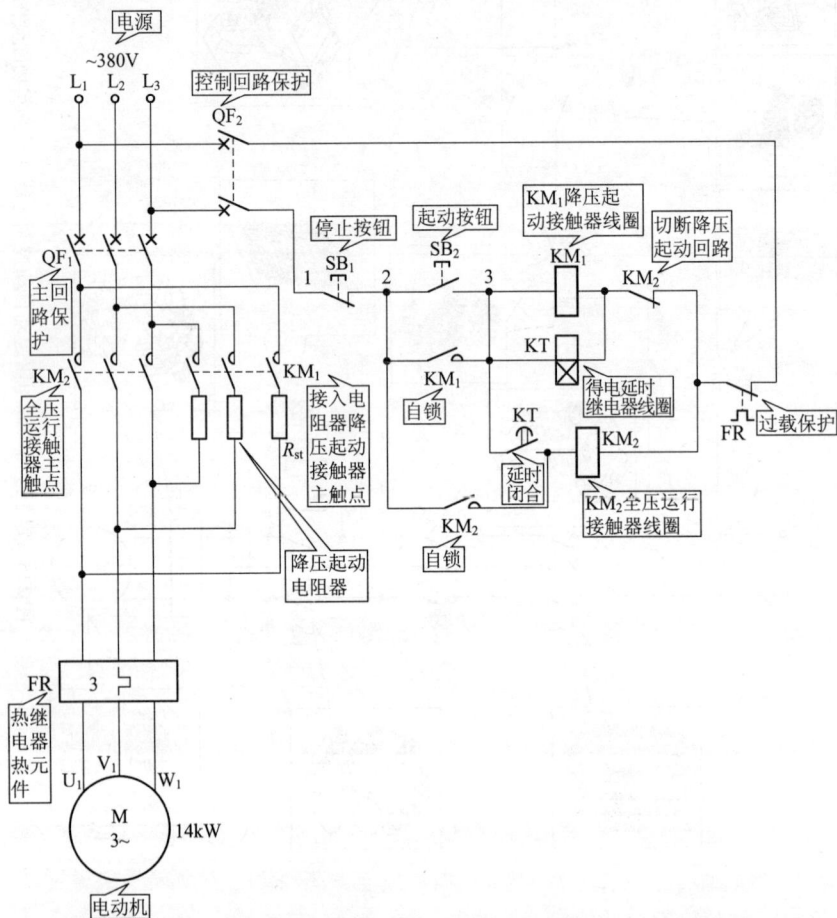

图 226　定子绕组串联电阻起动自动控制电路(二)电气原理图

2. 电气原理分析

起动时,按下起动按钮 SB_2,起动用交流接触器 KM_1 线圈得电吸合,失电继电器 KT 得电工作且 KM_1 自锁,同时 KM_1 三相主触点闭合,电动机定子绕组串入起动电阻进行起动;在时间继电器 KT 得电后就开始延时,经时间继电器 KT 一定延时后,KT 延时闭合的常开触点闭合,接通了全压运行交流接触器 KM_2 线圈电源,KM_2 线圈得电吸合且自锁,KM_2 串联在 KM_1、KT 线圈回路中的辅助常闭触点断开,使 KM_1、KT 线圈断电退出运行,以达到节电目的;同时 KM_2 三相主触点闭合,将 KM_1 三相主触点、电阻器 R_{st} 短接起来,电动机由电阻降压起动变为全压运行。

该电路最大优点是在起动完毕后,起动交流接触器 KM_1 和延时时间继电器 KT 线圈断电释放将退出运行,以节约电能和延长器件寿命。

3. 逻辑代数表达式

$$KM_{1线圈} = KT_{线圈} = QF_2 \cdot \overline{SB_1} \cdot (SB_2 + KM_1) \cdot \overline{KM_2} \cdot \overline{FR}$$

$$KM_{2线圈} = QF_2 \cdot \overline{SB_1} \cdot [(SB_2 + KM_1) \cdot KT + KM_2] \cdot \overline{FR}$$

4. 电路器件动作简述

按 SB_2,KM_1、KT 吸合且 KM_1 自锁,M 串电阻起动。KT 开始延时,KT 延时时间到,KM_2 吸合自锁,KM_1、KT 失电释放,M 全压正常运转。

按 SB_1,KM_2 失电释放,M 停止。

5. 电气元件作用表

定子绕组串联电阻起动自动控制电路(二)电气元件作用表见表74。

表74 电气元件作用表

序号	符号	名 称	型 号	规 格	作 用
1	QF_1	断路器	CDM_1-63	50A 四极	主回路过流保护
2	QF_2	断路器	DZ47-63	6A 二极	控制回路过流保护
3	KM_1	交流接触器	CDC10-40	线圈电压380V	接入电阻器降压起动用
4	KM_2	交流接触器	CDC10-40	线圈电压380V	全压运转用
5	FR	热继电器	JR36-32	20～32A	过载保护
6	KT	得电式时间继电器	JS20	电压380V 180s	延时转换用
7	R_{st}	电阻器		计算得出	降压起动用

序号	符号	名 称	型 号	规 格	作 用
8	SB$_1$	按钮开关	LA19-11	红色	停止电动机用
9	SB$_2$	按钮开关	LA19-11	绿色	起动电动机用
10	M	三相异步电动机	JO72-6	14kW 29A 960 r/min	拖 动

6. 元器件安装排列图及端子图

元器件安装排列图及端子图如图 227 所示。

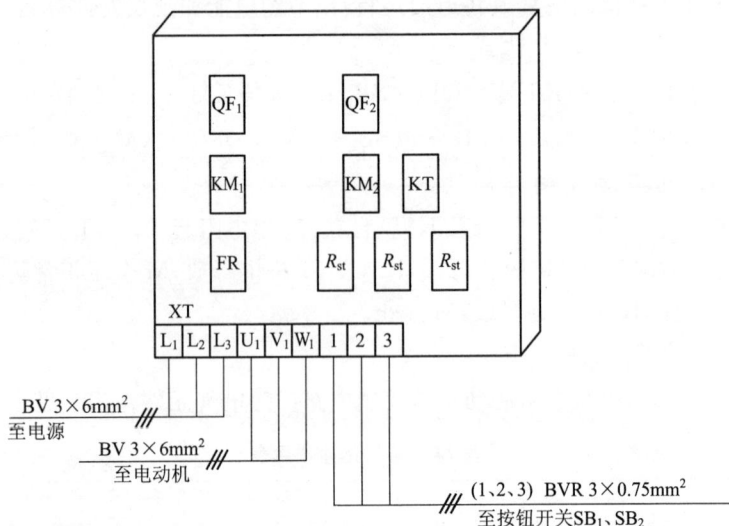

图 227 元器件安装排列图及端子图

从元器件安装排列图及端子图上可以看出,端子排 XT 上共有 9 个接线端子,其中,L$_1$、L$_2$、L$_3$ 为电源引入线,将外部三相 380V 电源接到此处,可采用 3 根 BV 6mm^2 导线套管敷设。

U$_1$、V$_1$、W$_1$ 用 3 根 BV 6mm^2 导线套管敷设至电动机处。

1、2、3 可采用 3 根 BVR 0.75mm^2 导线接至配电箱面板按钮开关 SB$_1$、SB$_2$ 上,并一一正确对应连接。

7. 按钮开关接线图

按钮开关接线如图 228 所示。

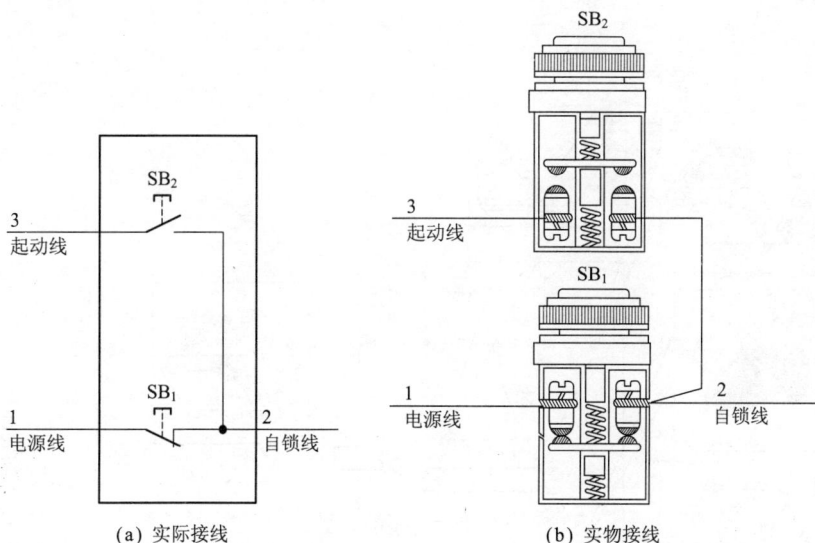

| (a) 实际接线 | (b) 实物接线 |

图 228 按钮开关接线图

8. 故障原因及排除方法

① 降压起动完毕后,时间继电器 KT、交流接触器 KM_1 线圈吸合不释放。此故障原因为全压运行交流接触器 KM_2 串接在时间继电器 KT、交流接触器 KM_1 线圈回路中的辅助常闭触点熔焊断不开所致。排除方法是更换 KM_2 辅助常闭触点。

② 按动起动按钮 SB_2,降压起动正常,但转换到全压运行时立即停止。此故障原因为全压运行交流接触器 KM_2 自锁回路断路。排除方法是更换 KM_2 自锁常开触点。

③ 按起动按钮 SB_2 后,一直为降压起动状态,转换不到全压运行。此故障原因为延时转换时间继电器 KT 的常开触点损坏而闭合不了;时间继电器 KT 线圈断路。排除方法是观察配电箱内电气元件动作情况,若时间继电器 KT 动作且延时,则为 KT 延时触点故障;若时间继电器 KT 不动作,则为时间继电器 KT 线圈断路。检查出原因后,更换故障器件即可。

9. 电路实物配套图

定子绕组串联电阻起动自动控制电路(二)实物配套图如图 229 所示。

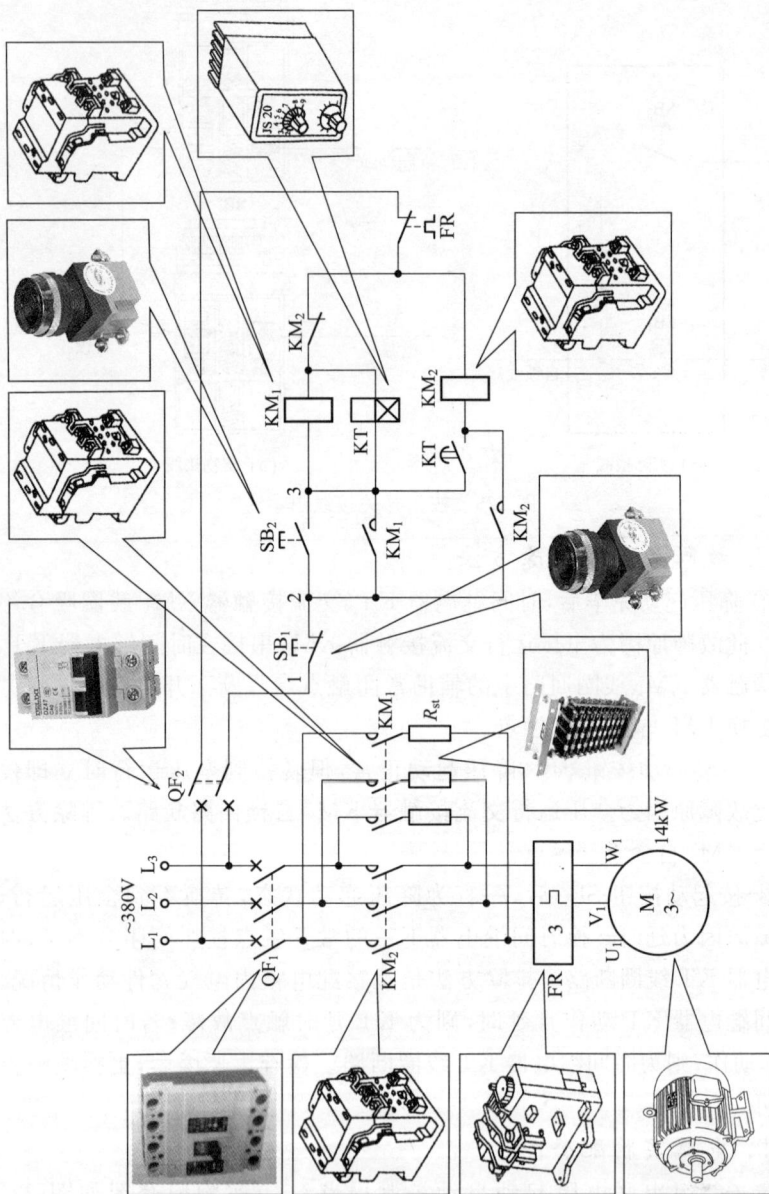

图 229 定子绕组串联电阻起动自动控制电路 (二) 实物配套图

电路 51　手动串联电阻起动控制电路(一)

1. 电气原理图

在工作中,若遇到三相异步电动机铭牌上标有额定电压为 220/380V (Δ/Y)的接线方式时,千万不能用 Y-Δ 的方法进行降压起动,最好采用串联电阻器起动。图 230 所示是一种手动串联电阻起动控制电路电气原理图。

2. 电气原理分析

在电动机起动时,可按下起动按钮 SB$_2$,此时电动机串联电阻器起动。当电动机转速达到额定转速时,再将全压运行按钮 SB$_3$ 按下,电动机绕组全压供电正常运行。具体工作原理如下:降压起动时,按下降压起动按钮 SB$_2$,交流接触器 KM$_1$ 线圈得电吸合且自锁,其三相主触点闭合,电动机绕组串联电阻器 R_{st} 降压起动,待电动机转速达到额定转速时,再按下全压运行按钮 SB$_3$,此时,交流接触器 KM$_1$、KM$_2$ 均吸合且自锁,KM$_2$

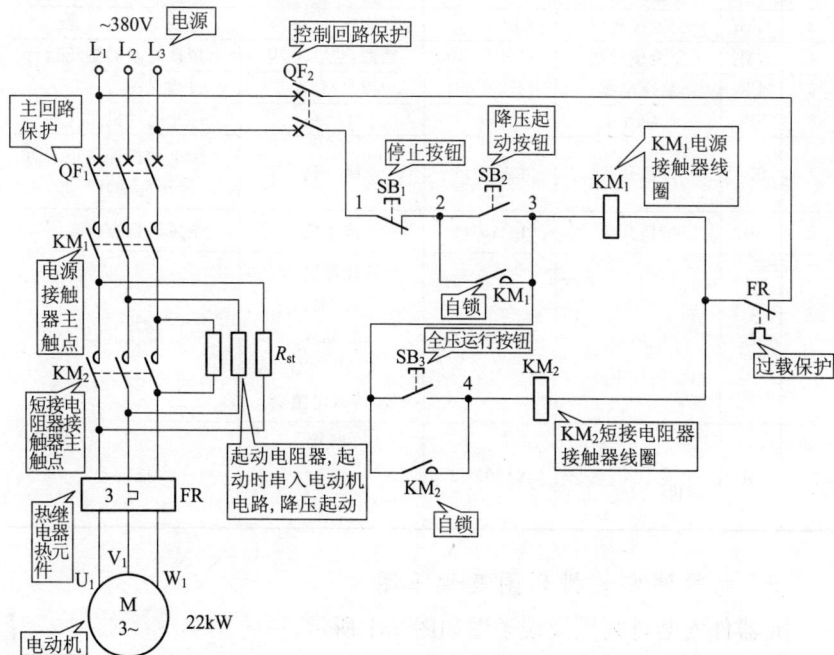

图 230　手动串联电阻起动控制电路(一)电气原理图

三相主触点将三只起动电阻器 R_{st} 分别短接起来,电动机电源改为全压供电方式,使电动机正常运行工作。

3. 逻辑代数表达式

$$KM_{1线圈} = QF_2 \cdot \overline{SB_1} \cdot (SB_2 + KM_1) \cdot \overline{FR}$$

$$KM_{2线圈} = QF_2 \cdot \overline{SB_1} \cdot (SB_2 + KM_1) \cdot (SB_3 + KM_2) \cdot \overline{FR}$$

4. 电路器件动作简述

按 SB_2,KM_1 吸合自锁,M 串电阻起动。

再按 SB_3,KM_2 也吸合自锁,M 全压正常运转。

按 SB_1,KM_1、KM_2 失电释放,M 停止。

5. 电气元件作用表

手动串联电阻起动控制电路(一)电气元件作用表见表 75。

表 75　电气元件作用表

序号	符号	名　称	型　号	规　格	作　用
1	QF_1	断路器	CDM1-63	63A　四极	主回路过流保护
2	QF_2	断路器	DZ47-63	6A　二极	控制回路过流保护
3	KM_1	交流接触器	CDC10-40	线圈电压 380V	控制电动机电源
4	KM_2	交流接触器	CDC10-40	线圈电压 380V	短接电阻器全压运行
5	FR	热继电器	JR36-63	28～45A	过载保护
6	SB_1	按钮开关	LA19-11	红色	停止电动机用
7	SB_2	按钮开关	LA19-11	绿　色	给电动机提供电源操作(降压起动)
8	SB_3	按钮开关	LA19-11	蓝　色	全压运行操作
9	R_{st}	电阻器	ZX$_1$ 或 ZX$_2$	计算值 1.94Ω 3.5kW 三只 ZX$_1$ 或 ZX$_2$ 铸铁电阻器	降压起动
10	M	三相异步电动机	Y180M-2	22kW 42A 2940r/min	拖　动

6. 元器件安装排列图及端子图

元器件安装排列图及端子图如图 231 所示。

从元器件安装排列图及端子图上可以看出,端子排 XT 上共有 10 个接线端子,其中,L_1、L_2、L_3 为电源引入线,将外部三相 380V 电源接到此

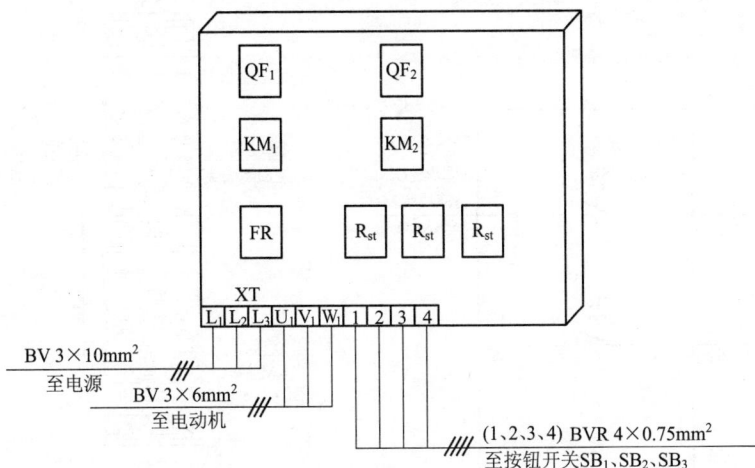

图 231 元器件安装排列图及端子图

处,可采用 3 根 $10mm^2$ 导线套管敷设。

U_1、V_1、W_1 用 3 根 BV $6mm^2$ 导线套管敷设至电动机处。

1、2、3、4 可采用 4 根 BVR $0.75mm^2$ 导线接至配电箱面板按钮开关 SB_1、SB_2、SB_3 上,并一一正确对应连接。

7. 按钮开关接线图

按钮开关接线如图 232 所示。

8. 常见故障及排除方法

① 按降压起动按钮 SB_2 无反应。若同时按下 SB_2、SB_3,电动机全压起动(松开 SB_2 后即停止)。此故障通常为 KM_1 线圈断路所致。用万用表电阻挡检查 KM_1 线圈是否断路,若断路则更换一只新线圈即可。

注意:在 KM_1 出现故障时,若同时按下按钮 SB_2、SB_3,电动机会出现全压起动,这是很危险的。为此,可在 KM_2 线圈回路再串联一只起动按钮 SB_2 的一组常闭触点即可解决上述问题,如图 233 所示。

② 按 SB_2 起动正常,交流接触器 KM_1 线圈得电吸合工作,当按动 SB_3 时,交流接触器 KM_2 线圈得电吸合,控制回路工作正常,但电动机仍为降压起动状态,不能进行全压运行。此故障为交流接触器 KM_2 三相主触点断路闭合不了所致。在正常时,KM_2 三相主触点闭合,会将起动电阻短接起来,转换成全压运行,这充分说明故障点为 KM_2 三相主触点断路无疑。故障确定后,最好更换一只新的同型号交流接触器。

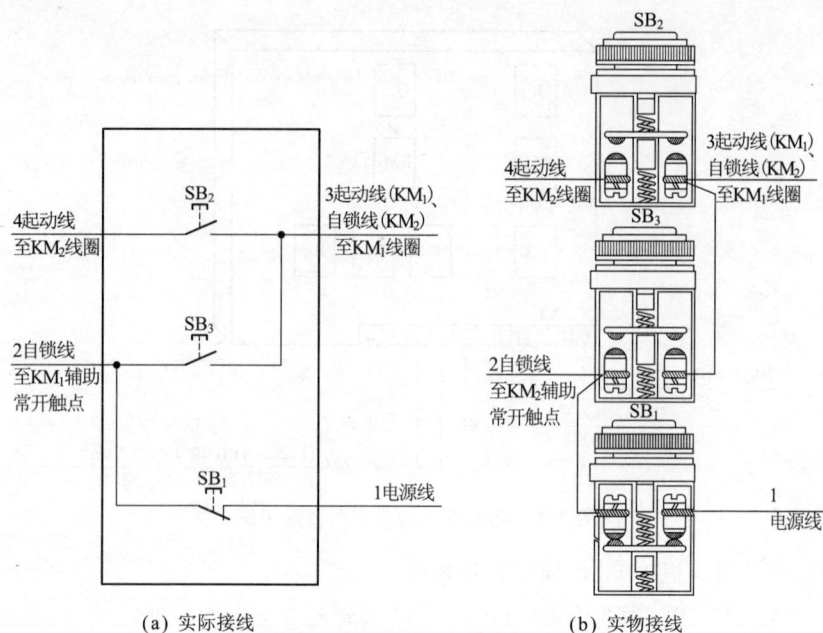

（a）实际接线　　　　　　　　（b）实物接线

图 232　按钮开关接线图

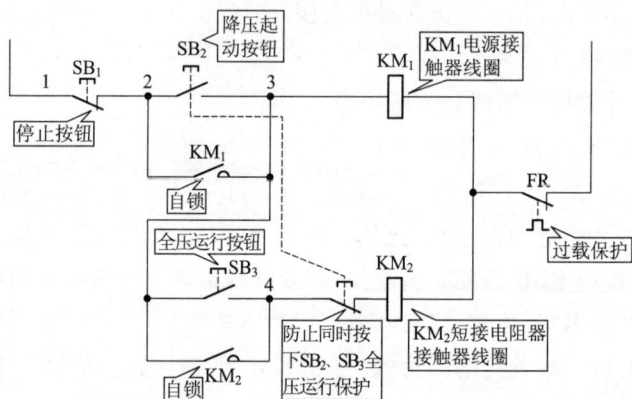

图 233

③ 按降压起动按钮 SB_2 时,电动机没有降压起动而是直接全压运行。此故障通常为运转交流接触器 KM_2 三相主触点熔焊;KM_2 机械部分卡住;以及 KM_2 铁心极面脏有油污释放缓慢或不释放所致。

9. 电路实物配套图

手动串联电阻起动控制电路（一）实物配套图如图 234 所示。

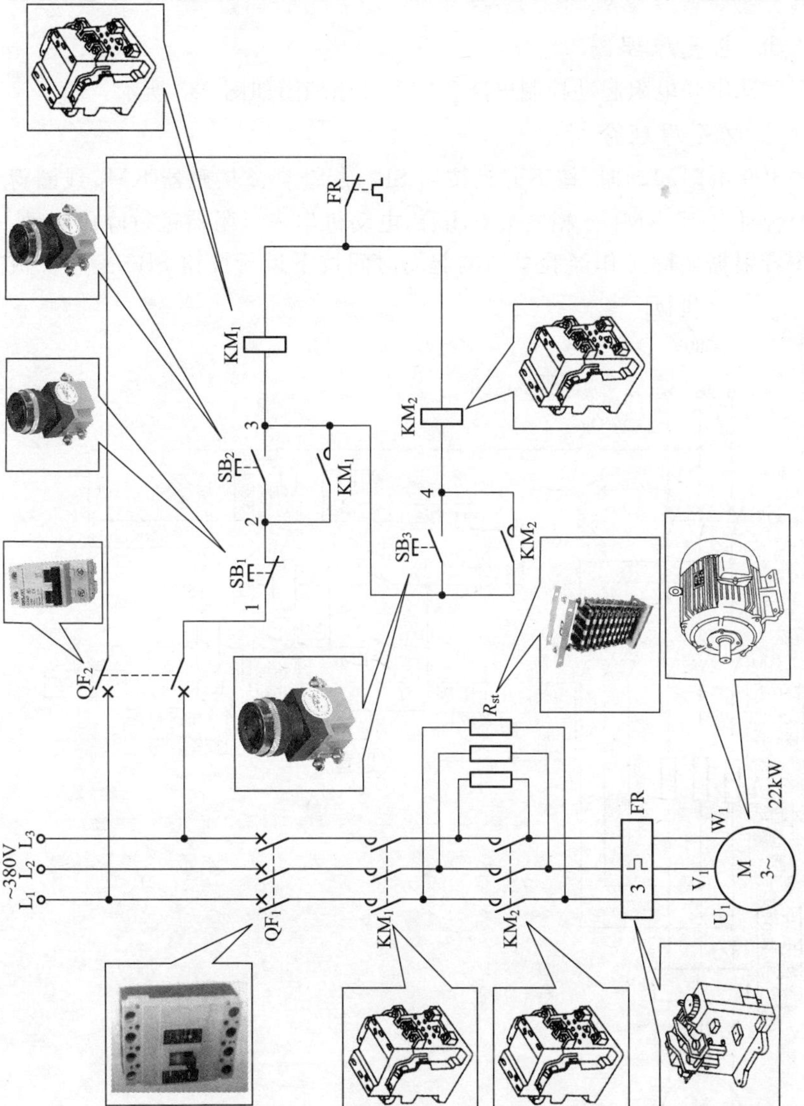

图 234 手动串联电阻起动控制电路（一）实物配套图

电路 52　手动串联电阻起动控制电路(二)

1. 电气原理图

手动串联电阻起动控制电路(二)电气原理图如图 235 所示。

2. 电气原理分析

串联电阻起动时,按下起动按钮 SB_2,起动交流接触器 KM_1 线圈得电吸合且自锁,KM_1 三相主触点闭合,电动机串入电阻器进行降压起动。操作者根据实际工作经验总结的起动时间按下运行按钮 SB_3,运行交流

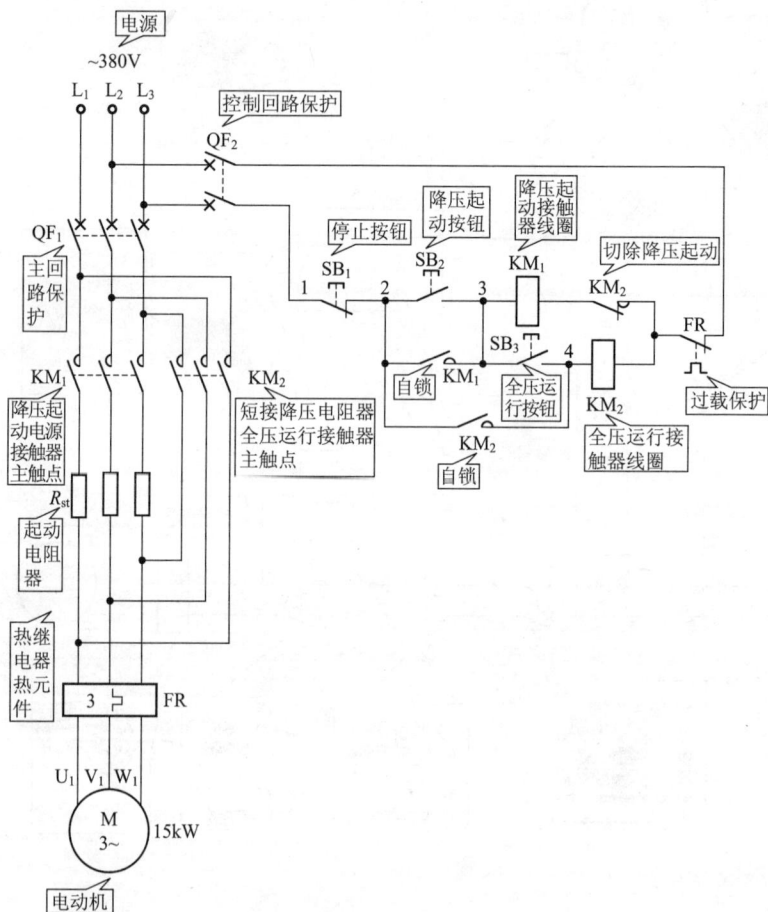

图 235　手动串联电阻起动控制电路(二)电气原理图

接触器 KM_2 线圈得电吸合且自锁，KM_2 三相主触点闭合且自锁，从而短接了主回路电阻器 R_{st}，电动机得电全压运转工作；与此同时，KM_2 串联在 KM_1 线圈回路中的常闭触点断开，起动交流接触器 KM_1 线圈失电释放，退出运行。

停止时则按下停止按钮 SB_1，运行交流接触器 KM_2 线圈失电释放，KM_2 三相主触点断开，电动机失电停止运转。

该电路不能直接操作全压运行，因为只有在操作完起动按钮 SB_2 后，起动交流接触器线圈得电吸合且自锁，才能给全压运行按钮 SB_3 提供控制电源。否则在不按下 SB_2 之前，直接操作 SB_3 无效。

该电路最大优点是，在运行交流接触器 KM_2 线圈吸合工作后，KM_2 串接在 KM_1 回路中的辅助常闭触点切断了 KM_1 线圈回路电源，以达到控制回路节电之目的，使电路更完善、更合理。

3. 逻辑代数表达式

$$KM_{1线圈} = QF_2 \cdot \overline{SB_1} \cdot (SB_2 + KM_1) \cdot \overline{KM_2} \cdot \overline{FR}$$

$$KM_{2线圈} = QF_2 \cdot \overline{SB_1} \cdot [(SB_2 + KM_1) \cdot SB_3 + KM_2] \cdot \overline{FR}$$

4. 电路器件动作简述

按 SB_2，KM_1 吸合自锁，M 串电阻起动；再按 SB_3，KM_2 吸合自锁，KM_1 失电释放，M 全压正常运转。

按 SB_1，KM_2 失电释放，M 停止。

5. 电气元件作用表

手动串联电阻起动控制电路（二）电气元件作用表见表76。

表76 电气元件作用表

序号	符号	名 称	型 号	规 格	作 用
1	QF_1	断路器	CDM1-63	50A 四极	主回路过流保护
2	QF_2	断路器	DZ47-63	6A 二极	控制回路过流保护
3	KM_1	交流接触器	CDC10-40	线圈电压 380V	控制电动机降压起动电源
4	KM_2	交流接触器	CDC10-40	线圈电压 380V	短接降压电阻全压运行
5	FR	热继电器	JR36-32	22～32A	过载保护
6	R_{st}	电阻器			降压起动用

序号	符号	名 称	型 号	规 格	作 用
7	SB$_1$	按钮开关	LA19-11	红 色	停止电动机用
8	SB$_2$	按钮开关	LA19-11	绿 色	降压起动用
9	SB$_3$	按钮开关	LA19-11	蓝 色	全压运行用
10	M	三相异步电动机	Y160L-4	15kW 30.3A 1460r/min	拖 动

6. 元器件安装排列图及端子图

元器件安装排列图及端子图如图 236 所示。

从元器件安装排列图及端子图上可以看出，端子排 XT 上共有 10 个接线端子，其中，L$_1$、L$_2$、L$_3$ 为电源引入线，将外部三相 380V 电源接到此处，可采用 3 根 BV 10mm² 导线套管敷设。

U$_1$、V$_1$、W$_1$ 用 3 根 BV 6mm² 导线套管敷设至电动机处。

1、2、3、4 可采用 4 根 BVR 0.75mm² 导线接至配电箱面板按钮开关 SB$_1$、SB$_2$、BS$_3$ 上，并一一正确对应连接。

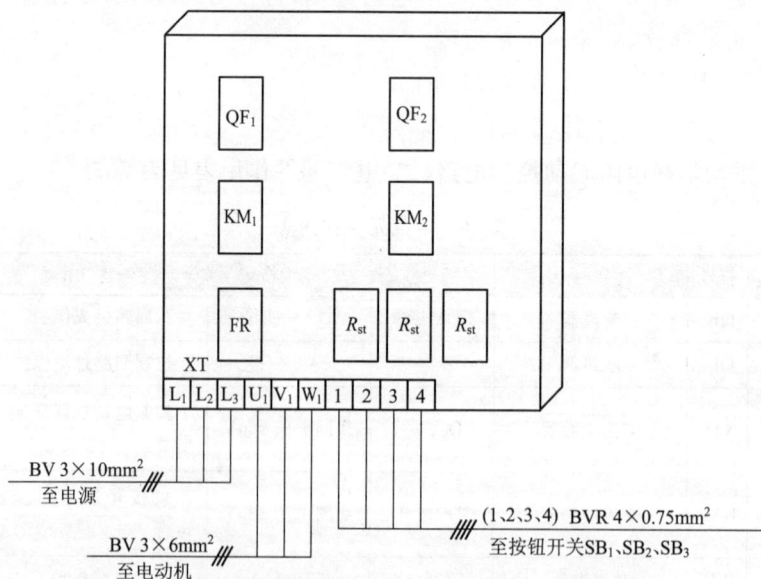

图 236 元器件安装排列图及端子图

7. 按钮开关接线图

按钮开关接线如图 237 所示。

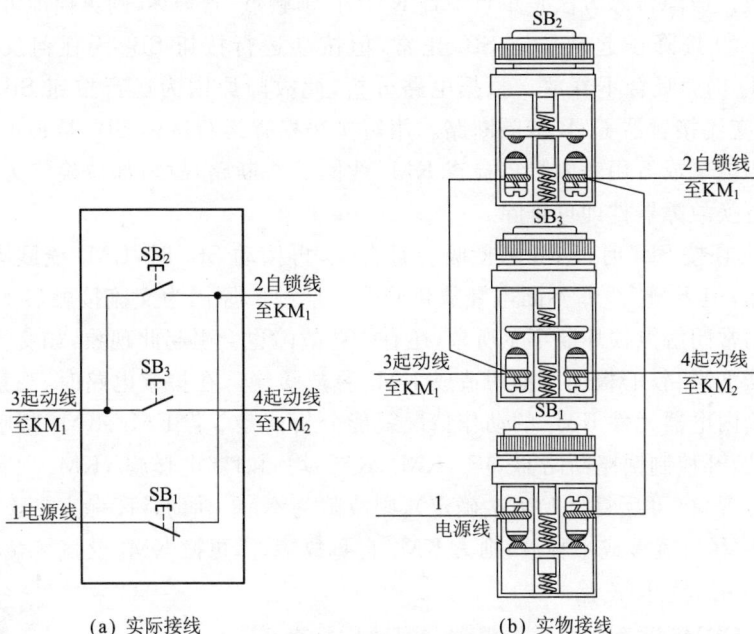

（a）实际接线　　　　　　　（b）实物接线

图 237 按钮开关接线图

8. 常见故障及排除方法

① 按下降压起动按钮 SB_2 无法操作，无反应。检修此故障时，最好先将主回路断路器 QF_1 断开，只试验控制回路。检修时可按动 SB_2 不放，观察交流接触器 KM_1 是否动作，若不动作，再同时按下运行按钮 SB_3，观察交流接触器 KM_2 是否工作，若 KM_2 线圈能吸合且自锁，则说明控制回路公共部分是正常的（如停止按钮 SB_1，热继电器 FR 常闭触点），故障缩小至交流接触器 KM_1 线圈断路；交流接触器 KM_2 辅助常闭触点断路。排除方法是重点检查 KM_1 线圈及 KM_2 辅助常闭触点是否正常，若器件损坏则更换，故障即可排除。

② 按降压起动按钮 SB_2 时起动正常，但操作 SB_3 时能转换一下，随后 KM_1、KM_2 线圈断电释放即刻停止。从故障现象上分析，KM_1 动作正常，若不正常 SB_3 根本进行不了；在按动 SB_3 时 KM_2 工作了一下便停止了，说明 KM_2 线圈部分、KM_2 辅助常闭触点部分均正常（若 KM_2 常闭触点损坏断不开，那么 KM_1 就不会断电，则此故障现象在同时按住 SB_2、

SB₃ 时 KM₁、KM₂ 线圈得电均吸合,但手一松开按钮,KM₂ 线圈断电释放 ,KM₁ 仍正常工作),则故障为 KM₂ 自锁辅助常开触点损坏闭合不了所致。故障排除方法是重点检查 KM₂ 自锁触点,若损坏,则更换即可。

③ 按降压起动按钮 SB₂ 正常,但按动运行按钮 SB₃ 无任何反应,KM₁ 仍然吸合不释放。根据电路分析,此故障原因为运行按钮 SB₃ 损坏;交流接触器 KM₂ 线圈断路。用短接法检查运行按钮 SB₃ 是否正常,用测电笔或万用表电阻挡检查 KM₂ 线圈是否断路,故障部位确定无误,则更换故障器件即可排除。

④ 按 SB₂ 时,KM₁ 线圈吸合且自锁,再按动 SB₃ 时,KM₂ 线圈吸合工作,但 KM₁ 线圈不断电释放仍吸合。此故障原因为交流接触器 KM₂ 辅助常闭触点损坏断不了所致,还有一些故障也会引起此现象,如交流接触器 KM₁ 铁心极面有油污造成 KM₁ 释放缓慢。在检查电路时,观察配电箱内电器元件 KM₁ 的动作情况就能分析清楚 ,若 KM₁、KM₂ 都吸合后,断开控制回路断路器 QF₂,KM₁、KM₂ 均同时断电释放 ,KM₁ 无释放缓慢现象(可反复试验多次确定),则故障为 KM₂ 辅助常闭触点粘连;若 KM₁ 释放缓慢或不释放,则为 KM₁ 自身故障,需更换 KM₁ 交流接触器。

9. 技术数据

CDM1 系列塑壳式断路器技术数据见表 77。

表 77　CDM1 系列塑壳式断路器技术数据

型 号	额定绝缘电压/V	额定工作电压/V	额定电流/A	极 数
CDM1-63	690	AC 400/690	6、10、16、20、32、40、50、63	3、4
CDM1-100	800	AC 400/690	10、16、20、32、40、50、63、80、100	2、3、4
CDM1-225	800	AC 400/690	100、125、160、180、200、225	2、3、4
CDM1-400	800	AC 400/690	200、225、250、315、350、400	3、4
CDM1-630	800	AC 400/690	400、500、630	3、4
CDM1-800	800	AC 400/690	630、700、800	3、4
CDM1-1250	800	AC 400/690	800、1000、1250	3

10. 电路实物配套图

手动串联电阻起动控制电路(二)实物配套图如图 238 所示。

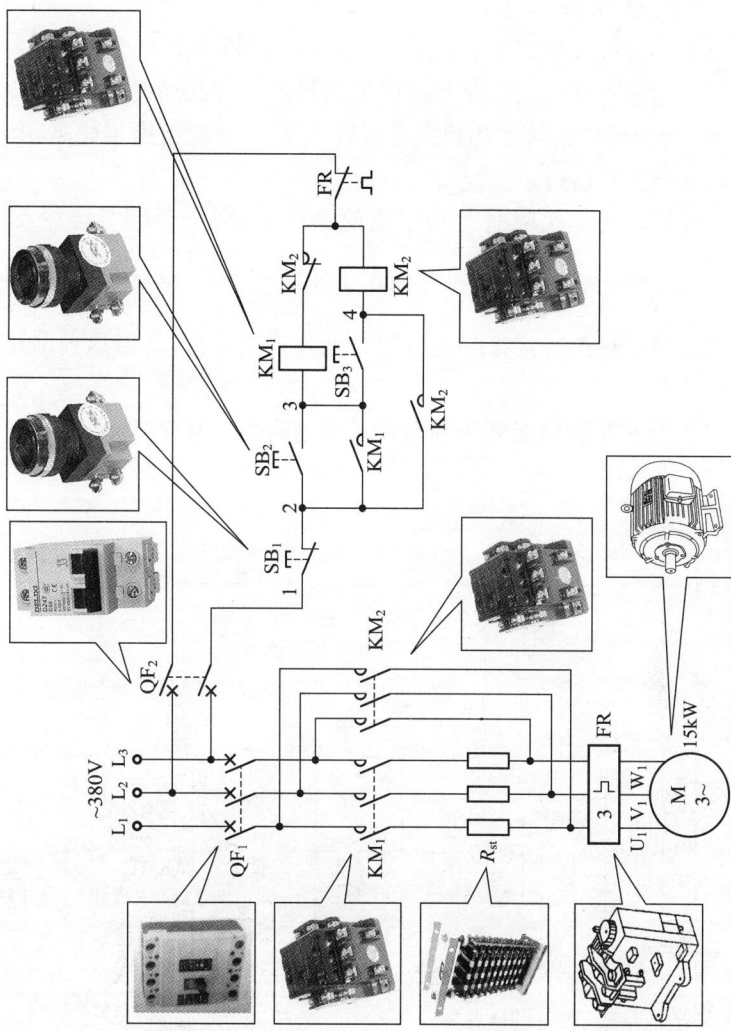

图 238　手动串联电阻起动控制电路（二）实物配套图

1. 电气原理图

只要正常运行过程中定子绕组为三角形的三相异步电动机均可采用 Y-Δ 减压起动方式来达到限制起动电流的目的。在起动时,将定子绕组接成 Y 形,待起动结束转速达到一定值后,再将定子绕组换接成 Δ 形,电动机转入全压正常运行。

Y-Δ 降压起动方式限制起动电流的原理是,当定子绕组接成 Y 形时,定子每相绕组上得到的电压是额定电压的 $\dfrac{1}{\sqrt{3}}$,使 $I_{Y线} = \dfrac{1}{3}I_{\Delta}$,星形起动时的线电流比三角形直接起动时的线电流降低 3 倍,从而达到降压起动的目的。

图 239 所示为手动 Y-Δ 降压起动控制电路电气原理图。

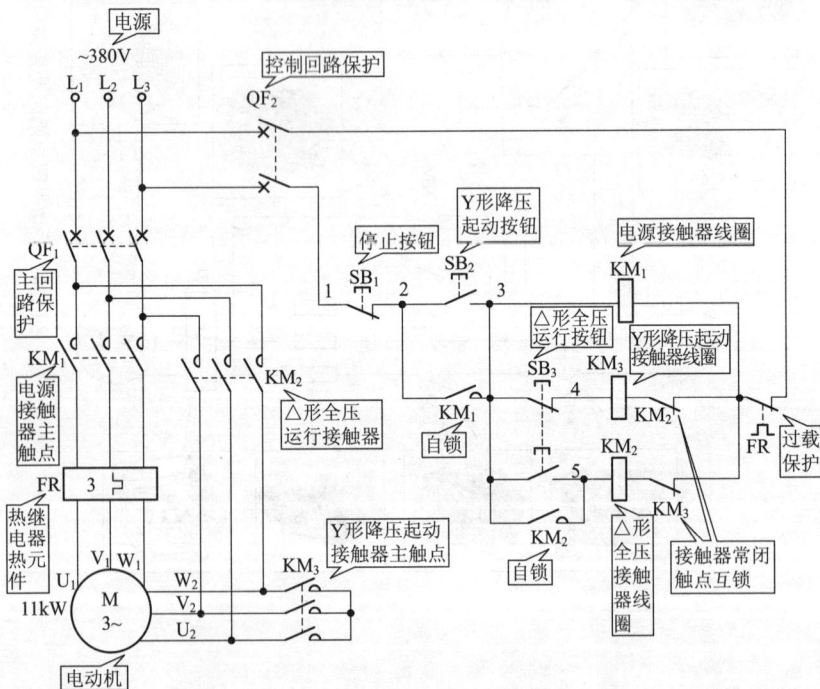

图 239　手动 Y-Δ 降压起动控制电路电气原理图

2. 电气原理分析

起动时,按下起动按钮 SB$_2$,交流接触器 KM$_1$、Y 点交流接触器 KM$_3$ 得电吸合且 KM$_1$ 自锁,电动机进行 Y 形降压起动;当转速达到(或接近)额定转速时,按下 △ 形运转按钮 SB$_3$,SB$_3$ 常闭触点断开 Y 点交流接触器 KM$_3$ 线圈电源,KM$_3$ 断电释放,KM$_3$ 常闭触点恢复常闭为 △ 形交流接触器线圈工作做准备,由于此时 SB$_3$ 常开触点已闭合,所以 △ 形交流接触器 KM$_2$ 线圈得电吸合且自锁,电动机进入 △ 形全压正常运转。

从以上原理得出,Y 形起动时交流接触器 KM$_1$＋KM$_3$ 投入工作,△ 形全压运转时交流接触器 KM$_1$＋KM$_2$ 投入工作。电路中交流接触器 KM$_1$ 可根据电动机额定电流进行选择;Y 形交流接触器 KM$_3$ 可根据 $\frac{1}{\sqrt{3}}$ $\left(\frac{I_额}{\sqrt{3}}\right)$ 计算得出为电动机额定电流的 $\frac{1}{3}$,也就是 $0.33I_额$ 进行选择;△ 形交流接触器 KM$_2$ 可根据 $I_额/\sqrt{3}$ 计算得出为电动机额定电流的 $\frac{2}{3}$,也就是 $0.58I_额$ 进行选择。为了便于记忆,总结如下:电源交流接触器 KM$_1$ 为电动机额定电流值,Y 形交流接触器 KM$_3$ 为电动机额定电流值的 40%,△ 形交流接触器 KM$_2$ 为电动机额定电流的 60%。

从电路中可以看出热继电器 FR 的发热元件是串联在电动机的相电流电路中,在电动机起动后转为 △ 形全压运行时,此相电流仅为线电流的 $1/\sqrt{3}$ 倍,即 0.58 倍,所以在这种接法的电路中,热继电器的整定电流值可以按下式计算:

$$I_整 = \frac{1}{\sqrt{3}}I_额 \approx 0.58I_额$$

式中,$I_整$ 为热继电器的整定电流(A);$I_额$ 为电动机的额定电流(A),可按电动机功率的 2 倍估算得出。

通过以上计算就可以选定热继电器,并将热继电器的整定电流旋至计算值相应的刻度处。但热继电器的热元件额定电流仍大于电动机额定电流即可。

至于电动机的起动时间,可以按下式计算:

$$t_起 = 4 + 2\sqrt{P_额}$$

式中,$t_起$ 为电动机起动时间,即从起动到转速达到额定值的时间(s);$P_额$ 为电动机的额定功率(W)。

为了便于记忆,可将上述公式变为口诀来估算,即功率开方后,乘2加4秒。

【举例】本电路为 Y-Δ 起动控制,热继电器热元件接在相电流中,该三相异步电动机功率为 11kW,热继电器的整定电流和起动时间是多少?

解:首先估算电动机的额定电流。

$$11 \times 2 = 22 \text{ (A)}$$

热继电器的整定电流为

$$I_{整} = \frac{1}{\sqrt{3}} I_{额} \approx 0.58 I_{额} \approx 0.58 \times 22 \approx 13 \text{ (A)}$$

本 Y-Δ 起动电路电动机的起动时间为

$$t_{起} = 4 + 2\sqrt{11} \approx 4 + 2 \times 3 = 10 \text{ (s)}$$

3. 逻辑代数表达式

$$KM_{1线圈} = QF_2 \cdot \overline{SB_1} \cdot (SB_2 + KM_1) \cdot \overline{FR}$$

$$KM_{2线圈} = QF_2 \cdot \overline{SB_1} \cdot (SB_2 + KM_1) \cdot (SB_3 + KM_2) \cdot \overline{KM_3} \cdot \overline{FR}$$

$$KM_{3线圈} = QF_2 \cdot \overline{SB_1} \cdot (SB_2 + KM_1) \cdot \overline{SB_3} \cdot \overline{KM_2} \cdot \overline{FR}$$

4. 电路器件动作简述

按 SB_2,KM_1、KM_3 吸合且 KM_1 自锁,M 得电 Y 形起动。

按 SB_3,KM_3 失电释放,KM_2 吸合自锁,M 由 Y 形起动改接为 Δ 形全压正常运转。

按 SB_1,KM_1、KM_2 失电释放,M 停止。

5. 电气元件作用表

手动 Y-Δ 降压起动控制电路电气元件作用表见表78。

6. 元器件安装排列图及端子图

元器件安装排列图及端子图如图 240 所示。

从元器件安装排列图及端子图上可以看出,端子排 XT 上共有 14 个接线端子,其中,L_1、L_2、L_3 为电源引入线,将外部三相 380V 电源接到此处,可采用 3 根 BV 6mm² 导线套管敷设。

U_1、V_1、W_1、U_2、V_2、W_2 用 6 根 BV 4mm² 导线套管敷设至电动机处。

1、2、3、4、5 可采用 5 根 BVR 0.75mm² 导线接至配电箱面板按钮开关 SB_1、SB_2、SB_3 上,并一一正确对应连接。

7. 按钮开关接线图

按钮开关接线如图 241 所示。

表 78　电气元件作用表

序号	符号	名　称	型　号	规　格	作　用
1	QF$_1$	断路器	CDM1-63	40A　四极	主回路过流保护
2	QF$_2$	断路器	DZ47-63	6A　二极	控制回路过流保护
3	KM$_1$	交流接触器	CDC10-20	线圈电压 380V	控制电动机电源用
4	KM$_2$	交流接触器	CDC10-20	线圈电压 380V	△ 形运转用
5	KM$_3$	交流接触器	CDC10-20	线圈电压 380V	Y 形起动用
6	FR	热继电器	JR36-32	20～32A	过载保护
7	SB$_1$	按钮开关	LA19-11	红色	停止电动机用
8	SB$_2$	按钮开关	LA19-11	绿色	Y 形起动用
9	SB$_3$	按钮开关	LA19-11	蓝色	△ 形运转用
10	M	三相异步电动机	Y160M$_1$-2	11kW 21.8A 2930 r/min	拖　动

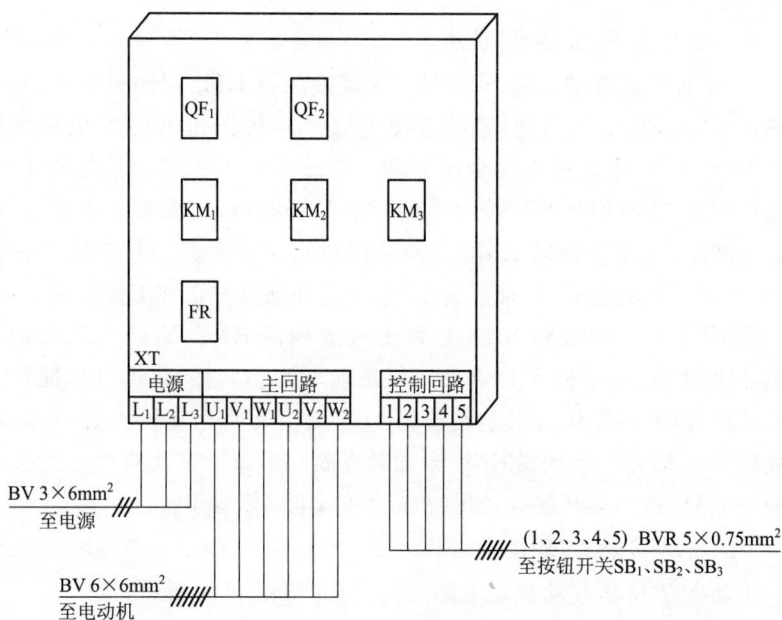

图 240　元器件安装排列图及端子图

电路 53　手动 Y-△ 降压起动控制电路　**317**

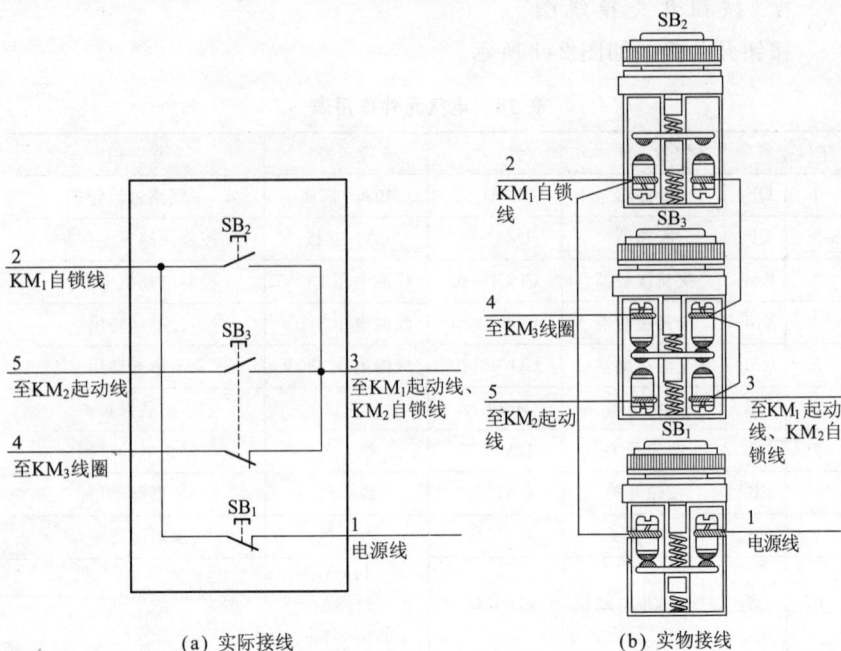

(a) 实际接线   (b) 实物接线

图 241　按钮开关接线图

8. 常见故障及排除方法

① 按下 Y 形起动按钮 SB_2，只有交流接触器 KM_1 线圈吸合工作，电动机无反应不做 Y 形起动；紧接着按下 △ 形运转按钮 SB_3，交流接触器 KM_2 吸合工作，电动机直接全压起动。此故障为 Y 点交流接触器 KM_3 未吸合所致，重点检查 SB_3 按钮常闭触点是否断路，交流接触器 KM_3 线圈是否断路，交流接触器 KM_2 互锁常闭触点是否断路。只要故障排除后，Y 点交流接触器 KM_3 能吸合工作，电路即能恢复正常工作。

② 按 Y 形起动按钮 SB_2，电源交流接触器 KM_1，Y 点交流接触器 KM_3 得电吸合，电动机 Y 形起动。但按动 △ 形运转按钮 SB_3 时，能转为 △ 形运转，但手一松开 △ 形运转按钮 SB_3，又由 △ 形运转转为 Y 形起动。此故障为 △ 形交流接触器 KM_2 自锁触点断路所致。重点检查 △ 形交流接触器 KM_2 辅助常开触点，更换故障器件，电路恢复正常。

9. 电路实物配套图

手动 Y-△ 降压起动控制电路实物配套图如图 242 所示。

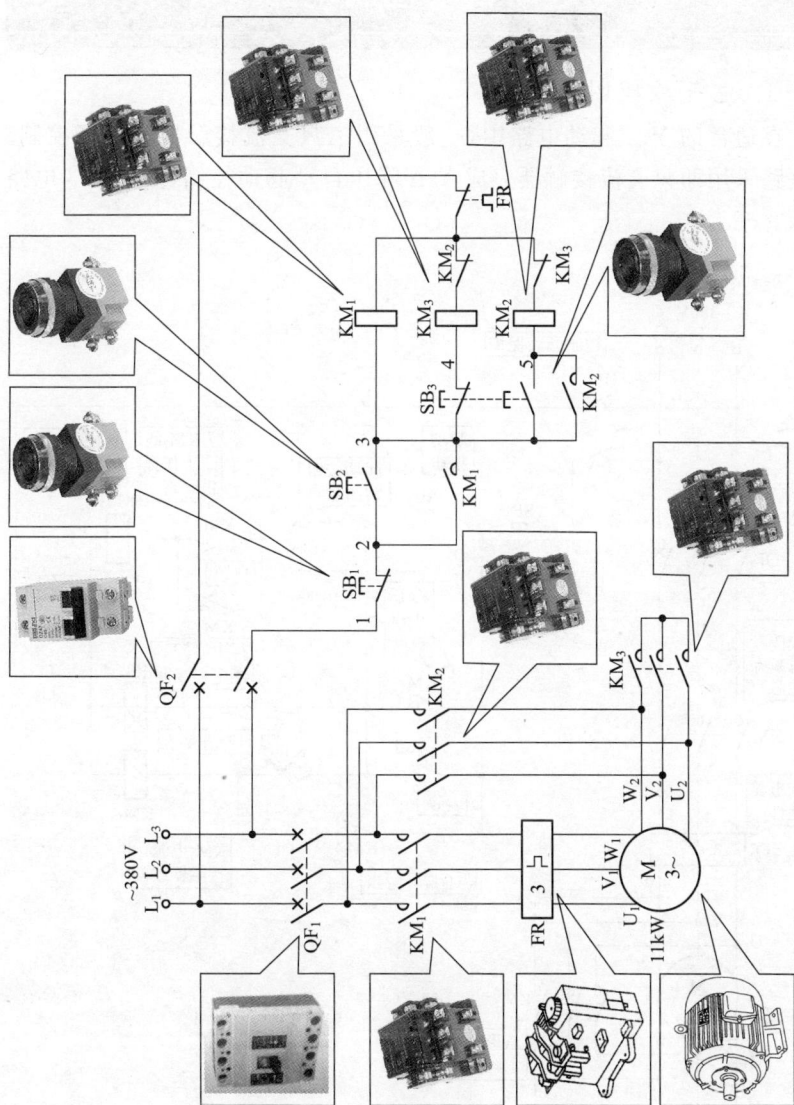

图 242 手动 Y-△ 降压起动控制电路实物配套图

电路 54　用两只接触器完成 Y-Δ 降压起动自动控制电路

1. 电气原理图

在通常的 Y-Δ 起动电路中,一般采用三只交流接触器来进行控制。本电路采用两只交流接触器完成 Y-Δ 降压自动起动控制,如图 243 电路所示。

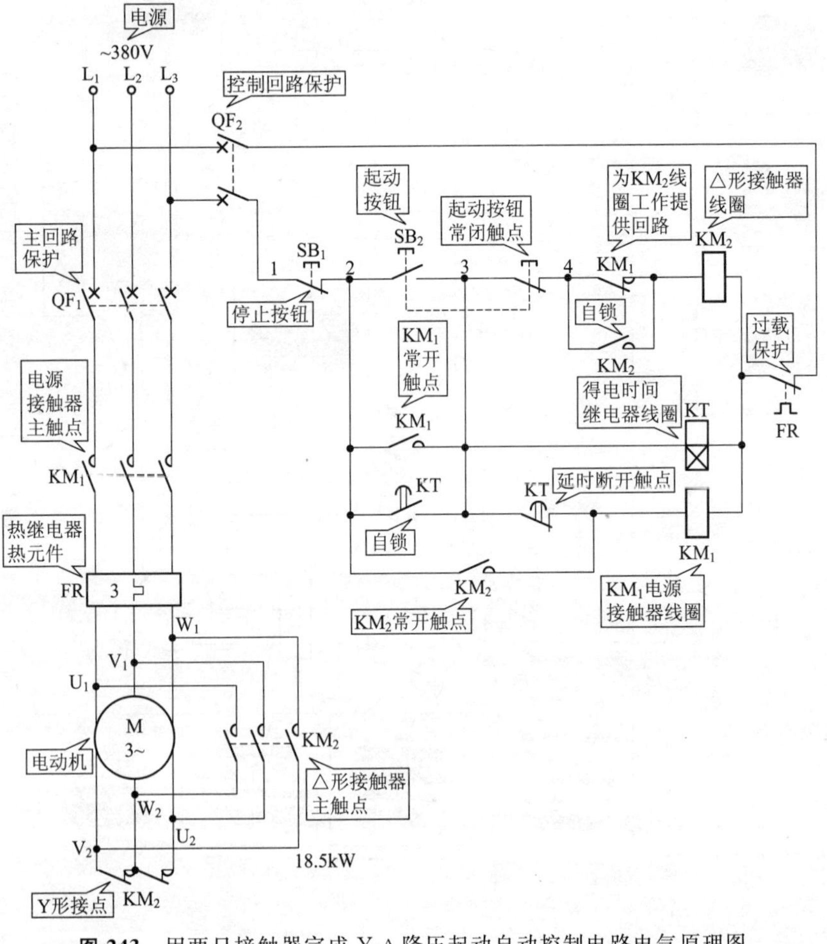

图 243　用两只接触器完成 Y-Δ 降压起动自动控制电路电气原理图

2. 电气原理分析

起动时,按下起动按钮 SB_2,交流接触器 KM_1、时间继电器 KT 线圈得电吸合且 KM_1 常开触点闭合自锁,KM_1 三相主触点闭合提供三相电源,由于交流接触器 KM_2 未工作,其 KM_2 常闭触点仍闭合组成 Y 点,电动机 Y 形起动。经过时间继电器 KT 延时后,KT 延时断开的常闭触点断开,切断了交流接触器 KM_1 线圈电源,从而使 KM_1 三相主触点断开,此时电动机瞬间脱离电源靠惯性继续运转,这样做是为了保证 △ 形交流接触器 KM_2 能先可靠地分断和接通,不至于在转换过程中发生短路事故。由于 KM_1 线圈失电释放,KM_1 串联在 KM_2 线圈回路中的常闭触点闭合,此时 KT 延时闭合的常开触点闭合且自锁,交流接触器 KM_2 线圈得电吸合且自锁,KM_2 作为电动机 Y 点的常闭触点断开,三相常开主触点闭合,连接成 △ 形电路,KM_2 辅助常开触点闭合,接通了电动机电源交流接触器 KM_1 线圈回路电源,这样,KM_1、KM_2 主触点均闭合,电动机由 Y 形接法自动转换为 △ 形接法,电动机起动完毕而正常运转。

该电路仅适用于功率在 4kW 以上至 18.5kW 以下的采用三角形接法的小容量电动机。在使用时尽量减少起动次数,以保证辅助常闭触点工作正常而不被损坏。

3. 逻辑代数表达式

$$KM_{1线圈} = QF_2 \cdot \overline{SB_1} \cdot [(SB_2 + KM_1 + KT) \cdot \overline{KT} + KM_2] \cdot \overline{FR}$$

$$KM_{2线圈} = QF_2 \cdot \overline{SB_1} \cdot [(SB_2 + KM_1 + KT) \cdot \overline{KT} + KM_2)]$$
$$\cdot \overline{SB_2}(\overline{KM_1} + KM_2) \cdot \overline{FR}$$

$$KT_{线圈} = QF_2 \cdot \overline{SB_1} \cdot (SB_2 + KM_1 + KT) \cdot \overline{FR}$$

4. 电路器件动作简述

按 SB_2,KT、KM_1 吸合且 KM_1 自锁,M 得电 Y 形起动;KT 开始延时,KT 延时时间到,KM_1 瞬时失电释放,KM_2 吸合,KM_1 又吸合,M 得电由 Y 形起动改为 △ 形正常运转。

按 SB_1,KT、KM_1、KM_2 失电释放,M 停止。

5. 电气元件作用表

用两只接触器完成 Y-△ 降压起动自动控制电路电气元件作用表见表 79。

6. 元器件安装排列图及端子图

元器件安装排列图及端子图如图 244 所示。

表 79　电气元件作用表

序号	符号	名　称	型　号	规　格	作　用
1	QF₁	断路器	CDM1-63	50A　四极	主回路过流保护用
2	QF₂	断路器	DZ47-63	6A　二极	控制回路过流保护用
3	KM₁	交流接触器	CDC10-40	线圈电压 380V	控制电动机电源用
4	KM₂	交流接触器	CDC10-40	线圈电压 380V	Y-△ 形变换
5	FR	热继电器	JR36-63	28～45A	过载保护
6	KT	得电式时间继电器	JS20	电压 380V 180s	Y-△ 变换时间切换
7	SB₁	按钮开关	LA19-11	红色	停止电动机用
8	SB₂	按钮开关	LA19-11	绿　色	起动电动机用
9	M	三相异步电动机	Y160L-2	18.5kW 35.5A 2930 r/min	拖　动

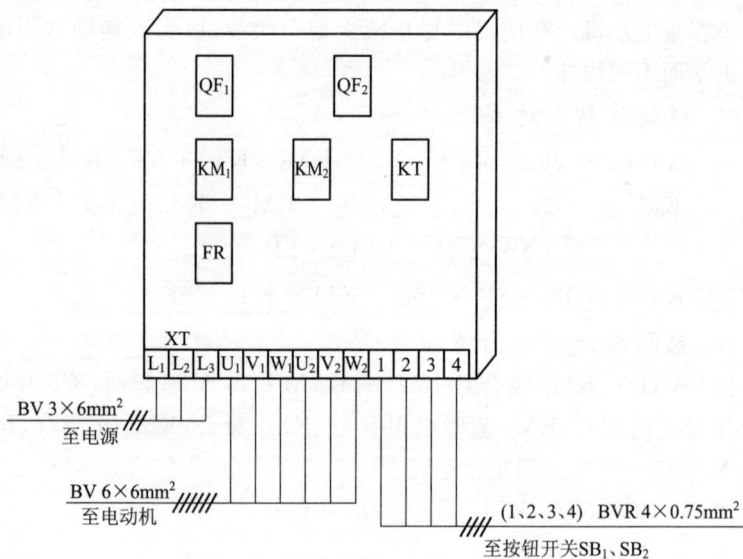

图 244　元器件安装排列图及端子图

　　从元器件安装排列图及端子图上可以看出,端子排 XT 上共有 13 个接线端子,其中,L₁、L₂、L₃ 为电源引入线,将外部三相 380V 电源接到此处,可采用 3 根 BV 6mm² 导线套管敷设。

U_1、V_1、W_1、U_2、V_2、W_2 用 6 根 BV $6mm^2$ 导线套管敷设至电动机处。

　　1、2、3、4 可采用 4 根 BVR $0.75mm^2$ 导线接至配电箱面板按钮开关 SB_1、SB_2 上，并一一正确对应连接。

7.按钮开关接线图

　　按钮开关接线如图 245 所示。

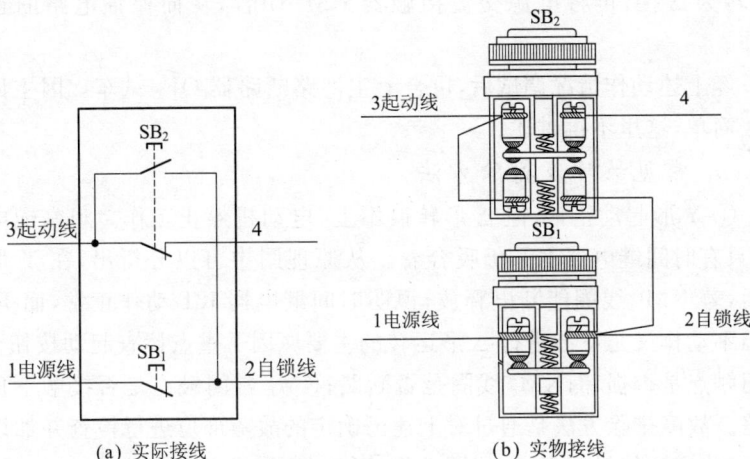

(a) 实际接线　　　　　　　　(b) 实物接线

图 245　按钮开关接线图

8.调　试

　　断开主回路断路器 QF_1，以使主回路不工作，保证调试人员安全。

　　合上控制回路断路器 QF_2，接通控制回路电源。

　　电路要求： Y 形起动时，交流接触器 KM_1 工作，Y 点由交流接触器 KM_2 常闭触点完成。同时时间继电器 KT 线圈工作，延时转换；经 KT 延时后，交流接触器 KM_2 线圈得电吸合，KM_2 常闭触点先断开，KM_2 三相主触点后闭合，即 KM_2＋KM_1＋KT 线圈全部工作，为 △ 形运转。

　　了解了上述动作情况，可操作起动按钮 SB_2，观察交流接触器 KM_1、时间继电器 KT 线圈是否吸合工作，且 KM_1、KT 并联自锁，即双自锁，边观察边调节时间继电器延时时间达到所预置时间，若上述条件满足，则说明 Y 形起动工作正常；再往下调试，观察 KT 动作情况，若 KT 延时到了（注意，这一步很关键，应仔细观察），首先 KT 延时断开的常闭触点断开，使交流接触器 KM_1 线圈回路切断，KM_1 串联在 KM_2 线圈回路中的常闭触点恢复常闭，这时，交流接触器 KM_2 线圈得电吸合自锁，同时 KM_2 串

电路 54　用两只接触器完成 Y-△ 降压起动自动控制电路　**323**

联在 KM$_1$ 线圈回路中的常开触点闭合,使 KM$_1$ 线圈又重新得电吸合。这样,交流接触器 KM$_1$、KM$_2$ 三相主触点同时闭合,电动机绕组接成 △ 形运转。

注意:为什么要在进行 △ 接时先断开 KM$_1$ 呢?因为本电路 Y-△ 转换实际上是用了一个交流接触器来完成,所以为防止出现 Y-△ 转换时有可能出现短路现象,必须先在电动机无电源的情况下,将 Y 点切断后,转为 △ 接,再将电源交流接触器 KM$_1$ 闭合,从而保证电路的正常工作。

经上述动作情况调试后,可合上主回路断路器 QF$_1$ 试车。因主回路比较简单,这里不再讲述。

9. 常见故障及排除方法

① Y 形起动正常,但 △ 形转换不上,电动机停止工作。观察配电箱内,只有时间继电器 KT 仍吸合着。从原理图中可以分析出,在 Y 形起动后,若 KM$_1$ 线圈能断电释放,说明时间继电器 KT 动作正常,而 KM$_2$ 线圈不动作又是不能进行 △ 形运转的主要原因。重点检查起动按钮 SB$_2$ 常闭触点是否损坏;KM$_2$ 线圈是否断路;KM$_1$ 常闭触点是否接触不良或断路。故障排除方法是通过对上述已确定的故障部位进行检查并加以排除后,使交流接触器 KM$_2$ 线圈动作,再用 KM$_2$ 常开触点接通 KM$_1$ 线圈,这样 KM$_1$＋KM$_2$＋KT 组成 △ 形运转。

② 控制回路 Y-△ 起动一切正常。但主回路 Y 形起动正常,转换过程中断路器 QF$_1$ 跳闸动作。此故障原因为 Y 点接触器 KM$_2$ 常闭触点容量小,熔焊而断不开,从而造成主回路短路。故障检查排除方法是用万用表检查 Y 点常闭触点是否正常,若不正常则更换。

③ 电动机起动正常,但工作一会儿就自动停止,而待一会儿又能进行起动操作。此故障原因可能是电动机过载或热继电器 FR 电流设置不对。

首先观察热继电器 FR 设置是否正确,应对应电动机额定电流的 0.95～1.05 倍,然后用钳形电流表测量电动机电流是否正常。若电流大于额定电流,则为电动机过载了,需停机找出过载原因并加以排除。

10. 电路实物配套图

用两只接触器完成 Y-△ 降压起动自动控制电路实物配套图如图 246 所示。

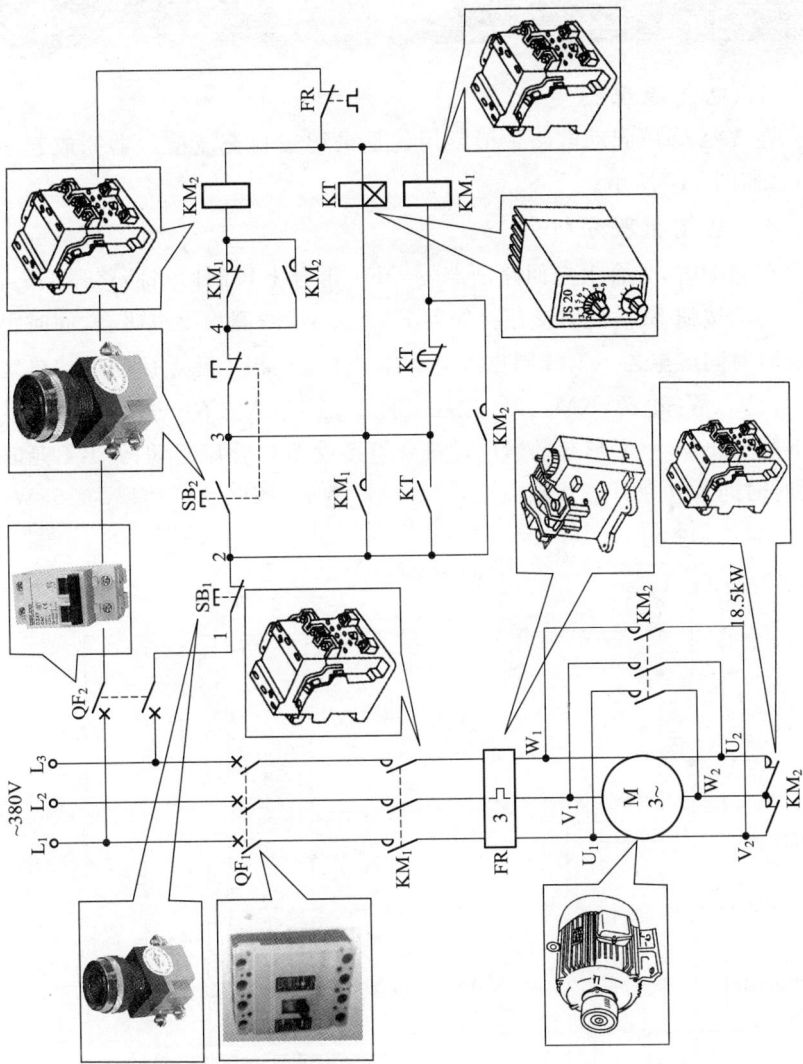

图 246 用两只接触器完成 Y-△ 降压起动自动控制电路实物配套图

电路 55　采用三只接触器完成 Y-Δ 降压起动自动控制电路

1. 电气原理图

在 Y-Δ 降压起动电路中最常用的是采用三只交流接触器完成起动控制,如图 247 所示。

2. 电气原理分析

在起动时,先合上主回路断路器 QF_1,再合上控制回路断路器 QF_2,按下起动按钮 SB_2,此时交流接触器 KM_1、KM_2 线圈均得电吸合,同时得电延时时间继电器 KT 线圈也得电动作,KM_1 三相主触点接通电动机绕组 U_1、V_1、W_1 电源,KM_2 三相主触点将 Y 点 U_2、V_2、W_2 短接(实际上就是 $KM_1+KM_2=Y$ 形起动),电动机绕组接成 Y 形降压起动;经 KT 延时(延时时间为功率开方后乘以 2 再加 4 秒,例如,该电动机功率为 15kW,

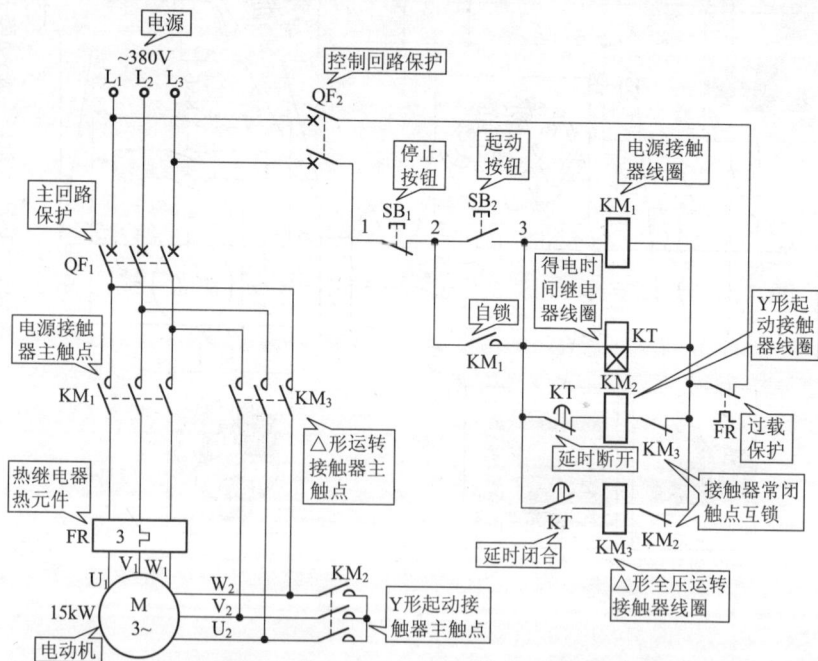

图 247 采用三只接触器完成 Y-Δ 降压起动自动控制电路电气原理图

$\sqrt{15}\approx4,4\times2+4=12s)$，KT 串联在 KM_2 线圈回路中的延时断开的常闭触点断开，使交流接触器 KM_2 线圈断电释放，电动机绕组 Y 点断开；同时 KT 串联在 KM_3 线圈回路中的常开触点闭合，使交流接触器 KM_3 线圈得电吸合，KM_3 三相主触点闭合，将三相绕组 U_1、W_2，V_1、U_2，W_1、V_2 分别短接起来形成 △ 形正常全压运行，起动过程结束。欲停止，则按下停止按钮 SB_1 即可。

此电路适用于 13～55kW 之间的 △ 形接法电动机实现降压起动。

图 247 中，交流接触器 KM_1 作用为接通三相交流电源至电动机绕组 U_1、V_1、W_1；KM_2 作用为短接 U_2、V_2、W_2 使其为 Y 点；KM_3 作用为 △ 形连接；时间继电器 KT 作用为延时 Y-△ 转换控制。

3. 逻辑代数表达式

$$KM_{1线圈}=KT_{线圈}=QF_2 \cdot \overline{SB_1} \cdot (SB_2+KM_1) \cdot \overline{FR}$$

$$KM_{2线圈}=QF_2 \cdot \overline{SB_1} \cdot (SB_2+KM_1) \cdot \overline{KT} \cdot \overline{KM_3} \cdot \overline{FR}$$

$$KM_{3线圈}=QF_2 \cdot \overline{SB_1} \cdot (SB_2+KM_1) \cdot KT \cdot \overline{KM_2} \cdot \overline{FR}$$

4. 电路器件动作简述

按 SB_2，KM_1、KT、KM_2 吸合且 KM_1 自锁，M 得电 Y 形起动；KT 开始延时，KT 延时时间到，KM_2 失电释放，KM_3 吸合，M 得电由 Y 形起动改为 △ 形正常运转。

按 SB_1，KM_1、KT、KM_3 失电释放，M 停止。

5. 电气元件作用表

采用三只接触器完成 Y-△ 降压起动自动控制电路电气元件作用表见表80。

6. 元器件安装排列图及端子图

元器件安装排列图及端子图如图 248 所示。

从元器件安装排列图及端子图上可以看出，端子排 XT 上共有 12 个接线端子，其中，L_1、L_2、L_3 为电源引入线，将外部三相 380V 电源接到此处，可采用 3 根 BV6 mm^2 导线套管敷设。

U_1、V_1、W_1、U_2、V_2、W_2 用 6 根 BV 6mm^2 导线套管敷设至电动机处。

1、2、3 可采用 3 根 BVR 0.75mm^2 导线接至配电箱面板按钮开关 SB_1、SB_2 上，并一一正确对应连接。

7. 按钮开关接线图

按钮开关接线如图 249 所示。

表 80　电气元件作用表

序号	符号	名　称	型　号	规　格	作　用
1	QF$_1$	断路器	CDM1-63	40A　四极	主回路过流保护
2	QF$_2$	断路器	DZ47-63	6A　二极	控制回路过流保护
3	KM$_1$	交流接触器	CDC10-40	线圈电压 380V	控制电动机电源用
4	KM$_2$	交流接触器	CDC10-40	线圈电压 380V	接成 Y 形降压起动用
5	KM$_3$	交流接触器	CDC10-40	线圈电压 380V	接成 △ 形全压运行用
6	FR	热继电器	JR36-32	20～32A	过载保护
7	KT	得电式时间继电器	JS20	电压 380V 180s	Y-△ 延时转换时间控制
8	SB$_1$	按钮开关	LA19-11	红色	停止电动机用
9	SB$_2$	按钮开关	LA19-11	绿色	起动电动机用
10	M	三相异步电动机	Y160M$_2$-2	15kW 29.4A 2930 r/min	拖　动

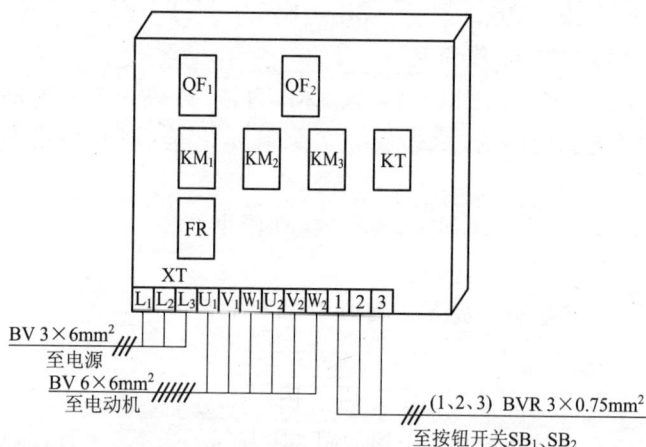

图 248　元器件安装排列图及端子图

8. 常见故障及排除方法

① 按起动按钮 SB$_2$,电动机一直处于降压起动状态而不能转为自动全压运行。观察配电箱内电气动作情况,发现 KM$_1$、KM$_2$ 吸合时,时间继电器 KT 线圈不吸合。从原理图分析可知,当起动时按动按钮 SB$_2$ 后,交流接触器 KM$_1$、KM$_2$ 和时间继电器 KT 线圈均同时吸合且 KM$_1$ 自锁,KM$_1$、KM$_2$ 三相主触点闭合,电动机 Y 形降压起动,经 KT 延时后,KT 延时断开的常闭触点断开,切断了 Y 点接触器 KM$_2$ 线圈电源,同时 KT

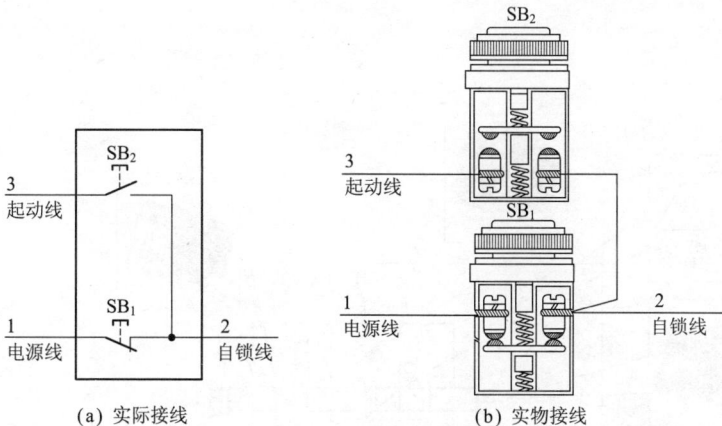

(a) 实际接线　　　　　　　　　(b) 实物接线

图 249　按钮开关接线图

延时闭合的常开触点闭合,接通了 △ 形接触器 KM_3 线圈回路电源,电动机 △ 形全压运行。根据以上情况分析,故障就是因时间继电器 KT 线圈断路而不能吸合所致,因 KT 线圈不工作,交流接触器 KM_1、KM_2 线圈一直吸合,电动机会一直处于降压起动状态。检查 KT 线圈电路,重点检查 KT 线圈是否断路,若断路,则更换一只同型号的 KT 线圈,电路即可恢复正常。

② 按起动按钮 SB_2 后,电动机 Y 形降压起动正常;但转换不上 △ 形运转,电动机不能得到全压电源而停止。此故障可从配电箱内电气动作情况加以分析,若 SB_2 按动后,只要关键元件时间继电器 KT 能吸合转换,经 KT 延时后,KT 延时断开的常闭触点断开使 KM_2 线圈失电释放,KT 延时闭合的常开触点闭合,使 KM_3 线圈得电吸合,才能实现 Y-△ 切换。但按动 SB_2,KT 线圈吸合工作,经延时后,KM_2 线圈断电释放,而 KM_3 线圈不工作。根据上述情况确定故障为,时间继电器 KT 延时闭合的常开触点损坏;交流接触器 KM_3 线圈烧毁断路。可用万用表检查上述两个电气元件找出故障点并排除。若 SB_2 按动后,若交流接触器 KM_2、KM_3 线圈能转换工作,而电动机在 Y 形起动后不能转换成 △ 形运转而停止工作,则故障为交流接触器 KM_2 三相主触点不能可靠闭合,检查更换 KM_2 三相主触点即可排除此故障。

9. 电路实物配套图

采用三只接触器完成 Y-△ 降压起动自动控制电路实物配套图如图 250 所示。

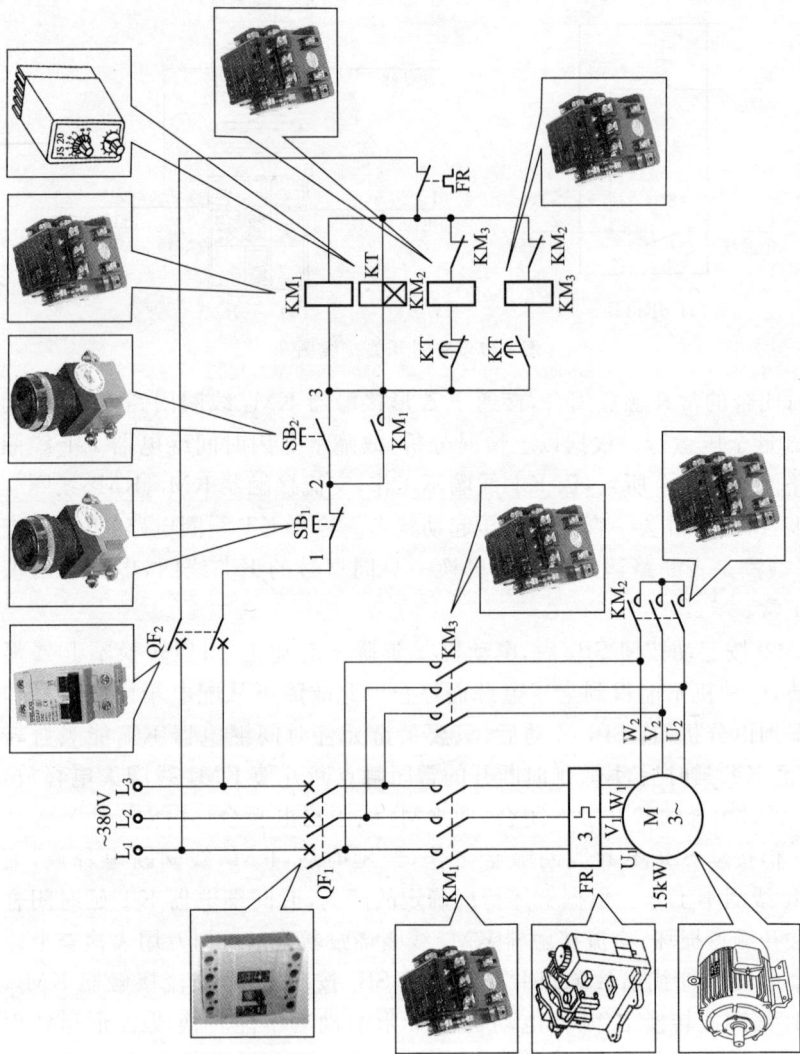

图 250 采用三只接触器完成 Y-△降压起动自动控制电路实物配套图

1. 电气原理图

图 251 所示为自耦变压器自动控制降压起动电路电气原理图。

2. 电气原理分析

起动时按下起动按钮 SB_2，降压交流接触器 KM_1 线圈得电吸合且自锁，KM_1 三相主触点闭合将自耦变压器 TM 串入电动机电源回路，电动机降压起动；同时，时间继电器线圈 KT 得电吸合并开始延时，经过设定时间后，KT 延时断开的常闭触点切断降压交流接触器 KM_1 线圈电路，使自耦变压器退出起动，KT 延时闭合的常开触点闭合，接通全压交流接触器 KM_2 线圈电源，KM_2 三相主触点闭合，电动机转为全压运行。

停止时按下停止按钮 SB_1，全压交流接触器 KM_2 线圈断电释放，其三相主触点断开，电动机便断电停止运转。若将图 251 中的自锁触点 KM_1 换成 KT 时间继电器不延时瞬动常开触点作为自锁触点，效果极为理想，如图 252 所示。

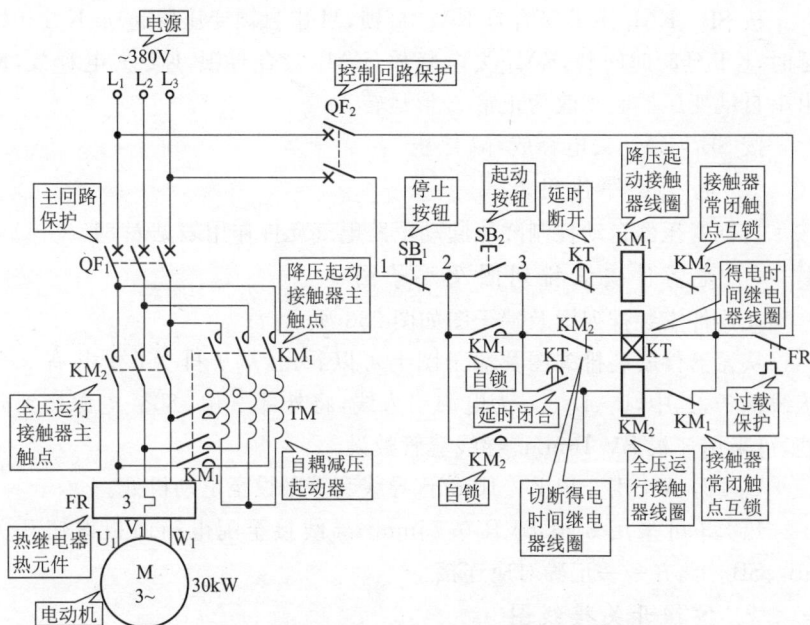

图 251　自耦变压器自动控制降压起动电路电气原理图

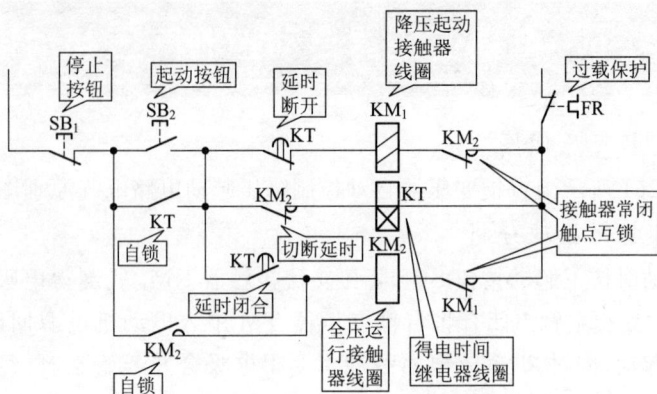

图252

3. 逻辑代数表达式

$$KM_{1线圈} = QF_2 \cdot \overline{SB_1} \cdot (SB_2 + KM_1) \cdot \overline{KT} \cdot \overline{KM_2} \cdot \overline{FR}$$

$$KT_{线圈} = QF_2 \cdot \overline{SB_1} \cdot (SB_2 + KM_1) \cdot \overline{KM_2} \cdot \overline{FR}$$

$$KM_{2线圈} = QF_2 \cdot \overline{SB_1} \cdot [(SB_2 + KM_1) \cdot KT + KM_2] \cdot \overline{KM_1} \cdot \overline{FR}$$

4. 电路器件动作简述

按 SB_2，KM_1、KT 吸合且 KM_1 自锁，M 串自耦变压器起动；KT 开始延时，KT 延时时间到，KM_1 失电释放，KM_2 吸合自锁，KT 失电释放，M 由串自耦变压器起动改为正常 △ 形运转。

按 SB_1，KM_2 失电释放，M 停止。

5. 电气元件作用表

自耦变压器自动控制降压起动电路电气元件作用表见表81。

6. 元器件安装排列图及端子图

元器件安装排列图及端子图如图253所示。

从元器件安装排列图及端子图上可以看出，端子排 XT 上共有9个接线端子，其中，L_1、L_2、L_3 为电源引入线，将外部三相 380V 电源接到此处，可采用3根 BV 16mm² 导线套管敷设。

U_1、V_1、W_1 用3根 BV 10mm² 导线套管敷设至电动机处。

1、2、3 可采用3根 BVR 0.75mm² 导线接至配电箱面板按钮开关 SB_1、SB_2 上，并一一正确对应连接。

7. 按钮开关接线图

按钮开关接线如图254所示。

表 81　电气元件作用表

序号	符号	名　称	型　号	规　格	作　用
1	QF$_1$	断路器	CDM1-100	80A　四极	主回路过流保护
2	QF$_2$	断路器	DZ47-63	10A　二极	控制回路过流保护
3	KM$_1$	交流接触器	CDC10-60	线圈电压 380V 两只并联	减压起动用
4	KM$_2$	交流接触器	CDC10-60	线圈电压 380V	全压运行用
5	FR	热继电器	JR36-63	40～63A	过载保护
6	TM	自耦变压器	QZB-30	57A	减压起动用
7	KT	得电式时间继电器	JS20	电压 380V 180s	起动时间延时转换
8	SB$_1$	按钮开关	LA19-11	红　色	停止电动机用
9	SB$_2$	按钮开关	LA19-11	绿　色	起动电动机用
10	M	三相异步电动机	Y200L-4	30kW 56.8A 1470 r/min	拖　动

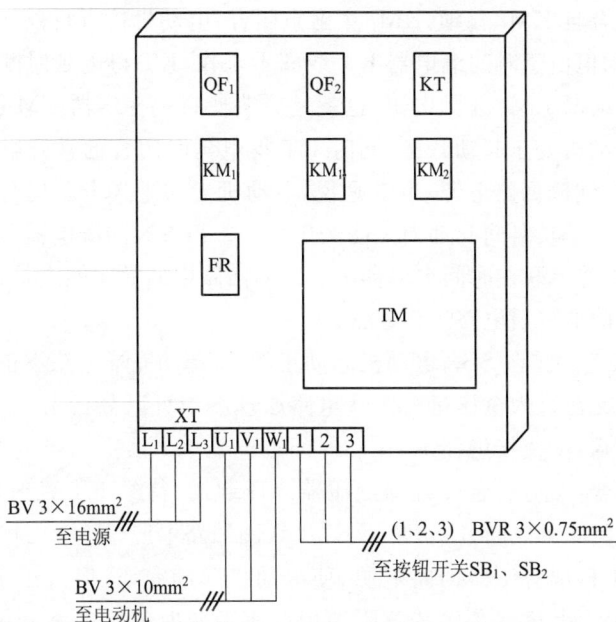

图 253　元器件安装排列图及端子图

8. 常见故障及排除方法

①起动时一直为降压状态,无法转换为正常运转。从配电箱内电气元件动作情况发现,时间继电器 KT 未工作。从原理图中可以分析出,当

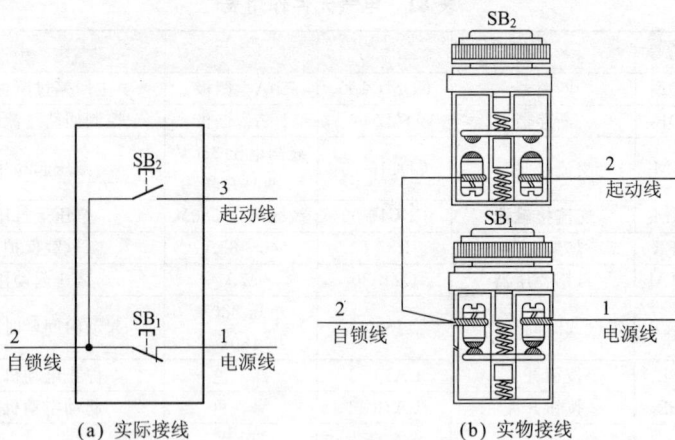

图 254　按钮开关接线图

起动时按下起动按钮 SB_2，降压交流接触器 KM_1 和时间继电器 KT 线圈均得电吸合且 KM_1 自锁，KM_1 主触点闭合，电动机接入自耦变压器进行降压起动；但由于时间继电器 KT 线圈不工作，KT 得电延时断开的常闭触点无法切断 KM_1 线圈电源，也就是无法使自耦变压器 TM 退出起动，一直使电动机处于起动状态；同时 KT 得电延时闭合的常开触点也无法接通 KM_2 线圈回路电源，也就是说，电动机无法进入全压运行，所以，电动机只能处于长时间起动而无法全压运行。检查时间继电器 KT 线圈是否损坏；检查串联在时间继电器 KT 线圈回路中的常闭触点是否断路，更换上述故障器件后电路工作正常。

　　② 按起动按钮 SB_2，电动机起动正常，待起动完毕电路不正常立即停止下来而无法进入全压运行。从电路原理图中可以分析出，当按下起动按钮 SB_2 后，交流接触器 KM_1 和时间继电器 KT 线圈均得电工作，KM_1 主触点闭合，电动机通过自耦变压器降压起动；待经 KT 延时后，KT 延时断开的常闭触点断开，切断了 KM_1 线圈回路电源，KM_1 三相主触点断开，切断了自耦变压器回路电源，使电动机起动完毕，但由于 KM_2 不工作，才会出现上述现象。其故障原因为 KT 延时闭合的常开触点损坏；KM_2 线圈断路；KM_1 串联在 KM_2 线圈回路中的常闭触点损坏，如图 255 电路所示。

　　若降压起动完毕后能瞬间全压运行一下又停止，则故障为自锁触点 KM_2 损坏所致。

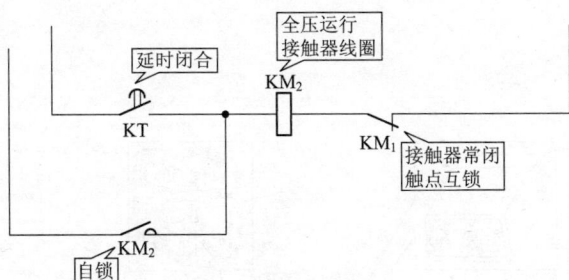

图 255

用万用表检查上述各器件，找出故障器件，更换后即可解决。

9. 技术数据

QZB 系列自耦变压器主要技术数据见表 82。

表 82　QZB 系列自耦变压器主要技术数据

型　号	控制电动机功率/kW	额定工作电流/A	外形尺寸/mm 长×宽×高	最长起动时间总和/s
QZB-11	11	22	295×135×210	40
QZB-14	14	28	290×150×240	40
QZB-15	15	29	295×135×210	40
QZB-18.5	18.5	36	295×135×225	40
QZB-20	20	39	290×150×240	40
QZB-22	22	42	290×150×240	40
QZB-28	28	54	320×165×270	40
QZB-30	30	57	320×165×270	60
QZB-37	37	70	330×165×260	60
QZB-40	40	80	320×165×270	60
QZB-45	45	84	330×165×260	60
QZB-55	55	110	350×175×280	60
QZB-75	75	142	390×190×295	60
QZB-100	100	184	390×210×315	90
QZB-115	115	230	370×200×320	90
QZB-135	135	248	390×210×345	90
QZB-160	160	300	450×220×360	90
QZB-190	190	370	510×220×405	90
QZB-225	225	410	570×240×440	90
QZB-260	260	475	540×190×430	90
QZB-300	300	514	560×210×460	90
QZB-315	315	579	590×250×440	90

10. 电路实物配套图

自耦变压器自动控制降压起动电路实物配套图如图 256 所示。

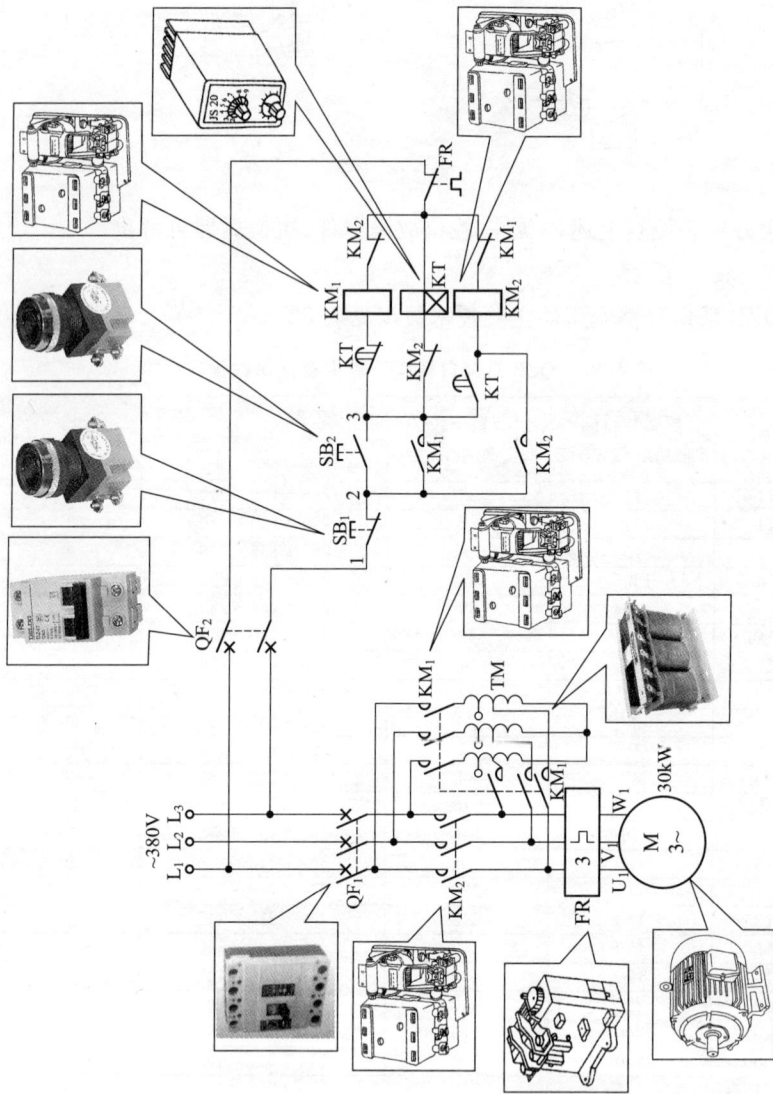

图 256　自耦变压器自动控制降压起动电路实物配套图

1. 电气原理图

图 257 所示电路是采用按钮开关来完成的手动自耦变压器降压起动控制电路电气原理图。

2. 电气原理分析

自耦变压器降压起动：按下降压起动按钮 SB_2，交流接触器 KM_2 线圈得电吸合自锁，KM_2 主触点闭合，串入自耦变压器 TM 降压起动。KM_2 串联在中间继电器 KA 线圈回路中的常开触点闭合使 KA 吸合且自锁。KA 的作用是防止误按 SB_3 按钮直接起动电动机，它串联在 SB_3 按钮回路中的常开触点闭合，为转换 △ 形正常运转做准备。

正常△形运转：当根据经验或实际起动时间后按下 △ 形运转按钮 SB_3，SB_3 一组常闭触点断开，切断了交流接触器 KM_2 线圈回路电源，

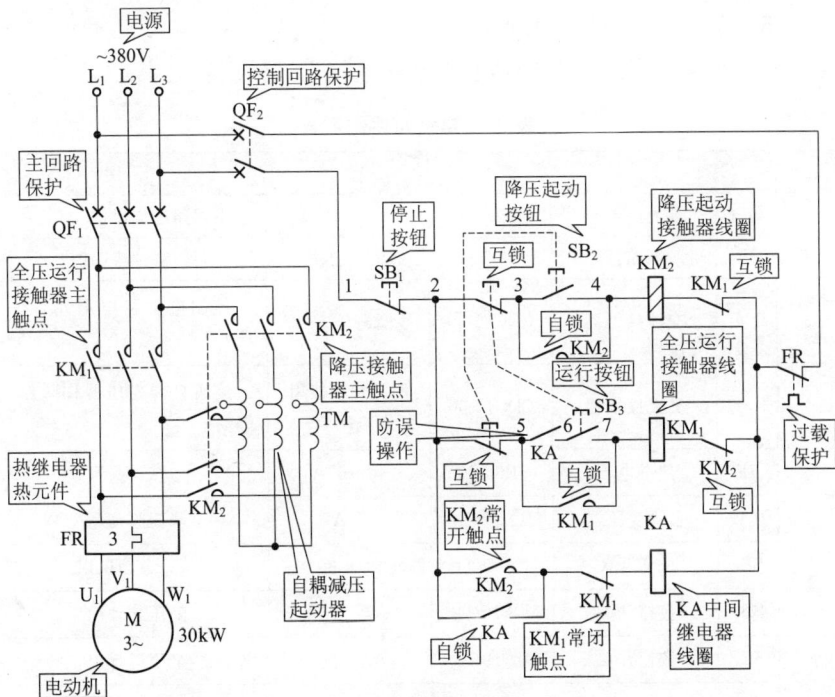

图 257　自耦变压器手动控制降压起动电路电气原理图

KM_2 主触点断开,使自耦变压器退出。同时 SB_3 另一组常开触点闭合,接通了交流接触器 KM_1 线圈回路电源,KM_1 三相主触点闭合,电动机得电 △ 形全压正常运转。当 KM_1 线圈吸合后,KM_1 串联在中间继电器 KA 线圈回路中的常闭触点断开,使 KA 线圈断电释放,KA 串联在全压 △ 形运转按钮 SB_3 回路中的常开触点断开,用来防止误操作该按钮 SB_3 而出现直接全压起动问题。

3. 逻辑代数表达式

$$KM_{1线圈} = QF_2 \cdot \overline{SB_1} \cdot \overline{SB_2} \cdot (KA \cdot SB_3 + KM_1) \cdot \overline{KM_2} \cdot \overline{FR}$$

$$KM_{2线圈} = QF_2 \cdot \overline{SB_1} \cdot \overline{SB_3} \cdot (SB_2 + KM_2) \cdot \overline{KM_1} \cdot \overline{FR}$$

$$KA_{线圈} = QF_2 \cdot \overline{SB_1} \cdot (KM_2 + KA) \cdot \overline{KM_1} \cdot \overline{FR}$$

4. 电路器件动作简述

按 SB_2,KM_2、KA 吸合并分别自锁,M 串自耦变压器起动。

按 SB_3,KM_2、KA 失电释放,KM_1 吸合自锁,M 全压正常运转。

按 SB_1,KM_1 失电释放,M 停止。

5. 电气元件作用表

自耦变压器手动控制降压起动电路电气元件作用表见表83。

表 83　电气元件作用表

序号	符号	名　称	型　号	规　格	作　用
1	QF₁	断路器	CDM1-100	80A　四极	主回路过流保护
2	QF₂	断路器	DZ47-63	10A　二极	控制回路过流保护
3	KM₁	交流接触器	CDC10-60	线圈电压 380V	控制电动机电源用(全压)
4	KM₂	交流接触器	CDC10-60	两只并联使用 线圈电压 380V	接通自耦变压器作降压起动
5	FR	热继电器	JR36-63	40~63A	过载保护
6	TM	自耦变压器	QZB-45	84A	降压起动用
7	SB₁	按钮开关	LA19-11	红　色	停止电动机用
8	SB₂	按钮开关	LA19-11	绿　色	降压起动用
9	SB₃	按钮开关	LA19-11	蓝　色	全压运行用
10	KA	中间继电器	JZ7-44	5A 线圈电压 380V	防止直接操作全压起动保护

序号	符号	名　称	型　号	规　格	作　用
11	M	三相异步电动机	Y200L-4	30kW 56.8A 1470 r/min	拖　动

6. 元器件安装排列图及端子图

元器件安装排列图及端子图如图 258 所示。

从元器件安装排列图及端子图上可以看出,端子排 XT 上共有 13 个接线端子,其中,L_1、L_2、L_3 为电源引入线,将外部三相 380V 电源接到此处,可采用 3 根 BV 25mm² 导线套管敷设。

U_1、V_1、W_1 用 3 根 BV 16mm² 导线套管敷设至电动机处。

1、2、3、4、5、6、7 可采用 7 根 BVR 0.75mm² 导线接至配电箱面板按钮开关 SB_1、SB_2、SB_3 上,并一一正确对应连接。

7. 按钮开关接线图

按钮开关接线如图 259 所示。

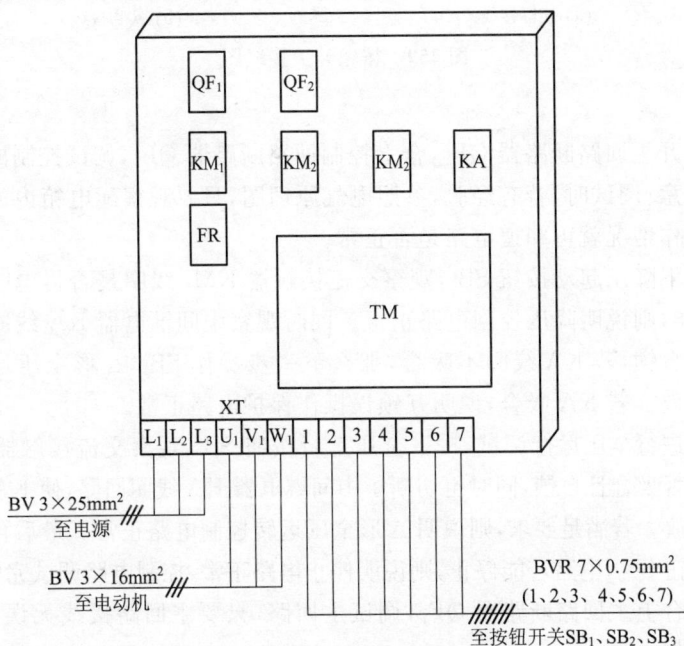

图 258　元器件安装排列图及端子图

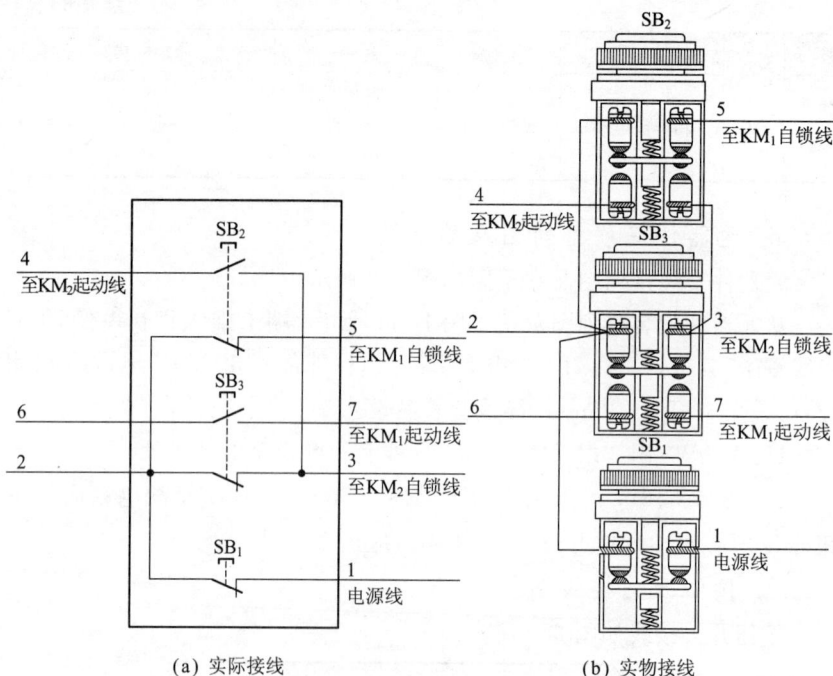

（a）实际接线　　　　　　（b）实物接线

图 259　按钮开关接线图

8. 调　试

断开主回路断路器 QF_1，合上控制回路断路器 QF_2，调试控制回路。

注意：调试时，若有经验，参照电气原理图，只要观察配电箱内的电器元件动作情况就可知道电路是否正常。

按下降压起动按钮 SB_2，观察交流接触器 KM_2 线圈是否得电吸合自锁，若能，则说明降压控制电路正常。同时观察中间继电器 KA 线圈能否也吸合自锁，若 KA 线圈不吸合，那么下一步操作 SB_3，△ 形全压运转按钮将无效。若 KA 吸合，说明互锁误操作保护电路正常。

再进行全压运行调试，按下全压运行按钮 SB_3，观察交流接触器 KM_1 线圈能否吸合且自锁，同时也切断了中间继电器 KA 线圈回路，使 KA 线圈断电释放。若满足要求，则说明 △ 形全压运转控制电路正常。最后再按下停止按钮 SB_1，电路若能停止，则说明停止电路正常，控制电路调试完毕。

再合上主回路断路器 QF_1，调试主回路，只要主回路接线无误，即可正常工作。

观察当 KM_2 吸合后，串入 TM 是否有异味、异响、发烫等症状，以及电动机转动是否困难等,若正常,说明降压起动正常。当电动机转动一段时间后,手动转换为 △ 形全压运行,观察电动机运转是否正常,最好用钳形电流表测其电流是否正常,并调整好热继电器的电流整定值。整个电路调试完毕。

9. 常见故障及排除方法

① 降压起动很困难。主要原因是负载较重使电动机输入电压偏低而出现起动力矩不够。可通过改变调换在自耦变压器 TM 80% 抽头上使用,以提高起动力矩,故障即可排除。

② 自耦变压器 TM 冒烟或烧毁。可能原因是自耦变压器容量选得过小不配套、降压起动时间过长或过于频繁。检查自耦变压器是否过小,若是过小、则更换配套产品;缩短起动时间、减少操作次数。

③ 全压运行时,按 SB₃ 按钮无反应,中间继电器 KA 线圈吸合。

根据上述情况结合电气原理图分析故障在图 260 所示电路中,可用测电笔逐一检查并找出故障点并加以排除。

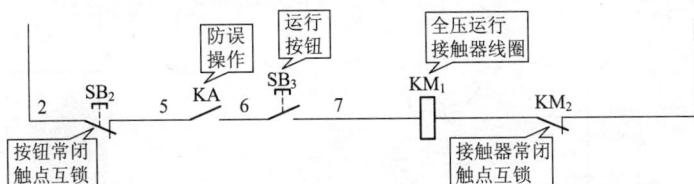

图 260

④ 降压起动时,按起动按钮 SB₂ 后松手,电动机即停止。根据以上情况分析,故障原因为 KM₂ 缺少自锁回路。用测电笔检查 KM₂ 自锁回路常开触点是否能闭合以及相关连线是否脱落松动,找出原因后并加以处理。

⑤ 降压起动正常,但转为 △ 形全压运行时,电动机停转无反应。从上述情况看为交流接触器 KM₁ 三相主触点断路所致。检查并更换 KM₁ 主触点后故障即可排除。

⑥ 降压起动正常,但转为 △ 形全压运转时断路器 QF₁ 跳闸。从原理图上分析,可能是 △ 形全压运行方向错了,也就是降压起动时为顺转,而△ 形全压运行为逆转,可检查配电箱中接线是否有误,若接线有误,重新调换恢复接线后故障排除。

10. 电路实物配套图

自耦变压器手动控制降压起动电路实物配套图如图 261 所示。

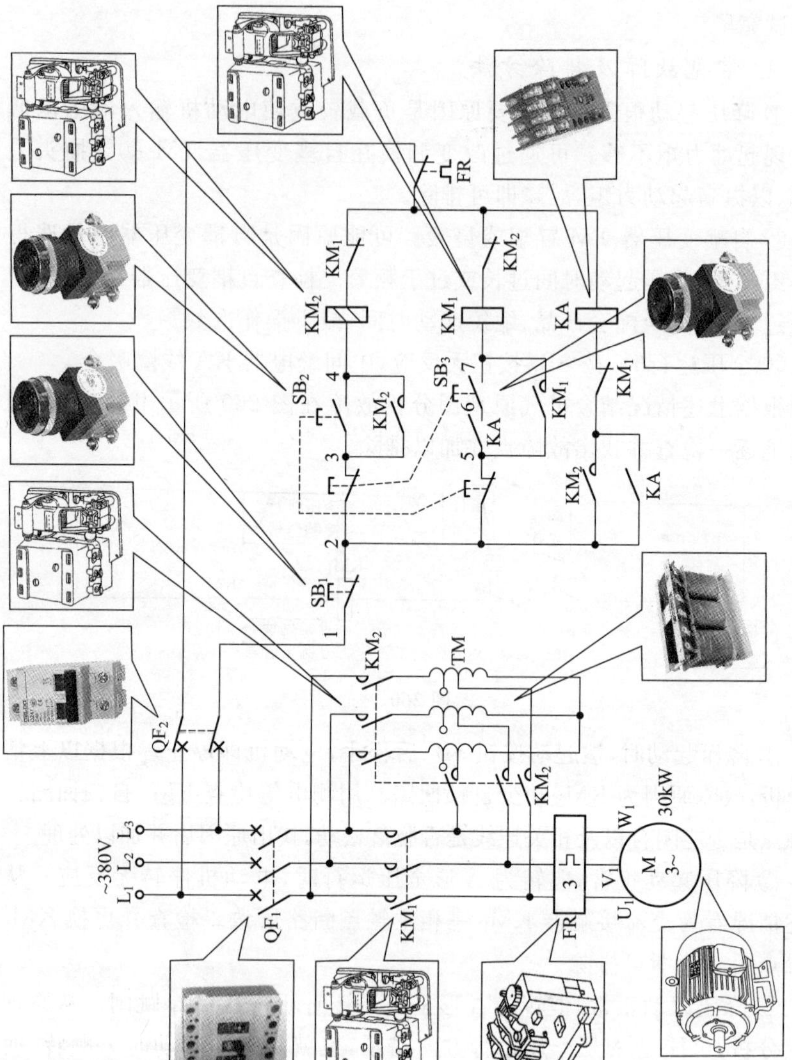

图 261　自耦变压器手动控制降压起动电路实物配套图

电路 58　延边三角形降压起动自动控制电路

1. 电气原理图

由于起动时,电动机绕组接成延边三角形,其绕组的每相电压都比三角形接法时的低,所以其起动电流也随之降低,待电动机转速升至接近额定转速后,再将其改为 △ 形全压正常运转。延边三角形降压起动的电动机其定子绕组有 9 个接线端子,必须认真区分接至控制电器上。

为了得到不同的起动转矩,其定子绕组的抽头比例,也就是 △ 形与延边部分之间的比例,可根据起动负载要求做成 1∶1、1∶2、3∶5 等等,这样可满足不同负载的起动要求。

图 262 所示为延边三角形降压起动自动控制电路电气原理图。

2. 电气原理分析

起动时,按下起动按钮 SB_2,交流接触器 KM_1、KM_3 和时间继电器 KT 线圈同时得电吸合且 KM_1 自锁,KM_1、KM_3 各自的三相主触点闭

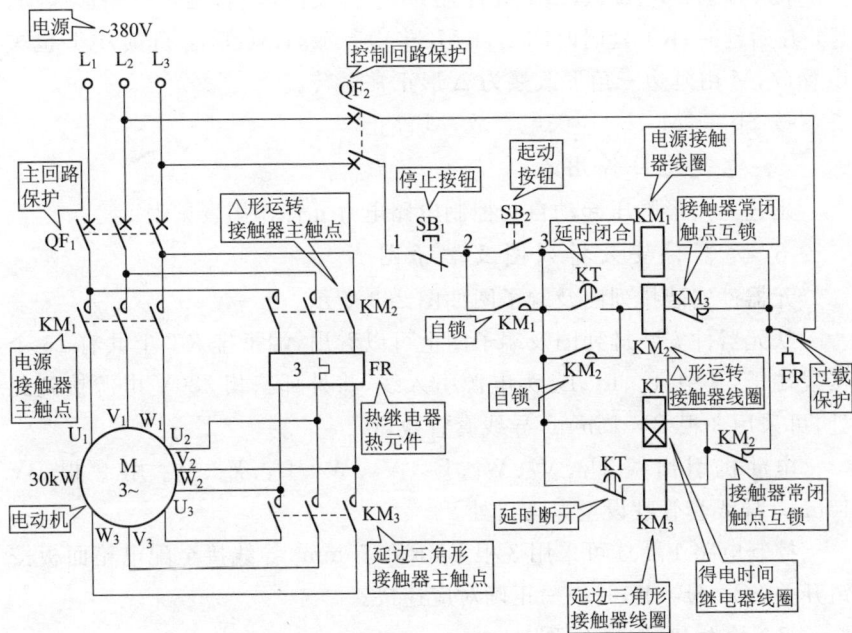

图 262　延边三角形降压起动自动控制电路电气原理图

合,电动机接成延边三角形降压起动;经时间继电器 KT 一段延时后,时间继电器 KT 得电延时断开的常闭触点断开,切断了交流接触器 KM$_3$ 线圈回路电源(KM$_3$ 辅助连锁常闭触点复原恢复常闭,为电动机正常全压运行交流接触器 KM$_2$ 线圈工作做准备),KM$_3$ 三相主触点断开,电动机绕组延边三角形解除。同时,时间继电器 KT 得电延时闭合的常开触点闭合,接通了交流接触器 KM$_2$ 线圈回路电源,KM$_2$ 线圈得电吸合且自锁,KM$_2$ 三相主触点闭合,电动机绕组接成三角形正常运转。

停止时,则按下停止按钮 SB$_1$,交流接触器 KM$_1$、KM$_2$ 线圈同时断电释放,KM$_1$、KM$_2$ 主触点断开,电动机断电停止运转。

3. 逻辑代数表达式

$$KM_{1线圈} = QF_2 \cdot \overline{SB_1} \cdot (SB_2 + KM_1) \cdot \overline{FR}$$

$$KM_{2线圈} = QF_2 \cdot \overline{SB_1} \cdot (SB_2 + KM_1) \cdot (KT + KM_2) \cdot \overline{KM_3} \cdot \overline{FR}$$

$$KM_{3线圈} = QF_2 \cdot \overline{SB_1} \cdot (SB_2 + KM_1) \cdot \overline{KT} \cdot \overline{KM_2} \cdot \overline{FR}$$

$$KT_{线圈} = QF_2 \cdot \overline{SB_1} \cdot (SB_2 + KM_1) \cdot \overline{KM_2} \cdot \overline{FR}$$

4. 电路器件动作简述

按 SB$_2$,KM$_1$、KT、KM$_3$ 吸合且 KM$_1$ 自锁,M 进行延边三角形起动;KT 开始延时,KT 延时时间到,KM$_3$ 失电释放,KM$_2$ 吸合自锁,KT 也失电释放,M 由延边三角形改接为 △ 形正常运转。

按 SB$_1$,KM$_1$、KM$_2$ 失电释放,M 停止。

5. 电气元件作用表

延边三角形降压起动自动控制电路电气元件作用表见表 84。

6. 元器件安装排列图及端子图

元器件安装排列图及端子图如图 263 所示。

从元器件安装排列图及端子图上可以看出,端子排 XT 上共有 15 个接线端子,其中,L$_1$、L$_2$、L$_3$ 为电源引入线,将外部三相 380V 电源接到此处,可采用 3 根 BV 16mm^2 导线套管敷设。

电动机引出线 U$_1$、V$_1$、W$_1$、U$_2$、V$_2$、W$_2$、U$_3$、V$_3$、W$_3$ 用 9 根 BV 10mm^2 导线套管敷设至电动机处。

控制电路 1、2、3 可采用 3 根 BVR 0.75mm^2 导线接至配电箱面板按钮开关 SB$_1$、SB$_2$ 上,并一一正确对应连接。

7. 按钮开关接线图

按钮开关接线如图 264 所示。

表 84　电气元件作用表

序号	符号	名　称	型　号	规　格	作　用
.1	QF$_1$	断路器	CDM1-100	80A　四极	主回路过流保护
2	QF$_2$	断路器	DZ47-63	10A　二极	控制回路过流保护
3	KM$_1$	交流接触器	CDC10-60	线圈电压380V	控制电动机电源用
4	KM$_2$	交流接触器	CDC10-60	线圈电压380V	三角形运转切换用
5	KM$_3$	交流接触器	CDC10-40	线圈电压380V	延边三角形起动用
6	FR	热继电器	JR36-63	40～63A	过载保护
7	KT	得电式时间继电器	JS20	电压380V 180s	延时自动切换
8	SB$_1$	按钮开关	LA19-11	红　色	停止电动机用
9	SB$_2$	按钮开关	LA19-11	绿　色	起动电动机用
10	M	三相异步电动机		30kW 60A	拖　动

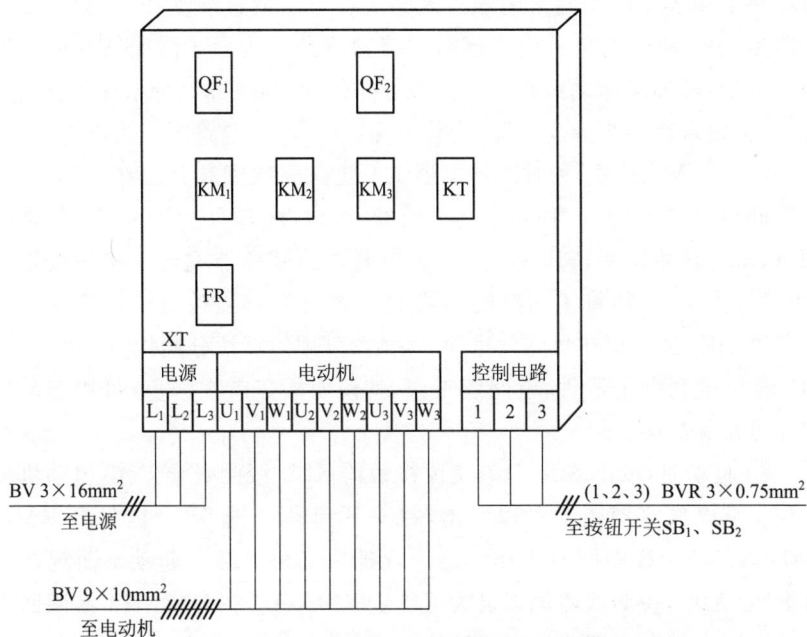

图 263　元器件安装排列图及端子图

8. 常见故障及排除方法

① 按起动按钮 SB$_2$ 无任何反应(配电箱内各交流接触器、时间继电

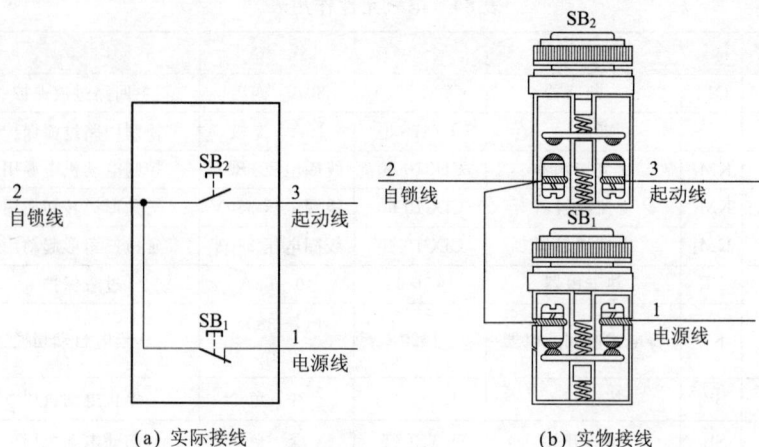

| (a) 实际接线 | (b) 实物接线 |

图 264　按钮开关接线图

器线圈都不工作)。可能原因是起动按钮 SB$_2$ 损坏;停止按钮 SB$_1$ 损坏;过载热继电器 FR 控制常闭触点断路闭合不了或过载动作了;控制回路断路器 QF$_2$ 动作跳闸了或内部损坏接触不良。从上述情况结合电气原理图分析,故障除起动按钮 SB$_2$ 出现故障外,其他故障只会出现在公共部分,不会出现在局部分支电路,为什么呢? 因为,从电路图上可以看出,交流接触器 KM$_1$、KM$_2$ 和时间继电器 KT 这三只线圈是并联在一起的,不可能同时出现问题,这种几率是很低的,所以,故障只会怀疑到 FR 常闭触点、SB$_2$ 起动按钮、SB$_1$ 停止按钮、控制回路断路器 QF$_2$。排除故障时(为确保安全,必须将主回路断路器 QF$_1$ 断开),首先检查确定控制回路断路器 QF$_2$ 是否存在故障并排除。之后,可用短接法分别检查 SB$_1$、SB$_2$、FR,若短接到哪个器件,电路能工作,就说明故障就在哪里,可用新品换之即可排除故障。

②起动时,按下 SB$_2$,只有交流接触器 KM$_1$ 线圈吸合工作,电动机无反应。从电气原理图上可以看出,在按下起动按钮 SB$_2$ 时,只有 KM$_1$、KM$_3$、KT 三个线圈同时工作才能进行延边三角形降压起动。而现在只有 KM$_1$ 工作,说明故障原因最大可能是 KM$_2$ 串联在 KM$_3$、KT 线圈回路中的互锁常闭触点断路所致。另外,KM$_3$、KT 线圈同时出现故障断路也会造成 KM$_3$、KT 不工作,如图 265 电路所示。用万用表检查 KM$_2$ 连锁常闭触点是否断路,若断路,则更换 KM$_2$ 常闭触点故障即可排除。

③电动机一直处于降压起动状态,不能自动转换为全压运行。从原

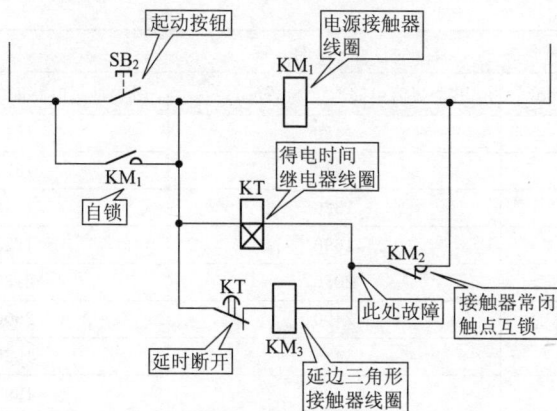

图 265

理图上可以看出，故障原因为时间继电器 KT 线圈不吸合造成不能延时触点转换，会出现此故障；时间继电器 KT 延时断开的常闭触点损坏断不开；交流接触器 KM₃ 自身故障。如主触点熔焊、铁心极面有油垢、接触器机械部分卡住，也会出现上述现象，会出现上述故障。排除此故障最快最好的方法是替换法，故障立即得以排除。

9. 技术数据

常用铜排安全载流量见表 85；常用铝排安全载流量见表 86。

10. 电路实物配套图

延边三角形降压起动自动控制电路实物配套图如图 266 所示。

表 85　常用铜排安全载流量

铜　排		
尺寸宽×厚/mm	用于交流电路时安全载流量/A	用于直流电路时安全载流量/A
15×3	210	210
20×3	275	275
25×3	340	340
30×4	475	475
40×4	625	625
40×5	700	705
50×5	860	870
50×6.3	955	960
63×6.3	1125	1145

电路 58　延边三角形降压起动自动控制电路　**347**

铜 排		
尺寸宽×厚/mm	用于交流电路时安全载流量/A	用于直流电路时安全载流量/A
80×6.3	1480	1510
100×6.3	1810	1875
63×8	1320	1345
80×8	1690	1755
100×8	2080	2180
125×8	2400	2600
63×10	1475	1525
80×10	1900	1990
100×10	2310	2470
125×10	2650	2950

表 86　常用铝排安全载流量

铝 排		
尺寸宽×厚/mm	用于交流电路时安全载流量/A	用于直流电路时安全载流量/A
15×3	165	165
20×3	215	215
25×3	265	265
30×4	365	370
40×4	480	480
40×5	540	545
50×5	665	670
50×6.3	740	745
63×6.3	870	880
80×6.3	1150	1170
100×6.3	1425	1455
63×8	1025	1040
80×8	1320	1355
100×8	1625	1690
125×8	1900	2040
63×10	1155	1180
80×0	1480	1540
100×10	1820	1910
125×10	2070	2300

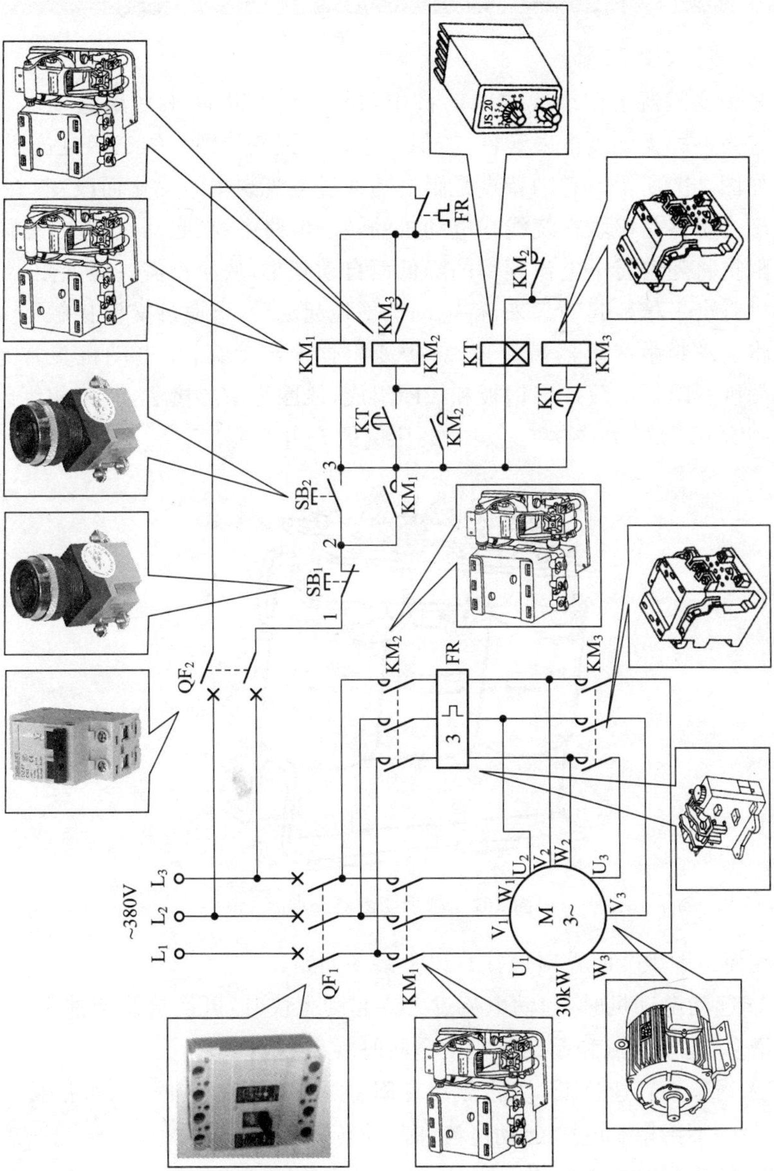

图266 延边三角形降压起动自动控制电路实物配套图

电路58 延边三角形降压起动自动控制电路 **349**

1. 频敏变阻器

频敏变阻器用在绕线式电动机中与转子绕组串联来平稳起动电动机。它是一种无触点电磁元件,类似一个铁心损耗特别大的三相电抗器,外形如图 267 所示。它的特点是阻抗随通过电流频率的变化而改变。由于频敏变阻器是串联在绕线式电动机的转子电路中,在起动过程中,变阻器的阻抗将随着转子电流频率的降低而自动减小,从而只需一级变阻器,电动机就会平稳地起动起来,待电动机平稳起动后,再通过交流接触器主触点将起动频敏变阻器短接掉,频敏变阻器退出运行,使电动机正常运行。频敏变阻器由数片厚钢板和线圈组成,线圈为星形接法,其每相绕组上分别有 0、30%、80%、90%、100% 比例的 5 组抽头。

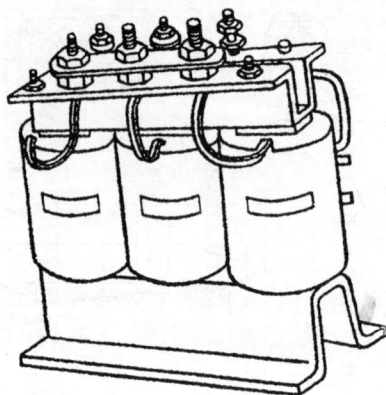

图 267　频敏变阻器外形

在使用频敏变阻器时应注意以下诸多问题:

① 起动电动机时,起动电流过大或起动太快时,可换接线圈抽头,因匝数增多,起动电流和起动转矩便会同时减小。

② 当起动转速过低,切除频敏变阻器冲击电流过大时,则可换接到匝数较少的接线端子上,起动电流和起动转矩就同时增大。

③ 频敏变阻器在使用一段时间后,要检查线圈对金属外壳的绝缘情况,其绝缘电阻要大于 $0.5M\Omega$。

④ 如果频敏变阻器线圈损坏时,则可用高温双玻璃丝包线按原线圈

匝数和线径重新绕制。

2. 电气原理图

图 268 是利用频敏变阻器的阻抗随着转子电流频率的变化而变化的特点来实现电路起动控制的。

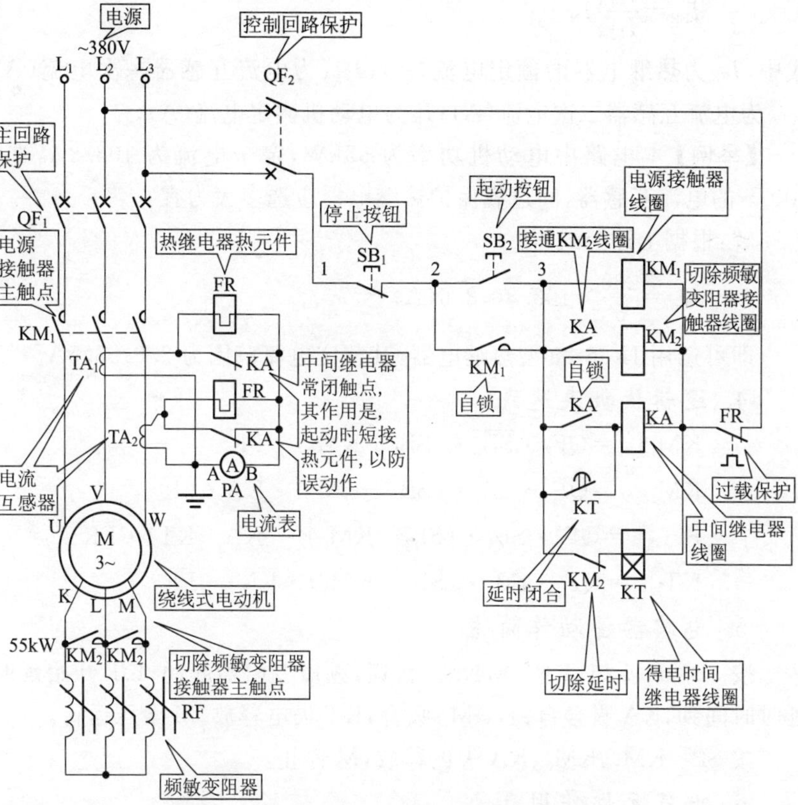

图 268 频敏变阻器起动控制电路电气原理图

3. 电气原理分析

起动时,按下起动按钮 SB_2,KM_1、KT 得电动作,KM_1 辅助常开触点闭合自锁且 KT 开始延时,KM_1 三相主触点闭合,使电动机转子电路串入频敏变阻器 RF 起动。当得电延时时间继电器 KT 达到整定时间后,其延时闭合的常开触点闭合,中间继电器 KA 得电动作,其常开触点闭合,KM_2 线圈得电动作,常闭触点断开,使时间继电器 KT 线圈断电释放,同时 KM_2 主触点闭合,将频敏变阻器短接,使频敏变阻器退出运行,起动过程结束(其延时时间可根据实际情况而定)。

KA 的作用是起动时其常闭触点将热继电器 FR 的发热元件短接，以免因起动时间过长造成热继电器 FR 误动作。起动结束后，KA 动作，其常闭触点断开，解除对 FR 发热元件的短接，热继电器 FR 投入运行。

电路中过载保护热继电器 FR 额定电流可按下式计算得出：

$$I_{FR} = \frac{I_{2TA}}{I_{1TA}} I_N$$

式中，I_{FR} 为热继电器的额定电流（A）；I_{1TA} 为电流互感器一次电流（A）；I_{2TA} 为电流互感器二次电流（A）；I_N 为电动机额定电流（A）。

【举例】 本电路中电动机功率为 55kW，定子电流为 103.8A，选用 200/5 的电流互感器，问过载保护热继电器应选多大为宜？

解：根据上述公式得

$$I_{FR} = \frac{200}{5} \times 103.8 \approx 2.6(A)$$

即可选用 JR36-20 型热继电器，其整定电流范围为 2.6～3.5A。

4. 逻辑代数表达式

$$KM_{1线圈} = QF_2 \cdot \overline{SB_1} \cdot (SB_2 + KM_1) \cdot \overline{FR}$$

$$KM_{2线圈} = QF_2 \cdot \overline{SB_1} \cdot (SB_2 + KM_1) \cdot KA \cdot \overline{FR}$$

$$KA_{线圈} = QF_2 \cdot \overline{SB_1} \cdot (SB_2 + KM_1) \cdot (KA + KT) \cdot \overline{FR}$$

$$KT_{线圈} = QF_2 \cdot \overline{SB_1} \cdot (SB_2 + KM_1) \cdot \overline{KM_2} \cdot \overline{FR}$$

5. 电路器件动作简述

按 SB_2，KM_1、KT 吸合，KM_1 自锁，频敏变阻器起动；KT 开始延时，延时时间到，KA 吸合自锁，KM_2 吸合，KT 失电释放，M 全压运转。

按 SB_1，KM_1、KM_2、KA 失电释放，M 停止。

6. 电气元件作用表

频敏变阻器起动控制电路电气元件作用表见表 87。

表 87 电气元件作用表

序号	符号	名　称	型　号	规　格	作　用
1	QF_1	断路器	CDM1-225	125A　四极	主回路过流保护
2	QF_2	断路器	DZ47-63	10A　二极	控制回路过流保护
3	KM_1	交流接触器	CDC10-100	线圈电压 380V	控制电动机电源用
4	KM_2	交流接触器	CDC10-100	线圈电压 380V	短接频敏变阻器正常运转用
5	FR	热继电器	JR36-20	2.2～3.5A	过载保护

序号	符号	名　称	型　号	规　格	作　用
6	KA	中间继电器	JZ7-44	5A 线圈电压 380V	转换记忆
7	KT	得电式时间继电器	JS20	电压 380V,180s	延时自动切换
8	RF	频敏变阻器	BP8Y		频敏变阻器起动
9	TA_1	电流互感器		200/5	电流变换
10	TA_2	电流互感器		200/5	电流变换
11	PA	电流表	42L6-A	配 150/5 电流互感器	测量电流
12	SB_1	按钮开关	LA19-11	红　色	停止电动机用
13	SB_2	按钮开关	LA19-11	绿　色	起动电动机用
14	M	绕线式异步电动机	YR280S-4	55kW,定子 电流 103.8A, 转子电流 70A, 1480r/min	拖　动

7. 元器件安装排列图及端子图

元器件安装排列图及端子图如图 269 所示。

从元器件安装排列图及端子图上可以看出,端子排 XT 上共有 14 个

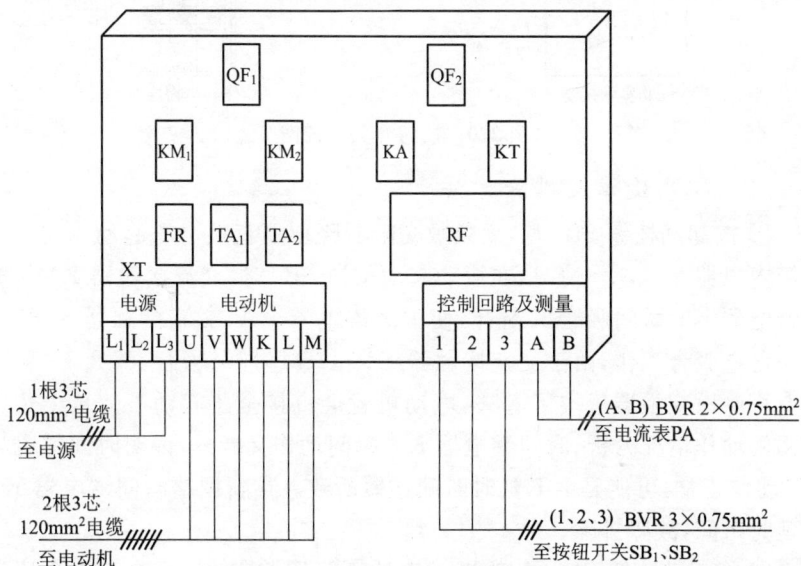

图 269　元器件安装排列图及端子图

电路 59　频敏变阻器起动控制电路　**353**

接线端子,其中,L_1、L_2、L_3 为电源引入线,将外部三相 380V 电源接到此处,可采用 1 根 3 芯 $120mm^2$ 铜芯电缆套管敷设。

电动机引出线 U、V、W、K、L、M 用 2 根 3 芯 $120mm^2$ 铜芯电缆套管敷设至电动机处。

1、2、3 可采用 3 根 BVR $0.75mm^2$ 导线接至配电箱面板按钮开关 SB_1、SB_2 上;A、B 可采用 2 根 BVR $0.75mm^2$ 导线接至配电箱电板电流表 PA 上,并一一正确对应连接。

8. 按钮开关接线图

按钮开关接线如图 270 所示。

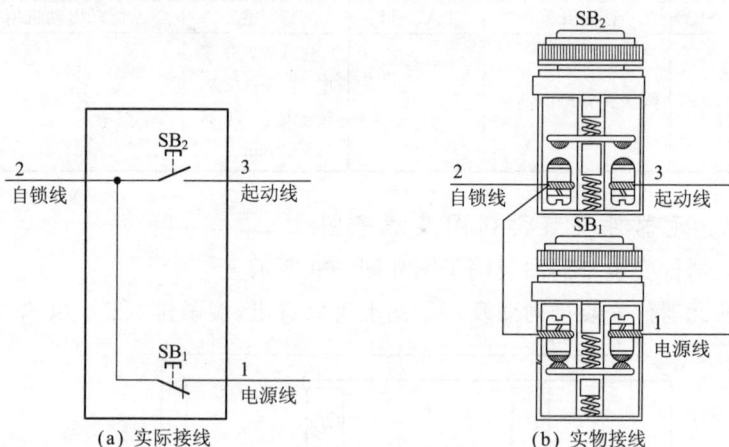

图 270 按钮开关接线图

9. 常见故障及排除方法

① 按起动按钮 SB_2 时,无频敏变阻器降压而直接全压起动。观察配电箱内电器元件动作情况,在按动起动按钮 SB_2 时,交流接触器 KM_1、时间继电器 KT 瞬间吸合又断开,使中间继电器 KA、交流接触器 KM_2 线圈均得电吸合工作,由于交流接触器 KM_1、KM_2 同时吸合,那么 KM_2 主触点将频敏变阻器短接了起来,电动机就会直接全压起动了。从上述电器元件动作情况分析,时间继电器 KT 瞬间动作又断开,说明时间继电器 KT 动作正常,可能是 KT 延时时间过短所致。重新调整时间继电器 KT 的延时时间,故障排除。

② 按起动按钮 SB_2,电动机一直处于降压起动,而无法正常全压运行。观察配电箱内电器元件动作情况,此时交流接触器 KM_1、时间继电

器 KT 线圈一直吸合,经很长时间 KT 也不转换,进入不了全压控制。根据上述情况,故障原因为时间继电器 KT 损坏所致,更换一只新的时间继电器并重新调整其延时时间即可解决。

③ 按动起动按钮 SB_2,电动机一直处于降压起动状态。观察配电箱内电器元件动作情况,在按动起动按钮 SB_2 时,交流接触器 KM_1、时间继电器 KT 得电吸合且 KM 自锁,经延时后,KT 触点转换,中间继电器 KA 吸合且自锁,但接通不了交流接触器 KM_2 线圈,也断不了时间继电器 KT 电源。从元器件动作情况可以分析,故障原因为 KM_2 线圈断路;KA 常开触点断路,如图 271 所示。用短接法或万用表测量其电器元件是否损坏,若损坏则更换新品。

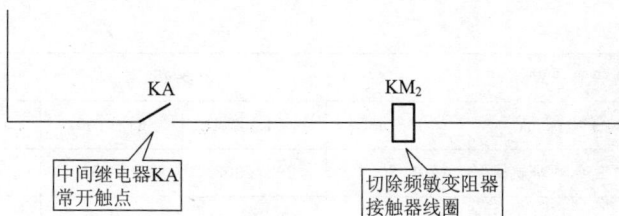

KA   KM_2

中间继电器KA
常开触点

切除频敏变阻器
接触器线圈

图 271

10. 技术数据

BP8R$_3$ 系列频敏变阻器选型表见表 88;YR 系列(IP44)三相交流异步电动机技术数据见表 89;YR 系列(IP23)三相交流异步电动机技术数据见表 90。

11. 电路实物配套图

频敏变阻器起动控制电路实物配套图如图 272 所示。

表 88   BP8R$_3$ 系列频敏变阻器选型表

电动机功率/kW		22～28			
电动机转子电流/A		51～63	64～80	81～100	101～125
重载	频敏变阻器规格	205/8006	205/6308	205/5010	205/4012
	组数及接法	1	1	1	1
中载	频敏变阻器规格	205/10005	205/8006	205/6308	205/5010
	组数及接法	1	1	1	1
轻载	频敏变阻器规格	204/16003	204/12504	204/10005	204/8006
	组数及接法	1	1	1	1

电动机功率/kW		29~35			
电动机转子电流/A		51~63	64~80	81~100	101~125
重载	频敏变阻器规格	206/8006	206/6308	206/5010	206/4012
	组数及接法	1	1	1	1
中载	频敏变阻器规格	206/10005	206/8006	206/6308	206/5010
	组数及接法	1	1	1	1
轻载	频敏变阻器规格	204/16003	204/12504	204/10005	204/8006
	组数及接法	1	1	1	1

电动机功率/kW		36~45			
电动机转子电流/A		51~63	64~80	81~100	101~125
重载	频敏变阻器规格	208/8006	208/6308	206/5010	208/4012
	组数及接法	1	1	1	1
中载	频敏变阻器规格	208/10005	208/8006	208/6308	208/5010
	组数及接法	1	1	1	1
轻载	频敏变阻器规格	204/16003	204/12504	204/10005	204/8006
	组数及接法	1	1	1	1

电动机功率/kW		46~55			
电动机转子电流/A		64~80	81~100	101~125	126~160
重载	频敏变阻器规格	210/6308	210/5010	210/4012	210/3216
	组数及接法	1	1	1	1
中载	频敏变阻器规格	210/8006	210/6308	210/5010	210/2025
	组数及接法	1	1	1	1
轻载	频敏变阻器规格	205/12504	205/10005	205/8006	205/6308
	组数及接法	1	1	1	1

电动机功率/kW		56～70			
电动机转子电流/A		126～160	161～200	201～250	251～315
重载	频敏变阻器规格	212/3216	212/2520	212/2025	212/2040
	组数及接法	1	1	1	1
中载	频敏变阻器规格	212/4012	212/3216	212/2520	212/2025
	组数及接法	1	1	1	1
轻载	频敏变阻器规格	206/6308	206/5010	206/4012	206/3216
	组数及接法	1	1	1	1

电动机功率/kW		71～90			
电动机转子电流/A		161～200	201～250	251～315	316～400
重载	频敏变阻器规格	305/4020	305/3225	305/2532	305/2040
	组数及接法	1	1	1	1
中载	频敏变阻器规格	305/5016	305/4020	305/3225	305/2532
	组数及接法	1	1	1	1
轻载	频敏变阻器规格	208/5010	208/4012	208/3216	208/2520
	组数及接法	1	1	1	1

电动机功率/kW		91～115			
电动机转子电流/A		161～200	201～250	251～315	316～400
重载	频敏变阻器规格	306/4020	306/3225	306/2532	306/2040
	组数及接法	1	1	1	
中载	频敏变阻器规格	306/5016	306/4020	306/3225	306/2532
	组数及接法	1	1	1	1
轻载	频敏变阻器规格	210/5010	210/4012	210/3216	210/2520
	组数及接法	1	1	1	1

电动机功率/kW		120～140			
电动机转子电流/A		201～250	251～315	316～400	401～500
重载	频敏变阻器规格	308/3225	308/2532	308/2040	308/1650
	组数及接法	1	1	1	1
中载	频敏变阻器规格	308/4020	308/3225	308/2532	308/2040
	组数及接法	1	1	1	1
轻载	频敏变阻器规格	212/4012	212/3216	212/2520	212/2025
	组数及接法	1	1	1	1

电动机功率/kW		145～180			
电动机转子电流/A		201～250	250～315	316～400	401～500
重载	频敏变阻器规格	310/3225	310/2532	310/2040	310/1650
	组数及接法	1	1	1	1
中载	频敏变阻器规格	310/4020	310/3225	310/2532	310/2040
	组数及接法	1	1	1	1
轻载	频敏变阻器规格	305/6312	305/5016	305/4020	305/3225
	组数及接法	1	1	1	1

电动机功率/kW		185～225			
电动机转子电流/A		201～250	251～315	316～400	401～500
重载	频敏变阻器规格	312/3225	312/2532	312/2040	312/1650
	组数及接法	1	1	1	1
中载	频敏变阻器规格	312/4020	312/3225	312/2532	312/2040
	组数及接法	1	1	1	1
轻载	频敏变阻器规格	306/6312	306/5016	306/4020	306/3225
	组数及接法	1	1	1	1

电动机功率/kW		230～280			
电动机转子电流/A		201～250	251～315	316～400	401～500
重载	频敏变阻器规格	316/3225	316/2532	316/2040	316/1650
	组数及接法	1	1	1	1
中载	频敏变阻器规格	316/4020	316/3225	316/2532	316/2040
	组数及接法	1	1	1	1
轻载	频敏变阻器规格	308/6312	308/5016	308/4020	308/3225
	组数及接法	1	1	1	1

电动机功率/kW		285～355			
电动机转子电流/A		251～315	316～400	401～500	501～630
重载	频敏变阻器规格	310/5016	310/4020	310/3225	310/2532
	组数及接法	2 并	2 并	2 并	2 并
中载	频敏变阻器规格	310/6312	310/5016	310/4020	310/3225
	组数及接法	2 并	2 并	2 并	2 并
轻载	频敏变阻器规格	310/5016	310/4020	310/3225	310/2532
	组数及接法	1	1	1	1

电动机功率/kW		360～450			
电动机转子电流/A		251～315	316～400	401～500	501～630
重载	频敏变阻器规格	312/5016	312/4020	312/3225	312/2532
	组数及接法	2 并	2 并	2 并	2 并
中载	频敏变阻器规格	312/6312	312/5016	312/4020	312/3225
	组数及接法	2 并	2 并	2 并	2 并
轻载	频敏变阻器规格	312/5016	312/4020	312/3225	312/2532
	组数及接法	1	1	1	1

电动机功率/kW		460～560			
电动机转子电流/A		316～400	401～500	501～630	631～800
重载	频敏变阻器规格	316/4020	316/3225	316/2532	316/2040
	组数及接法	2 并	2 并	2 并	2 并
中载	频敏变阻器规格	316/5016	316/4020	316/3225	316/2532
	组数及接法	2 并	2 并	2 并	2 并
轻载	频敏变阻器规格	316/4020	316/3225	316/2532	316/2040
	组数及接法	1	1	1	1

电动机功率/kW		570～710			
电动机转子电流/A		316～400	401～500	501～630	631～800
重载	频敏变阻器规格	310/4020	310/3225	310/2532	310/2040
	组数及接法	2 串 2 并	2 串 2 并	2 串 2 并	2 串 2 并
中载	频敏变阻器规格	310/5016	310/4020	310/3225	310/2532
	组数及接法	2 串 2 并	2 串 2 并	2 串 2 并	2 串 2 并
轻载	频敏变阻器规格	310/4020	310/3225	310/5016	310/4020
	组数及接法	2 串	2 串	2 并	2 并

电动机功率/kW		720～900			
电动机转子电流/A		401～500	501～630	631～800	801～1000
重载	频敏变阻器规格	316/4020	316/3225	316/2532	316/2040
	组数及接法	3 并	3 并	3 并	3 并
中载	频敏变阻器规格	316/5016	316/4020	316/3225	316/2532
	组数及接法	3 并	3 并	3 并	3 并
轻载	频敏变阻器规格	312/3225	312/2532	312/4020	312/3225
	组数及接法	2 串	2 串	2 并	2 并

电动机功率/kW		910～1120			
电动机转子电流/A		401～500	501～630	631～800	801～1000
重载	频敏变阻器规格	316/3225	316/2532	316/4020	316/3225
	组数及接法	2 串 2 并	2 串 2 并	4 并	4 并
中载	频敏变阻器规格	316/4020	316/3225	316/5016	316/4020
	组数及接法	2 串 2 并	2 串 2 并	4 并	4 并
轻载	频敏变阻器规格	310/3225	310/2532	310/4020	310/3225
	组数及接法	2 串	2 串	2 并	2 并

电动机功率/kW		1130～1400			
电动机转子电流/A		631～800	801～1000	1001～1250	1251～1600
重载	频敏变阻器规格	316/5016	316/4020	316/3225	316/2532
	组数及接法	5 并	5 并	5 并	5 并
中载	频敏变阻器规格	316/6312	316/5016	316/4020	316/3225
	组数及接法	5 并	5 并	5 并	5 并
轻载	频敏变阻器规格	310/4020	310/3225	310/2532	310/2040
	组数及接法	2 串 2 并	2 串 2 并	2 串 2 并	2 串 2 并

电动机功率/kW		1401～1800			
电动机转子电流/A		801～1000	1001～1250	1251～1600	1601～2000
重载	频敏变阻器规格	316/2040	316/1650	316/2532	316/2040
	组数及接法	2 串 3 并	2 串 3 并	6 并	6 并
中载	频敏变阻器规格	316/3225	316/2532	316/2040	316/1650
	组数及接法	2 串 3 并	2 串 3 并	2 串 3 并	2 串 3 并
轻载	频敏变阻器规格	316/4020	316/3225	316/2532	316/2040
	组数及接法	3 并	3 并	3 并	3 并

电动机功率/kW		1810～2240			
电动机转子电流/A		801～1000	1001～1250	1251～1600	1601～2000
重载	频敏变阻器规格	316/3225	316/2532	316/4020	316/3225
	组数及接法	2串4并	2串4并	8并	8并
中载	频敏变阻器规格	316/4020	316/3225	316/2532	316/2040
	组数及接法	2串4并	2串4并	2串4并	2串4并
轻载	频敏变阻器规格	316/3225	316/2532	316/4020	316/3225
	组数及接法	2串2并	2串2并	4并	4并

表 89　YR 系列(IP44)三相交流异步电动机技术数据

电动机型号	功率/kW	电流/A	定子电压/V	转速/(r/min)	功率因数/cosφ	效率/%	最大转矩/额定转矩	转子电压/V	转子电流/A
YR132S$_1$-4	2.2	5.5	380	1440	0.77	82	3.0	190	7.9
YR132S$_2$-4	3	7.0	380	1440	0.78	83	3.0	215	9.4
YR132M$_1$-4	4	9.3	380	1440	0.77	84.5	3.0	230	11.5
YR132M$_2$-4	5.5	12.6	380	1440	0.77	86	3.0	272	13
YR160M-4	7.5	15.7	380	1460	0.83	87.5	3.0	250	19.5
YR160L-4	11	22.5	380	1460	0.83	89.5	3.0	276	25
YR180L-4	15	30	380	1465	0.85	89.5	3.0	278	34
YR200L$_1$-4	18.5	36.7	380	1465	0.86	89	3.0	248	47.5
YR200L$_2$-4	22	43.2	380	1465	0.86	90	3.0	293	47
YR225M$_2$-4	30	57.6	380	1475	0.87	91	3.0	360	51.5
YR250M$_1$-4	37	71.4	380	1480	0.86	91.5	3.0	289	79
YR250M$_2$-4	45	85.9	380	1480	0.87	91.5	3.0	340	81
YR280S-4	55	103.8	380	1480	0.88	91.5	3.0	485	70
YR280M-4	75	140	380	1480	0.88	92.5	3.0	354	128
YR132S$_1$-6	1.5	4.17	380	955	0.70	78	2.8	180	5.9
YR132S$_2$-6	2.2	5.96	380	955	0.7	80	2.8	200	7.5
YR132M$_1$-6	3	8.2	380	955	0.69	80.5	2.8	206	9.5
YR132M$_2$-6	4	10.7	380	955	0.69	82.5	2.8	230	11
YR160M-6	5.5	13.4	380	970	0.74	84.5	2.8	244	14.5

电动机 型号	功率 /kW	电流 /A	定子 电压/V	转速 /(r/min)	功率因数 /cosφ	效率 /%	最大转矩/ 额定转矩	转子 电压/V	转子 电流/A
YR160L-6	7.5	17.9	380	970	0.74	86	2.8	266	18
YR180L-6	11	23.6	380	975	0.81	87.5	2.8	310	22.5
YR200L$_1$-6	15	31.8	380	975	0.81	88.5	2.8	198	48
YR225M$_1$-6	18.5	38.3	380	980	0.83	89.5	2.8	187	62.5
YR225M$_2$-6	22	45	380	980	0.83	90	2.8	224	61
YR250M$_1$-6	30	60.3	380	980	0.84	90.5	2.8	282	66
YR250M$_2$-6	37	73.9	380	980	0.84	91.5	2.8	331	69
YR280S-6	45	87.9	380	985	0.85	91.5	2.8	362	76
YR280M-6	55	106.9	380	985	0.85	92	2.8	423	80
YR160M-8	4	10.7	380	715	0.69	82.5	2.4	216	12
YR160L-8	5.5	14.1	380	715	0.71	83	2.4	230	15.5
YR180L-8	7.5	18.4	380	725	0.73	85	2.4	255	19
YR200L$_1$-8	11	26.6	380	725	0.73	86	2.4	152	46
YR225M$_1$-8	15	34.5	380	735	0.75	88	2.4	169	56
YR225M$_2$-8	18.5	42.1	380	735	0.75	89	2.4	211	54
YR250M$_1$-8	22	48.1	380	735	0.78	89	2.4	210	65.5
YR250M$_2$-8	30	66.1	380	735	0.77	89.5	2.4	270	69
YR280S-8	37	78.2	380	735	0.79	91	2.4	281	81.5
YR280M-8	45	92.9	380	735	0.80	92	2.4	359	76

表 90　YR 系列(IP23)三相交流异步电动机技术数据

电动机 型号	功率 /kW	电流 /A	定子 电压/V	转速 /(r/min)	功率因数 /cosφ	效率 /%	最大转矩/ 额定转矩	转子 电压/V	转子 电流/A
YR160M-4	7.5	16	380	1421	0.84	84	2.8	260	19
YR160L$_1$-4	11	22.6	380	1434	0.85	86.5	2.8	275	26
YR160$_2$-4	15	30.2	380	1444	0.85	87	2.8	260	37
YR180M-4	18.5	36.1	380	1426	0.88	87	2.8	197	61
YR180L-4	22	42.5	380	1434	0.88	88	3.0	232	61
YR200M-4	30	57.7	380	1439	0.88	89	3.0	255	76

电动机型号	功率 /kW	电流 /A	定子电压/V	转速 /(r/min)	功率因数 /cosφ	效率 /%	最大转矩/额定转矩	转子电压/V	转子电流/A
YR200L-4	37	70.2	380	1448	0.88	89	3.0	316	74
YR225M₁-4	45	86.7	380	1442	0.88	89	2.5	240	120
YR225M₂-4	55	104.7	380	1448	0.88	90	2.5	288	121
YR250S-4	75	141.1	380	1453	0.89	90.5	2.6	449	105
YR250M-4	90	167.4	380	1457	0.89	91	2.6	521	107
YR208S-4	110	201.3	380	1458	0.89	91.5	3.0	349	196
YR280M-4	132	239	380	1463	0.89	92.5	3.0	419	194
YR160M-6	5.5	12.7	380	949	0.77	82.5	2.5	279	13
YR160L-6	7.5	16.9	380	949	0.78	83.5	2.5	260	19
YR180M-6	11	24.2	380	940	0.78	84.5	2.8	146	50
YR180L-6	15	32.6	380	947	0.79	85.5	2.8	187	53
YR200M-6	18.5	39	380	949	0.81	86.5	2.8	187	65
YR200L-6	22	45.5	380	955	0.82	87.5	2.8	224	63
YR225M₁-6	30	59.4	380	955	0.85	87.5	2.2	227	86
YR225M₂-6	37	73.1	380	964	0.85	89	2.2	287	82
YR250S-6	45	88	380	966	0.85	89	2.2	307	93
YR250M-6	55	105.7	380	967	0.86	89.5	2.2	359	97
YR280S-6	75	141.8	380	969	0.88	90.5	2.5	392	121
YR280M-6	90	166.7	380	972	0.89	91	2.5	481	118
YR160M-8	4	10.5	380	703	0.71	81	2.2	262	11
YR160L-8	5.5	14.2	380	705	0.71	81.5	2.2	243	15
YR180M-8	7.5	18.4	380	692	0.73	82	2.2	105	49
YR180L-8	11	26.8	380	699	0.73	83	2.2	140	53
YR200M-8	15	36.1	380	706	0.73	85	2.2	153	64
YR200L-8	18.5	44	380	712	0.73	86	2.2	187	64
YR225M₁-8	22	48.6	380	710	0.78	86	2.0	161	90
YR225M₂-8	30	65.3	380	713	0.79	87	2.0	200	97
YR250S-8	37	78.9	380	715	0.79	87.5	2.0	218	110
YR250M-8	45	95.5	380	720	0.79	88.5	2.0	264	109
YR280S-8	55	114	380	723	0.82	89	2.2	279	125
YR280M-8	75	152.1	380	725	0.82	90	2.2	359	131

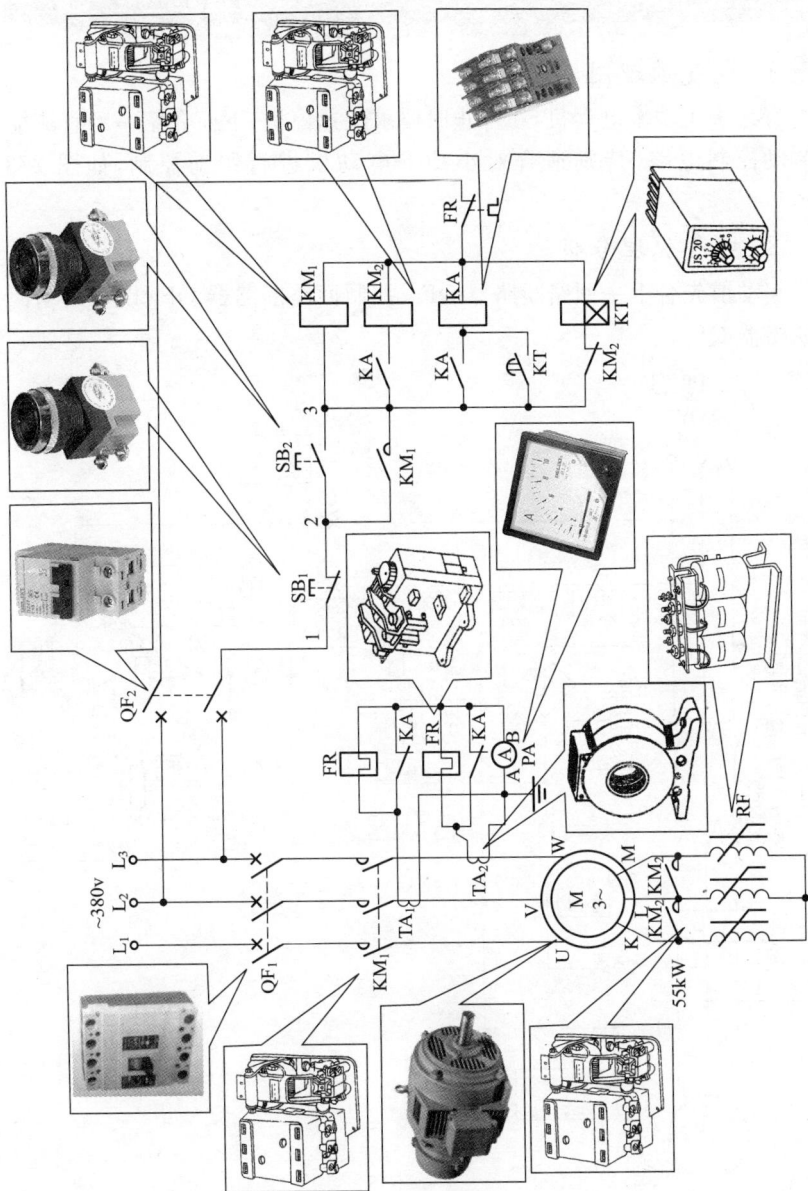

图 272 频敏变阻器起动控制电路实物配套图

电路 60 直流能耗制动控制电路

1. 电气原理图

有很多小功率电动机,在停止时要求快速停机,下面介绍一种直流能耗制动控制电路,特别适合对小功率电动机进行制动控制,如图 273 所示。

2. 电气原理分析

起动前先合上主回路断路器 QF_1、控制回路断路器 QF_3 以及制动回路断路器 QF_2。

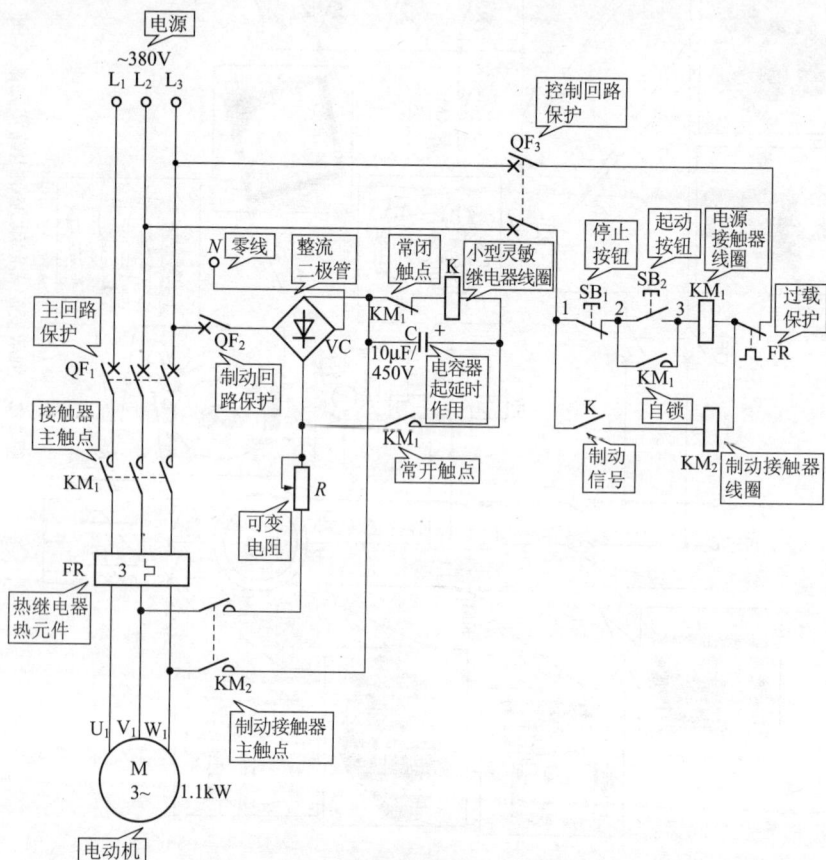

图 273 直流能耗制动控制电路电气原理图

起动:按下起动按钮 SB₂,交流接触器 KM₁ 线圈得电吸合且自锁,KM₁ 三相主触点闭合,电动机得电运转工作。同时 KM₁ 辅助常闭触点断开,切断小型灵敏继电器 K 线圈电源,使 K 线圈不能得电吸合;而 KM₁ 在制动回路中的辅助常开触点闭合,给电容器 C 充电。

制动:按下停止按钮 SB₁,交流接触器 KM₁ 线圈断电释放,KM₁ 三相主触点断开,切断了电动机电源,但电动机仍靠惯性继续转动做自由停机;由于 KM₁ 辅助常闭触点闭合,使电容器 C 放电,接通了小型灵敏继电器 K 线圈回路电源,K 线圈得电吸合,K 串联在制动交流接触器 KM₂ 线圈回路中的常开触点闭合,使制动交流接触器 KM₂ 线圈得电吸合,KM₂ 三相主触点闭合,将直流电源通入电动机绕组内,产生一静止磁场,从而使电动机迅速制动停止下来。在交流接触器 KM₁ 辅助常闭触点闭合的同时,电容器 C 对小型灵敏继电器 K 线圈开始放电,当电容器 C 上的电压逐渐降低至最小值时(也就是制动延时时间),小型灵敏继电器 K 线圈断电释放,使 KM₂ 线圈断路,KM₂ 主触点断开,切断直流电源,能耗制动结束。改变电容器 C 的值就改变能耗制动时间。图中整流器 VC 选用四只反向击穿电压大于 500V 的整流二极管,其电流则通过计算得出的所需器件电流(因电动机功率不同所需电流制动电流也不相同,需计算得出)。

自由停止控制:将制动断路器 QF₂ 断开,制动电源被切除,所以当按下停止按钮 SB₁ 时,电动机因断电后仍靠惯性转动而自由停止(无制动控制)。

3. 逻辑代数表达式

$$KM_{1线圈} = QF_3 \cdot \overline{SB_1} \cdot (SB_2 + KM_1) \cdot \overline{FR}$$

$$KM_{2线圈} = QF_3 \cdot K \cdot \overline{FR}$$

4. 电路器件动作简述

按 SB₂,KM₁ 吸合自锁,M 运转;电容器 C 被充电,为制动延时做准备。

按 SB₁,KM₁ 失电释放,M 停止,仍靠惯性运转,电容器 C 向 K 放电,K 吸合,KM₂ 吸合,M 通入直流电进行能耗制动,经一段时间后,电容器 C 放电结束,K 失电释放,KM₂ 失电释放,制动结束。

5. 电气元件作用表

直流能耗制动控制电路电气元件作用表见表 91。

表 91　电气元件作用表

序号	符号	名　称	型　号	规　格	作　用
1	QF_1	断路器	DZ47-63	10A　三极	主回路过流保护
2	QF_2	断路器	DZ47-63	10A　单极	制动回路过流保护
3	QF_3	断路器	DZ47-63	6A　二极	控制回路过流保护
4	KM_1	交流接触器	CDC10-10	线圈电压 380V	控制电动机电源
5	KM_2	交流接触器	CDC10-10	线圈电压 380V	制动电源提供
6	FR	热继电器	JR36-20	2.2～3.5A	过载保护
7	K	小型灵敏继电器	JTX-2C	DC 220V	信号转换
8	VC	整流桥		反向击穿电压 1000V	整　流
9	R	电阻器		1.5Ω 其功率计算得出	调整制动电压
10	C	电容器	CD11	10μF　450V	延迟制动时间
11	SB_1	按钮开关	LA19-11	红　色	停止电动机用
12	SB_2	按钮开关	LA19-11	绿　色	起动电动机用
13	M	三相异步电动机	Y802-2	1.1kW 2.6A 2825r/min	拖　动

6. 元器件安装排列图及端子图

元器件安装排列图及端子图如图 274 所示。

从元器件安装排列图及端子图上可以看出,端子排 XT 上共有 10 个接线端子,其中,L_1、L_2、L_3、N 为电源引入线,将外部三相 380V 电源接到此处,可采用 4 根 BV 1.5mm² 导线套管敷设。

U_1、V_1、W_1 用 3 根 BV 1.5mm² 导线套管敷设至电动机处。

1、2、3 可采用 3 根 BVR 0.75mm² 导线接至配电箱面板按钮开关 SB_1、SB_2 上,并一一正确对应连接。

7. 按钮开关接线图

按钮开关接线如图 275 所示。

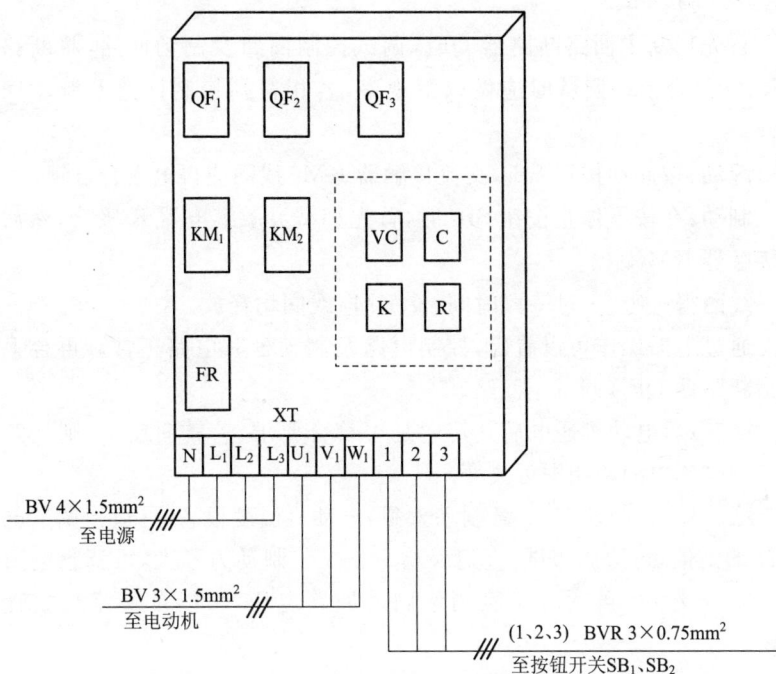

图 274 元器件安装排列图及端子图

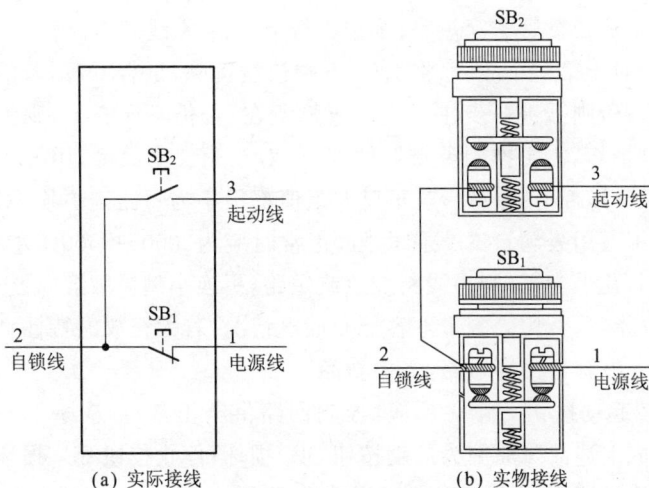

(a) 实际接线   (b) 实物接线

图 275 按钮开关接线图

8. 调 试

首先切断主回路断路器 QF_1,调试控制回路及制动回路,将断路器 QF_3、QF_2 合上。调试时应做以下观察,若相符则控制回路及制动回路正常。

起动:按起动按钮 SB_2,交流接触器 KM_1 线圈应得电吸合自锁。

制动:在按下停止按钮 SB_1 时,首先小型灵敏继电器 K 吸合,然后交流接触器 KM_2。

线圈得电吸合,过一段时间,K、KM_2 线圈均释放。

通过上面操作可以看出,控制电路及制动延时电路正常。再合上主回路断路器 QF_1,调试主回路。

第一步,电动机通电后其转向是否符合要求,若转向反了,则任意调换三相电源中的两相即可改变。

第二步,看制动效果,若制动太狠,电动机温度很高,可适当调节电阻器 R 的阻值,可边调边试,直到满意为止。若制动力不大,可调整电阻器 R 完成,若还小,可用万用表测量制动回路电压,可能是整流二极管有问题。

9. 常见故障及排除方法

① 制动断路器 QF_2 合不上,动作跳闸。可能原因是断路器 QF_2 自身损坏;整流二极管击穿短路;小型灵敏继电器 K 线圈短路;电容器 C 击穿短路。对于第一个故障,将 QF_2 下端连线拆除,试合 QF_2,若能合上则为下端短路,则需进一步往下检查故障所在,若仍不能合上,则为断路器 QF_2 自身损坏,需更换同类新器件即可;对于第二个故障,用万用表检查二极管 VC 是否击穿短路,若正反向阻值都很小为短路则更换;对于第三个故障,用万用表测量 K 线圈电阻,正常时应为 $3000\sim3500\Omega$ 左右,若阻值非常小,几乎为零,则为线圈烧毁或短路,更换小型灵敏继电器 K;对于第四个故障,用万用表测量电容器充放电情况,若无充放电特性且电阻值为零,则为电容器击穿短路,需换新品。

② 按起动按钮 SB_2 无反应(控制回路供电正常)。从原理图中可以看出,造成上述故障原因为起动按钮 SB_2 损坏;停止按钮 SB_1 损坏闭合不了;交流接触器 KM_1 线圈断路;热继电器 FR 控制常闭触点损坏闭合不了或过载跳闸。对于第一个故障,可采用短接法试之,若短接起动按钮 2、3 两端,KM_1 线圈能吸合,则为按钮 SB_2 损坏,若短接时 KM_1 无反应,

则不是起动按钮故障,可能是相关连线脱落或接触不良,可用万用表做进一步检查;对于第二个故障,用短接法将停止按钮两端 SB₁ 短接后,操作起动按钮 SB₂,若 KM₁ 线圈能吸合,则为停止按钮 SB₁ 损坏,需更换新品;对于第三个故障,用万用表欧姆挡检查为无穷大,为 KM₁ 线圈断路;对于第四个故障,首先检查热继电器 FR 是否是过载了,若过载则手动复位后查明过载原因,若不是过载则检查热继电器 FR 控制触点是否接错了,还是触点损坏了,并作相应处理。

③ 制动时,小型灵敏继电器 K 线圈吸合,但交流接触器 KM₂ 线圈不吸合。其故障原因为小型灵敏继电器 K 常开触点损坏闭合不了;交流接触器 KM₂ 线圈断路。对于第一个故障,用万用表测量 K 常开触点是否正常,若损坏,则更换新品;对于第二个故障,用万用表测量 KM₂ 线圈阻值为无穷大,则为线圈断路,需更换线圈。

④ 按起动按钮 SB₂ 时为点动。此故障为交流接触器 KM₁ 常开自锁触点损坏所致。用万用表测量 KM₁ 常开自锁触点是否正常,若不正常,则需更换。

⑤ 起动时,交流接触器 KM₁ 线圈吸合,但主回路断路器 QF₁ 跳闸。此故障通常为电动机绕组短路所致。重点检查电动机绕组并加以修复故障即可排除。

⑥ 起动后,KM₁ 线圈吸合正常,但电动机不转。可能原因是 QF₁ 损坏两极;KM₁ 三相主触点损坏;热继电器 FR 热元件断路;电动机损坏。对于第一个故障,用万用表测断路器 QF₁ 是否损坏,若不通,则为损坏、需更换;对于第二个故障,检查 KM₁ 触点是否接触不良或损坏,若接触不良,看能否加以修理,若损坏,则需更换。

⑦ 制动时,KM₂ 线圈吸合但制动效果差。原因为制动力调节电阻 R 调整不当所致。重新调整电阻 R,可边调边试直到达到要求为止。

⑧ 制动时,无任何制动(KM₂ 吸合)。除电阻 R 调节不当外,通常为 KM₂ 主触点损坏闭合不了。用万用表检查 KM₂ 三相主触点是否正常,若损坏,则更换。

10. 电路实物配套图

直流能耗制动控制电路实物配套图如图 276 所示。

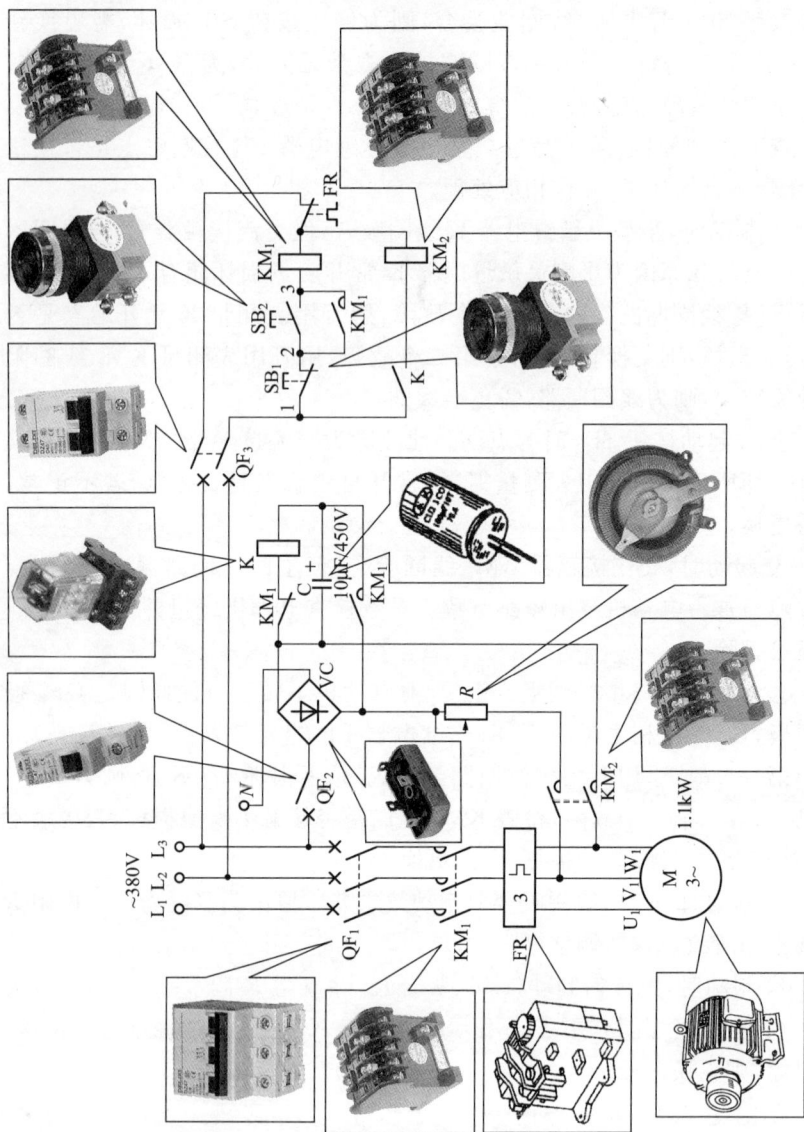

图 276　直流能耗制动控制电路实物配套图

1. 电气原理图

图 277 所示是采用单只整流管能耗制动控制电路电气原理图。

2. 电气原理分析

起动时，按下起动按钮 SB_2，交流接触器 KM_1、失电延时时间继电器 KT 线圈同时得电吸合且 KM_1 自锁，KM_1 辅助常闭触点断开，互锁 KM_2 线圈，以保证 KM_1 工作时 KM_2 线圈不能得电工作，同时 KT 失电延时断开的常开触点闭合，为停止时 KM_2 制动交流接触器线圈工作做准备，KM_1 三相主触点闭合，电动机 M 得电运转工作。

制动时，则按下停止按钮 SB_1，交流接触器 KM_1、失电延时时间继电器 KT 线圈失电释放，KM_1 辅助常闭触点恢复常闭状态（此时 KT 失电延时断开的常开触点已闭合），制动交流接触器 KM_2 线圈得电吸合，KM_2

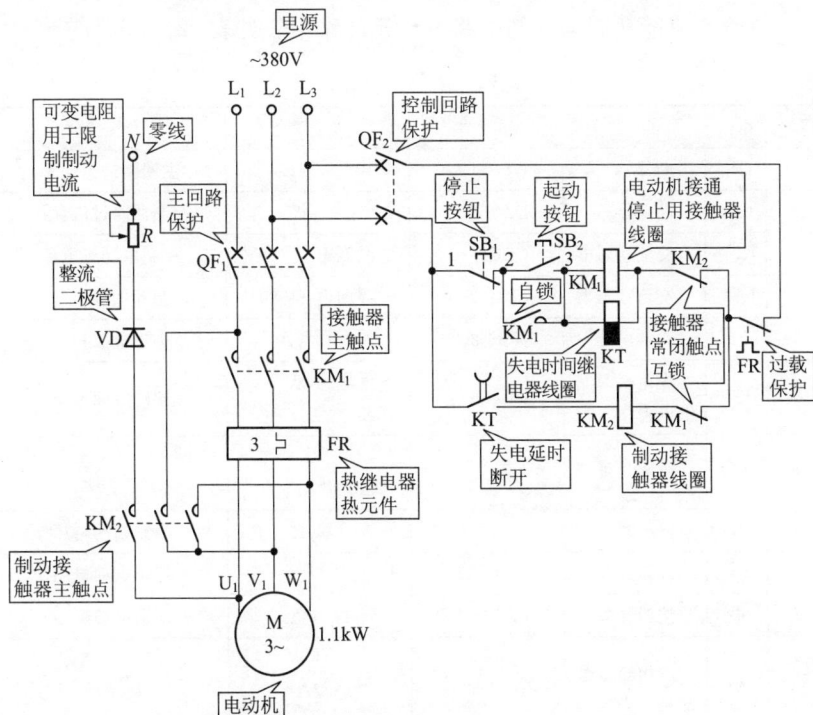

图 277 单管整流能耗制动控制电路电气原理图

三相主触点闭合,将整流二极管 VD 串入电动机绕组中,产生能耗制动作用使电动机迅速停止下来。经 KT 一段延时后,KT 失电延时断开的常开触点断开,切断交流接触器 KM$_2$ 线圈回路电源,KM$_2$ 线圈断电释放,KM$_2$ 主触点断开,解除能耗制动,从而完成制动过程。

本电路简单、实用、成本低,适用于 10kW 以下电动机且对制动要求不高的场合。

3. 逻辑代数表达式

$$KM_{1线圈} = KT_{线圈} = QF_2 \cdot \overline{SB_1} \cdot (SB_2 + KM_1) \cdot \overline{KM_2} \cdot \overline{FR}$$

$$KM_{2线圈} = QF_2 \cdot KT \cdot \overline{KM_1} \cdot \overline{FR}$$

4. 电路器件动作简述

按 SB$_2$,KM$_1$、KT 吸合且 KM$_1$ 自锁,M 运转。

按 SB$_1$,KM$_1$、KT 失电释放,M 停止;KT 开始延时,KM$_2$ 吸合,M 通入直流电进行能耗制动,KT 延时时间到,KM$_2$ 失电释放,制动结束。

5. 电气元件作用表

单管整流能耗制动控制电路电气元件作用表见表 92。

表 92 电气元件作用表

序号	符号	名　称	型　号	规　格	作　用
1	QF$_1$	断路器	DZ47-63	10A 三极	主回路过流保护
2	QF$_2$	断路器	DZ47-63	6A 二极	控制回路过流保护
3	KM$_1$	交流接触器	CDC10-10	线圈电压 380V	控制电动机电源
4	KM$_2$	交流接触器	CDC10-10	线圈电压 380V	制动电源控制
5	FR	热继电器	JR36-20	2.2~3.5A	过载保护
6	KT	失电式时间继电器	JS7-4A	电压 380V 180s	制动时间设定
7	VD	整流二极管		10A 400V 加散热片	整　流
8	R	电阻器		1.25Ω	限制制动电压
9	SB$_1$	按钮开关	LA19-11	红色	停止电动机用
10	SB$_2$	按钮开关	LA19-11	绿色	起动电动机用
11	M	三相异步电动机	Y90L-6	1.1KW 3.2A 910r/min	拖　动

6. 元器件安装排列图及端子图

元器件安装排列图及端子图如图 278 所示。

从元器件安装排列图及端子图上可以看出，端子排 XT 上共有 10 个接线端子，其中，L_1、L_2、L_3、N 为电源引入线，将外部三相 380V 电源接到此处，可采用 4 根 BV 1.5mm² 导线套管敷设。

U_1、V_1、W_1 用 3 根 BV 1.5mm² 导线套管敷设至电动机处。

1、2、3 可采用 3 根 BVR 0.75mm² 导线接至配电箱面板按钮开关 SB_1、SB_2 上，并一一正确对应连接。

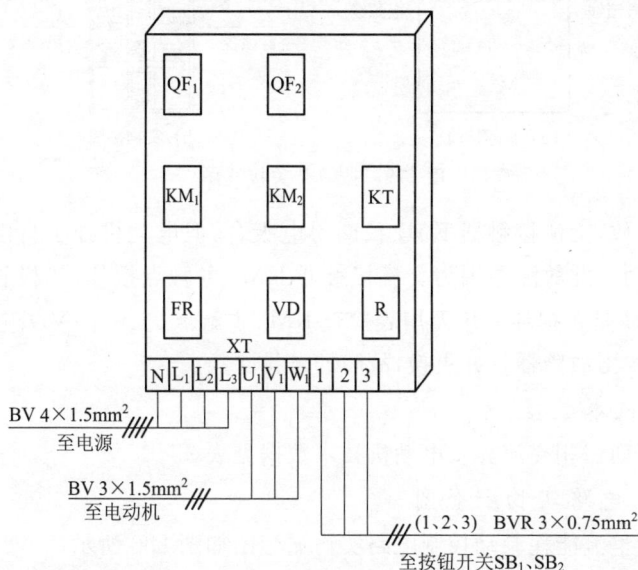

图 278 元器件安装排列图及端子图

7. 按钮开关接线图

按钮开关接线如图 279 所示。

8. 常见故障及排除方法

① 电动机停止时没有制动。观察配电箱内电器元件动作情况，若在起动时 KT 线圈得电动作，而需停止时交流接触器 KM_2 线圈不吸合，则故障是 KT 失电延时断开的常开触点损坏；KM_2 线圈断路；KM_1 互锁常闭触点损坏。上述三者任何一个有故障，就会出现电动机停止无制动现象。检查上述器件，查出故障器件并更换，故障排除。

② 按 SB_1 停止按钮，交流接触器 KM_1、失电延时时间继电器 KT 线

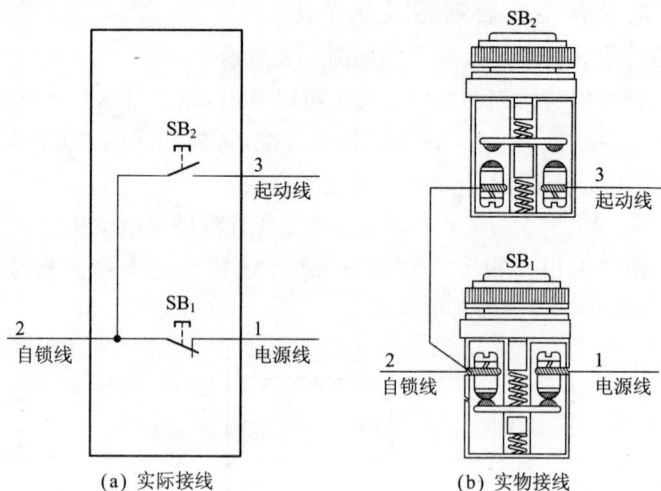

图 279　按钮开关接线图

圈断电释放,交流接触器 KM_2 线圈得电吸合,但电动机处于自由停车状态,无制动。此故障原因为交流接触器 KM_2 主触点损坏;二极管 VD 开路;电阻 R 是否损坏。用万用表检查 KM_2 主触点、二极管 VD、电阻 R 是否损坏,找出故障器件并更换,故障即可排除。

9. 技术数据

Y 系列三相交流异步电动机技术数据见表 93。

10. 电路实物配套图

单管整流能耗制动控制电路实物配套图如图 280 所示。

表 93　Y 系列三相交流异步电动机技术数据

电动机型号	功率/kW	电流/A	接法	转速/(r/min)	功率因数/$\cos\varphi$	效率/%	最大转矩/额定转矩	堵转电流/额定电流	堵转转矩/额定转矩
Y801-2	0.75	1.9	Y	2825	0.84	73	2.2	7.0	2.2
Y802-2	1.1	2.6	Y	2825	0.86	76	2.2	7.0	2.2
Y90S-2	1.5	3.4	Y	2840	0.85	79	2.2	7.0	2.2
Y90L-2	2.2	4.7	Y	2840	0.86	82	2.2	7.0	2.2
Y100L-2	3	6.4	Y	2880	0.87	82	2.2	7.0	2.2
Y112M-2	4	8.2	△	2890	0.87	85.5	2.2	7.0	2.2
Y132S$_1$-2	5.5	11.1	△	2900	0.88	85.5	2.2	7.0	2.2

电动机 型号	功率 /kW	电流 /A	接法	转速 /(r/min)	功率因数 /cosφ	效率 /%	最大转矩/ 额定转矩	堵转电流/ 额定电流	堵转转矩/ 额定转矩
Y132S$_2$-2	7.5	15	△	2900	0.88	86.2	2.2	7.0	2.2
Y160M$_1$-2	11	21.8	△	2930	0.88	87.2	2.2	7.0	2.2
Y160M$_2$-2	15	29.4	△	2930	0.88	88.2	2.2	7.0	2.2
Y160L-2	18.5	35.5	△	2930	0.89	89	2.2	7.0	2.2
Y180M-2	22	42.2	△	2940	0.89	89	2.2	7.0	2.2
Y200L$_1$-2	30	56.9	△	2950	0.89	90	2.2	7.0	2.2
Y200L$_2$-2	37	70.4	△	2950	0.89	90.5	2.2	7.0	2.2
Y225M-2	45	83.9	△	2970	0.89	91.5	2.2	7.0	2.2
Y250M-2	55	102.7	△	2970	0.89	91.4	2.2	7.0	2.0
Y280S-2	75	140.1	△	2970	0.89	91.4	2.2	7.0	2.0
Y280M-2	90	167	△	2970	0.89	92	2.2	7.0	1.6
Y315S-2	110	206.4	△	2970	0.89	91	2.2	7.0	1.6
Y315M$_1$-2	132	247.6	△	2970	0.89	91	2.2	7.0	1.6
Y315M$_2$-2	160	298.5	△	2970	0.89	91.5	2.2	7.0	1.6
Y355M$_1$-2	200	369	△	2975	0.90	91.5	2.2	7.0	1.6
Y355M$_2$-2	250	461.2	△	2975	0.90	91.5	2.2	7.0	1.6
Y801-4	0.55	1.6	Y	1390	0.76	70.5	2.2	7.0	2.2
Y802-4	0.75	2.1	Y	1390	0.76	72.5	2.2	6.5	2.2
Y90S-4	1.1	2.7	Y	1400	0.78	79	2.2	6.5	2.2
Y90L-4	1.5	3.7	Y	1400	0.79	79	2.2	6.5	2.2
Y100L$_1$-4	2.2	5.0	Y	1420	0.82	81	2.2	6.5	2.2
Y100L$_2$-4	3	6.8	Y	1420	0.81	82.5	2.2	7.0	2.2
Y112M-4	4	8.8	△	1440	0.82	84.5	2.2	7.0	2.2
Y132S-4	5.5	11.6	△	1440	0.84	85.5	2.2	7.0	2.2
Y132M-4	7.5	15.4	△	1440	0.85	87	2.2	7.0	2.2
Y160M-4	11	22.6	△	1460	0.84	88	2.2	7.0	2.2
Y160L-4	15	30.3	△	1460	0.85	88.5	2.2	7.0	2.0
Y180M-4	18.5	35.9	△	1470	0.86	91	2.2	7.0	2.0
Y180L-4	22	42.5	△	1470	0.86	91.5	2.2	7.0	2.0

电动机型号	功率/kW	电流/A	接法	转速/(r/min)	功率因数/cosφ	效率/%	最大转矩/额定转矩	堵转电流/额定电流	堵转转矩/额定转矩
Y200L-4	30	56.8	△	1470	0.87	92.5	2.2	7.0	1.9
Y225S-4	37	69.8	△	1480	0.87	91.8	2.2	7.0	1.9
Y225M-4	45	84.2	△	1480	0.88	92.3	2.2	7.0	2.0
Y250M-4	55	102.5	△	1480	0.88	92.6	2.2	7.0	1.9
Y280S-4	75	139.7	△	1480	0.88	92.7	2.2	7.0	1.9
Y280M-4	90	164.3	△	1480	0.88	93.5	2.2	7.0	1.8
Y315S-4	110	201.9	△	1480	0.89	93	2.2	7.0	1.8
Y315M1-4	132	242.3	△	1480	0.89	93	2.2	7.0	1.8
Y315M2-4	160	293.7	△	1480	0.89	93	2.2	7.0	1.8
Y355M1-4	200	367.1	△	1480	0.89	93	2.2	7.0	1.8
Y355M2-4	250	458.9	△	1480	0.89	93	2.2	7.0	1.8
Y355M3-4	315	578.2	△	1480	0.89	93	2.2	7.0	1.8
Y90S-6	0.75	2.3	△	910	0.70	72.5	2.0	6.0	2.0
Y90L-6	1.1	3.2	Y	910	0.72	72.5	2.0	6.0	2.0
Y100L-6	1.5	4.0	Y	940	0.74	77.5	2.0	6.0	2.0
Y112M-6	2.2	5.6	Y	940	0.74	80.5	2.0	6.0	2.0
Y132S-6	3	7.2	Y	960	0.76	83	2.0	6.5	2.0
Y132M1-6	4	9.4	△	960	0.77	84	2.0	6.5	2.0
Y132M2-6	5.5	12.6	△	960	0.78	85.3	2.0	6.5	2.0
Y160M-6	7.5	17	△	970	0.78	86	2.0	6.5	2.0
Y160L-6	11	24.6	△	970	0.78	87	2.0	6.5	2.0
Y180L-6	15	31.5	△	970	0.81	89.5	2.0	6.5	1.8
Y200L$_1$-6	18.5	37.7	△	970	0.83	89.8	2.0	6.5	1.8
Y200L$_2$-6	22	44.6	△	970	0.83	90.2	2.0	6.5	1.8
Y225M-6	30	59.5	△	980	0.85	90.2	2.0	6.5	1.7
Y250M-6	37	72	△	980	0.86	90.8	2.0	6.5	1.8
Y280S-6	45	85.4	△	980	0.87	92	2.0	6.5	1.8
Y280M-6	55	104.9	△	980	0.87	91.6	2.0	7.0	1.8
Y315S-6	75	142.4	△	980	0.87	92	2.0	7.0	1.6

续表 93

电动机型号	功率/kW	电流/A	接法	转速/(r/min)	功率因数/cosφ	效率/%	最大转矩/额定转矩	堵转电流/额定电流	堵转转矩/额定转矩
Y315M1-6	90	170.8	Δ	980	0.87	92	2.0	7.0	1.6
Y315M2-6	110	207.7	Δ	980	0.87	92.5	2.0	7.0	1.6
Y315M3-6	132	249.2	Δ	980	0.87	92.5	2.0	7.0	1.6
Y335M1-6	160	297	Δ	980	0.88	93	2.0	7.0	1.6
Y335M2-6	200	371.3	Δ	980	0.88	93	2.0	7.0	1.6
Y335M3-6	250	464.1	Δ	980	0.88	93	2.0	7.0	1.6
Y132S-8	2.2	5.8	Y	710	0.71	81	2.0	5.5	2.0
Y132M-8	3	7.7	Y	710	0.72	82	2.0	5.5	2.0
Y160M1-8	4	8.9	Δ	720	0.73	84	2.0	6.0	2.0
Y160M2-8	5.5	13.3	Δ	720	0.74	85	2.0	6.0	2.0
Y160L-8	7.5	17.7	Δ	720	0.75	86	2.0	5.5	2.0
Y180L-8	11	25.1	Δ	730	0.77	86.5	2.0	6.0	1.7
Y200L-8	15	34.1	Δ	730	0.76	88	2.0	6.0	1.8
Y225S-8	18.5	41.3	Δ	730	0.76	89.5	2.0	6.0	1.7
Y225M-8	22	47.6	Δ	730	0.78	90	2.0	6.0	1.8
Y250M-8	30	63	Δ	730	0.80	90.5	2.0	6.0	1.8
Y280S-8	37	78.2	Δ	740	0.79	91	2.0	6.0	1.8
Y280M-8	45	93.2	Δ	740	0.80	91.7	2.0	6.0	1.8
Y315S-8	55	112.1	Δ	740	0.81	92	2.0	6.5	1.8
Y315M1-8	75	152.8	Δ	740	0.81	92	2.0	6.5	1.8
Y315M2-8	90	180.3	Δ	740	0.82	92.5	2.0	6.5	1.8
Y315M3-8	110	220.3	Δ	740	0.82	92.5	2.0	6.5	1.8
Y355M1-8	132	261.2	Δ	740	0.83	92.5	2.0	6.5	1.8
Y355M2-8	160	316.6	Δ	740	0.83	92.5	2.0	6.5	1.8
Y355M3-8	200	395.9	Δ	740	0.83	92.5	2.0	66.5	1.6
Y315S-10	45	100.2	Δ	585	0.75	91	2.0	5.5	1.4
Y315M1-10	55	121.8	Δ	585	0.75	91.5	2.0	5.5	1.4
Y315M2-10	75	163.9	Δ	585	0.76	91.5	2.0	5.5	1.4
Y355M1-10	90	185.8	Δ	585	0.80	92	2.0	5.5	1.4
Y355M2-10	110	227	Δ	585	0.80	92	2.0	5.5	1.4
Y355M3-10	132	272.5	Δ	585	0.80	92	2.0	5.5	1.4

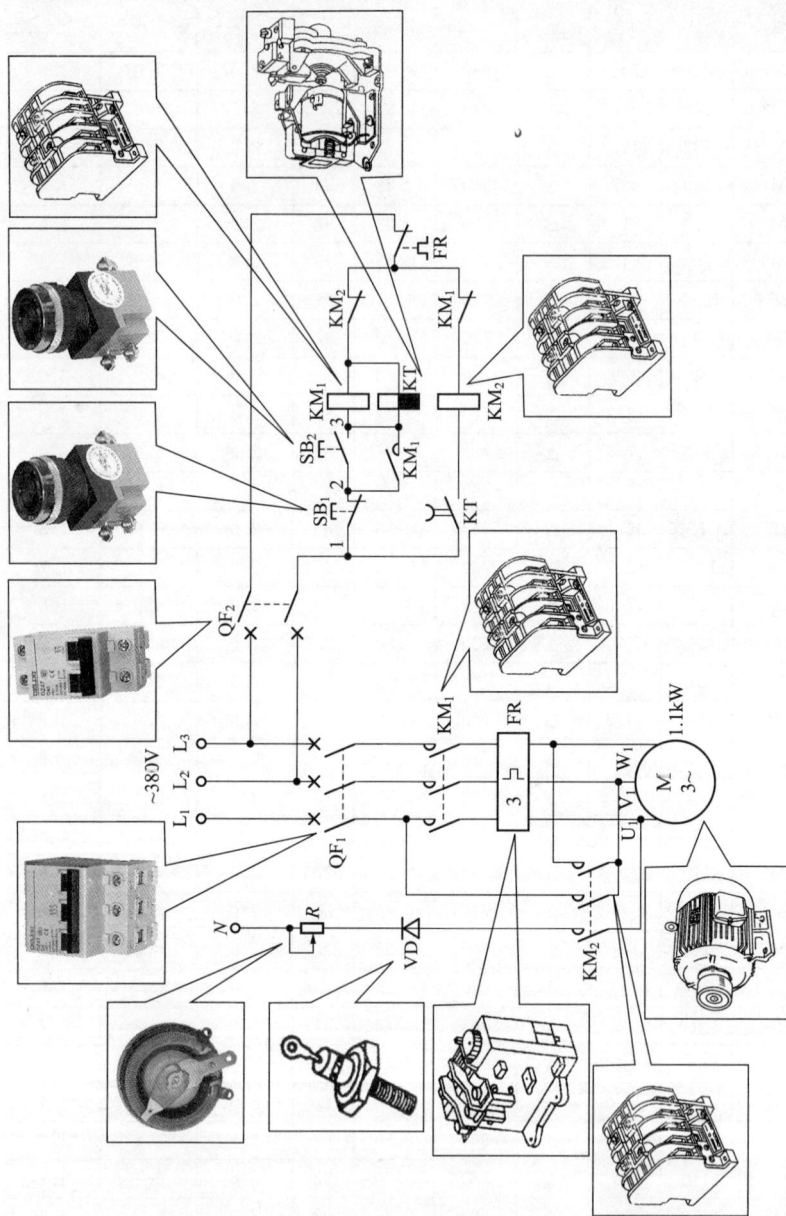

图 280　单管整流能耗制动控制电路实物配套图

电路 62　电磁抱闸制动控制电路

1. 电磁抱闸

机械制动是利用机械装置使电动机在切断电源后迅速停转。采用比较普遍的机械制动是电磁抱闸。电磁抱闸主要由两部分组成，制动电磁铁和闸瓦制动器，其外形如图 281 所示。

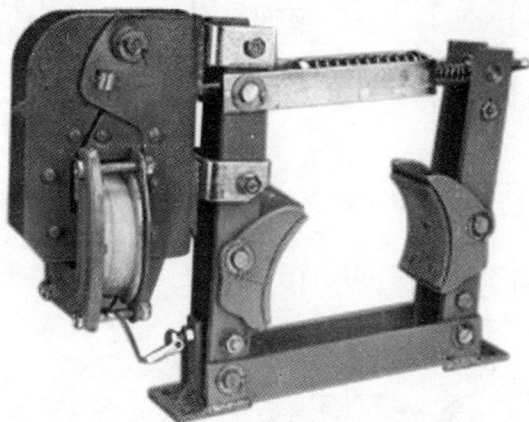

图 281　电磁抱闸的外形

2. 电气原理图

电磁抱闸制动控制电路电气原理图如图 282 所示。

3. 电气原理分析

当按下按钮 SB_2 时，接触器 KM 线圈得电动作，电动机通电。电磁抱闸的线圈 YB 也通电，静铁心吸引衔铁而闭合，同时衔铁克服弹簧拉力，迫使制动杠杆向上移动，从而使制动器的闸瓦与闸轮松开，电动机正常运转。当按下停止按钮 SB_1 时，接触器 KM 线圈断电释放，电动机的电源被切断时，电磁抱闸线圈也同时断电，衔铁释放，在弹簧拉力的作用下使闸瓦紧紧抱住闸轮，电动机就迅速被制动停转。

这种制动在起重机械上被广泛采用。当重物吊到一定高处，线路突然发生故障断电时，电动机断电，电磁抱闸线圈也断电，闸瓦立即抱住闸轮使电动机迅速制动停转，从而可防止重物掉下。另外，也可利用这一点将重物停留在空中某个位置。

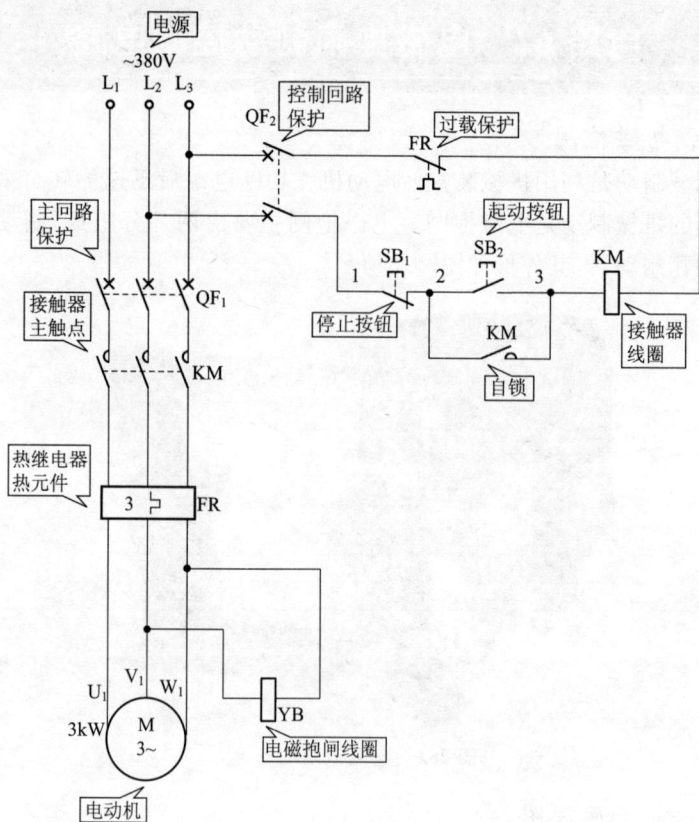

图 282 电磁抱闸制动控制电路电气原理图

电磁抱闸使用及维护:

① 安装前应清除灰尘和脏物,并检查衔铁有否机械卡阻。

② 调整好制动电磁铁与制动器之间的连接关系,保证制动器能获得所需的制动力矩和力。

③ 电磁铁线圈与电源电压须相符一致,接线应牢固,接头处必须处理好,并接通电磁铁操作数次,检查衔铁动作是否正常。

④ 定期检查衔铁行程的大小,该行程在运行过程中由于制动面的磨损而增大。当衔铁行程达到正常值时,即进行调整,以恢复制动面和转盘间的最小空隙。不应让行程增加到正常值以上,因这可能引起吸力的显著降低。

⑤ 注意可动部件的机械磨损,要经常在其可动部分搽油。

4. 逻辑代数表达式

$$KM_{线圈} = QF_2 \cdot \overline{SB_1} \cdot (SB_2 + KM) \cdot \overline{FR}$$

5. 电路器件动作简述

按 SB_2，KM 吸合自锁，YB 制动器松开，M 运转。

按 SB_1，KM 失电释放，YB 制动器抱住，M 停止。

6. 电气元件作用表

电磁抱闸制动控制电路电气元件作用表见表 94。

表 94 电气元件作用表

序号	符号	名 称	型 号	规 格	作 用
1	QF_1	断路器	DZ47-63	16A 三极	主回路过流保护
2	QF_2	断路器	DZ47-63	6A 二极	控制回路过流保护
3	KM	交流接触器	CJX2-0910	线圈电压 380V	控制电动机起动、停止
4	FR	热继电器	JRS1D-25	5.5~8A	过载保护
5	YB	电磁抱闸	MZD1-100	线圈电压 380V	制 动
6	SB_1	按钮开关	LA2	红 色	停止电动机用
7	SB_2	按钮开关	LA2	绿 色	起动电动机用
8	M	三相异步电动机	Y132S-6	3kW 7.2A 960r/min	拖 动

7. 元器件安装排列图及端子图

元器件安装排列图及端子图如图 283 所示。

从元器件安装排列图及端子图上可以看出，端子排 XT 上共有 9 个接线端子，其中，L_1、L_2、L_3 为电源引入线，将外部三相 380V 电源接到此处，可采用 3 根 BV 2.5mm² 导线套管敷设。

U_1、V_1、W_1 用 3 根 BV 1.5mm² 导线套管敷设至电动机处。

1、2、3 可采用 3 根 BVR 0.75mm² 导线接至配电箱面板按钮开关 SB_1、SB_2 上，并一一正确对应连接。

8. 按钮开关接线图

按钮开关接线如图 284 所示。

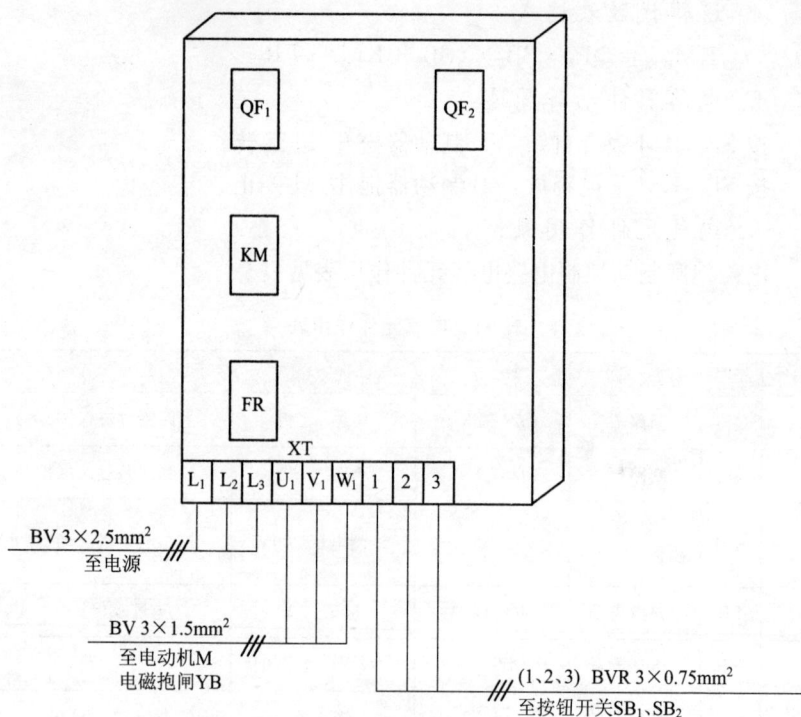

图 283　元器件安装排列图及端子图

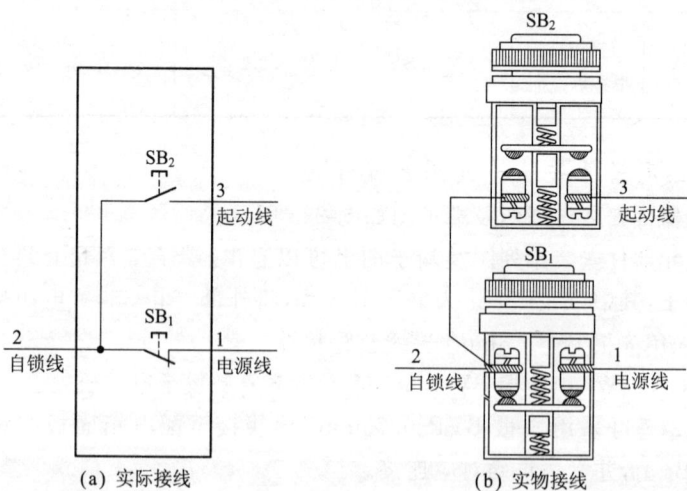

（a）实际接线　　　　　　　（b）实物接线

图 284　按钮开关接线图

9. 常见故障及排除方法

① 按起动按钮 SB_2 无反应。故障原因为停止按钮 SB_1 损坏；起动按钮 SB_2 损坏；交流接触器 KM 线圈断路；热继电器 FR 常闭触点断路。用万用表检查各器件，找出故障点，也可用短接法逐一试之，更快捷迅速。

② 电动机起动后，按停止按钮 SB_1 停止不下来，若长时间按住 SB_1 不放，交流接触器能释放。此故障原因为交流接触器 KM 铁心极面脏有油污造成衔铁释放缓慢。用细砂布或干布清理一下动、静铁心极面后，故障即可排除。

③ 按动起动按钮 SB_2 时，控制回路保护断路器 QF_2 立即跳闸。故障原因最大可能是交流接触器 KM 线圈短路所致。更换一只同型号 KM 线圈，电路恢复正常。

④ 按停止按钮 SB_1 时，电磁抱闸无反应，电动机断电处于自由停车。此故障原因为电磁抱闸 YB 线圈损坏且主弹簧张力过小所致。更换电磁抱闸 YB 线圈并重新调整主弹簧张力。

电磁抱闸常见故障及排除方法参见表 95。

表 95　电磁抱闸常见故障及排除方法

故障现象	原　　因	排除方法
制动器抱不住闸	· 主弹簧张力过小 · 主弹簧断裂损坏或紧固螺母松退 · 制动轮与闸瓦严重不同心	· 更换 · 更换弹簧或重新紧固螺母 · 车床上车削制动轮并重新打磨制动瓦片
制动时噪声很大	· 电磁铁动静铁心没有真正吸靠，距离大 · 静铁心上的短路环损坏 · 动、静铁心极面上有油污，铁锈 · 动、静铁心歪斜不正	· 重新调整动静铁心距离使其吸合可靠 · 更换静铁心 · 去掉铁心极面油污，若有铁锈可用砂纸打磨掉 · 重新调整
电磁抱闸线圈严重发热	· 电磁铁的容量规格选择不当 · 电磁线圈局部短路或接头接触不良 · 供电电源电压过高或过低 · 动、静铁心没有完全吸合到位	· 合理选择 · 修理并将接头处重新连接好 · 恢复正常电压 · 重新调整至合格

故障现象	原　因	排除方法
制动器通电后 不动作	• 电磁线圈断路或短路 • 主弹簧张力过大 • 杂物卡阻 • 供电电压太低	• 检查修理或更换 • 重新调整 • 清除杂物 • 调高电压,使其电压正常

10. 技术数据

电磁抱闸制动器技术数据见表 96。

11. 电路实物配套图

电磁抱闸制动控制电路实物配套图如图 285 所示。

表 96　电磁抱闸制动器技术数据

电磁铁型号	通电持续率/%	额定电压/V	线圈				交流闸瓦式制动器		
			导线型号	导线尺寸/mm	匝数	电阻/Ω	型　号	制动轮直径/mm	制动力矩/(N·m)
MZD 1-100	100	220	QZ	φ0.59	850	14.2	TJ2-100	100	10
		380		φ0.44	1500	45.1	TJ2-200/100	200	20
	25.4	220		φ0.69	660	8.1	TJ2-100	100	20
		380		φ0.49	1165	28.1	TJ2-200/100	200	40
MZD 1-200	100	220	QQSBC	φ1.15	342	1.36	TJ2-200	200	80
		380		φ1.12	604	4.38	TJ2-300/200	300	120
	25.4	220	SBEC	φ1.68	266	0.85	TJ2-200	200	160
		380	QQSBC	φ1.25	460	2.61	TJ2-300/200	300	240
MZD 1-300	100	220	SBEC	φ2.63	219	0.376	TJ2-300	300	200
		380	SBECB	1.81×2.63	366	0.7			
	25.4	220	SBECB	2.83×3.8	147	0.132		300	500
		380	SBEC	φ2.26	295	0.688			

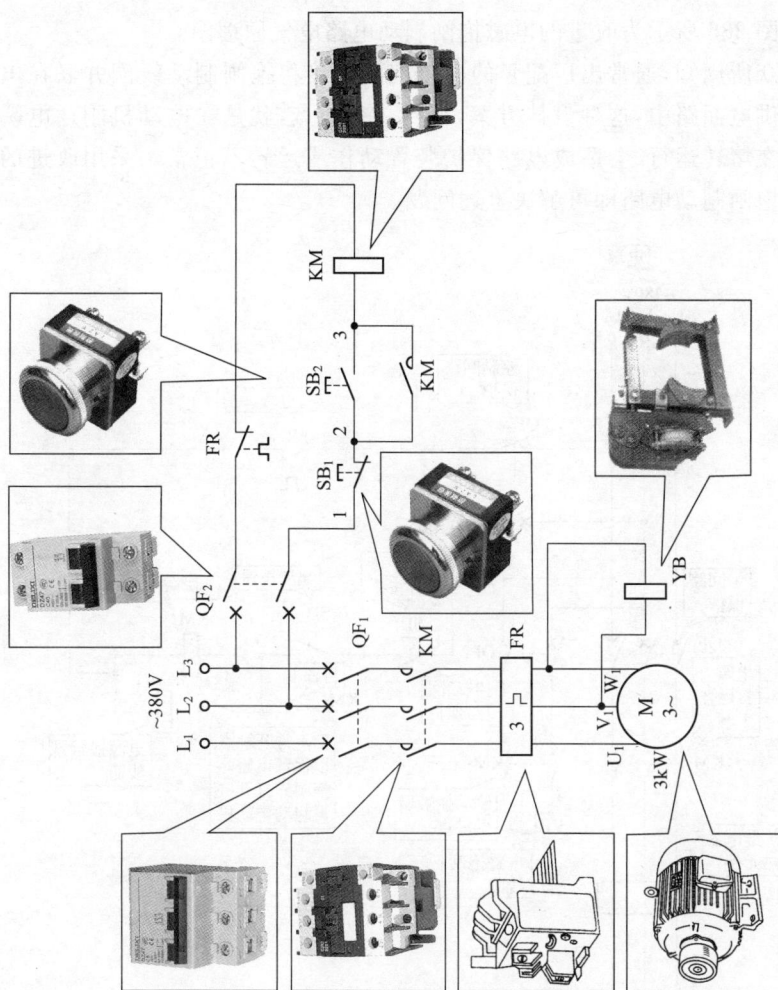

图 285 电磁抱闸制动控制电路实物配套图

电路 63　改进的电磁抱闸制动电路

1. 电气原理图

图 286 所示为改进的电磁抱闸制动电路电气原理图。

众所周知，通常出厂配套的电磁抱闸直接将抱闸制动线圈并联在电动机供电回路中，这种设计方案，存在一个缺点，就是在电动机刚通电瞬间存在堵转运行，会造成电路保护装置动作或运转不正常。采用改进的电磁抱闸制动电路即可解决上述问题。

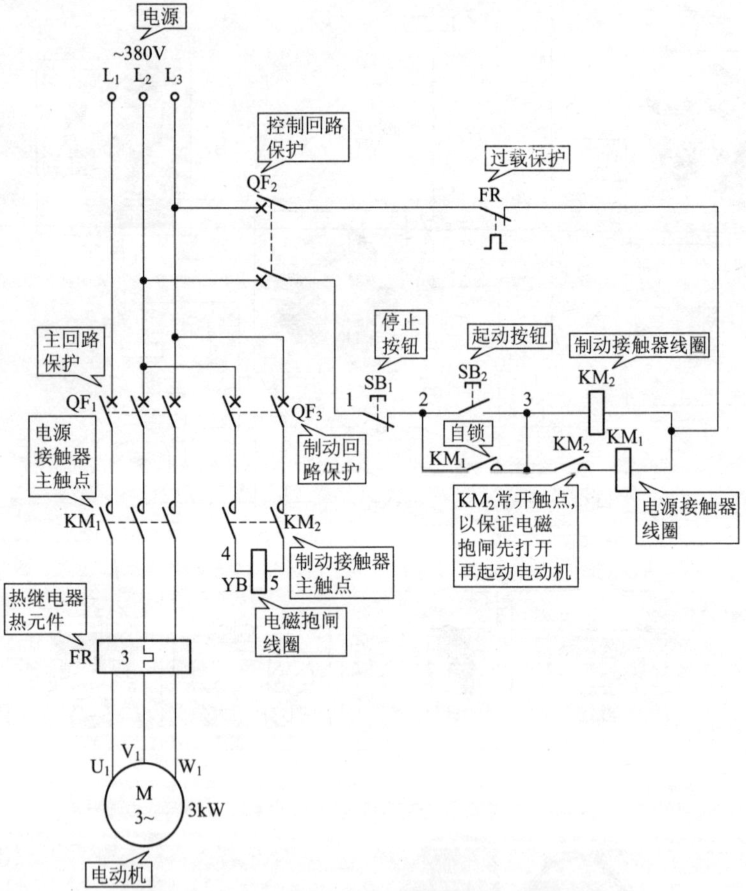

图 286　改进的电磁抱闸制动电路电气原理图

2. 电气原理分析

在起动时按下起动按钮 SB_2，交流接触器 KM_1 线圈得电吸合，KM_1 三相主触点闭合，电磁抱闸线圈 YB 先获电，闸瓦先松开闸轮，由于 KM_1 辅助常开触点的闭合，使交流接触器 KM_2 线圈得电吸合且自锁，KM_2 三相主触点闭合，电动机得电运转工作。

停止制动时，则按下停止按钮 SB_1，交流接触器 KM_1、KM_2 线圈断电释放，电动机失电，同时在抱闸闸瓦的作用下迅速制动。

3. 逻辑代数表达式

$$KM_{1线圈} = QF_2 \cdot \overline{SB_1} \cdot (SB_2 + KM_2) \cdot \overline{FR}$$

$$KM_{2线圈} = QF_2 \cdot \overline{SB_1} \cdot (SB_2 + KM_2) \cdot KM_1 \cdot \overline{FR}$$

4. 电路器件动作简述

按 SB_2，KM_1 先吸合，YB 电磁抱闸松开，KM_2 后吸合且自锁，M 运转。

按 SB_1，KM_1、KM_2 失电释放，M 停止且 YB 电磁抱闸抱住制动。

5. 电气元件作用表

改进的电磁抱闸制动电路电气元件作用表见表 97。

表 97　电气元件作用表

序号	符号	名　称	型　号	规　格	作　用
1	QF_1	断路器	DZ47-63	16A　三极	主回路过流保护
2	QF_2	断路器	DZ47-63	6A　二极	控制回路过流保护
3	QF_3	断路器	DZ47-63	10A　二极	电磁抱闸过流保护
4	KM_1	交流接触器	CDC10-10	线圈电压 380V	控制电磁抱闸电源
5	KM_2	交流接触器	CDC10-10	线圈电压 380V	控制电动机电源
6	FR	热继电器	JR36-20	4.5~7.2A	过载保护
7	YB	电磁抱闸	MZD1-100	线圈电压 380V	制　动
8	SB_1	按钮开关	LA2	红　色	停止电动机用
9	SB_2	按钮开关	LA2	绿　色	起动电动机用
10	M	三相异步电动机	Y132S-6	3kW 6.2A 960r/min	拖　动

6. 元器件安装排列图及端子图

元器件安装排列图及端子图如图 287 所示。

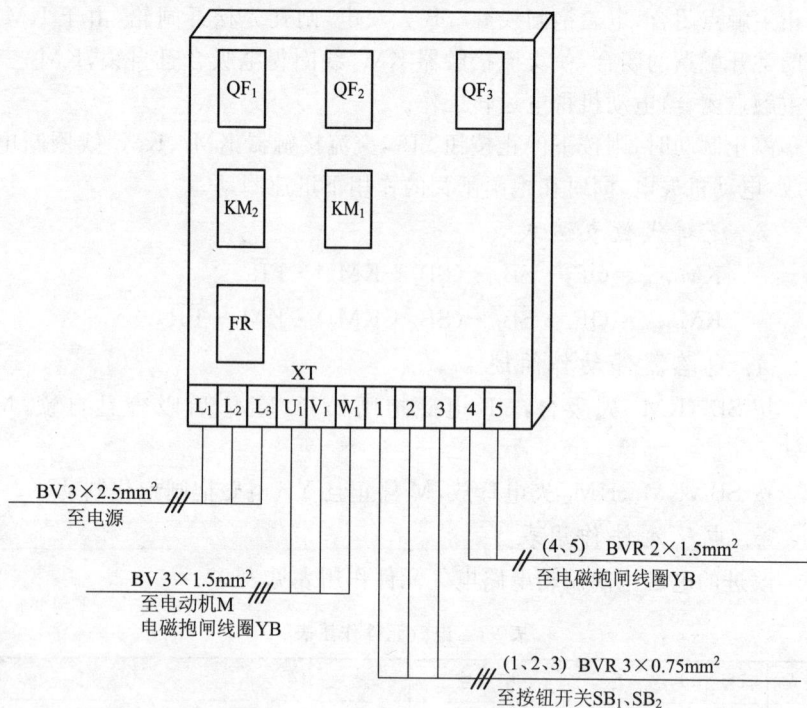

图 287 元器件安装排列图及端子图

从元器件安装排列图及端子图上可以看出,端子排 XT 上共有 11 个接线端子,其中,L_1、L_2、L_3 为电源引入线,将外部三相 380V 电源接到此处,可采用 3 根 BV 2.5mm^2 导线套管敷设。

U_1、V_1、W_1 用 3 根 BV 1.5mm^2 导线套管敷设至电动机处。

1、2、3 可采用 3 根 BVR 0.75mm^2 导线接至配电箱面板按钮开关 SB_1、SB_2 上;4、5 用 2 根 BVR 1.5mm^2 导线穿管敷设至电动机处电磁抱闸线圈上,并一一正确对应连线。

7. 按钮开关接线图

按钮开关接线如图 288 所示。

8. 常见故障及故障排除

① 起动时,交流接触器 KM_1、KM_2 线圈均工作情况,电磁抱闸 YB 不动作,闸瓦打不开,电动机转不起来。此故障主要原因是空气断路器 QF_3

跳闸了;KM_1 主触点断路损坏。检查上述两个器件查出故障点并排除即可。

② 按起动按钮 SB_2,为点动操作无自锁。此故障原因为 KM_2 自锁触点损坏所致。更换 KM_2 自锁触点,故障即可排除。

③ 按 SB_2 起动按钮为点动操作,电磁抱闸动作正常,但电动机不转。此故障为交流接触器 KM_2 线圈不吸合工作所致。检查 KM_2 线圈是否断路或 KM_1 辅助常开触点是否损坏。查出原因后并更换,上述故障排除。

9. 电路实物配套图

改进的电磁抱闸制动电路实物配套图如图 289 所示。

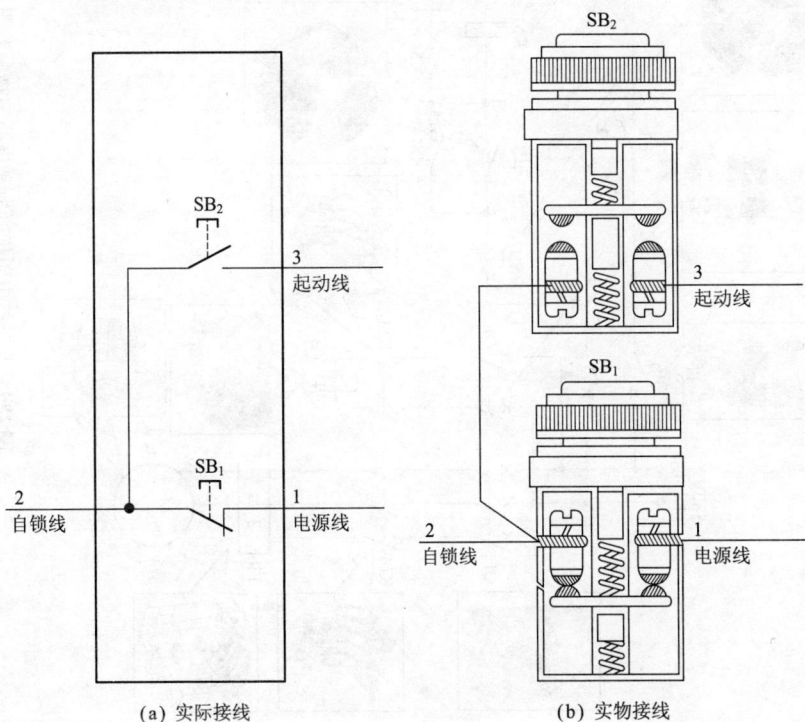

(a) 实际接线　　　　　　　　　(b) 实物接线

图 288　按钮接线图

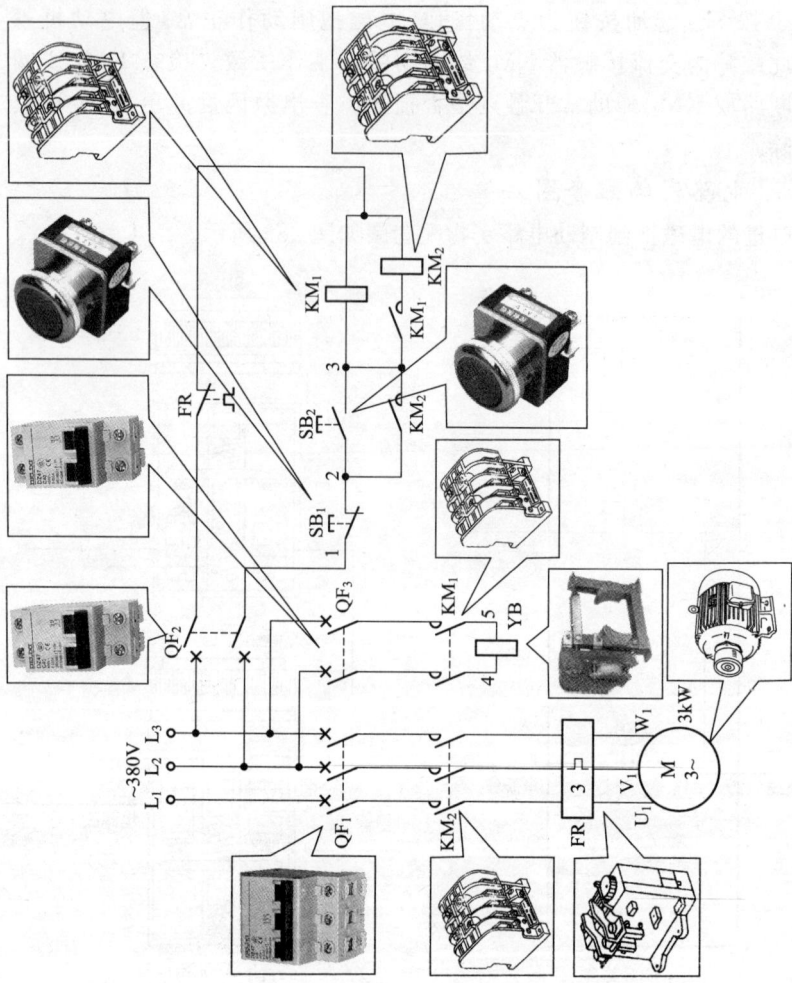

图289 改进的电磁抱闸制动电路实物配套图

电路 64　半波整流单向能耗制动控制电路

1. 电气原理图

在很多控制设备要求在停机时，有快速制动功能。图 290 所示电路在轻轻按下停止按钮 SB₁ 时，由于能耗制动电路不工作，电动机处于自由停机操作；在按下停止按钮 SB₁（按到底）时，能耗制动电路工作，电动机快速制动停止。

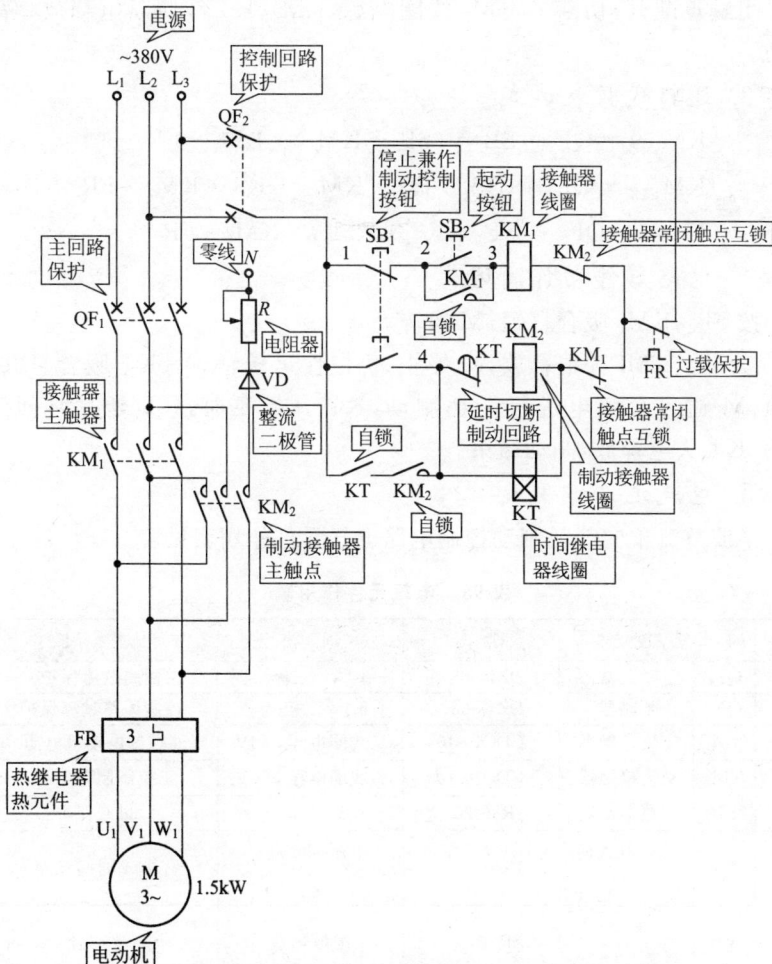

图 290　半波整流单向能耗制动控制电路电气原理图

2. 电气原理分析

起动时,按下起动按钮 SB_2,交流接触器 KM_1 线圈得电吸合且自锁,KM_1 三相主触点闭合,电动机得电正常起动运转。

欲快速制动时,则将停止按钮 SB_1 按到底,首先 SB_1 常闭触点断开,切断了 KM_1 线圈电源,电动机失电处于自由停机状态,同时,SB_1 常开触点闭合,使制动交流接触器 KM_2 和时间继电器 KT 线圈得电吸合且自锁,KM_2 主触点闭合,将整流二极管 VD 接入电动机绕组产生静止磁场,进行能耗制动;电动机进入快速制动状态。经 KT 延时后,KT 延时断开的常闭触点断开,切断了 KM_2 线圈电源,KM_2、KT 线圈断电释放,解除制动。

3. 逻辑代数表达式

$$KM_{1线圈} = QF_2 \cdot \overline{SB_1} \cdot (SB_2 + KM_1) \cdot \overline{KM_2} \cdot \overline{FR}$$

$$KM_{2线圈} = QF_2 \cdot (SB_1 + KT \cdot KM_2) \cdot \overline{KT} \cdot \overline{KM_1} \cdot \overline{FR}$$

$$KT_{线圈} = QF_2 \cdot (SB_1 + KT \cdot KM_2) \cdot \overline{KM_1} \cdot \overline{FR}$$

4. 电路器件动作简述

按 SB_2,KM_1 吸合自锁,M 运转。

按 SB_2,KM_1 失电释放,M 停止,仍惯性运转,KM_2、KT 吸合且共同自锁,M 通入直流电进行能耗制动,KT 开始延时,KT 延时时间到,KM_2、KT 失电释放,制动结束。

5. 电气元件作用表

半波整流单向能耗制动控制电路电气元件作用表见表98。

表98　电气元件作用表

序号	符号	名　称	型　号	规　格	作　用
1	QF_1	断路器	DZ47-63	10A　三极	主回路过流保护
2	QF_2	断路器	DZ47-63	6A　二极	控制回路过流保护
3	KM_1	交流接触器	CDC10-10	线圈电压380V	控制电动机电源
4	KM_2	交流接触器	CDC10-10	线圈电压380V	控制制动电源
5	FR	热继电器	JR36-20	3.2~5A	过载保护
6	KT	得电式时间继电器	JS20	电压380V 180s	制动时间设定
7	VD	整流二极管	ZP	配散热器	整流
8	R	电阻器			限制制动电压

序号	符号	名　称	型　号	规　格	作　用
9	SB₁	按钮开关	LA19-11	红色	停止电动机兼作制动用
10	SB₂	按钮开关	LA19-11	绿色	起动电动机用
11	M	三相异步电动机	Y100L-6	1.5kW 4A 940r/min	拖　动

6. 元器件安装排列图及端子图

元器件安装排列图及端子图如图 291 所示。

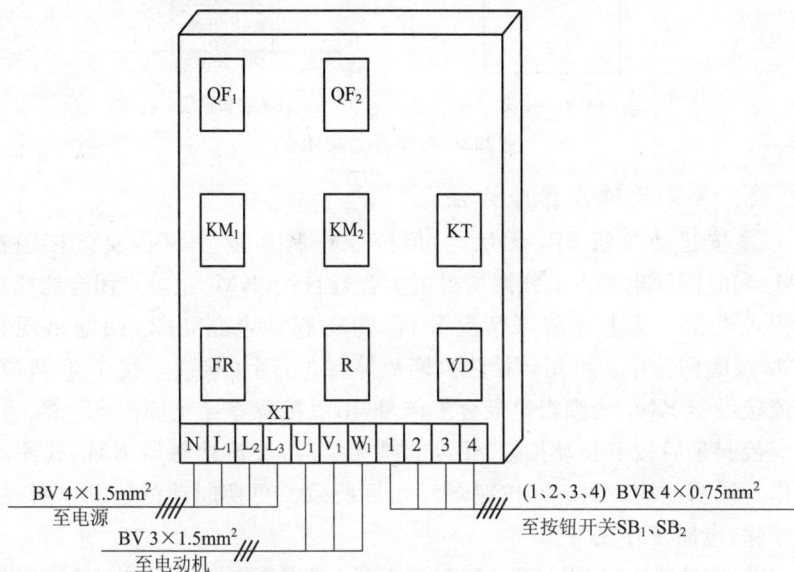

图 291　元器件安装排列图及端子图

从元器件安装排列图及端子图上可以看出,端子排 XT 上共有 11 个接线端子,其中,L_1、L_2、L_3、N 为电源引入线,将外部三相 380V 电源接到此处,可采用 4 根 BV 1.5mm² 导线套管敷设。

U_1、V_1、W_1 用 3 根 BV 1.5mm² 导线套管敷设至电动机处。

1、2、3、4 可采用 4 根 BVR 0.75mm² 导线接至配电箱面板按钮开关 SB_1、SB_2 上,并一一正确对应连接。

7. 按钮开关接线图

按钮开关接线如图 292 所示。

电路 64　半波整流单向能耗制动控制电路　**395**

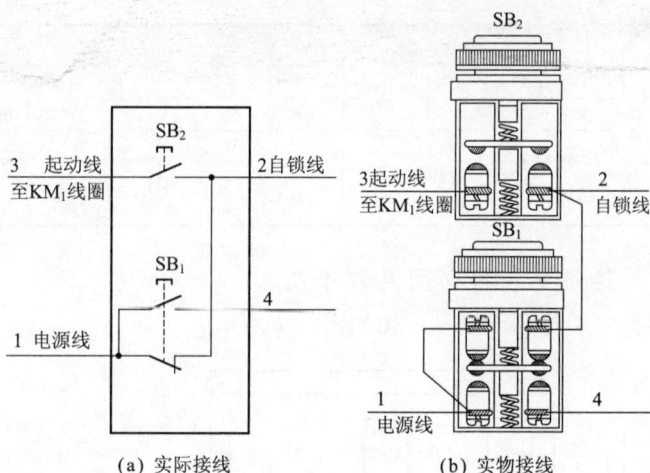

| (a) 实际接线 | (b) 实物接线 |

图 292 按钮开关接线图

8. 常见故障及排除方法

① 按起动按钮 SB_2 无反应,但按停止制动按钮 SB_1,交流接触器 KM_2 和时间继电器 KT 线圈均得电吸合且自锁,KM_2 主触点闭合能耗制动投入工作。从上述故障情况分析,能耗制动电路正常,问题出现在 KM_1 线圈回路中。可用短接法判断故障部位,用短接线短接 1、3 两端,交流接触器 KM_1 线圈得电吸合工作,再用短接线将停止按钮 SB_1 的 1、2 端短接起来后按下起动按钮 SB_2,电路无反应,交流接触器 KM_1 线圈不工作。说明此故障为起动按钮 SB_2 损坏所致。更换起动按钮 SB_2 后,故障排除,电路工作正常。

② 按起动按钮 SB_2,交流接触器 KM_1 线圈得电吸合工作,KM_1 三相主触点闭合,电动机起动运转;但按动停止按钮 SB_1 时,没有制动而是处于自由停车。从配电箱内电器动作情况看,在按动制动按钮 SB_1 时,交流接触器 KM_2、时间继电器 KT 线圈均得电吸合且自锁,说明制动控制电路正常,问题出现在制动主回路中。用万用表检查 KM_2 三相主触点是否正常;整流二极管 VD 是否短路或断路;电阻 R 是否断路等。检查上述电气元件并找出故障点,电路即可恢复正常。

9. 电路实物配套图

半波整流单向能耗制动控制电路实物配套图如图 293 所示。

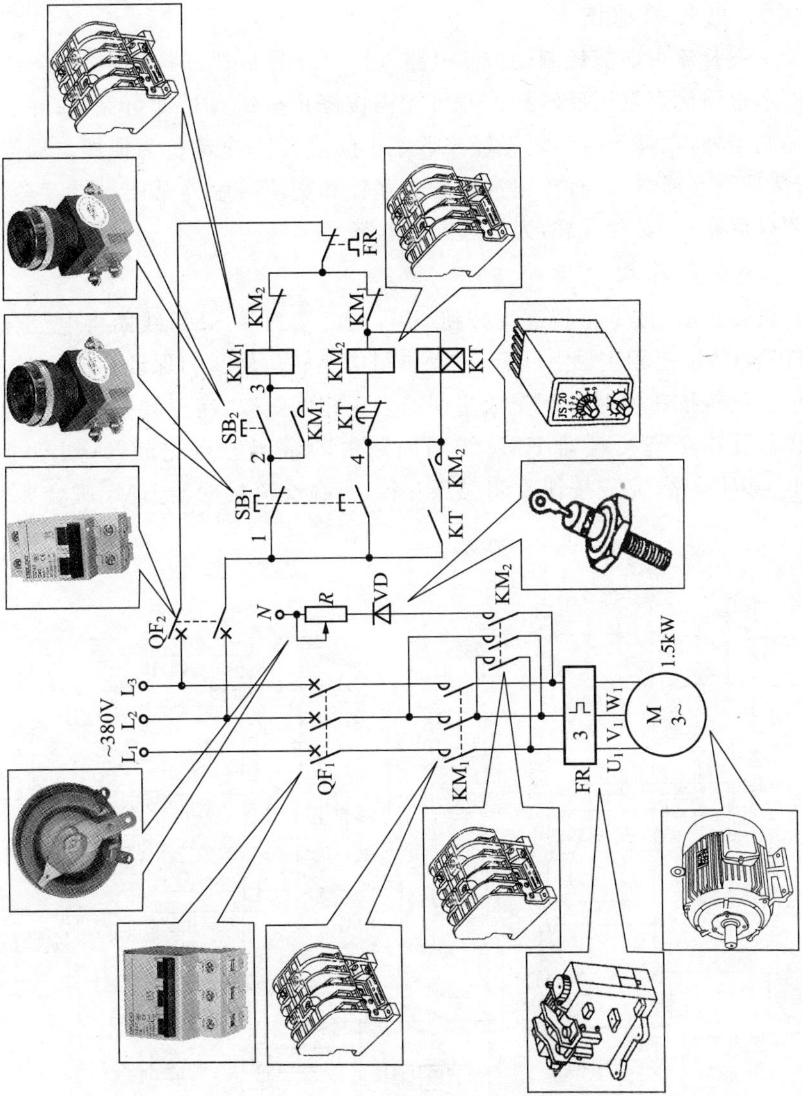

图293 半波整流单向能耗制动控制电路实物配套图

电路 65　半波整流可逆能耗制动控制电路

1. 电气原理图

半波整流可逆能耗制动控制电路电气原理图如图 294 所示。

本电路优点是正反转操作时可无需按停止按钮 SB_1 即可完成；除了能耗制动外，在停止时只要轻轻按下停止按钮 SB_1，电动机为惯性自动停机；从控制互锁看，具有按钮常闭触点互锁和交流接触器常闭触点互锁，可谓双重互锁，安全可靠，为首选控制电路。

2. 电气原理分析

正转起动：按下正转起动按钮 SB_2，交流接触器 KM_1 线圈得电吸合且自锁，KM_1 三相主触点闭合，电动机得电正转运转。为保证在操作时，防止正反转按钮同时按下造成主回路发生相间短路，在正转操作时，SB_2 串联在反转交流接触器 KM_2 线圈回路中的常闭触点先断开，切断了 KM_2 线圈回路，完成按钮常闭触点互锁，当在交流接触器 KM_1 吸合后，

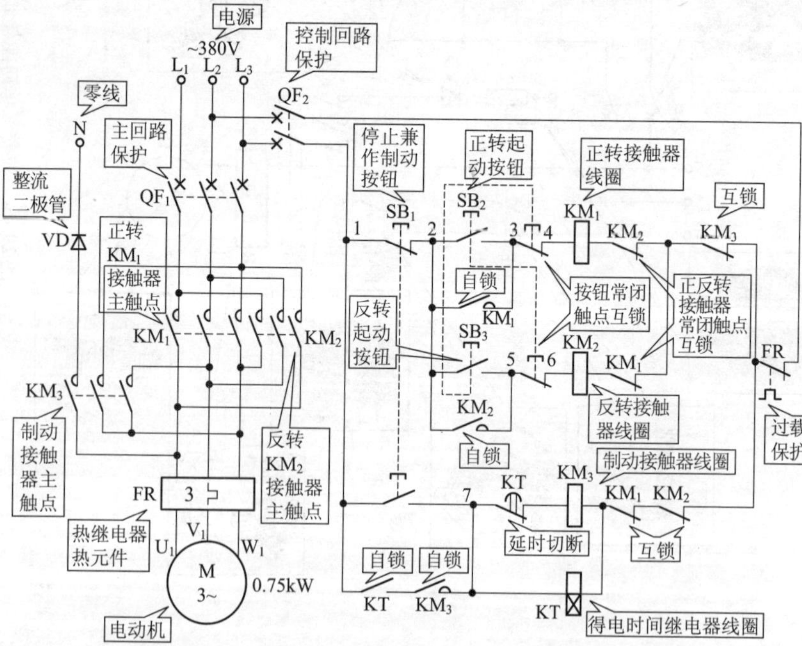

图 294　半波整流可逆能耗制动控制电路电气原理图

KM$_1$串联在反转交流接触器 KM$_2$ 线圈回路中的辅助常闭触点断开,完成接触器常闭触点互锁。

反转起动:无需按下停止按钮 SB$_1$ 可直接操作反转起动按钮 SB$_3$,此时,SB$_3$ 的一组常闭触点先断开,切断了正转交流接触器 KM$_1$ 线圈回路电源,KM$_1$ 线圈断电释放,KM$_1$ 三相主触点断开,电动机脱离三相电源而停止运转。由于正转交流接触器 KM$_1$ 辅助常闭触点恢复常闭状态,为反转起动做准备,这时,SB$_3$ 的一组常开触点已闭合,反转交流接触器 KM$_2$ 线圈得电吸合且自锁,KM$_2$ 三相主触点闭合,电动机反转运转。

注意:在未按下停止按钮 SB$_1$ 时,直接进行正反转操作时,为自由停机,无能耗制动。

正、反转能耗制动:无论正转还是反转停止时,只要将停止按钮 SB$_1$ 按到底,正转或反转交流接触器 KM$_1$ 或 KM$_2$ 线圈断电,使电动机脱离电源,此时交流接触器 KM$_3$、时间继电器 KT 线圈得电吸合且 KM$_3$、KT 共同自锁,同时 KT 开始延时,在 KT 延时时间内,KM$_3$ 主触点闭合,将直流电源通入电动机定子绕组中产生静止磁场,从而使电动机快速停止下来。从按下停止按钮 SB$_1$ 到电动机制动停止,为 KT 的延时时间,KT 延时结束后,将 KM$_3$、KT 线圈断电释放,KM$_3$ 主触点断开,切断制动直流电源,能耗制动结束。

3. 逻辑代数表达式

$$KM_{1线圈}=QF_2 \cdot \overline{SB_1} \cdot (SB_2+KM_1) \cdot \overline{SB_3} \cdot \overline{KM_2} \cdot \overline{KM_3} \cdot \overline{FR}$$

$$KM_{2线圈}=QF_2 \cdot \overline{SB_1} \cdot (SB_3+KM_2) \cdot \overline{SB_2} \cdot \overline{KM_1} \cdot \overline{KM_3} \cdot \overline{FR}$$

$$KM_{3线圈}=QF_2 \cdot (SB_1+KT \cdot KM_3) \cdot \overline{KT} \cdot \overline{KM_1} \cdot \overline{KM_2} \cdot \overline{FR}$$

$$KT_{线圈}=QF_2 \cdot (SB_1+KT \cdot KM_3) \cdot \overline{KM_1} \cdot \overline{KM_2} \cdot \overline{FR}$$

4. 电路器件动作简述

按 SB$_2$,KM$_1$ 吸合自锁,M 正转运转。

按 SB$_3$,KM$_1$ 失电释放,M 正转停止;KM$_2$ 吸合自锁,M 反转运转。

轻轻按下 SB$_1$,KM$_1$ 或 KM$_2$ 失电释放,M 处于自由停机。

将 SB$_1$ 按到底,KM$_1$ 或 KM$_2$ 失电释放,M 停止,仍有惯性运转,KM$_3$、KT 吸合且共同自锁,M 通入直流电进行能耗制动;KT 开始延时,KT 延时时间到,KT、KM$_3$ 失电释放,制动结束。

5. 电气元件作用表

半波整流可逆能耗制动控制电路电气元件作用表见表 99。

表99　电气元件作用表

序号	符号	名　称	型　号	规　格	作　用
1	QF$_1$	断路器	DZ47-63	10A　三极	主回路过流保护
2	QF$_2$	断路器	DZ47-63	6A　二极	控制回路过流保护
3	KM$_1$	交流接触器	CDC10-10	线圈电压 380V	控制电动机正转电源
4	KM$_2$	交流接触器	CDC10-10	线圈电压 380V	控制电动机反转电源
5	KM$_3$	交流接触器	CDC10-10	线圈电压 380V	控制能耗制动电源
6	FR	热继电器	JR36-20	1.5～2.4A	过载保护
7	KT	得电式时间继电器	JS20	电压 380V 180s	制动时间设定
8	VD	整流二极管	ZP	加散热器	整流
9	SB$_1$	按钮开关	LA19-11	红色	停止电动机兼作制动用
10	SB$_2$	按钮开关	LA19-11	绿色	正转起动电动机用
11	SB$_3$	按钮开关	LA19-11	蓝色	反转起动电动机用
12	M	三相异步电动机	Y90S 6	0.75kW 2.3A 910r/min	拖动

6. 元器件安装排列图及端子图

元器件安装排列图及端子图如图 295 所示。

从元器件安装排列图及端子图上可以看出，端子排 XT 上共有 14 个接线端子，其中，L$_1$、L$_2$、L$_3$、N 为电源引入线，将外部三相 380V 电源接到此处，可采用 4 根 BV 1.5mm^2 导线套管敷设。

U$_1$、V$_1$、W$_1$ 用 3 根 BV 1.5mm^2 导线套管敷设至电动机处。

1、2、3、4、5、6、7 可采用 7 根 BVR 0.75mm^2 导线接至配电箱面板按钮开关 SB$_1$、SB$_2$ 上，并一一正确对应连接。

7. 按钮开关接线图

按钮开关接线如图 296 所示。

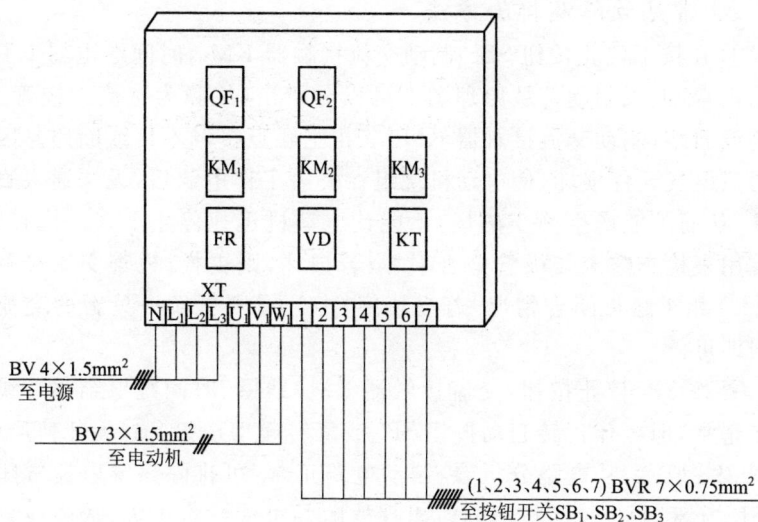

图 295 元器件安装排列图及端子图

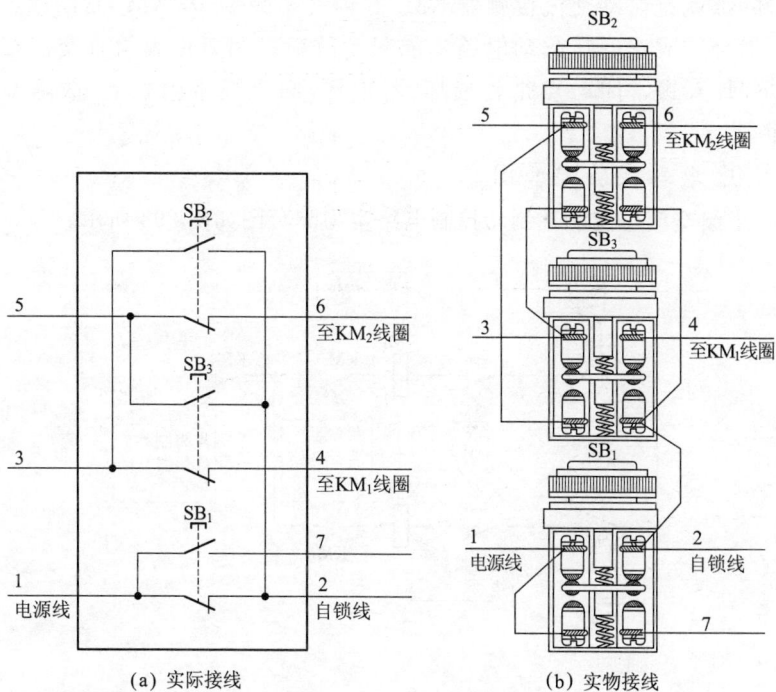

（a）实际接线

（b）实物接线

图 296 按钮开关接线图

电路 65 半波整流可逆能耗制动控制电路 **401**

8. 常见故障及排除方法

① 在按下停止按钮 SB_1，制动交流接触器 KM_3，时间继电器 KT 动作均正常，但无制动。从原理图上可以分析出，故障为整流二极管 VD 短路或断路；制动交流接触器 KM_3 三相主触点接触不良或断路。因上述两只电气元件损坏，使电动机绕组在失去工作电源后，无法通入直流电源，从而不能产生静止磁场，不能让电动机迅速停止下来。检查时，用万用表检查整流二极管是否损坏，若损坏，则更换；检查交流接触器 KM_3 三相主触点闭合情况，若损坏闭合不了，则更换一只新的交流接触器即可。

② 按 SB_1 停止按钮，交流接触器 KM_2 线圈、时间继电器 KT 线圈动作正常，但操作正转起动按钮 SB_2 或反转起动按钮 SB_3 无任何反应。如图 298 所示，从电路分析看，制动电路正常，可排除热继电器常闭触点 FR 损坏，而正反转按钮同时出现故障的可能性也不大，故障应该在正反转控制回路的公共电路上（图 297），此电路公共部分只有一个元器件，那就是制动交流接触器 KM_3 互锁常闭触点，若 KM_3 常闭触点损坏，就会造成正反转起动电路不能起动故障。用万用表检查交流接触器 KM_3 互锁常闭触点是否损坏，若损坏，则更换常闭触点，故障即可排除。

9. 电路实物配套图

半波整流可逆能耗制动控制电路实物配套图如图 298 所示。

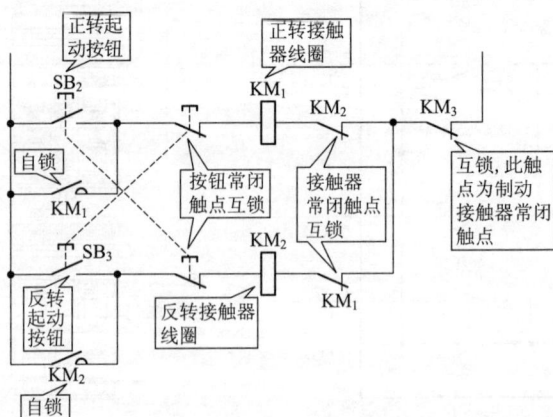

图 297

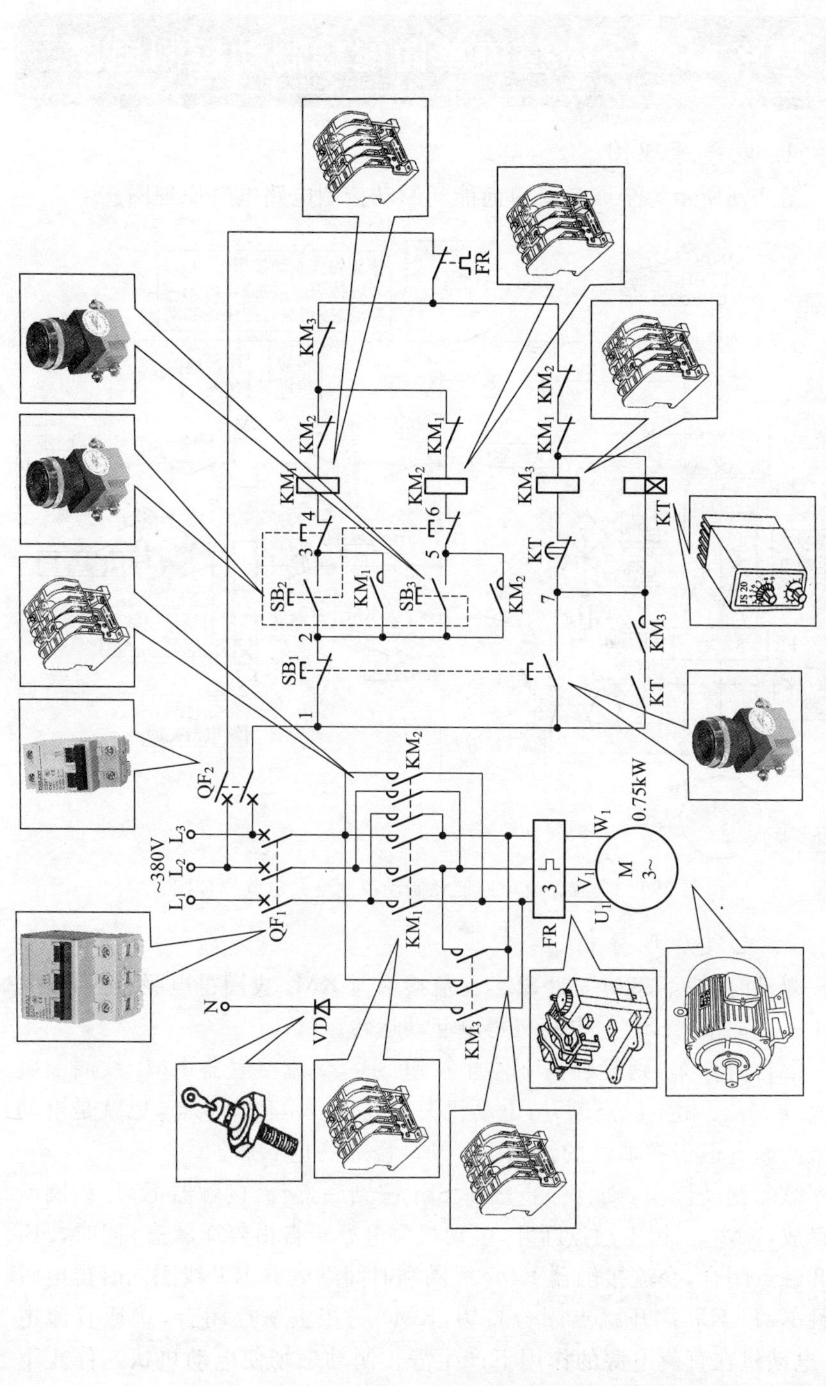

图 298　半波整流可逆能耗制动控制电路实物配套图

电路 65　半波整流可逆能耗制动控制电路　**403**

电路 66　全波整流单向能耗制动控制电路

1. 电气原理图

图 299 所示为全波整流单向能耗制动控制电路电气原理图。

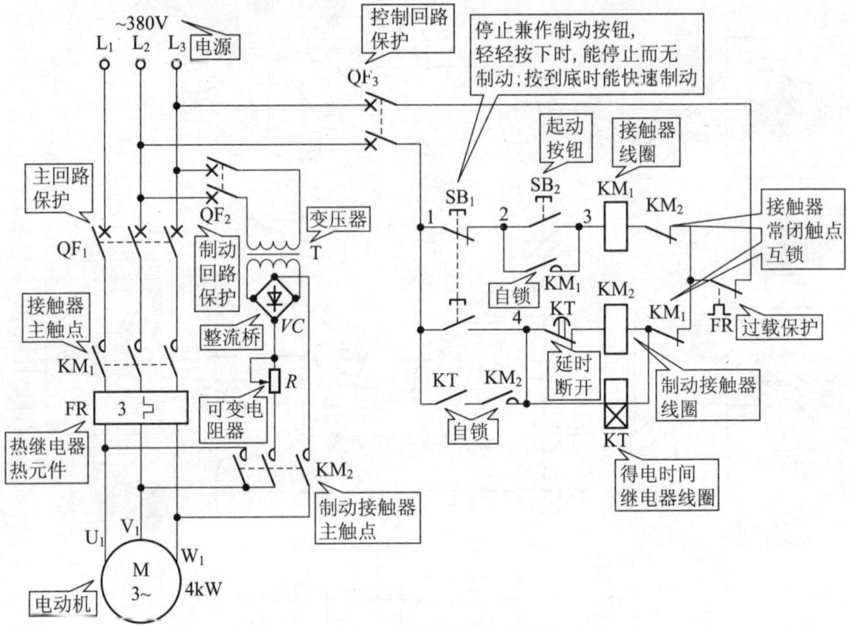

图 299　全波整流单向能耗制动控制电路电气原理图

2. 电气原理分析

起动时,按下起动按钮 SB_2,交流接触器 KM_1 线圈得电吸合且自锁,KM_1 三相主触点闭合,电动机得电起动运转。

欲自由停车,则轻轻按下停止按钮 SB_1,交流接触器 KM_1 线圈断电释放,KM_1 三相主触点断开,电动机失电处于自由停车状态,也就是电动机虽然断电但仍在惯性的作用下逐渐缓慢地停止下来。

欲需制动停车,则将停止按钮 SB_1 按到底,交流接触器 KM_1 线圈断电释放,KM_1 三相主触点断开,电动机失电处于自由停车状态;同时,SB_1 常开触点闭合,交流接触器 KM_2 线圈和时间继电器 KT 线圈同时得电吸合且 KM_2、KT 常开触点闭合自锁,KM_2 三相主触点闭合,接通直流电源,电动机在直流电源的作用下产生静止制动磁场使电动机快速停止下来。经 KT 延时后,自动切断制动控制回路电源,电动机制动过程结束。

3. 逻辑代数表达式

$$KM_{1线圈}＝QF_3 \cdot \overline{SB_1} \cdot (SB_2＋KM_1) \cdot \overline{KM_2} \cdot \overline{FR}$$

$$KM_{2线圈}＝QF_3 \cdot (SB_1＋KT \cdot KM_2) \cdot \overline{KT} \cdot \overline{KM_1} \cdot \overline{FR}$$

$$KT_{线圈}＝QF_3 \cdot (SB_1＋KT \cdot KM_2) \cdot \overline{KM_1} \cdot \overline{FR}$$

4. 电路器件动作简述

按 SB_2,KM_1 吸合自锁,M 运转。

轻轻按 SB_1,KM_1 失电释放,M 处于自由停机。

将 SB_1 按到底,KM_1 失电释放,仍靠惯性运转,KM_2、KT 吸合且共同自锁,M 通入直流电进行能耗制动,KT 开始延时,KT 延时时间到,KT、KM_2 失电释放,制动结束。

5. 电气元件作用表

全波整流单向能耗制动控制电路电气元件作用表见表 100。

表 100　电气元件作用表

序号	符号	名　称	型　号	规　格	作　用
1	QF_1	断路器	DZ47-63	25A　三极	主回路过流保护
2	QF_2	断路器	DZ47-63	10A　二极	制动回路过流保护
3	QF_3	断路器	DZ47-63	6A　二极	控制回路过流保护
4	KM_1	交流接触器	CDC10-10	线圈电压 380V	控制电动机电源用
5	KM_2	交流接触器	CDC10-10	线圈电压 380V	控制制动电源用
6	FR	热继电器	JR36-20	6.8~11A	过载保护
7	KT	得电式时间继电器	JS20	电压380V　120s	制动时间设定
8	T	制动变压器			降　压
9	VC	整流桥			整　流
10	R	电阻器			限制制动电压
11	SB_1	按钮开关	LA19-11	红　色	停止电动机用兼作制动
12	SB_2	按钮开关	LA19-11	绿　色	起动电动机用
13	M	三相异步电动机	Y112M-4	4kW 8.8A 1440r/min	拖　动

6. 元器件安装排列图及端子图

元器件安装排列图及端子图如图 300 所示。

从元器件安装排列图及端子图上可以看出，端子排 XT 上共有 10 个接线端子，其中，L_1、L_2、L_3 为电源引入线，将外部三相 380V 电源接到此处，可采用 3 根 BV 2.5mm^2 导线套管敷设。

U_1、V_1、W_1 用 3 根 BV 2.5mm^2 导线套管敷设至电动机处。

1、2、3、4 可采用 4 根 BVR 0.75mm^2 导线接至配电箱面板按钮开关 SB_1、SB_2 上，并一一正确对应连接。

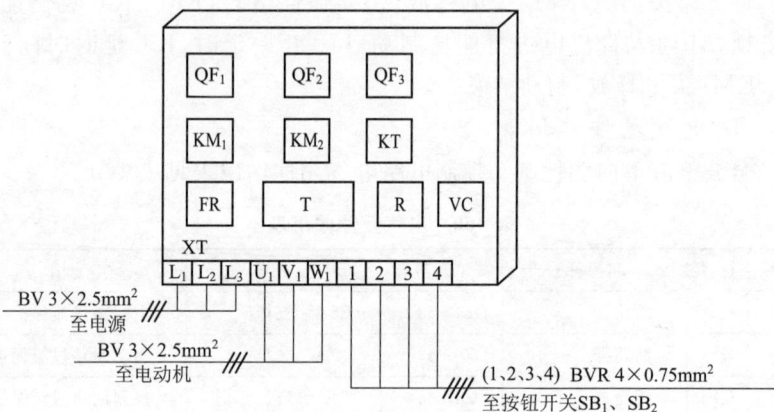

图 300　元器件安装排列图及端子图

7. 按钮开关接线图

按钮开关接线如图 301 所示。

8. 常见故障及排除方法

① 停机时，能瞬间制动（也就是按动按钮的手一松开，制动即消失），若长时间按着停机按钮 SB_1，制动效果很好。从以上情况分析，制动主回路没有问题，故障出在制动延时电路或制动自锁电路，如图 302 所示。

从上图可以看出，在制动时（也就是当制动停止按钮 SB_1 按下时），制动交流接触器 KM_2、时间继电器 KT 线圈得电吸合且 KT、KM_2 两只串联常开触点同时闭合自锁，KM_2 主触点闭合接入整流二极管对电动机进行能耗制动，同时 KT 开始延时，当延时至设定时间后（也就是所需要的制动时间），KT 串联在 KM_2 线圈回路中的延时断开的常闭触点断开，切断了 KM_2 线圈回路电源，KM_2 线圈断电释放，KM_2 主触点断开，电动机能耗制动结束。由于时间继电器 KT 线圈自锁回路故障而造成 KM_2 不

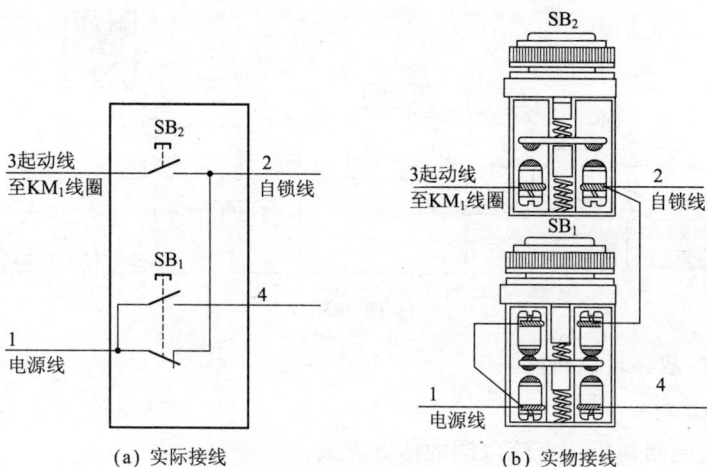

（a）实际接线   （b）实物接线

图 301 按钮开关接线图

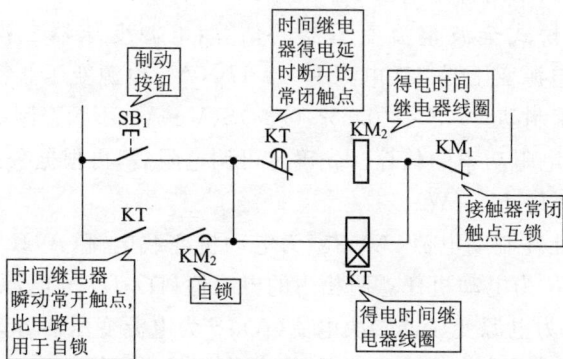

图 302

能自锁，造成在制动瞬间工作又停止。检查 KT、KM$_2$ 自锁触点是否损坏，若损坏则换新品，故障即可排除。

②制动时间过长、电动机发烫。此故障为时间继电器 KT 延时时间调整过长所致。重新调整 KT 延时时间，故障即可解决。

③制动时，控制电路工作正常（KM$_2$ 线圈能吸合自锁，KT 能延时），但无制动，电动机处于自由停车状态。此故障原因发生在制动主回路中，如图 303 所示。用万用表检查制动回路保护断路器 QF$_2$ 是否损坏；变压器 T 是否正常；电阻 R 是否烧坏或调整不当；整流桥 VC 是否短路或断路；交流接触器 KM$_2$ 主回路是否接触不良或损坏。找出故障器件，并加

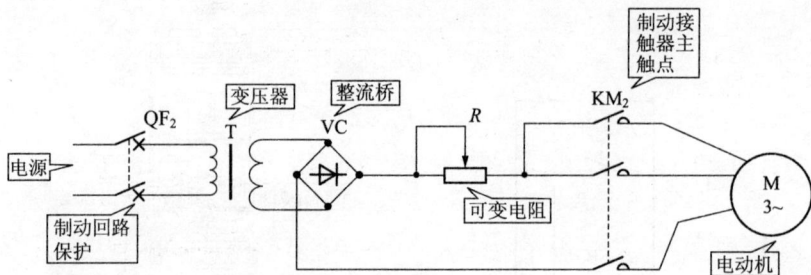

图 303

以修复,故障得以排除。

9. 计　算

能耗制动所用直流电源的估算方式:

① 能耗制动用直流电流 $I_制 = (3.5 \sim 4)I_空$(A)。

② 能耗制动用直流电压 $U_制 = I_制 R$(V)。

③ 单相桥式全波整流变压器的估算:电源变压器二次电压 $U_2 = 1.1U_制$(V);电源变压器二次电流 $I_2 = 1.1I_制$(A);电源变压器容量 $S = U_2 I_2$(V·A)(频繁制动时), $S' = (0.25 \sim 0.33)S$(V·A)(不频繁制动时)。

④ 可调电阻功率的估算。先确定可调电阻后,再根据公式求得:

$$P = I_制^2 R \quad (\text{W})$$

式中,$I_制$ 为能耗制动电流(A);$I_空$ 为电动机空载电流(A);$U_制$ 为能耗制动电压(V);R 为电动机任意两相中的电阻值(Ω);U_2 为电源变压器二次电压(V);I_2 为电源变压器二次电流(A);S 为电源变压器容量(频繁制动时)(V·A);S' 为电源变压器容量(不频繁制动时)(V·A)。

10. 技术数据

380V 三相异步电动机空载电流与额定电流的比值见表 101。

11. 电路实物配套图

全波整流单向能耗制动控制电路实物配套图如图 304 所示。

表 101　380V 三相异步电动机空载电流与额定电流的比值　(%)

功率 极数	0.55~ 4kW	5.5~ 37kW	45kW 以上	功率 极数	0.55~ 4kW	5.5~ 37kW	45kW 以上
2 极	35~45	30~37	25~30	8 极	55~70	45~55	35~45
4 极	55~65	35~45	25~30	10 极	——	——	45~55
6 极	55~70	45~50	25~30				

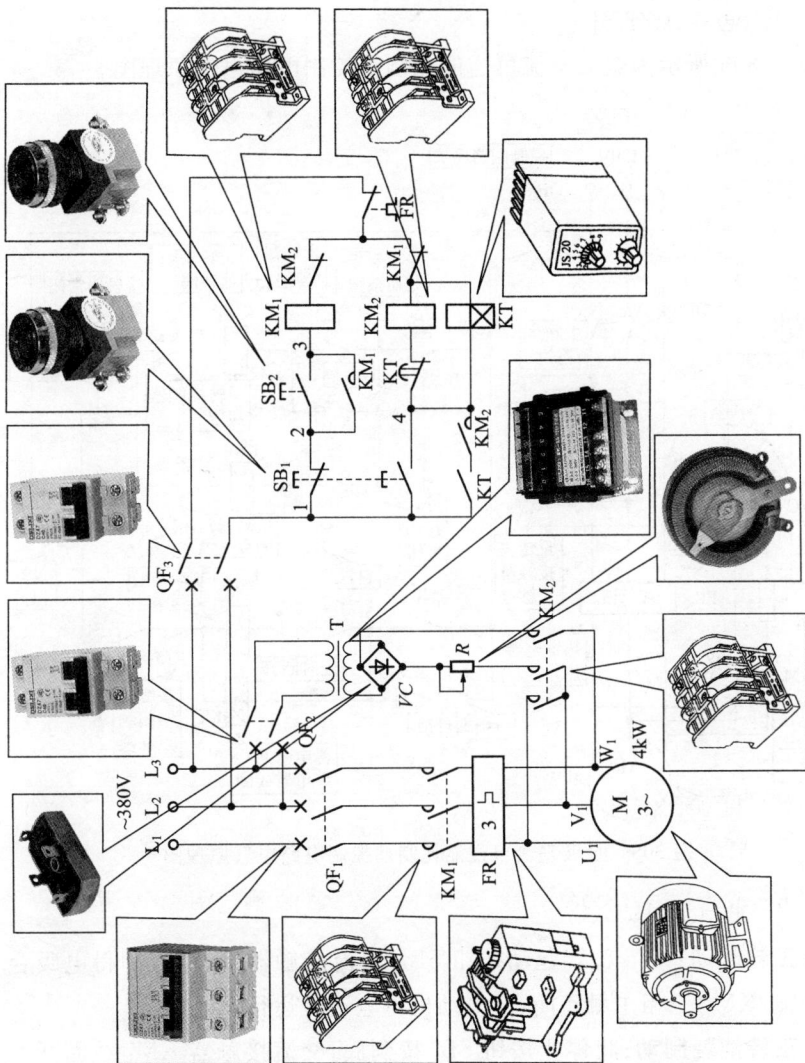

图 304　全波整流单向能耗制动控制电路实物配套图

1. 电气原理图

图 305 所示为全波整流可逆能耗制动控制电路电气原理图。

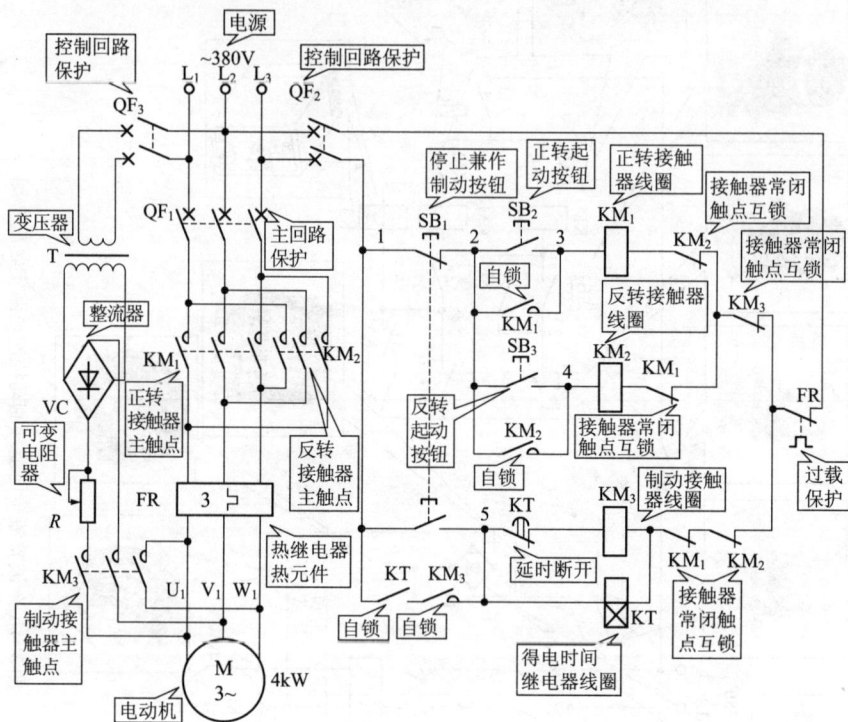

图 305　全波整流可逆能耗制动控制电路电气原理图

2. 电气原理分析

正转起动： 按下正转起动按钮 SB_2，交流接触器 KM_1 线圈得电吸合且自锁，KM_1 三相主触点闭合，电动机得电正转运行。

正转能耗制动： 将停止按钮 SB_1 按到底，交流接触器 KM_1 线圈断电释放，其三相主触点断开，电动机断电脱离三相交流电源，但仍靠惯性运转，此时，制动交流接触器 KM_3、时间继电器 KT 线圈得电吸合并开始延时，KM_3 接通直流电源，通入电动机定子绕组，产生一静止磁场，使电动机快速停止下来，从而完成正转快速制动。经延时后，KT 得电延时断开的常闭触点断开,切断了 KM_3、KT 线圈电源,KM_3 主触点断开,电动机能耗制动结束。

正转自由停机:轻轻按下停止按钮 SB_1,交流接触器 KM_1 线圈断电释放,其三相主触点断开,电动机断电,但由于惯性作用,不能立即停止下来,在短时间内缓慢停止。

反转起动:按下反转起动按钮 SB_3,交流接触器 KM_2 线圈得电吸合且自锁,KM_2 三相主触点闭合,电动机得电反转运行。

反转能耗制动:将停止按钮 SB_1 按到底,交流接触器 KM_2 线圈断电释放,其三相主触点断开,电动机断电脱离三相交流电源,但仍靠惯性运转,此时,制动交流接触器 KM_3、时间继电器 KT 线圈得电吸合并开始延时,KM_3 接通直流电源,通入电动机定子绕组,产生一静止磁场,使电动机快速停止下来,从而完成反转快速制动。经延时后,KT 得电延时断开的常闭触点断开,切断了 KM_3、KT 线圈电源;KM_3 主触点断开,电动机能耗制动结束。

反转自由停机:轻轻按下停止按钮 SB_1,交流接触器 KM_2 线圈断电释放,其三相主触点断开,电动机断电,但由于惯性作用,不能立即停止下来,在短时间内缓慢停止。

特别提醒:本电路在操作上存在一个问题,即在正转或反转操作后,欲想进行相反转向时,不能直接进行操作,则必须先按下停止按钮 SB_1 后,方能再进行操作。

3. 逻辑代数表达式

$$KM_{1线圈} = QF_2 \cdot \overline{SB_1} \cdot (SB_2 + KM_1) \cdot \overline{KM_2} \cdot \overline{KM_3} \cdot \overline{FR}$$

$$KM_{2线圈} = QF_2 \cdot \overline{SB_1} \cdot (SB_3 + KM_2) \cdot \overline{KM_1} \cdot \overline{KM_3} \cdot \overline{FR}$$

$$KM_{3线圈} = QF_2 \cdot (SB_1 + KT \cdot KM_3) \cdot \overline{KT} \cdot \overline{KM_1} \cdot \overline{KM_2} \cdot \overline{FR}$$

$$KT_{线圈} = QF_2 \cdot (SB_1 + KT \cdot KM_3) \cdot \overline{KM_1} \cdot \overline{KM_2} \cdot \overline{FR}$$

4. 电路器件动作简述

按 SB_2,KM_1 吸合自锁,M 正转运转。

轻轻按下 SB_1,KM_1 失电释放,M 处于自由停机。

将 SB_1 按到底,KM_1 失电释放,M 停止仍靠惯性运转,KM_3、KT 吸合且共同自锁,M 通入直流电进行能耗制动,KT 开始延时,KT 延时时间到,KM_3、KT 失电释放,制动结束。

按 SB_3,KM_2 吸合自锁,M 反转运转。

轻轻按下 SB₁，KM₂ 失电释放，M 处于自由停机。

将 SB₁ 按到底，KM₂ 失电释放，M 停止仍靠惯性运转，KM₃、KT 吸合且共同自锁，M 通入直流电进行能耗制动，KT 开始延时，KT 延时时间到，KM₃、KT 失电释放，制动结束。

5. 电气元件作用表

全波整流可逆能耗制动控制电路电气元件作用表见表102。

表102　电气元件作用表

序号	符号	名　称	型　号	规　格	作　用
1	QF₁	断路器	DZ47-63	20A　三极	主回路过流保护
2	QF₂	断路器	DZ47-63	6A　二极	控制回路过流保护
3	QF₃	断路器	DZ47-63	10A　二极	制动电路过流保护
4	KM₁	交流接触器	CDC10-10	线圈电压 380V	控制电动机正转电源用
5	KM₂	交流接触器	CDC10-10	线圈电压 380V	控制电动机反转电源用
6	KM₃	交流接触器	CDC10-10	线圈电压 380V	控制制动电源用
7	KT	得电式时间继电器	JS20	电压 380V 60s	制动时间设定
8	FR	热继电器	JR36-20	6.8～11A	过载保护
9	T	控制变压器			降　压
10	R	电阻器			限　流
11	VC	整流桥			整　流
12	SB₁	按钮开关	LA19-11	红　色	停止电动机兼作反接制动用
13	SB₂	按钮开关	LA19-11	绿　色	电动机正转起动用
14	SB₃	按钮开关	LA19-11	蓝　色	电动机反转起动用
15	M	三相异步电动机	Y112M-4	4kW 8.8A 1440r/min	拖　动

6. 元器件安装排列图及端子图

元器件安装排列图及端子图如图306所示。

从元器件安装排列图及端子图上可以看出，端子排 XT 上共有 11 个

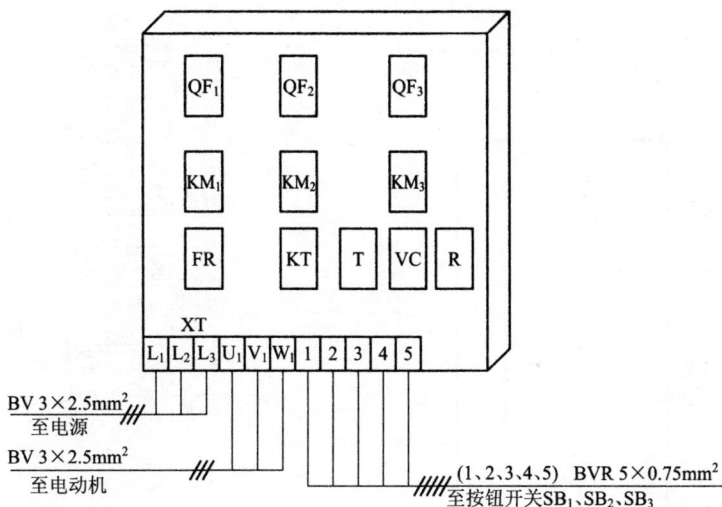

图 306 元器件安装排列图及端子图

接线端子,其中,L_1、L_2、L_3 为电源引入线,将外部三相 380V 电源接到此处,可采用 3 根 BV 2.5mm² 导线套管敷设。

U_1、V_1、W_1 用 3 根 BV 2.5mm² 导线套管敷设至电动机处。

1、2、3、4、5 可采用 5 根 BVR 0.75mm² 导线接至配电箱面板按钮开关 SB_1、SB_2、SB_3 上,并一一正确对应连接。

7. 按钮开关接线图

按钮开关接线如图 307 所示。

8. 常见故障及排除方法

① 按 SB_1 制动按钮,制动电路投入后不停止。从图 308 所示电路可以分析出,电路中交流接触器 KM_3 线圈动作正常,时间继电器 KT 线圈能按要求进行控制动作,但不能延时切除制动电路,其故障点为 KT 延时断开的常闭触点断不开所致。检查 KT 延时断开的常闭触点是否损坏,若损坏,则需更换,故障即可排除。

② 按 SB_1 制动按钮,能制动,但制动效果不理想。此故障原因有两大方面:一方面是制动控制电路问题,也就是时间继电器 KT 延时时间调整得过短;一方面是制动主回路问题,通常故障是可调电阻调整不当或整流桥 VC 中有个别二极管损坏。检修时,首先确定故障是在主回路还是在控制回路,先易后难地进行排除。如检查时间继电器的延时时间调整得是否过小,可调电阻 R 调整得是否过小等。可用万用表测量上述器件

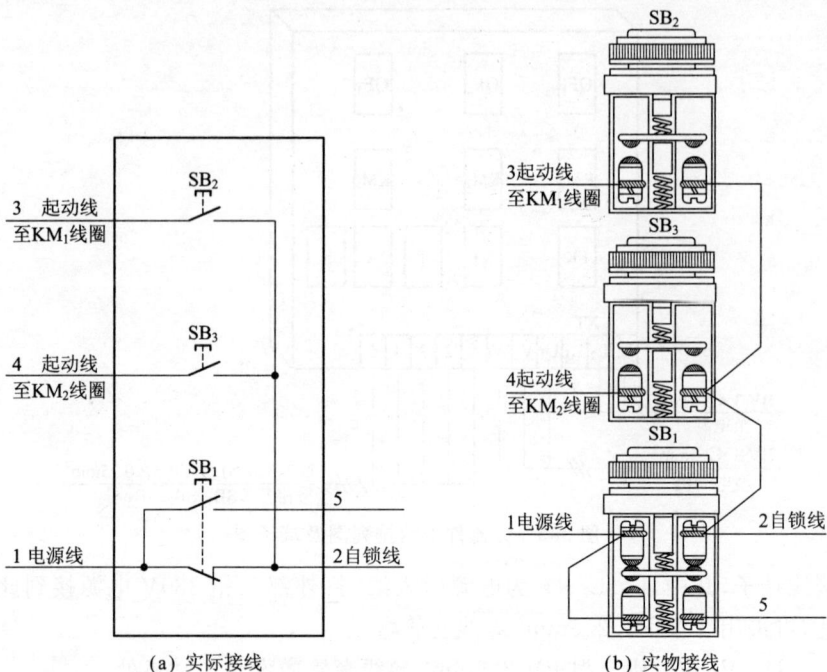

（a）实际接线   （b）实物接线

图 307　按钮开关接线图

是否损坏，找出故障点并加以排除。

补充一下，前面相关电路在故障检修部分也常常提到，若发生上述问题，本电路中 KM_3、KT 线圈回路的自锁触点损坏也会出现制动时间过短，从而造成制动效果不理想。

9. 电路实物配套图

全波整流可逆能耗制动控制电路实物配套图如图 309 所示。

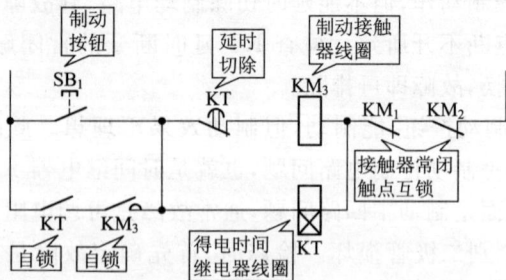

图 308

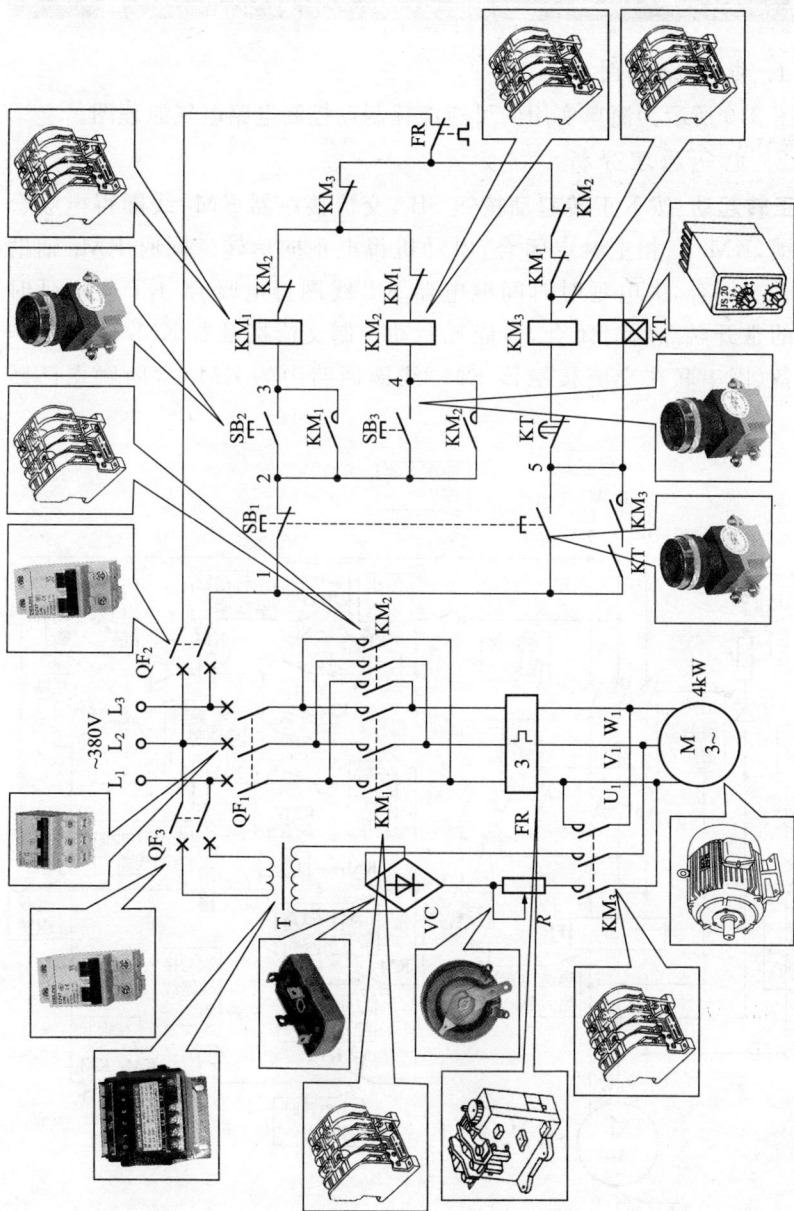

图 309 全波整流可逆耗能制动控制电路实物配套图

电路 68　简单实用的可逆能耗制动控制电路

1. 电气原理图

图 310 所示为简单实用的可逆能耗制动控制电路电气原理图。

2. 电气原理分析

正转起动：按下正转起动按钮 SB_2，交流接触器 KM_1 线圈得电吸合且自锁，KM_1 三相主触点闭合，电动机得电正向运转。同时 KM_1 辅助常开触点闭合，失电延时时间继电器 KT 线圈得电吸合，KT 失电延时断开的常开触点瞬时闭合，为能耗制动控制交流接触器 KM_3 线圈工作做准备（因串联在交流接触器 KM_3 线圈回路中的 KM_1 常闭触点已断开）。

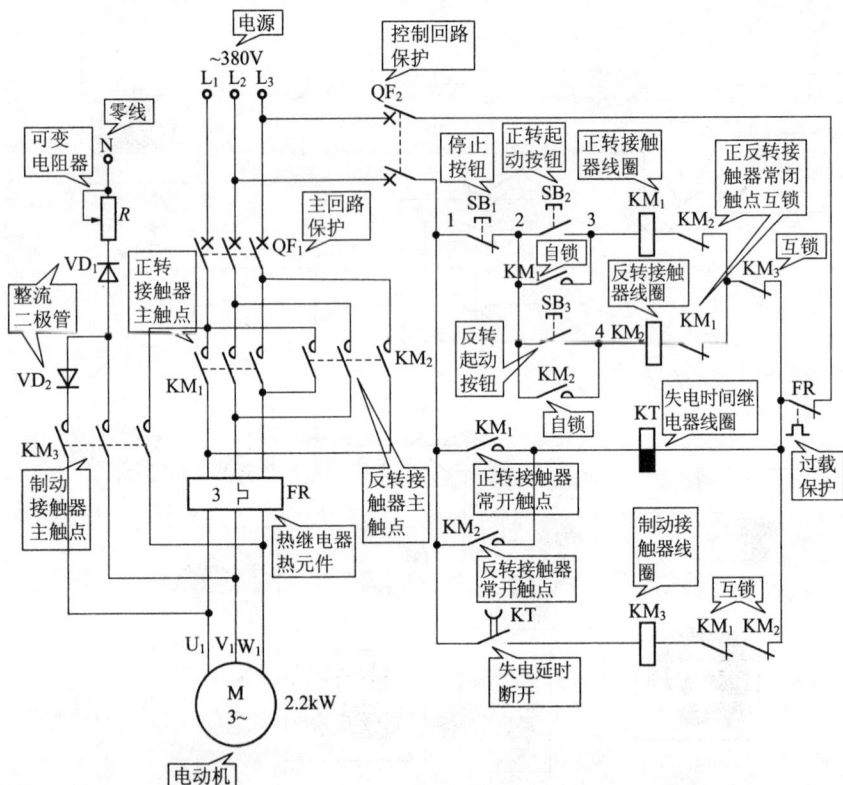

图 310　简单实用的可逆能耗制动控制电路电气原理图

正转能耗制动：按下停止按钮 SB_1，交流接触器 KM_1 线圈断电释放，KM_1 三相主触点断开，电动机失电仍靠惯性继续转动。KM_1 辅助常开触点断开，失电延时时间继电器 KT 线圈失电释放，并开始延时，KM_1 串联在 KM_3 线圈回路中的常闭触点恢复常闭，此时交流接触器 KM_3 线圈得电吸合，KM_3 三相主触点闭合，使直流电源通入电动机绕组内产生静止磁场，使电动机迅速停止下来，经 KT 失电延时断开的常开触点断开后，KM_3 线圈断电释放，KM_3 主触点断开，解除能耗制动。

反转起动、反转能耗制动与正转完全相同，这里不再重复讲述。

3. 逻辑代数表达式

$$KM_{1线圈} = QF_2 \cdot \overline{SB_1} \cdot (SB_2 + KM_1) \cdot \overline{KM_2} \cdot \overline{KM_3} \cdot \overline{FR}$$

$$KM_{2线圈} = QF_2 \cdot \overline{SB_1} \cdot (SB_3 + KM_2) \cdot \overline{KM_1} \cdot \overline{KM_3} \cdot \overline{FR}$$

$$KM_{3线圈} = QF_2 \cdot KT \cdot \overline{KM_1} \cdot \overline{KM_2} \cdot \overline{FR}$$

$$KT_{线圈} = QF_2 \cdot (KM_1 + KM_2) \cdot \overline{FR}$$

4. 电路器件动作简述

按 SB_2，KM_1 吸合自锁，KT 也吸合，M 正转运转。

按 SB_1，KM_1 失电释放，KT 失电释放，M 停止处于自由停机，KM_3 吸合，M 通入直流电进行能耗制动，KT 开始延时，KT 延时时间到，KM_3 失电释放，制动结束。

按 SB_3，KM_2 吸合自锁，KT 也吸合，M 反转运转。

按 SB_1，KM_2 失电释放，KT 失电释放，M 停止处于自由停机，KM_3 吸合，M 通入直流电进行能耗制动，KT 开始延时，KT 延时时间到，KM_3 失电释放，制动结束。

5. 电气元件作用表

简单实用的可逆能耗制动控制电路电气元件作用表见表103。

6. 元器件安装排列图及端子图

元器件安装排列图及端子图如图 311 所示。

从元器件安装排列图及端子图上可以看出，端子排 XT 上共有 11 个接线端子，其中，L_1、L_2、L_3、N 为电源引入线，将外部三相 380V 电源接到此处，可采用 4 根 BV $1.5mm^2$ 导线套管敷设。

U_1、V_1、W_1 用 3 根 BV $1.5mm^2$ 导线套管敷设至电动机处。

1、2、3、4 可采用 4 根 BVR $0.75mm^2$ 导线接至配电箱面板按钮开关 SB_1、SB_2、SB_3 上，并一一正确对应连接。

表 103　电气元件作用表

序号	符号	名　称	型　号	规　格	作　用
1	QF₁	断路器	DZ47-63	16A　三极	主回路过流保护
2	QF₂	断路器	DZ47-63	6A　二极	控制回路过流保护
3	KM₁	交流接触器	CDC10-10	线圈电压 380V	控制电动机正转电源
4	KM₂	交流接触器	CDC10-10	线圈电压 380V	控制电动机反转电源
5	FR	热继电器	JR36-20	4.5～7.2A	过载保护
6	KT	失电式时间继电器	JS7-4A	线圈电压 380V 60s	制动时间设定
7	VD₁	整流二极管	ZP		整　流
8	VD₂	整流二极管	ZP		整　流
9	R	电阻器			限　流
10	KM₃	交流接触器	CDC10-10	线圈电压 380V	控制制动电源用
11	SB₁	按钮开关	LA19-11	红色	停止电动机兼作制动起动
12	SB₂	按钮开关	LA19-11	绿色	正转起动用
13	SB₃	按钮开关	LA19-11	蓝色	反转起动用
14	M	三相异步电动机	Y112M-6	2.2kW 5.6A 940r/min	拖　动

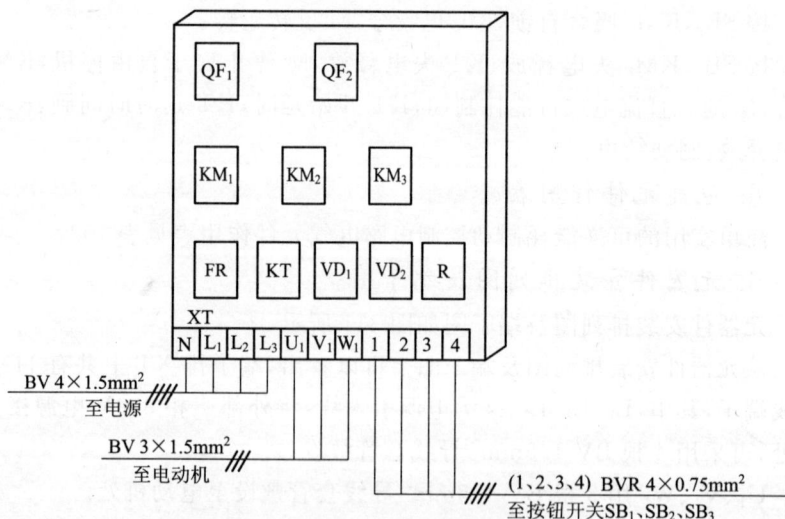

图 311　元器件安装排列图及端子图

7. 按钮开关接线图

按钮开关接线如图312所示。

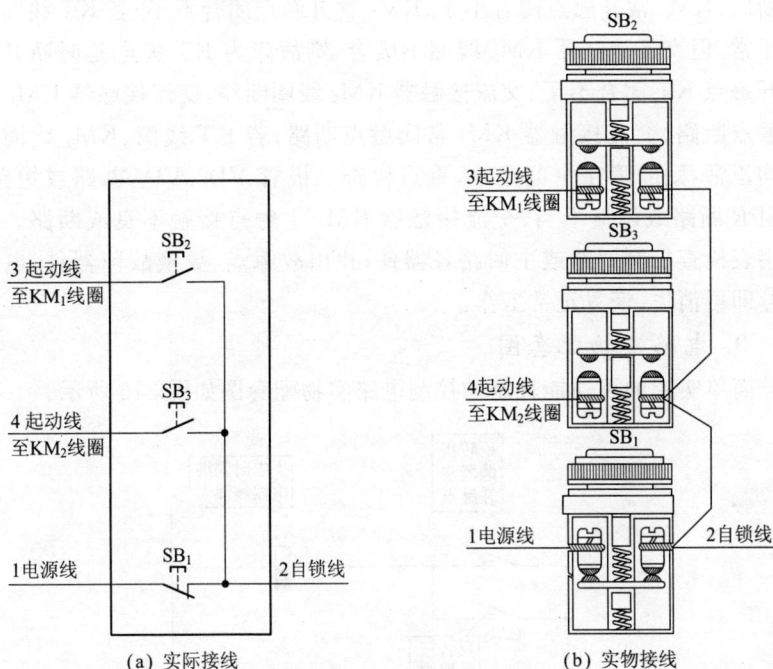

(a) 实际接线　　　　　　　　(b) 实物接线

图 312 按钮开关接线图

8. 常见故障及排除方法

① 正、反转起动运转均正常,但正转停止有制动,反转停止则为自由停止。从图313所示电路可以看出,反转时时间继电器 KT 线圈不动作则为辅助常开触点 KM_2 闭合不了所致。根据上述情况,更换 KM_2 常开触点,故障即可排除,电路恢复正常。

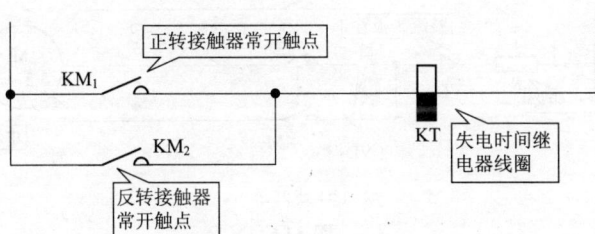

图 313

② 正、反转运转均正常,但正、反转停止时无制动。从图 314 所示电路分析,若停止时失电时间继电器 KT 线圈不吸合工作,则故障为 KT 线圈断路、KM₂ 常开触点闭合不了、KM₁ 常开触点闭合不了;若 KT 线圈工作正常,但交流接触器 KM₂ 线圈不吸合,则故障为 KT 失电延时断开的常开触点 KT 闭合不了、交流接触器 KM₃ 线圈断路、交流接触器 KM₁ 常闭触点断路、交流接触器 KM₂ 常闭触点断路;若 KT 线圈、KM₃ 线圈工作均正常,则故障在主电路中,重点检查二极管 VD₁、VD₂ 断路或短路、电阻 R 断路或调整不当、交流接触器 KM₃ 主触点接触不良或断路。用万用表检查控制回路或主回路各器件,找出故障点,更换故障器件,电路故障即可消失、恢复正常工作。

9. 电路实物配套图

简单实用的可逆能耗制动控制电路实物配套图如图 315 所示。

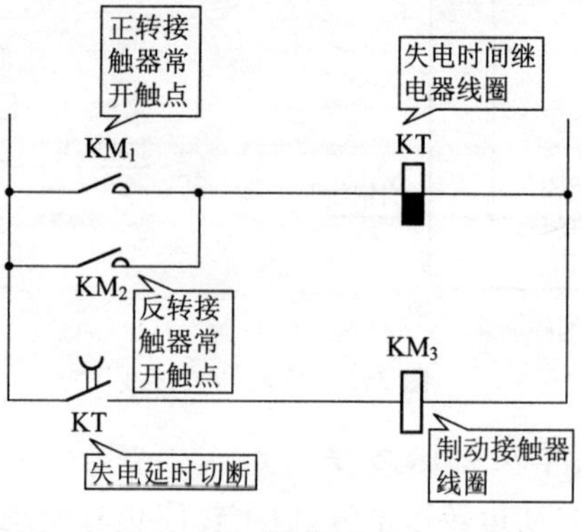

(a) 控制回路

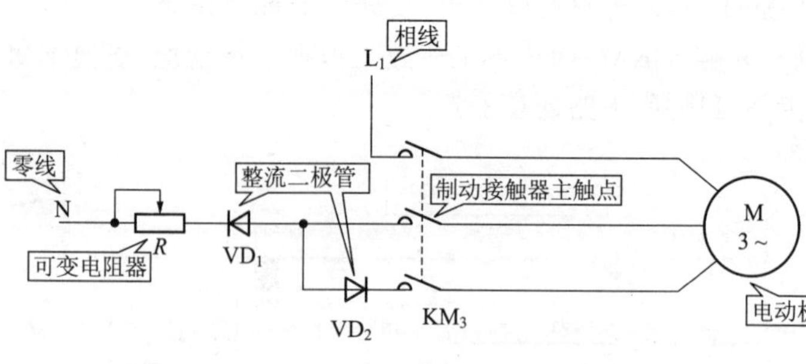

(b) 主回路

图 314

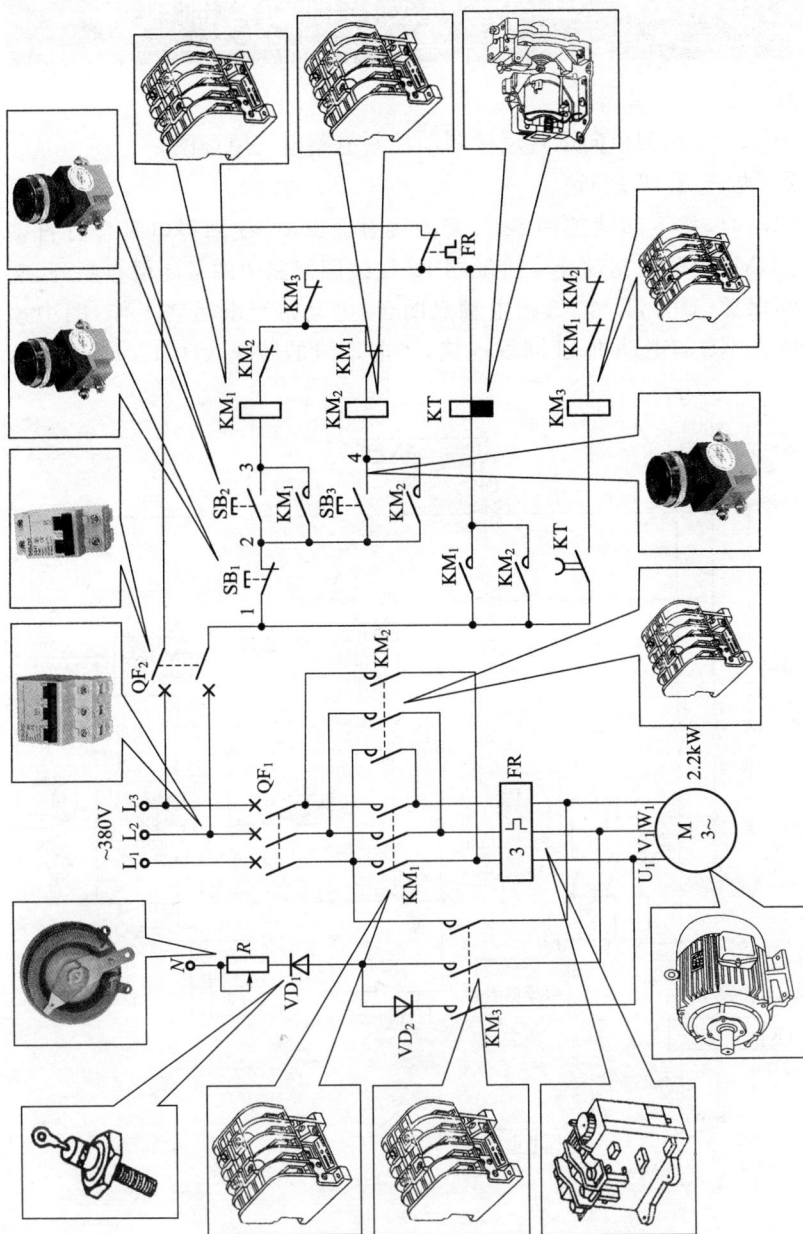

图315　简单实用的可逆能耗制动控制电路实物配套图

电路 69 单向运转反接制动控制电路

1. 电气原理图

图 316 所示为单向运转反接制动控制电路电气原理图。

2. 电气原理分析

起动时，按下起动按钮 SB_2，交流接触器 KM_1 线圈得电吸合且自锁（同时 KM_1 串联在制动交流接触器 KM_2 线圈回路中的常闭触点断开，起到互锁保护作用），KM_1 三相主触点闭合，电动机得电运转工作，图中速度继电器 KS 与电动机 M 同轴连接，当电动机的转速大于 120r/min 时，

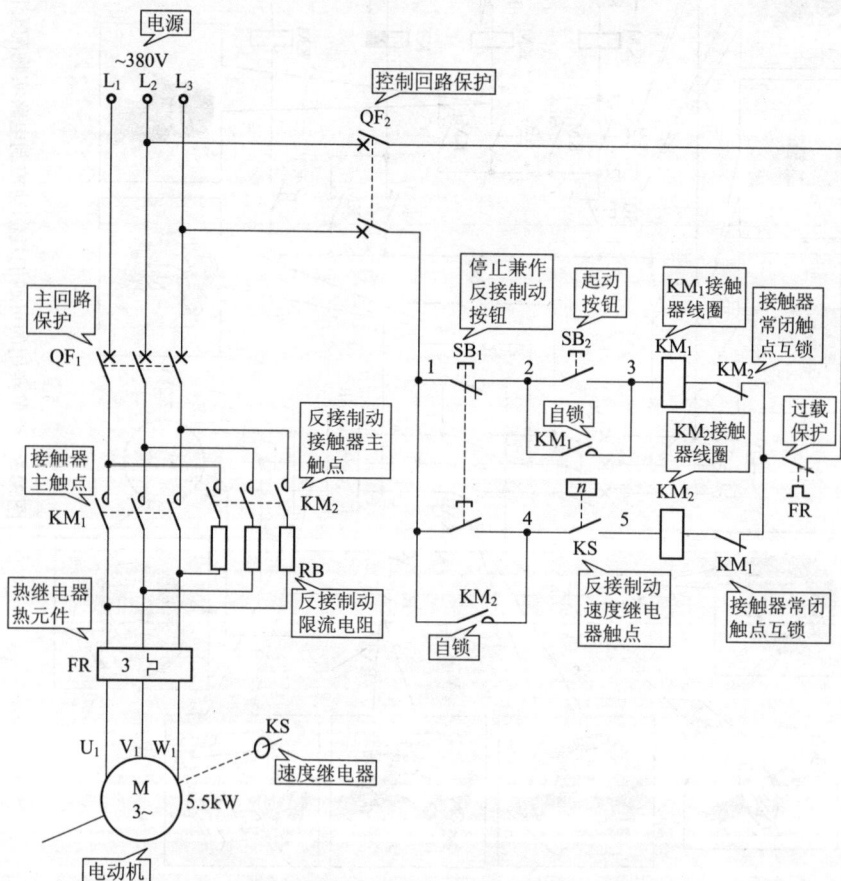

图 316 单向运转反接制动控制电路电气原理图

KS 常开触点闭合,为停止时反接制动做准备。

制动时,将停止按钮 SB₁ 按到底,交流接触器 KM₁ 线圈断电释放,同时 KM₁ 常闭触点恢复常闭,为制动回路提供工作准备,KM₁ 三相主触点断开,电动机脱离电源而处于自由停车状态,其运转速度逐渐下降,此时,制动交流接触器 KM₂ 线圈得电吸合且自锁,KM₂ 三相主触点闭合,电动机反向串入电阻器进行反接制动,使电动机转速迅速降了下来,当电动机的转速低于 100r/min 时,速度继电器 KS 常开触点断开,切断了制动交流接触器 KM₂ 线圈回路电源,KM₂ 三相主触点断开,电动机脱离反向电源而停止,整个制动过程结束。

电路中,采用电阻器的目的是限制反转起动力矩,从而限制了反转起动电流。该电路简单、实用、制动效果理想。但存在一些缺点,如能耗较大,准确度差等问题。

该电路可应用在要求不频繁的工作场合,且所控制电动机功率要小。

3. 逻辑代数表达式

$$KM_{1线圈} = QF_2 \cdot \overline{SB_1} \cdot (SB_2 + KM_1) \cdot \overline{KM_2} \cdot \overline{FR}$$

$$KM_{2线圈} = QF_2 \cdot (SB_1 + KM_2) \cdot KS \cdot \overline{KM_1} \cdot \overline{FR}$$

4. 电路器件动作简述

按 SB₂,KM₁ 吸合自锁,M 运转。

轻轻按下 SB₁,KM₁ 失电释放,M 停止处于自由停机。

将 SB₁ 按到底,KM₁ 失电释放,M 停止仍靠惯性运转,KM₂ 吸合自锁,M 串电阻反接制动,当转速低于 100r/min 时,KS 断开,KM₂ 失电释放,制动结束。

5. 电气元件作用表

单向运转反接制动控制电路电气元件作用表见表104。

6. 元器件安装排列图及端子图

元器件安装排列图及端子图如图 317 所示。

从元器件安装排列图及端子图上可以看出,端子排 XT 上共有 11 个接线端子,其中,L₁、L₂、L₃ 为电源引入线,将外部三相 380V 电源接到此处,可采用 3 根 BV 2.5mm² 导线套管敷设。

U₁、V₁、W₁ 用 3 根 BV 2.5mm² 导线套管敷设至电动机处。

1、2、3、4 可采用 4 根 BVR 0.75mm² 导线接至配电箱面板按钮开关 SB₁、SB₂ 上,4、5 可采用 2 根 BVR 0.75mm² 导线穿管接至电动机处速度继电器 KS 上,并一一正确对应连接。

7. 按钮开关及速度继电器接线图

按钮开关接线如图 318 所示;速度继电器 KS 实际接线如图 319 所示。

表 104　电气元件作用表

序号	符号	名　称	型　号	规　格	作　用
1	QF₁	断路器	DZ47-63	16A　三极	主回路过流保护
2	QF₂	断路器	DZ47-63	6A　二极	控制回路过流保护
3	KM₁	交流接触器	CDC10-20	线圈电压 380V	控制电动机电源用
4	KM₂	交流接触器	CDC10-20	线圈电压 380V	控制反接制动电源用
5	FR	热继电器	JR36-20	10～16A	过载保护
6	KS	速度继电器	JY1		反接制动
7	RB	限流电阻			限　流
8	SB₁	按钮开关	LA19-11	红　色	停止电动机兼作反接制动用
9	SB₂	按钮开关	LA19-11	绿　色	起动电动机用
10	M	三相异步电动机	Y132S-4	5.5kW 11.6A 1440r/min	拖　动

8. 常见故障及排除方法

① 按起动按钮 SB_2,交流接触器 KM_1 线圈无反应,电动机不能起动运转。从图 320 分析可以看出,图中的断路器 QF_1、停止按钮 SB_1、起动按钮 SB_2、交流接触器 KM_1 线圈、交流接触器 KM_2 辅助常闭触点、热继电器 FR 常闭触点中的任意一个出现断路故障,均会使交流接触器 KM_1 线圈不能得电工作。

用万用表逐个测量上述各电器元件,找出故障点,更换故障元件、电路正常工作。

② 电动机停止时为自由停车,无反接制动。从图 321 电路分析,当停止时,按下停止按钮 SB_1,交流接触器 KM_1 线圈断电释放,KM_1 三相主触点断开,电动机失电后在惯性的作用下继续转动。同时,SB_1 常开触点闭合,与早已闭合的速度继电器常开触点 KS 将交流接触器 KM_2 线圈

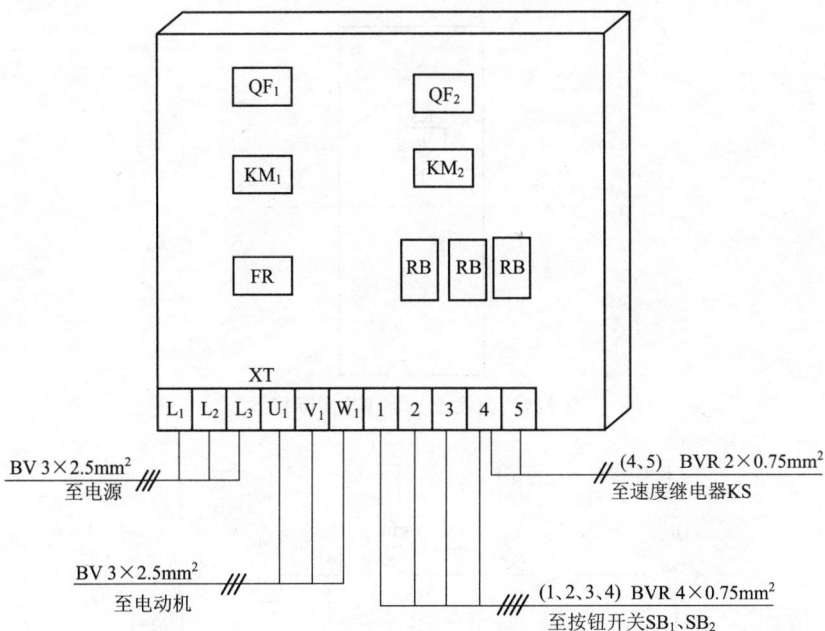

图 317 元器件安装排列图及端子图

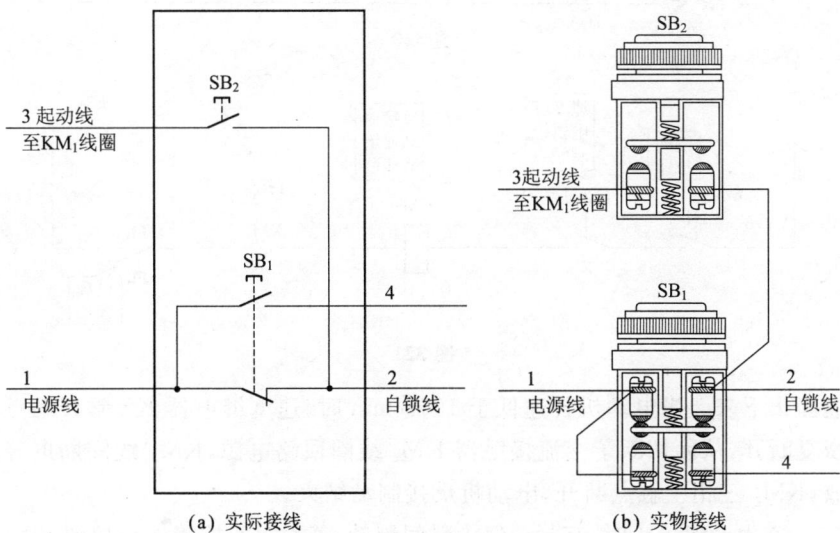

(a) 实际接线   (b) 实物接线

图 318 按钮开关接线图

回路接通且 KM_2 自锁，KM_2 三相主触点闭合，接入反向电源，将制动电阻 RB 串入电动机绕组中，电动机得以反向电源而反转，从而使电动机迅

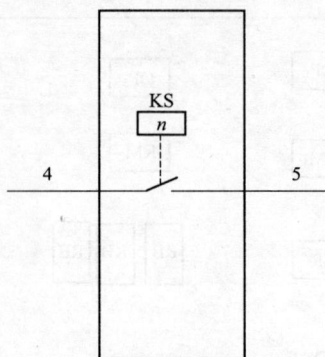

图 319 速度继电器 KS 实际接线

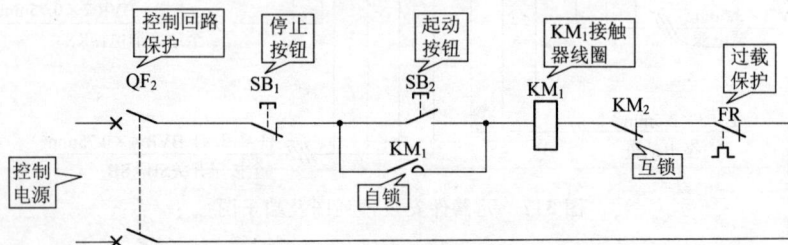

图 320

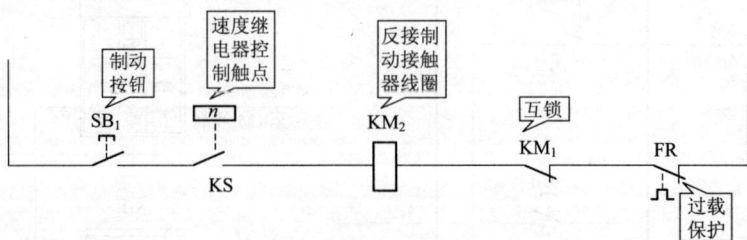

图 321

速停止下来。当电动机转速低于 $100r/min$ 时,速度继电器 KS 常开触点恢复断开,从而切断了交流接触器 KM_2 线圈回路电源,KM_2 线圈断电释放,KM_2 三相主触点断开,电动机反接制动结束。

③ 电动机停止时,有制动但为瞬间制动,若长时间按着停止按钮 SB_1,能可靠进行制动。从电路中分析可以看出,故障出在控制电路中,通常是 KM_2 自锁触点闭合不了而致。检查方法:用万用表检查 KM_2 常开触点是否正常,若损坏,则更换交流接触器 KM_2 常开触点,故障即可排除。

9. 计 算

大家应该知道,正在运转的电动机突然停止并马上施加反向电源,此时电动机的电流很大,通常为电动机额定电流的 10 倍以上,这就是反接制动电流。为了限制反接制动电流,对于电动机功率在 4.5kW 以上的电动机需在定子绕组中串入限流电阻。

限流电阻的估算公式如下:

当反接制动电流为电动机直接起动时的起动电流的一半时,其串入每相电路中的电阻值为

$$R \approx 1.5 \times \frac{220}{I_起}$$

当反接制动电流为起动电流时,其串入每相电路中的电阻值为

$$R' \approx 1.3 \times \frac{220}{I_起}$$

当串入电阻采用两相时,其电阻值为按上述计算值后的 1.5 倍。

限流电阻功率为

$$P = (0.3 \sim 0.5)I_{反接}^2 R$$

【举例】电路中采用的电动机型号为 Y132S-4,其功率为 5.5kW,额定电流为 11.6A,限流电阻采用三相串接,要求反接制动电流为电动机直接起动时的起动电流的一半,求其限流电阻值 R 及限流电阻功率 P。

解:① 限流电阻值 R 的计算。

已知起动电流为额定电流的 7 倍,即 $11.6 \times 7 = 81.2$A,代入公式得

$$R \approx 1.5 \times \frac{220}{I_起} \approx 1.5 \times \frac{220}{81.2} \approx 4.06(\Omega)$$

② 限流电阻功率 P 的计算。

已知反接制动电流 $I_{反接}$ 为电动机额定电流的 10 倍,即 $11.6 \times 10 = 116$A,代入公式得

$$P = (0.3 \sim 0.5)I_{反接}^2 R$$
$$= (0.3 \sim 0.5) \times 116^2 \times 4.06$$
$$= 16389.4 \sim 27315.7(W)$$
$$\approx 16 \sim 27(kW)$$

10. 电路实物配套图

单向运转反接制动控制电路实物配套图如图 322 所示。

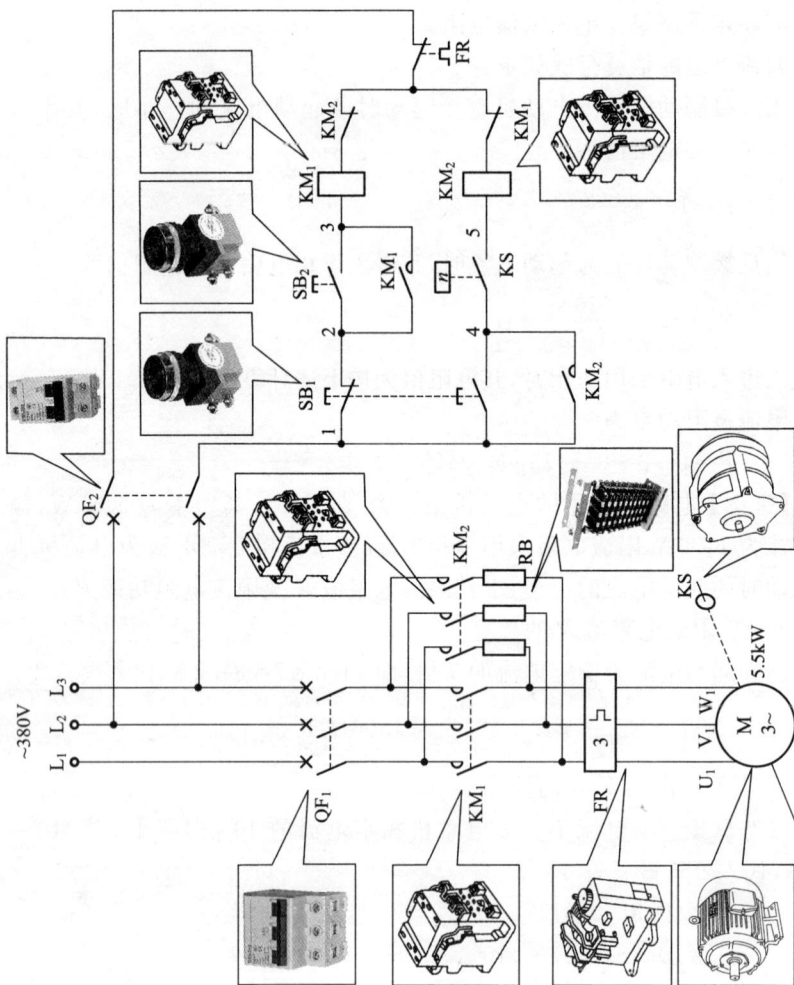

图 322 单向运转反接制动控制电路实物配套图

1. 电气原理图

图 323 所示为双向运转反接制动控制电路电气原理图。

电源
~380V

L₁ L₂ L₃

控制回路
保护

QF₂

停止按钮兼作
反接制动

切断操
作KM₁、
KM₂电源

正转起
动按钮

正转KM₁
接触器线
圈

主回路
保护

QF₁

1

SB₁

2

KA

3

SB₂

4

KM₁

KM₂

接触器常闭
触点互锁

正转
KM₁
接触
器主
触点

KM₁

反转
KM₂
接触
器主
触点

KM₂

反接
制动
准备

反转反接制动触点

KA

n

KM₁

自锁

反转KM₂
接触器线
圈

KM₂

5

KS₁

SB₃

热继电器
热元件

FR　3

速度继
电器

KS

反转
起动
按钮

KM₂

n

KS₂

6

KM₂

KM₁

接触器
常闭触
点互锁

FR

过载
保护

U₁ V₁ W₁

M
3~　7.5kW

正转反
制动触点

中间继
电器线
圈

KA

电动机

反转反接制动准备,
制动结束断开

7

KM₁　KA

自锁

KM₂

正转反接制动准备, 制动结束断开

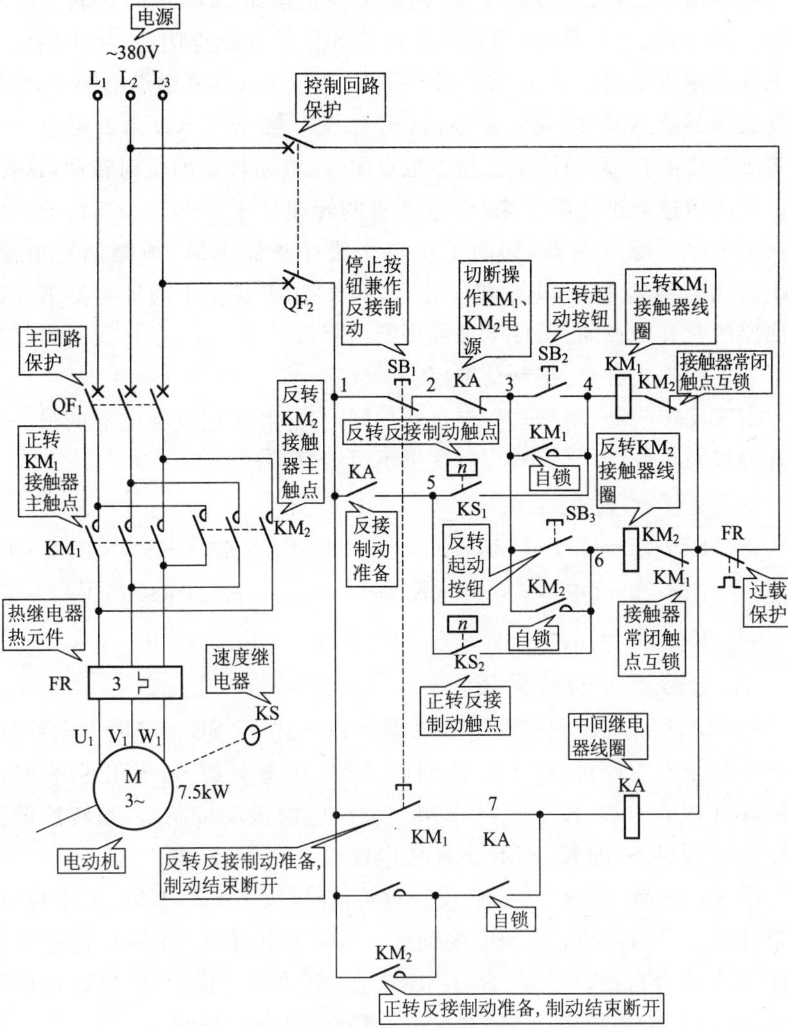

图 323　双向运转反接制动控制电路电气原理图

2. 电气原理分析

正转起动：按下正转起动按钮 SB_2，正转交流接触器 KM_1 线圈得电吸合且自锁，KM_1 三相主触点闭合，电动机得电正转运转；由于速度继电器 KS 与电动机同轴联接，当电动机的转速超过 120r/min 时，KS 中的一对常开触点闭合，为正转制动做好准备。

正转制动：当需正转制动时，则按下停止按钮 SB_1，此时正转交流接触器 KM_1 线圈断电释放，同时停止按钮 SB_1 常开触点闭合，使中间继电器 KA 线圈得电吸合，KA 常开触点闭合，由于 KS 常开触点仍闭合，将反转交流接触器 KM_2 线圈回路接通（KM_2 常开触点与 KA 常开触点均闭合将 KA 线圈自锁），KM_2 三相主触点闭合，电动机立即反向转动，这样，电动机的转速会迅速降下来，当电动机的转速低于 100r/min 时，速度继电器 KS 常开触点断开，切断了反转交流接触器 KM_2 线圈回路电源，KM_2 三相主触点断开，电动机停止运转，KM_2 串联在中间继电器 KA 线圈回路的常开触点断开，使 KA 线圈断电释放。实际上，反转只是瞬间转动了一下就停止了，反接制动结束。

由于反转起动、制动过程与正转相同，只是利用速度继电器的另一组常开触点来完成反接信号控制，这里不再重复讲述。

3. 逻辑代数表达式

$$KM_{1线圈} = QF_2 \cdot \left[\overline{SB_1} \cdot \overline{KA}(SB_2 + KM_1) + KA \cdot KS_1 \right] \cdot \overline{KM_2} \cdot \overline{FR}$$

$$KM_{2线圈} = QF_2 \cdot \left[\overline{SB_1} \cdot \overline{KA}(SB_3 + KM_2) + KA \cdot KS_2 \right] \cdot \overline{KM_1} \cdot \overline{FR}$$

$$KA_{线圈} = QF_2 \cdot \left[SB_1 + (KM_1 + KM_2) \cdot KA \right] \cdot \overline{FR}$$

4. 电路器件动作简述

按 SB_2，KM_1 吸合自锁，M 正转运转；轻轻按下 SB_1，KM_1 失电释放，M 停止处于自由停机；将 SB_1 按到底，KM_1 失电释放，M 停止仍靠惯性运转，KA 吸合自锁，KS_2 闭合，KM_2 吸合，电动机反接制动，当转速低至 100r/min 时，KS_2 断开，KM_2、KA 失电释放，M 制动结束。

按 SB_3，KM_2 吸合自锁，M 反转运转；轻轻按下 SB_1，KM_2 失电释放，M 停止处于自由停机；将 SB_1 按到底，KM_2 失电释放，M 停止仍靠惯性运转，KA 吸合自锁，KS_1 闭合，KM_1 吸合，电动机反接制动，当转速低至 100r/min 时，KS_1 断开，KM_1、KA 失电释放，M 制动结束。

5. 电气元件作用表

双向运转反接制动控制电路电气元件作用表见表 105。

表 105　电气元件作用表

序号	符号	名　称	型　号	规　格	作　用
1	QF$_1$	断路器	DZ47-63	32A　三极	主回路过流保护
2	QF$_2$	断路器	DZ47-63	6A　二极	控制回路过流保护
3	KM$_1$	交流接触器	CDC10-20	线圈电压 380V	控制电动机正转电源
4	KM$_2$	交流接触器	CDC10-20	线圈电压 380V	控制电动机反转电源
5	KA	中间继电器	JZ7-44	线圈电压 380V	控制电路切换
6	FR	热继电器	JR36-20	14～22A 带断相保护作用	过载保护
7	SB$_1$	按钮开关	LA19-11	红　色	电动机停止及制动用
8	SB$_2$	按钮开关	LA19-11	绿　色	电动机正转起动用
9	SB$_3$	按钮开关	LA19-11	蓝　色	电动机反转起动用
10	KS	速度继电器	JY1	KS$_1$、KS$_2$ 两组触点	反接制动用
11	M	三相异步电动机	Y160M-6	7.5kW 17A 970r/min	拖动

6. 元器件安装排列图及端子图

元器件安装排列图及端子图如图 324 所示。

从元器件安装排列图及端子图上可以看出,端子排 XT 上共有 13 个接线端子,其中,L$_1$、L$_2$、L$_3$ 为电源引入线,将外部三相 380V 电源接到此处,可采用 3 根 BV 4mm^2 导线套管敷设。

U$_1$、V$_1$、W$_1$ 用 3 根 BV 4mm^2 导线套管敷设至电动机处。

1、2、3、4、6、7 可采用 6 根 BVR 0.75mm^2 导线接至配电箱面板按钮开关 SB$_1$、SB$_2$、SB$_3$ 上;4、5、6 可采用 3 根 BVR 0.75mm^2 导线穿管接至电动机处速度继电器 KS$_1$、KS$_2$ 上,并一一正确对应连接。

7. 按钮开关接线图

按钮开关接线如图 325 所示。

8. 调　试

断开主回路断路器 QF$_1$,合上控制回路断路器 QF$_2$ 来调试控制回路。先分别调试正、反转起动、停止控制。

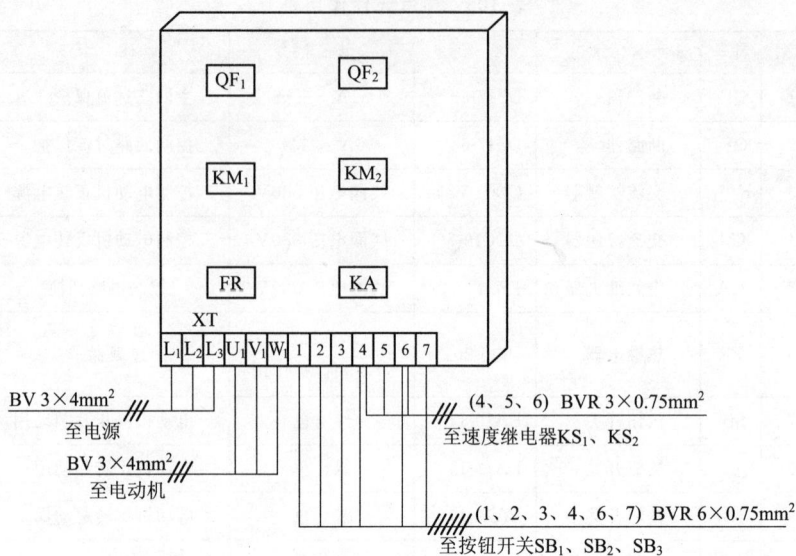

图 324　元器件安装排列图及端子图

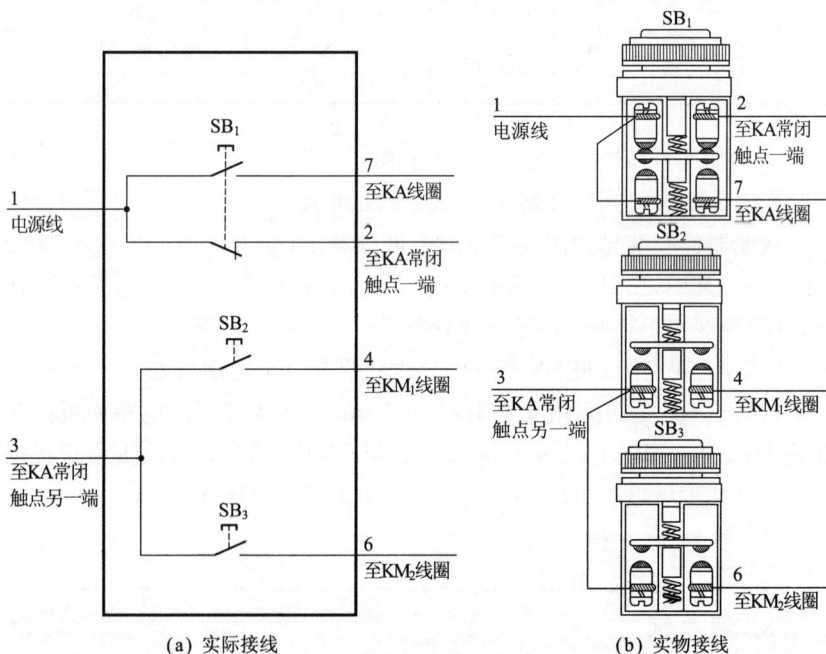

（a）实际接线　　　　　　　　　　　（b）实物接线

图 325　按钮开关接线图

正转起动:按正转起动按钮 SB₂,交流接触器 KM₁ 线圈应得电吸合且自锁,若正常,说明正转起动完成。此时直接按反转起动按钮 SB₃ 无效,符合电路设计要求。

正转停止:按停止按钮 SB₁(观察配电箱内电器动作情况)。调试时若轻轻按下 SB₁,KM₁ 线圈断电释放,说明停止电路工作正常,若将 SB₁ 按到底,中间继电器 KA 线圈能随 SB₁ 停止按钮的按动而动作,交流接触器 KM₁ 线圈断电释放。随后观察 KA 的动作情况,即按下 SB₁,KA 线圈得电吸合;松开 SB₁,KA 线圈断电释放。说明 KA 能在动作后切除正转自锁回路。此时再调试速度继电器 KS 动作情况(假设),用一根短接线将 KS₂ 的一组常开触点(5、6)短接起来(这样就相当于电动机的速度大于 120r/min 以上时 KS₂ 常开触点才闭合),然后按正转起动按钮 SB₂,此时 KM₁ 应吸合自锁,再按下停止按钮 SB₁(按到底),中间继电器 KA、反转交流接触器 KM₂ 应同时闭合且 KA 自锁。上述调试条件满足时,说明反接制动控制电路正常。最后调试(假设)KS₂ 的动作能否满足要求,也就是说反转制动后,电动机的转速会迅速降下来,KS₂ 在电动机转速低于 100r/min 时应自动断开,此时,将 KS₂ 两端的短接线去掉,注意观察配电箱内电器动作情况,交流接触器 KM₂,中间继电器 KA 线圈应断电释放。说明正转反接制动控制一切正常。

因反转起动、反接电路与正转相同,只是在调试时,所不同的是要短接速度继电器的另一组常开触点 KS₁,这里不再讲述。

然后,再合上主回路断路器 QF₁ 调试主回路。注意观察电动机在不同转向运转时,若按下停止按钮 SB₁ 后,其电动机转向会瞬间改变转动一下后立即停止运转,说明主回路、控制回路正常,可以投入使用。

9. 常见故障及排除方法

① 正转起动正常,在停止时按下 SB₁,中间继电器 KA 吸合,但无反接制动(注意,反转回路工作正常、反转反接制动也正常)。根据以上情况分析,故障原因为速度继电器 KS 的一组常开触点 KS₂ 损坏闭合不了所致。可将主回路断路器 QF₁ 断开,将 KS₂ 短接起来,再按下停止按钮 SB₁,观察配电箱内电器情况,应为 KA、KM₂ 均吸合,再将短接线去掉,KA、KM₂ 全部释放,说明故障就是 KS₂ 常开触点损坏。更换速度继电器后故障即可排除。

② 正、反转起动、停止均正常,但全部无反接制动。遇到此故障首先观察配电箱内中间继电器 KA 是否工作,若 KA 不工作,故障为 SB₁ 常开

触点损坏、KA 线圈断路；若 KA 工作，则故障为 1、5 之间的常开触点闭合不了所致。根据以上情况，用万用表对各怀疑器件进行测量，找出故障点，并加以排除即可。

③ 在按下停止按钮 SB_1，中间继电器 KA 线圈吸合动作，但无论是正转进行反接制动，还是反转进行反接制动，均变为反向继续运转。此故障从原理图中分析，最大可能为 2、3 之间的 KA 常闭触点损坏断不开所致。可用万用表测量 KA 常闭触点是否正常，若损坏则需更换中间继电器。

④ 正转起动正常，反转为点动。此故障通常为 KM_2 自锁触点损坏闭合不了所致。更换 KM_2 辅助常开自锁触点后故障即可排除。

⑤ 在停止时，轻轻按下停止按钮 SB_1 时，不能进行停止操作；若将停止按钮 SB_1 按到底，中间继电器 KA 线圈吸合动作，正、反转均能进行反接制动。根据电路原理图分析，此故障原因为停止按钮 SB_1 常闭触点损坏断不开所致。更换 SB_1 停止按钮，故障即可排除。

⑥ 当按下停止按钮 SB_1，控制回路断路器 QF_2 跳闸。从故障原因上分析为中间继电器 KA 线圈短路。更换中间继电器 KA 线圈后故障即可排除。

10. 技术数据

常用电动机引出线截面与电动机额定电流选择关系见表 106。

表 106　常用电动机引出线截面与电动机额定电流选择关系

电动机额定电流/A	1.5～3.5	3.6～5.5	6～10	11～20	21～30	31～45	46～65
电动机引出线截面/mm²	0.75	1	1.5	2.5	4	6	10
电动机额定电流/A	61～90	91～120	121～150	151～190	191～240	241～290	
电动机引出线截面/mm²	16	25	35	50	70	95	

11. 电路实物配套图

双向运转反接制动控制电路实物配套图如图 326 所示。

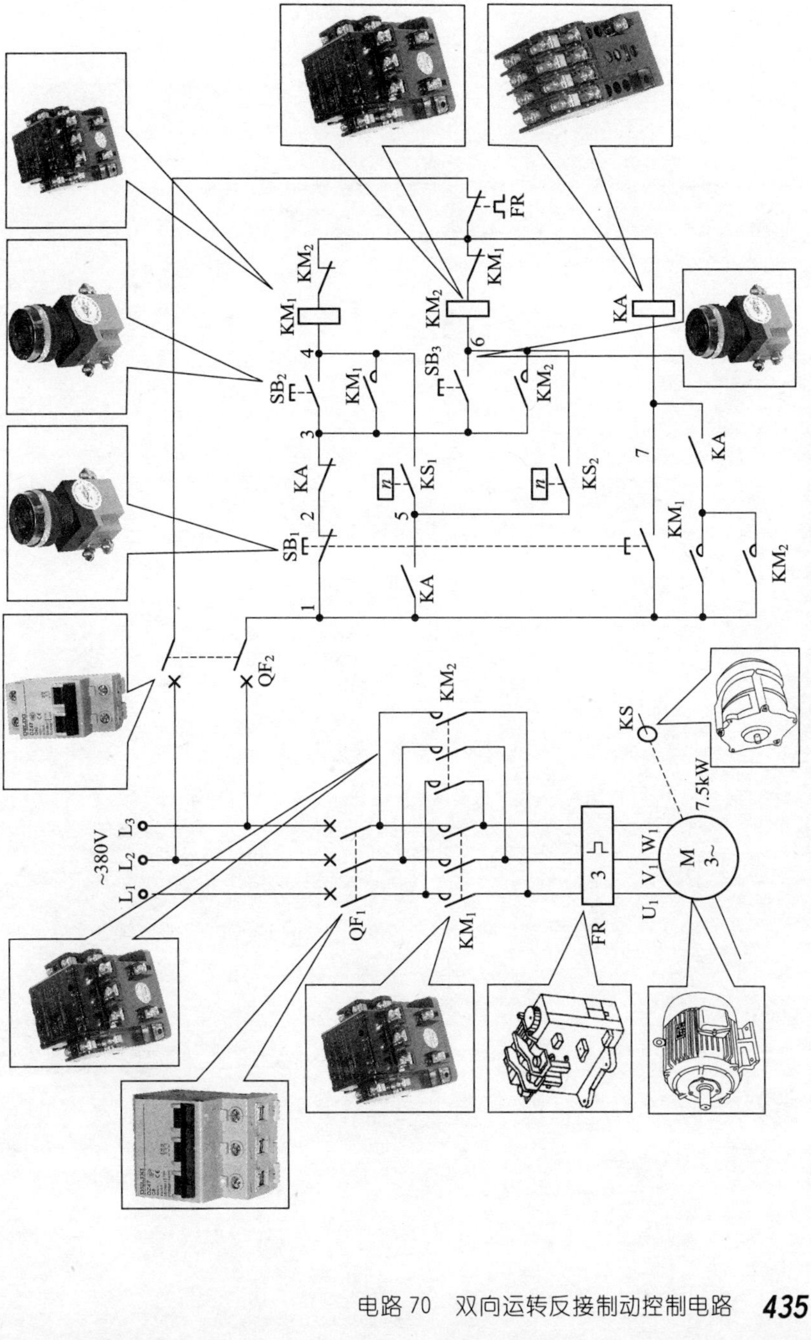

图 326 双向运转反接制动控制电路实物配套图

参 考 文 献

[1] 黄海平.常用电气线路 290 例.北京:科学出版社,2007.

[2] 黄海平.电气故障快速排查手册.北京:科学出版社,2006.

[3] 黄海平,黄鑫.巧接电气线路一点通:原理、接线、维修实例.北京:科学出版社,2008.

[4] 黄海平,黄鑫.电动机控制电路调试、维修一点通.北京:科学出版社,2008.

[5] 黄海平,黄鑫.电动机实际应用技巧.北京:科学出版社,2009.

[6] 黄海平,黄鑫.电动机控制电路及应用.北京:科学出版社,2009.

[7] 黄海平,黄鑫,李燕,等.新编实用电工电路维修技巧.北京:科学出版社,2010.

[8] 黄海平.轻松上手学电工.北京:科学出版社,2010.

科学出版社
科龙图书读者意见反馈表

书　　名 _____

个人资料

姓　　名：_____ 年　　龄：_____ 联系电话：_____

专　　业：_____ 学　　历：_____ 所从事行业：_____

通信地址：_____ 邮　编：_____

E-mail：_____

宝贵意见

◆ 您能接受的此类图书的定价

　　20 元以内□　30 元以内□　50 元以内□　100 元以内□　均可接受□

◆ 您购本书的主要原因有(可多选)

　　学习参考□　教材□　业务需要□　其他_____

◆ 您认为本书需要改进的地方(或者您未来的需要)

_____

_____

◆ 您读过的好书(或者对您有帮助的图书)

_____

_____

◆ 您希望看到哪些方面的新图书

_____

_____

◆ 您对我社的其他建议

_____

_____

　　谢谢您关注本书！您的建议和意见将成为我们进一步提高工作的重要参考。我社承诺对读者信息予以保密，仅用于图书质量改进和向读者快递新书信息工作。对于已经购买我社图书并回执本"科龙图书读者意见反馈表"的读者，我们将为您建立服务档案，并定期给您发送我社的出版资讯或目录；同时将定期抽取幸运读者，赠送我社出版的新书。如果您发现本书的内容有个别错误或纰漏，烦请另附勘误表。

回执地址：北京市朝阳区华严北里 11 号楼 3 层

　　　　　　科学出版社东方科龙图文有限公司电工电子编辑部(收)

　　　　　　邮编：100029